DIE ENTWICKLUNGSGESCHICHTE DER LEIBNIZSCHEN MATHEMATIK

WÄHREND DES AUFENTHALTES IN PARIS (1672-1676)

UNTER MITBENUTZUNG BISHER
UNVERÖFFENTLICHTEN MATERIALS
DARGESTELLT VON

JOS. E. HOFMANN

MIT 27 ABBILDUNGEN IM TEXT

19 49

LEIBNIZ VERLAG MÜNCHEN
BISHER R. OLDENBOURG VERLAG

MEINER LIEBEN FRAU,
DER UNERMÜDLICHEN MITARBEITERIN
UND TREUEN HELFERIN,
ZU EIGEN

INHALT

VORWORT

Ziel der vorliegenden Darstellung ist es, auf Grund des heute zugänglichen
Materials in gedrängter Form eine Übersicht über Leibniz' mathematische
Studien in Paris zu geben, die mit der Erfindung des Calculus ihren glanz-
vollen Höhepunkt finden sollten. Die komplizierte Problematik — besonders
heikel wegen der sich später über die berührten Gegenstände entwickelnden
Auseinandersetzung zwischen Leibniz und Newton um die Erstentdeckung
der höheren Analysis — erfordert genaueres Eingehen auf zahlreiche Einzelheiten, die sowohl nach der persönlichen wie nach der sachlichen und der
entwicklungsgeschichtlichen Seite hin beleuchtet werden mußten, um die
vielverschlungenen Zusammenhänge einigermaßen aufhellen zu können. Es
kommt dabei stark darauf an, die Hauptansichten der beteiligten Persönlichkeiten in Kürze anzudeuten. Dies habe ich durch konsequente Verwendung der indirekten Rede versucht. Um den Fernerstehenden nicht
allzusehr mit bibliographischen Einzelheiten zu belasten, habe ich die von
mir verwendeten Quellen in den Fußnoten nur angedeutet; in den
Registern findet der Fachmann alle Hinweise, aus denen er sich näher zu
orientieren vermag.
Dem Leibniz Verlag möchte ich für die Übernahme des vorliegenden
Manuskriptes zur Drucklegung und die sorgfältige Ausführung des unter
den heutigen Verhältnissen schwierigen Satzes meinen besten Dank aus-
sprechen, ebenso den Freunden, die mich beim Lesen der Korrekturen
unterstützt haben: Herrn Ministerialrat Dr. E. Löffler - Stuttgart, Herrn
Professor Dr. E. Ullrich-Gießen und Herrn cand. math. H. Salzmann-
Offingen. Daß es freilich möglich wurde, diese Darstellung in den Wochen
nach Ende der Kriegshandlungen niederzuschreiben und im Frühjahr 1946
abzuschließen, verdanke ich meiner lieben Frau, die mich in jeder Hinsicht unterstützt und die Last der Korrekturen mit mir geteilt hat.

Ichenhausen, den 25. Januar 1949

J. E. Hofmann

1. EINLEITUNG

Die Eigentümlichkeit seines Studienganges hat es mit sich gebracht, daß Leibniz — obwohl von Jugend auf ein Liebhaber mathematischer Gegenstände und mathematisierender Schlußweisen — doch erst verhältnismäßig spät mit den Kerngedanken der damaligen Mathematik bekannt wurde: nicht als Heranwachsender wie Pascal und Huygens; nicht als Student wie Torricelli und Newton; auch nicht als junger Magister wie Wallis, sondern als fertige wissenschaftliche Persönlichkeit, mit dem Doktorhut geschmückt, Freund, Berater und Mitarbeiter des einflußreichen Boineburg, voll von hochfliegenden politischen, organisatorischen und wissenschaftlichen Plänen, von leidenschaftlichem Wissensdrang angetrieben und sich der Kraft seiner Fähigkeiten wohl bewußt. So kommt er nach Paris, hinreißend, bezaubernd, unwiderstehlich — schwärmend und selbst umschwärmt, mit den großen Meistern des Wortes und der Feder sich messend — kein lederner Pedant, wie man sich sonst in Frankreich den deutschen Gelehrten vorzustellen pflegte; kein unerwünschter Sittenprediger, kein starrer Doktrinär, vielmehr ein Mann von Welt: gedankensprühend, witzig, nebenbei ein rasch auffassender und scharfer Beobachter, ein kluger und wendiger Diplomat, ein junger Mann von unerhörter Lebens-, Arbeits- und Gestaltungskraft. Heute disputiert er mit den Cartesianern, morgen mit den Jansenisten oder Jesuiten, erledigt mit wenigen flüchtig hingeworfenen Worten einen schwierigen diplomatischen Auftrag, interessiert sich für die neuesten Erfindungen, ist bei Technikern, Schwarzkünstlern, Gelehrten, Hofleuten und Scharlatanen zu Gast, schreibt scharf umrissene politische Berichte, träumt von einer Reform des Rechts auf natürlicher Grundlage, ja von einer gänzlichen Umgestaltung der damaligen Gesellschaftsordnung — und ist stets ganz bei der Sache, weiß alles, überblickt alles, hat tausend Fäden in der Hand. Sein tragisches Geschick will, daß er niemals festen Boden unter den Füßen gewinnt, selbst nie frei gestalten darf, sondern immer Werkzeug bleiben muß im Auftrag der Mächtigen, die sich seiner nach Wunsch bedienen, aber seiner Wirksamkeit sehr rasch unüberschreitbare Grenzen zu ziehen wissen, wenn er ihnen unbequem zu werden droht.

Ein Geist von solchem Reichtum, solcher Fülle an Wissen, Können und Erfahrung, von solcher Leidenschaft des Umfassen- und Zusammenfassenmüssens braucht ein System, ein *filum cogitandi* — braucht ein Denkgerüst, in das alles eingefügt werden kann, was er ersinnt und was ihm entgegentritt. Wie sollte ihm die starre, rein klassifizierende Methode der Spätscholastiker genügen, die er an Deutschlands Universitäten eindringlich genug kennengelernt hat? Nicht einmal das von Descartes dargebotene Wissenschaftssystem vermag ihn zu befriedigen, das damals alle ernsthaft forschenden Geister bewegte; er sucht nach mehr, nach Tieferem. Groß ist in seinen Augen der Fortschritt, den Galilei und Descartes gebracht haben, beide ausgehend von der Natur, beide ihre Geheimnisse auf neuen Bahnen und mit neuen Mitteln entschleiernd. Aber sind sie bis zum letzten vorgedrungen? Und ist die mechanistische Grundlage, auf die sich ihre Weltanschauung aufbaut, nicht zu eng? Droht nicht der Cartesianismus genau so zu verkalken wie der vor ihm zögernd zurückweichende Aristotelismus? Leibniz will kein starres, sondern ein elastisches Gebäude schaffen, das auf festerem Boden steht und sicherer konstruiert ist. Um das durchführen zu können, muß die Schlußweise selbst vereinfacht, muß eine Methode gefunden werden, die das Wesentliche des Denkvorgangs zu erfassen und zu typisieren vermag. Klar und richtig zu denken soll nicht mehr das Vorrecht einiger auserlesener Geister sein, sondern das Gemeingut aller Gebildeten werden — und Leibniz fühlt sich berufen, auf diesem Wege als ein neuer Prometheus voranzuschreiten. Er ringt um seine große Kunst, die *ars inveniendi*, und ist bereit, sich ihrer zum Wohle aller zu entäußern.

Wer solche Gesichtspunkte in den Vordergrund stellt, der ist Mathematiker von Geblüt, selbst dann, wenn ihm die Einzelkenntnisse noch fehlen sollten. Und wirklich, um das tatsächliche Wissen des 26-jährigen ist es noch sehr kläglich bestellt. Mit Geometrie ist er anscheinend weder während seiner Schulzeit noch an der Universität näher bekannt geworden. In späteren Jahren weist er immer wieder darauf hin, wie wenig er auf diesem Gebiet an Können mitgebracht hat. Unzweifelhaft ist auch mit ihm das erste Buch der Euklidischen *Elemente* traktiert worden (wohl unter Benutzung einer der damals überall verbreiteten Kurzausgaben von Clavius), aber dieser Unterricht hat auf ihn keinerlei Eindruck gemacht. Aus seiner Schulzeit kann sich Leibniz nur mehr an die bedeutungslose *Arithmetik* von Lanz und an die gute, aber nicht sehr weitgehende *Algebra* von Clavius erinnern. Dem Studenten erschien schon die von Schooten besorgte und wohlkommentierte zweibändige Ausgabe der Cartesischen *Geometria* zu verwickelt.

In der *Disputatio arithmetica de complexionibus*, die der junge Magister im März 1666 an der Leipziger Universität abgehalten hat, werden außer der *Geometria* auch Schootens *Principia matheseos universalis* erwähnt, ferner (wegen der von den seinen abweichenden algebraischen Bezeichnungen) Barrows Euklid-Bearbeitung. Hinsichtlich der kombinatorischen Einzelfragen geht Leibniz von Schwenter-Harsdörffers *Erquickstunden* aus; er übernimmt die dort gegebenen Hinweise auf Cardano, Butéon (*Logistica*), Tartaglia (*General trattato*) und Clavius (*Sphaera Joh. de Sacrobosco*), hat aber anscheinend nur Cardanos *Practica arithmetica* genauer durchgelesen, worin — wie er ausdrücklich betont — die von Schwenter erwähnten Einzelheiten nicht zu finden sind. Daß das dortselbst Gegebene eine fast wörtliche Übersetzung aus Clavius ist, bleibt unerwähnt; von der neueren ausländischen Literatur (Hérigone, Tacquet, Pascal) weiß Leibniz überhaupt nichts. Er hat zwar auch damals schon mathematische Fachwerke angesehen, aber im wesentlichen nur flüchtig durchgeblättert; zum genaueren Studium einer längeren Schlußkette mangelte ihm die Geduld. Inhaltlich geht Leibniz nur wenig über sein Vorbild hinaus. Er gibt die Kom binationen von n Elementen zur p-ten Klasse auf Grund der untenstehend angedeuteten Tabelle und kennt das Additionsgesetz, nach dem sie aufgebaut

0	1	1	1	1	1	.....	1
1	0	1	2	3	4	.....	12
2	0	0	1	3	6	.....	66
3	0	0	0	1	4	.....	220
4	0	0	0	0	1	.....	495
.	.	.	.	.	.	......	.
12	0	0	0	0	0	.....	1
*	0	1	3	7	15	....	4095
+	1	2	4	8	16	....	4096

ist. Die aus der Disputation erwachsene *Dissertatio de arte combinatoria* enthält an Mathematischem außerdem das. Multiplikationsgesetz der Permutationen $n!$ aus n verschiedenen Elementen und eine bis zu $24!$ reichende diesbezügliche Tabelle, ferner die Beziehung $2 \cdot (n+1)! - n \cdot n! = (n+1)! + n!$ und die Aufzählung von gewissen Permutationen mit Wiederholung — nicht etwa in methodisch straff gegliederter Form, sondern an Hand von Beispielen aus der Theorie der Schlußformen, der Zusammensetzung von Buchstaben zu Wörtern, von Noten zu Tonfolgen, von Längen und Kürzen zu Versmaßen und dergleichen mehr. Am Ende der Disputation — dieser Abschnitt fehlt in der *dissertatio* — erscheint das aus Cardano gezogene metaphysische Corollar: *Infinitum aliud alio maius est.* In seiner *Arithmetica infinitorum*, fügt Leibniz hinzu, soll Seth Ward (es sollte Wallis heißen!) einen andern Standpunkt eingenommen haben.

Da Leibniz seiner Jugend halber bei der Bewerbung zum juristischen Doktor in Leipzig im Jahre 1666 zurückgewiesen wurde, wandte er sich nach Altdorf, wurde im Februar 1667 promoviert und hielt sich für einige Monate in Nürnberg auf, wo er sich für kurze Zeit ausschließlich im Kreis der dortigen Rosenkreuzer bewegte und ihnen ihre Geheimnisse nach Möglichkeit entlockte. Aus der Nürnberger Zeit erinnert sich Leibniz zweier mathematischer Werke, die er in der Hand gehabt hat. Das eine ist Léotauds *Examen circuli quadraturae*, das andere Cavalieris *Geometria indivisibilibus continuorum nova quadam ratione promota*. Zu einem ernsthaften Studium ist er natürlich auch jetzt noch nicht gekommen. Den zweiten Teil des Buches von Léotaud, worin die verfehlte Kreisquadratur des Gregorius a S. Vincentio widerlegt wird, hätte er ohne genaue Kenntnis des *Opus geometricum* überhaupt nicht verstehen können. Anders liegen die Dinge beim ersten Teil, der eine (schon ein Menschenalter früher entstandene) Jugendschrift des Artus de Lionne enthält. In dieser *amoenior curvilineorum contemplatio* werden gemischtlinige Flächen, deren Grenzkurven Kreisbögen sind, in geistvoller Weise quadriert. Ausgangspunkt ist das quadrierbare Kreismöndchen des Hippokrates zwischen dem Halbkreis ACB und dem Viertelkreis ADB (Abb. 1). Als erstes Hauptergebnis erscheint die Flächengleichheit des gemischtlinigen Dreiecks ACD mit dem geradlinigen AFN, als zweites die Flächengleichheit der gemischtlinigen Dreiecke ACD und AED, von denen jedes gleich dem halben rechtwinklig-gleichschenkligen Dreieck

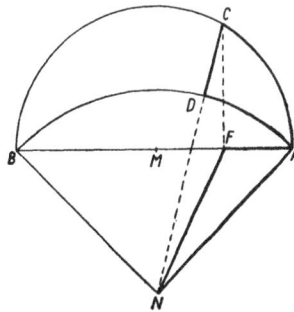

Abb. 1.

ACE ist (Abb. 2), als drittes Hauptergebnis die Flächengleichheit der zwischen den Halbkreisbögen ACB, BFC, CGA gelegenen beiden Möndchen mit dem rechtwinkligen Dreieck ABC, dessen Seiten die Durchmesser der Halbkreisbögen sind (Abb. 3). An Einzelheiten hat sich Leibniz später nicht mehr zu erinnern vermocht, aber das Buch selbst im Gedächtnis behalten. In „stolzer Unwissenheit" glaubte er sich fähig, den wesentlichen Inhalt dieser und anderer mathematischer Schriften, die er „gleichsam wie Romane" las, nur beim Überfliegen in sich aufzunehmen.

Was bei dieser Art von Studium herausgekommen ist, zeigt sich insbesondere am Beispiel der Indivisibelnmethode Cavalieris, die an sich schon genug des Unklaren und Verschwommenen enthält. Dazu kommt, daß Leibniz damals nicht das Original näher angesehen hat, sondern seine mathematischen Ansichten entscheidend nach Hobbes' Elementa philosophiae ausrichtete, die zwar eine bedeutende philosophische Leistung darstellen, aber von einem Mann geschrieben sind, der von der eigentlichen Mathematik nicht viel verstand. Den deutlichsten Niederschlag seines damaligen mathematischen Wissens finden wir in Leibniz' Hypothesis physica nova von 1671, wo die Indivisibelnmethode als ein fundamentum praedemonstrabile kurz geschildert wird. Hier sind zwei Gesichtspunkte, nämlich die Indivisibelnvorstellung Cavalieris und die finitesimale von Archimedes, fortwährend miteinander vermengt, wie sich Ähnliches, wenn auch nicht so kraß, übrigens auch bei Cavalieri selbst zeigt. Um die Existenz einer „unausgedehnten indivisibeln" Strecke nachzuweisen, führt Leibniz (ganz summarisch) die fortgesetzte Halbierung einer Strecke durch. Er tritt in bewußten Gegensatz zu der bekannten Euklidischen Definition: punctum est, cuius pars nulla est, und sagt, der Punkt sei zwar etwas Ausdehnungsloses von unangebbarer Größe und auf jeden Fall kleiner als jede gegebene Größe, aber ihn zu teilen sei möglich; die Teile seien allerdings als etwas Abstandsloses gekennzeichnet. Entsprechend könne man auch andere infinitesimale Größen betrachten, z. B. das Indivisibel des Kreisbogens: es sei auf jeden Fall größer als die Sehne, und zum größeren Kreis gehöre auch das größere Bogen-Indivisibel (unter der nicht erwähnten Voraussetzung, daß das Winkelelement in beiden Fällen gleich ist). Auf diese Weise lasse sich sowohl das Rätsel des Inkommensurabeln wie das des Kontingenzwinkels lösen, zumal jeder Winkel eine ausdehnungslose Größe sei. Wohl stimme das (regelmäßige) Vieleck von unendlich vielen Seiten mit dem ihm zugehörigen Kreis überein, jedoch nur der Ausdehnung und nicht der Größe nach; immerhin sei der Unter-

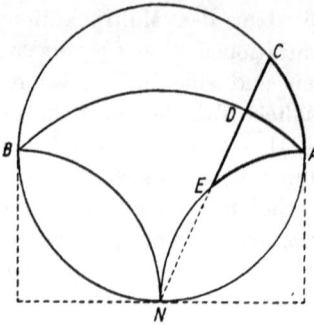

Abb. 2.

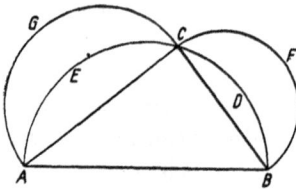

Abb. 3.

schied kleiner als jede angebbare Größe. Zur Erklärung von Zylinder, Kegel und Kugel wird die Bewegungsvorstellung herangezogen, aber neben dieser kontinuierlichen Betrachtungsweise findet sich auch die diskrete, so z. B. bei der punktweisen Konstruktion der Quadratrix oder bei der Archimedischen Kreismessung durch Vielecke, wobei es nur darauf ankomme, den Fehler unmerklich zu machen.

Leibniz befindet sich also vollständig im Bann der Indivisibeln-Vorstellung, hat aber vom Wesen der Infinitesimalmathematik kein klares Bild und meint, sich mit oberflächlichen begrifflichen Andeutungen begnügen zu dürfen. Er berichtet weiterhin, in diesen Jahren habe er sich einen eigenen geometrischen Kalkül ausgedacht, bei dem er mit einer unbeschränkten Anzahl von Quadraten und Würfeln operierte, ohne zu ahnen, daß das alles schon von Viète und Descartes weit besser ausgeführt worden war. Aber nebenbei entwickelte sich aus diesen Versuchen doch eine gewisse innere Bereitschaft hinsichtlich mathematischer Gedankengänge. Mit den einfacheren Dingen — einem typischen elementargeometrischen Beweis oder einer längeren algebraischen Umformung — ist Leibniz auch in späteren Jahren nur mühsam zurechtgekommen, und Rechenfehler sind in seinen Veröffentlichungen nichts Seltenes. Man sieht an ihm mit aller Deutlichkeit, daß sich die rein formale Schulung nur in den Jugendjahren gewinnen läßt. Dieser Mangel hat ihn jedoch dazu genötigt, immer wieder neue Auswege zu ersinnen und die Wissenschaft gerade dort um neue Methoden zu bereichern, wo der fähige Durchschnittskopf mühelos zum Ziel gekommen wäre. Er war sich dieses Umstandes voll bewußt und kannte seine Stärke: sie lag nicht im Formalen, sondern im tiefdurchdachten Schluß an der entscheidenden Stelle. Daher auch das Streben nach einer Mechanisierung des rein Technischen, so insbesondere des Rechenvorganges; daher das jahrelange Ringen um eine für alle vier Rechnungsarten gleichmäßig verwendbare Rechenmaschine, die im Kopf schon fertig war, ehe Leibniz nach Paris kam, und die doch nur so mühsam in die Praxis umgesetzt werden konnte.

Bei fast allen andern bedeutenden Mathematikern war die große Leidenschaft schon in der Pubertät erkennbar und hat in der Nachpubertätszeit zu den entscheidenden neuen Vorstellungen geführt: bei Leibniz geht auch diese biologisch so bedeutungsvolle Periode ohne ein besonderes „mathematisches Erlebnis" vorüber, und erst auf der Höhe des Lebens rührt es ihn an; dann aber erfaßt es ihn gewaltsam und läßt ihn nicht mehr los. In den vier Pariser Jahren hat er als Autodidakt Mathematik betrieben wie kein anderer, ist in einen Fieberrausch des Erkennens hineingeraten, wie er nur ganz wenigen Menschen zuteil wird Ein wunderbarer Zufall hat es so gefügt, daß dieser seltsame Mann hinsichtlich mathematischer Einzelergebnisse so vergeßlich war wie kaum einer, und darum sorgfältig jedes Blatt seiner Aufzeichnungen aufgehoben hat — viele mit genauer Datierung versehen, andere aus Wasserzeichen, Papiersorten, Art der Schriftzüge, der (bei ihm anfangs häufig wechselnden) eingeführten Bezeichnungen und Fachworte zeitlich bestimmbar — ein Wust von Zetteln, aus denen der Alternde einmal allen Ernstes eine Darstellung der von ihm gemachten und inaugurierten Entdeckungen zusammenschreiben wollte. Noch ist nur weniges von diesen Aufzeichnungen veröffentlicht, viele sind als Vorstudien zu werten und überhaupt nicht druckreif, aber alles ist nur zu geringen Teilen ausgeschöpft. Und doch ist es heute möglich, über die mathematische Entwicklung Leibniz' während der Pariser Zeit und damit über die Geburt der höheren Analysis eine in allen wesentlichen Zügen klare Einsicht zu gewinnen, und zwar aus dem Briefwechsel dieser Jahre, der mit zu dem Interessantesten gehört, was je zwischen geistesgewaltigen Männern verhandelt worden ist. Wir dürfen nicht übersehen, daß in der damaligen Zeit die Buchveröffentlichung auf Schwierigkeiten stieß und wissenschaftliche Zeitschriften erst im Entstehen waren; daß man einerseits die enzyklopädische Darstellung des Alltäglichen, andrerseits das geistreiche Essay liebte, und daß daher der Brief als der unmittelbare Ausdruck eines persönlichen Erlebnisses und einer nur in den Umrissen angedeuteten Entdeckung Ersatz und Vorläufer unserer heutigen Zeitschriftenpublikationen war. Um diese Briefe haben sich mehrere Forschergenerationen bemüht, aber erst jetzt kennt man den vollen Wortlaut der Originale und konnte in mühsamer Einzelarbeit ihre Entstehungsgeschichte aufhellen. Es handelt sich dabei keineswegs um Leibniz allein, sondern um ein maschenreiches Geflecht von Wechselbeziehungen, das vollständig durchschaut und überblickt werden muß, ehe man den tieferen Sinn der ganzen Diskussion zu erfassen vermag.

Als ahnungsloser Neuling ist Leibniz mitten in die Auseinandersetzungen zwischen den französischen und englischen Gelehrten hineingeraten, bei denen es ebensosehr um wissenschaftliche Dinge wie um Fragen der persönlichen Empfindlichkeit und der nationalen Eitelkeit ging. In schrankenlosem Optimismus hat er geglaubt, die Fäden dieses fein gesponnenen Netzes mit einem kühnen Griff erfassen zu können, aber er hat sich überschätzt und die Lage falsch beurteilt, und gerade aus seiner Unkenntnis der Verhältnisse sind jene tiefbedauerlichen Mißverständnisse hervorgegangen, die ihm ein Menschenalter später die schwersten Vorwürfe eingetragen haben und schließlich in der Beschuldigung des geistigen Diebstahls gipfelten. Daß dem nicht so war, daß er vielmehr gleich seinem großen Gegner Newton aus eigener Kraft zu seinen großartigen Ergebnissen gekommen ist, läßt sich heute in voller Übereinstimmung zwischen seinen eigenen Aufzeichnungen und brieflichen Äußerungen mit dem, was andere gleichzeitig über diese Angelegenheit geschrieben haben, genauestens verfolgen. Die Darlegung aller Einzelheiten muß einer tiefergehenden Diskussion des Gegenstandes überlassen bleiben; hier kann es sich nur um einen summarischen Überblick handeln, bei dem wir uns auf eine kurze Andeutung der entscheidenden Hauptpunkte beschränken wollen.

2. UM DIE ACCESSIO AD ARITHMETICAM INFINITORUM

Als Reisebegleiter M. Fr. Schönborns, der als Neffe des Mainzer Kurfürsten und Schwiegersohn Boineburgs in wichtiger Mission nach Paris geschickt wurde, ist Leibniz im März 1672 in der Weltstadt angekommen. Die politischen Aufträge und das Studium der französischen Sprache ließen ihm monatelang nicht die geringste persönliche Bewegungsfreiheit; erst im Herbst 1672 bot sich ihm eine Gelegenheit, seine Aufwartung bei Huygens zu machen, der damals dem Zenit seines Ruhms zueilte und als der führende Mathematiker und Naturwissenschaftler Europas galt. Von Huygens kam der entscheidende Anstoß, der Leibniz der Mathematik zuführen sollte. Einzelheiten darüber erfahren wir aus den damals gewechselten Briefen, aus den Randbemerkungen von Leibniz in seinem Handstück des *Commercium epistolicum*, auf das wir später zurückkommen werden, und schließlich aus der Selbstdarstellung seiner Entdeckungen auf mathematischem Gebiet in der *Historia et origo calculi differentialis* aus dem Jahr 1714.

Unter dem Einfluß der von Hobbes geäußerten Bedenken hatte Leibniz das Euklidische Axiom eingehender betrachtet: *Das Ganze ist stets größer als der Teil*[1]. Dieses Axiom schien für den Kontingenzwinkel (d. h. für den Winkel zwischen dem Kreisbogen und der Kreistangente) seine Gültigkeit zu verlieren — eine Angelegenheit, um die sich eine seit Euklids Tagen mit unverminderter Heftigkeit tobende Diskussion entsponnen hatte, die nicht zur Ruhe kommen wollte. Die eigentliche Schwierigkeit lag in der Definition des Winkels, die bei den Alten und auch noch in der Scholastik unklar und mit einer auf rein gefühlsmäßigen Betrachtungen beruhenden flächenhaften Vorstellung verknüpft war; sie wurde erst beseitigt, als man den Winkel endgültig als das Maß für eine Drehung und damit den Kontingenzwinkel grundsätzlich als Null erklärte. Leibniz verwendet die Drehungsdefinition noch nicht; aus dem Versagen des Axioms für den Kontingenzwinkel sah er sich in der Vermutung bestärkt, daß es sich in Wahrheit um einen beweisbaren Lehrsatz handle. Er glaubte das Entscheidende darin zu finden, daß dem Kontingenzwinkel die Größeneigenschaft mangelt. Grundsätzlich wollte er nur zwei Arten von unbewiesenen Wahrheiten anerkennen, nämlich Definitionen und Identitäten. Das angezogene Axiom ist keines von beiden; es gilt die Bestandteile zu ermitteln, aus denen es aufgebaut werden kann. Hier schließt Leibniz so:

(1) Ist von zwei Dingen das eine ein Teil des andern, so heißt das erste kleiner und das zweite größer, und das ist eine Definition.

(2) Alles, was mit Größe behaftet ist, ist sich selbst gleich, und das ist eine identische Aussage.

(3) Eine Größe, die dem Teil einer andern gleich ist, ist kleiner als diese (nach Definition).

(4) Der Teil ist einem Teil des Ganzen gleich (durch Identität).

(5) Also ist jeder Teil einer Größe kleiner als das Ganze.

Vermittels dieses von seinen Zeitgenossen als ganz nutzlos angesehenen Axioms der Identität entwickelt Leibniz den Hauptsatz über die Summierung aufeinanderfolgender Glieder einer Differenzenreihe. Offenkundig ist

$$a_0 - a_0 + a_1 - a_1 + a_2 - a_2 + \ldots + a_n - a_n = 0.$$

Ist nun

$0 < a_0 < a_1 < a_2 < \ldots < a_n$ und $b_0 = a_1 - a_0, b_1 = a_2 - a_1, \ldots, b_{n-1} = a_n - a_{n-1},$

so ist

$$b_0 + b_1 + b_2 + \ldots + b_{n-1} = a_n - a_0,$$

d. h. die Summe der aufeinanderfolgenden Glieder einer Differenzenreihe ist gleich der Differenz der beiden äußersten Glieder der zugehörigen Summenreihe. So ergibt sich z. B. aus

$$\begin{array}{ccccccc} 0 & 1 & 4 & 9 & 16 & 25 & \ldots, \\ & 1 & 3 & 5 & 7 & 9 & \end{array}$$

daß die Summe aufeinanderfolgender ungerader Zahlen stets dargestellt werden kann als Differenz zweier Quadrate. Überlegungen dieser Art führten ihn zu der Überzeugung, daß man die Summe einer jeden aus gesetzmäßig aufgebauten Gliedern bestehenden Reihe angeben könne, und zwar auch dann, wenn es sich um unendlich viele Glieder handle — vorausgesetzt, daß die auftretende Summe überhaupt gegen einen endlichen Grenzwert hinstrebt.

Das ist die erste große mathematische Entdeckung in Paris, hervorgegangen aus einer stark von logisch - philosophischen Betrachtungen beeinflußten Überlegung, und — wie zumeist bei Leibniz — nicht im vollen Umfang begründet, sondern die Frucht einer an einfachen Beispielen beobachteten und dann genialisch erweiterten Einzelerkenntnis. Das Ergebnis, nämlich die stets durchführbare Reihensummierbarkeit auch bei unendlicher Gliederzahl, hat Leibniz sogleich im Gespräch mit Huygens vorgebracht[2]. Dieser war in Fragen der allgemeinen Reihenlehre, die damals noch in den Anfängen steckte, nicht sehr bewandert; die Behauptung interessierte ihn, er hielt ihre Richtigkeit für möglich und wollte den jungen Mann sogleich auf die Probe stellen. Als Beispiel wählte er ein Ergebnis, das ihm 1665 gelegentlich der Diskussion mit Hudde über Wahrscheinlichkeitsfragen bei Glückspielen zugefallen war[3], nämlich die Summe der unendlichen Reihe der reziproken Dreieckszahlen $\frac{1}{1} + \frac{1}{3} + \frac{1}{6} + \frac{1}{10} + \ldots$ Es war eine Schicksalsfrage; ein anderes, nur ein wenig schwierigeres und daher für Leibniz unlösbares Beispiel hätte ihm zweifelsohne die Lust an der Fortsetzung seiner bisherigen mathematischen Studien genommen, aber mit dem vorgelegten wurde er fertig — mehr noch, er kam durch Umbildung und Erweiterung des eingeschlagenen Summierungsverfahrens zu neuen schönen Ergebnissen und fing an, sich eingehender mit mathematischen Einzelfragen zu befassen. Unzweifelhaft hat Huygens, wie es seine Art war, bei dieser Unterredung auch auf die zugehörige Literatur, vor allem auf die *Arithmetica infini.orum* von Wallis und auf die Summierung

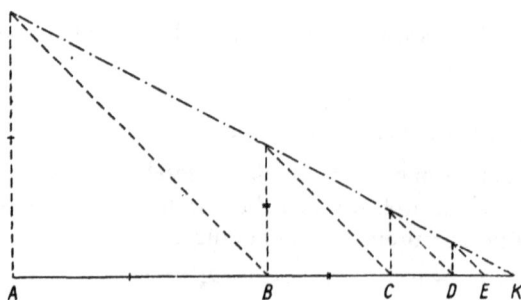

Abb. 4.

[2] Leibniz-Jak. Bernoulli, IV 1703, Nachschrift — [3] HO XIV, S. 144-50.

der geometrischen Reihe im *Opus geometricum* des Gregorius a S. Vincentio hingewiesen. Das letztere Werk hat Leibniz sogleich aus der Pariser königlichen Bibliothek[4] entliehen und später käuflich erworben[5]. Zur Zeit da er es noch nicht selbst besaß, hat er sich eine Reihe von Einzelheiten ausgezogen. Die Darlegungen über die geometrische Reihe waren das erste, was er sich eingehender angesehen hat.

Die geometrischen Reihen werden in Buch II des *Opus geometricum* ziemlich ausführlich behandelt. Gregorius bedient sich bei der Summierung der unendlich vielen Glieder eines anschaulich - geometrischen Verfahrens: Um die Summe einer geometrischen Reihe von Strecken mit den Anfangsgliedern AB, BC zu ermitteln, konstruiert er die Punktfolge C, D, E ... der-

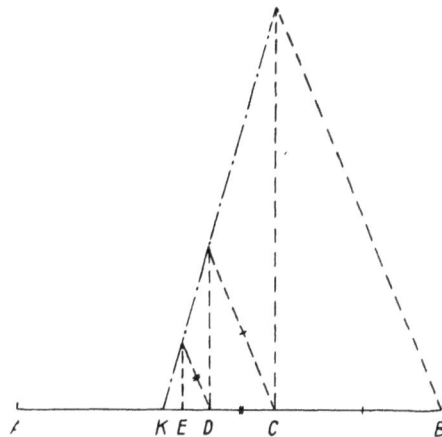

Abb. 5.

art, daß $AB : BC = BC : CD = CD : DE = \ldots$ (Abb. 4; die punktierten Linien sind von mir hinzugefügt), bestimmt außerdem einen Punkt K aus der Proportion $AB : BC = AK : BK$ und zeigt, daß nun $AB : BK = BC : CK = CD : DK = DE : EK = \ldots$ Dann stellt er fest, daß AK größer ist als die Summe einer jeden endlichen Anzahl von Gliedern, also bestimmt nicht kleiner als die Summe der ganzen unendlichen Reihe. Es bleibt aber ein gegen Null konvergierender Rest; folglich kann AK auch nicht größer sein als die Summe der unendlichen geometrischen Reihe; somit ist AK genau gleich dieser Summe. Gregorius gibt mehrere Varianten dieser Konstruktion; die wichtigste ist in Abb. 5 angedeutet, wo die aufeinanderfolgenden Strecken BC, CD, $DE \ldots$ von B aus gegen A hin aneinandergesetzt und auf diese Weise die Summen

$$\tfrac{1}{2} + \tfrac{1}{4} + \tfrac{1}{8} + \ldots = 1;$$
$$\tfrac{1}{3} + \tfrac{1}{9} + \tfrac{1}{27} + \ldots = \tfrac{1}{2};$$
$$\tfrac{1}{4} + \tfrac{1}{16} + \tfrac{1}{64} + \ldots = \tfrac{1}{3}$$

konstruiert werden.

Leibniz hat den Text des *Opus geometricum* nur ganz oberflächlich angesehen. Ihm war die schleppende und schwerfällige Darstellung des Gregorius viel zu umständlich. Mit sicherem Blick erkannte er das Wesentliche[6]: *Man darf die Strecken, die als Repräsentanten der geometrischen Reihe gelten sollen, nicht hintereinander ansetzen, sondern muß sie im nämlichen Punkt beginnen lassen. Tut man das, so werden die Differenzen der aufeinanderfolgenden Reihenglieder zur Ausgangsreihe proportional.* Wie das gemeint ist, ergibt sich sogleich aus den Abb. 6 und 7. An ihnen können wir die Summe ablesen, indem wir von rechts nach links fortschreiten:

[4] Leibniz-Jak.Bernoulli, IV 1703, Nachschrift — [5] *Cat. crit.* 2, Nr. 1553 (1676?) — [6] Leibniz für Gallois, Ende 1672.

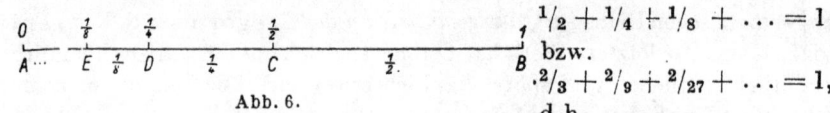

Abb. 6.

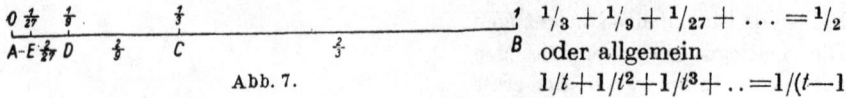

Abb. 7.

$^1/_2 + {}^1/_4 + {}^1/_8 + \ldots = 1$

bzw.

$^2/_3 + {}^2/_9 + {}^2/_{27} + \ldots = 1,$

d.h.

$^1/_3 + {}^1/_9 + {}^1/_{27} + \ldots = {}^1/_2$

oder allgemein

$1/t + 1/t^2 + 1/t^3 + \ldots = 1/(t-1).$

Das war eine geniale Erkenntnis, daß man vermittels $b^n - b^{n+1} = b^n \cdot (1-b)$ aus der geometrischen Reihe $1, b, b^2 \ldots$ durch Differenzenbildung eine zur Ausgangsreihe proportionale erhält[7]. Gewiß, diese Einsicht war nicht durch eine unmittelbare Eingebung zustande gekommen, sondern durch die ganz ähnlich geartete Überlegung des Gregorius nahegelegt; aber das, was Leibniz aus der Vorlage gemacht hat, nämlich eine allgemeine Methode, war neu und umfassend. Hier zeigt sich etwas für Leibniz' Denkweise Typisches: das Hineinsehen des konstruktiven Gesichtspunktes in bereits angedeutete, aber noch nicht bis zum letzten aufgehellte Beziehungen. Das Interessanteste an der Angelegenheit ist die Wendung ins rein Begriffliche und Unalgorithmische; die Rückführung eines bisher mit gewissen formalen Schwierigkeiten belasteten Ansatzes auf einen ganz einfachen Grundgedanken, der nunmehr von den ihn verhüllenden Äußerlichkeiten befreit und in voller Reinheit ans Tageslicht gebracht wird: also eine *explicatio*, eine Auswickelung im besten Sinne des Wortes.

Wie sich der neue Gedanke anwenden läßt, sehen wir sogleich, indem wir z. B. $AB = 1$, $AC = {}^1/_2$, $AD = {}^1/_3$, $AE = {}^1/_4 \ldots$ wählen. Jetzt lesen wir die Beziehung

$$\frac{1}{1 \cdot 2} + \frac{1}{2 \cdot 3} + \frac{1}{3 \cdot 4} + \frac{1}{4 \cdot 5} + \ldots = 1$$

ab und erhalten nach Multiplikation mit 2 die von Huygens geforderte Summe $^1/_1 + {}^1/_3 + {}^1/_6 + {}^1/_{10} + \ldots = 2$. Das ist der ursprüngliche Weg, den Leibniz zur Behandlung des ihm vorgelegten Problems eingeschlagen hat[8]. Er hat die Angelegenheit auch ins Rechnerische gewendet, die beiden Reihen

$$\begin{array}{llllll} A & {}^1/_1 & {}^1/_2 & {}^1/_3 & {}^1/_4 & {}^1/_5 \ldots \\ B & {}^1/_1 & {}^1/_3 & {}^1/_6 & {}^1/_{10} \ldots \end{array}$$

angeschrieben und bemerkt, daß das Nennerprodukt aufeinanderfolgender Glieder von A gleich dem doppelten Nenner des dazwischenstehenden Gliedes von B ist; mit andern Worten: er hat $^1/_2 B$ als die Differenzenreihe von A erkannt. Ein wenig später gibt er seinem Ergebnis die Form

$$\begin{array}{l} A - 1 = {}^1/_2 + {}^1/_3 + {}^1/_4 + {}^1/_5 + \cdots \\ {}^1/_2 B = {}^1/_2 + {}^1/_6 + {}^1/_{12} + {}^1/_{20} + \cdots \\ \hline A - 1 + {}^1/_2 B = 1 + {}^1/_2 + {}^1/_3 + {}^1/_4 + \cdots = A, \end{array}$$

also $B = {}^2/_1$.

Mit dieser Schlußweise können wir uns heute nicht mehr zufriedengeben; denn die zur Summierung herangezogene Reihe A ist divergent. Es ist aber leicht, die Schwierigkeit zu beheben, indem wir nur die endlichen Teilreihen

$$A_n = 1 + {}^1/_2 + {}^1/_3 + \cdots + {}^1/_n$$

[7] *Historia et origo,* LMG V, S. 407 — [8] Hofmann-Wieleitner-Mahnke, S. 590-91.

und

$$\frac{1}{2} B_n = \frac{1}{1 \cdot 2} + \frac{1}{2 \cdot 3} + \frac{1}{3 \cdot 4} + \ldots + \frac{1}{n(n+1)}$$

kombinieren: dann ist

$$B_n = 2 - \frac{2}{n+1} \text{ und } \lim_{n \to \infty} B_n = 2.$$

Die eben angedeutete Entstehungsgeschichte der letzten Rechnung zeigt uns, daß Leibniz genau das nämliche ge me in t hat; nur konnte er sich noch nicht in dieser Weise ausdrücken, zumal ihm jede Erfahrung bei algebraischen Umformungen fehlte.

Leibniz blieb bei diesem Erfolg nicht stehen, sondern probierte sogleich, wie sich die Wahl $AB = 1$, $AC = \frac{1}{3}$, $AD = \frac{1}{6}$, $AE = \frac{1}{10} \ldots$ auswirken würde. Jetzt erhält er

$$\frac{2}{3} \cdot \overbrace{\left(\frac{1}{1} + \frac{1}{4} + \frac{1}{10} + \frac{1}{20} + \cdots\right)}^{C} = 1,$$

d. h. die Summe der reziproken Pyramidalzahlen. Auch dies wendet er rechnerisch, indem er

$$B - 1 = \frac{1}{3} + \frac{1}{6} + \frac{1}{10} + \frac{1}{15} + \cdots$$
$$\frac{2}{3} C = \frac{2}{3} + \frac{2}{12} + \frac{2}{30} + \frac{2}{60} + \cdots$$
$$\overline{B - 1 + \frac{2}{3} C = \frac{3}{3} + \frac{4}{12} + \frac{5}{30} + \frac{6}{60} + \cdots = B}, \text{ also } C = \frac{3}{2}$$

setzt. Diesmal ist seine Schlußweise auch für uns verbindlich, weil die Reihe B konvergiert. Entsprechend bestimmt er die Reihe

$$D = \frac{1}{1} + \frac{1}{5} + \frac{1}{15} + \frac{1}{35} + \frac{1}{70} \cdots = \frac{4}{3}$$

der „Trigono−Trigonalzahlen" usw.

In der ersten Begeisterung über das Gewonnene ist Leibniz sogleich zu Huygens gegangen und hat ihm alles haarklein auseinandergesetzt. Dieser war selbstlos genug, sich mit Leibniz über das Ergebnis und die Methode zu freuen. Er hat ihm auch seine eigene Summierung vorgeführt, die wir aus seinen diesbezüglichen Aufzeichnungen ganz genau kennen[9]. Huygens benutzt die Formel

$$\Delta_n = \frac{n(n+1)}{2}$$

und leitet aus ihr die Beziehung ab:

$$\frac{1}{\Delta_{2n}} + \frac{1}{\Delta_{2n+1}} = \frac{1}{2 \Delta_n},$$

also

$$\underbrace{\frac{1}{1} + \underbrace{\frac{1}{3} + \frac{1}{6}}_{\frac{1}{6}} + \underbrace{\frac{1}{10} + \frac{1}{15}}_{\frac{1}{12}} + \underbrace{\frac{1}{21} + \frac{1}{28}}_{\frac{1}{20}} + \underbrace{\frac{1}{36} + \frac{1}{45}}_{\frac{1}{30}} + \underbrace{\frac{1}{55} + \frac{1}{66}}_{\frac{1}{42}} + \underbrace{\frac{1}{78} + \frac{1}{91}}_{} + \underbrace{\frac{1}{105} + \frac{1}{120}}_{\frac{1}{56}} + \cdots}$$

$$= \frac{1}{1} + \frac{1}{2} + \frac{1}{4} + \frac{1}{8} + \ldots = 2.$$ Das ist in der Leibnizschen Darstellung eine Selbstverständlichkeit; denn es kommt nur darauf hinaus, daß man in der

---

* HO XIV, S. 144-50.

Reihe der Punkte B, C, D, E, F, G, H, I, K, L, M . . . zuerst den Zwischen-punkt D, dann die Zwischenpunkte F, G, H usw. überspringt.

Leibniz war sehr stolz auf diesen Erfolg und machte sich sogleich daran, die Ergebnisse seines Nachdenkens in einer kleinen Abhandlung zusammenzufassen, die er im *Journal des Sçavans* [= *JS*] einrücken lassen wollte[10]. Noch ist seine Ausdrucksweise ungewandt und schwerfällig; noch gilt Hobbes als bedeutender Mathematiker, Gregorius als *geometra maximus*; Pascals *Triangle arithmétique* wird zunächst nur wie ein noch nicht durchgearbeitetes Buch genannt und Galileis *Discorsi* liegen sozusagen aufgeschlagen auf dem Tisch, während Leibniz schreibt. An die Spitze tritt eine Auseinandersetzung über die Indivi-sibeln und das Unendliche; mit allgemeinen Worten wird auf Cavalieri, Galilei, Wallis (*Arithmetica infinitorum*), Gregory (*Vera quadratura circuli*) und Archi-medes verwiesen und dann die Summierung der unendlichen geometrischen Reihe in Angriff genommen. Dabei fällt die durch eine mißverstandene Stelle im *Opus geometricum* hervorgerufene Bemerkung, die allgemeine Regel für die unendliche Reihensumme stamme schon von den Alten — in Wahrheit ist nichts weiter überliefert als die in der Archimedischen Parabelquadratur gegebene Summe der Reihe $1 + \frac{1}{4} + \frac{1}{16} + \ldots$ — und die ebenfalls unzu-treffende Behauptung, man kenne bisher nur die Summenregel, nicht aber einen einwandfreien Beweis. Die von Gregorius gegebenen und völlig unangreifbaren Beweise hat Leibniz offenkundig nicht durchschaut. Nun wird die Aufgabe von Huygens und das von Leibniz gefundene Ergebnis mitgeteilt, das mit dem von Huygens übereinstimmt, hierauf die Erzeugung der höheren arithmetischen Reihen in den Spalten der unten folgenden Figur des arithmetischen Drei-ecks und daraus die Summierung der reziproken figurierten Zahlen in Form der nachfolgenden Tabelle:

1					0	1	2	3	4	5 . . .
1	1	1								
1	2	3	1		$\frac{0}{0}$	$\frac{1}{1}$	$\frac{1}{1}$	$\frac{1}{1}$	$\frac{1}{1}$	$\frac{1}{1}$
1	3	6	4		$\frac{0}{0}$	$\frac{1}{1}$	$\frac{1}{2}$	$\frac{1}{3}$	$\frac{1}{4}$	$\frac{1}{5}$
1	4	10	10		$\frac{0}{0}$	$\frac{1}{1}$	$\frac{1}{3}$	$\frac{1}{6}$	$\frac{1}{10}$	$\frac{1}{15}$
1	5	15	20		$\frac{0}{0}$	$\frac{1}{1}$	$\frac{1}{4}$	$\frac{1}{10}$	$\frac{1}{20}$	$\frac{1}{35}$
1	6	21	35		.	.	.	.	.	. . .
1	7	28	56							
			84							
Summe					$\frac{0}{0}$	$\frac{1}{0}$	$\frac{1}{0}$	$\frac{2}{1}$	$\frac{3}{2}$	$\frac{4}{3}$ . . .

Die Summierung wird spaltenweise vollzogen. Leibniz hütet sich wohl, seinen Beweis preiszugeben; er versichert nur, das Summationsverfahren sei schwierig und erfordere viele Hilfssätze; er wolle sich das für später vorbehalten.

Die Summe $\frac{1}{1} + \frac{1}{2} + \frac{1}{3} + \ldots = \frac{1}{0}$ der harmonischen Reihe hat er ohne eigentliche Begründung hingeschrieben, nur auf Grund eines Analogieschlusses. Er weiß wohl, daß sie unendlich wird, aber wie soll man dies verstehen? Schon Galilei[11] hatte sich mit dem Problem der Zahl Unendlich befaßt. Aus dem Umstand, daß es ebensoviele natürliche Zahlen wie Quadratzahlen und Kubik-zahlen gibt, während doch offenkundig in der Reihe der natürlichen Zahlen

---

[10] Leibniz für Galloys, Ende 1672 — [11] *Discorsi*, Giornata prima.

mehr Nichtquadratzahlen als Quadratzahlen und noch weit mehr Nichtkubik-
zahlen als Kubikzahlen enthalten sind, hatte er geschlossen, daß im Unendlichen die Beziehungen gleich, größer und kleiner ungültig sein müssen. Dies
veranlaßte ihn, die Zahl Unendlich gleich 1 zu setzen; denn nur für diese Zahl
sei (wie es eben auch für die Zahl Unendlich eintrete) $x = x^2 = x^3$. Um dies zu
verstehen, müssen wir bedenken, daß man damals mit Zahl im eigentlichen
Sinne nur die natürliche Zahl meinte, und daß die Eins gemäß der alten
Pythagoreischen Auffassung selbst nicht als Zahl, wohl aber als Quelle und
Ursprung aller Zahlen angesehen wurde. Leibniz ist mit Galileis Schlußweise
nicht einverstanden, weil sie schon für die gewöhnlichen Vielfachen der natürlichen Zahlen versagt, und setzt daher die Zahl Unendlich gleich Null. Er weist
darauf hin, daß hier das Axiom vom Ganzen und vom Teil nichtssagend geworden ist, und daß auch die Summe $1 + 1 + 1 + 1 + \ldots = 1/0 = 0$ gesetzt
werden müsse. Anschließend folgt eine scharfe Kritik an der Ansicht von
Hobbes, alle Aussagen seien nur durch willkürliche Festsetzungen zustande
gekommen, hierauf eine längere Auseinandersetzung über den Nutzen der von
Leibniz schon in der *Ars combinatoria* so sehr befürworteten Begriffsschrift, und
schließlich die nähere Einzeluntersuchung über das Axiom vom Ganzen und
vom Teil und andern Euklidischen Axiomen zu Buch I der Elemente.

Das Ganze ist in zwei sich zum Teil überschneidenden Konzepten erhalten, die
von Leibniz zu einer Reinschrift zusammengefaßt, dann von Schreiberhand
abgeschrieben und von Leibniz nochmals revidiert und ein wenig verändert
worden sind. Leibniz wollte die Abhandlung an das *JS* schicken, mußte sie aber
liegen lassen, da die Zeitschrift nach dem Heft vom 12. XII. 72 für längere Zeit
stillgelegt wurde und erst zu Anfang 1674 wiedererscheinen konnte. Inzwischen
war der Aufsatz längst überholt und kam daher nicht mehr zum Abdruck in
Frage.

3. DER ERSTE BESUCH IN LONDON

Das Hauptthema der hier kurz geschilderten Abhandlung, nämlich das Problem
der Reihensummierung, hat Leibniz damals nicht weniger lebhaft beschäftigt
als die Arbeiten an seiner Rechenmaschine, die in einem rohen, aber immerhin
leidlich gangfähigen Modell fertiggestellt war und von Huygens als ein aus-
sichtsreiches Projekt angesehen wurde[12]. Weit wichtiger waren indes die Vorbereitungen für die Reise nach London, die Leibniz und Schönborn wegen
dringlicher Verhandlungen mit dem englischen Hof unternehmen sollten. In-
mitten der diplomatischen Vorbereitungen starb Boineburg (15. XII. 72);
Leibniz verlor in ihm den kongenialen Auftraggeber und seine Hauptstütze am
Mainzer Hof. Inzwischen hatte sich die völlig labile politische Lage erneut
verändert: Die Aussicht auf eine rasche Beendigung des Krieges zwischen
Frankreich und den Niederlanden war geschwunden und damit auch die Reise
nach London mehr oder minder illusorisch geworden. Sie wurde trotzdem an-
getreten; am 17. I. 73 kamen Schönborn und Leibniz in Calais an, wurden
durch stürmisches Wetter ein paar Tage lang an der Überfahrt verhindert,

---

[12] Huygens-Oldenburg, 14. I. 73.

trafen am 21. I. 73 in Dover und vermutlich am 24. I. 73 in London ein. Dort hat Leibniz möglichst bald bei Oldenburg, dem ständigen Sekretär der Royal Society [=RS], Besuch gemacht, mit dem er schon seit 1670 in brieflichem Verkehr stand und der ihm 1671 den Londoner Druck der *Hypothesis physica nova* vermittelt hatte. Wegen dieser Angelegenheit hatte es seinerzeit in der RS eine Auseinandersetzung gegeben: der Mainzer Druck war der RS von Oldenburg vorgelegt[13] und ein Ausschuß zur Prüfung des Inhaltes eingesetzt worden, dem auch Wallis und Hooke angehörten. Wallis äußerte sich durchaus wohlwollend[14], hingegen hat Hooke das Werkchen mit Entrüstung abgelehnt[15]. Oldenburg hatte seinerzeit eine Sammlung verschiedener Gutachten von Mitgliedern der RS an Leibniz übersandt[16] und den Wiederdruck der *Hypothesis* von seiten der RS veranlaßt[17]. Leibniz war also im Kreis der RS keineswegs unbekannt; er durfte von seiten seines Landsmannes Oldenburg, eines Mannes von weitem Blick und vornehmer Denkweise, auf liebenswürdiges Entgegenkommen, bei Hooke und seinen Freunden zumindest auf Zurückhaltung rechnen. Würde auch hier seine bezaubernde Persönlichkeit einen Sieg davontragen?

Zu Oldenburg kam Leibniz mit einer Reihe von Aufträgen, so z. B. mit der Bitte Huets, griechische Handschriften aus der Oxforder Bibliothek für die geplante Ausgabe der *Anthologiae* des Vettius Valens zu vermitteln. Außerdem wollte Leibniz das mitgebrachte Modell seiner Rechenmaschine vorführen. Das ist in der Sitzung der RS vom 1. II. 73 geschehen; Hooke, der es schlecht ertragen konnte, wenn andere eine Erfindung gemacht hatten, und hintennach regelmäßig behauptete, Ähnliches oder viel Besseres schon längst zu besitzen, hat das Modell von allen Seiten ganz genau besehen und hätte es am liebsten Teil für Teil auseinandergenommen[18]; auch die andern anwesenden Mitglieder der RS bekundeten ihr lebhaftestes Interesse. In der nämlichen Sitzung verlas Hooke eine lange Abhandlung über das Spiegelteleskop, die gegen Newton gerichtet war.

Auch an der nächsten Sitzung der RS vom 8. II. 73 nahm Leibniz teil: Oldenburg las Sluses berühmten Tangentenbrief[19], Hooke berichtete über weitere Verbesserungen, die er am Spiegelteleskop vorzunehmen gedachte. Viel wichtiger für Leibniz war das Zusammentreffen mit Moray, einem der angesehensten, ruhigsten und einflußreichsten Mitglieder der RS. Dieser wies Leibniz darauf hin, daß auch Morland, ein sehr ideenreicher Kopf mit starker technischer Veranlagung, eine Rechenmaschine erfunden habe. Oldenburg nahm sich der Sache an und verabredete ein Zusammentreffen mit Morland[20]; bei dem die beiden Konkurrenten ihre Maschinen vorführen sollten. Die Zusammenkunft fand in den nächsten Tagen im Beisein Oldenburgs statt[21]; Leibniz äußert sich später[22] eingehend darüber, daß Morlands Maschine mit seiner überhaupt nicht verglichen werden könne, da bei ihr die Multiplikation und Division

---

[13] Sitzung der RS vom 2. IV. 71 — [14] Wallis-Oldenburg, 17. IV. und Mitte VI 71 — [15] Sitzungen der RS vom 21. V. und 4. VI. 71 — [16] Oldenburg-Leibniz, Anfang VIII 71 — [17] Oldenburg-Leibniz, 8. X. 71 — [18] Leibniz-Oldenburg, 8. III. 73 — [19] Sluse-Oldenburg, 17. I. 73 — [20] Oldenburg-Leibniz, 9. II. 73 — [21] vermutlich am 10. II. 73 — [22] vgl. vor allem Leibniz-Joh. Bernoulli, 25. VI. 97.

nicht automatisch, sondern vermittels der sog. Neperschen Rechenstäbe, d. h. logarithmisch eingeteilter Skalen, ausgeführt werde.

Wenige Tage später war Leibniz bei Boyle zu Gast. Er interessierte sich brennend für dessen chemische Versuche und machte sich sogleich an den Laboratoriumsgehilfen Schloer heran, um gegebenenfalls auf indirektem Wege Näheres über Einzelheiten zu erfahren, die ihm Boyle nicht verraten wollte. Im Verlauf der Abendunterhaltung traf Leibniz auch mit Pell zusammen, der neben Wallis als der führende Mathematiker Englands galt. Pell, damals bereits leberleidend, war von Natur aus ein verschlossener Charakter, schnell mit abfälligen Äußerungen über die wissenschaftlichen Leistungen anderer zur Hand, aber nur schwer zu Andeutungen über seine eigenen Methoden zu bewegen. Er besaß eine reiche Bibliothek und hatte sich unter anderem zahlreiche der damals noch nicht im Druck zugänglichen Abhandlungen Fermats verschafft, die er eingehend kommentiert hatte; vor allem arbeitete er über Näherungsmethoden zur Auflösung von Gleichungen, zeigte auch gelegentlich dies und das, aber höchstens an Beispielen, und gab seine allgemeinen Vorstellungen niemals preis. Im übrigen war er ein vorzüglicher Kenner der ganzen einschlägigen Literatur, jedoch kränklich, mißtrauisch, sehr um seinen wissenschaftlichen Ruhm besorgt und offenkundig nur mit geringer Darstellungskraft begabt. Dem grämlichen und beinahe schwermütigen Sechzigjährigen war der junge sanguinische Deutsche keineswegs sympathisch.

Das Gespräch wandte sich auch mathematischen Gegenständen zu, und Leibniz berichtete als neuestes Ergebnis, er besitze eine allgemeine Methode zur Darstellung und Interpolation von Reihen vermittels des Gefüges der Differenzenreihen[23]. Er hatte keine Ahnung von den in England auf diesem Gebiet erzielten Fortschritten, kannte weder Briggs' *Trigonometria Britannica* noch Mengolis *Novae quadraturae arithmeticae* noch auch Mercators *Logarithmotechnia*, und konnte nicht wissen, daß Gregory schon 1668 zu einer vollständigen Interpolationstheorie vorgedrungen war, die in seinen Briefen mit Collins dargelegt ist. Auf diese Korrespondenz, die Pell nur oberflächlich kannte, wurde überhaupt nicht hingewiesen; hingegen äußerte sich Pell sogleich in zweideutigen Worten, aus denen Leibniz den Vorwurf des Plagiats heraushören mußte, das sei doch selbst für einen Mann, der nur die in Frankreich erschienene Literatur kenne, nichts Neues; Ähnliches habe schon vor einigen Jahren Mouton in seinem Buch über den scheinbaren Durchmesser von Sonne und Mond als Ergebnis Regnaulds mitgeteilt.

Leibniz war in größter Verlegenheit. Am nächsten Tag sah er sich sogleich Moutons Buch in der Bibliothek der RS an und fand Pells Hinweis vollauf bestätigt. Oldenburg riet ihm wohl, über die Angelegenheit eine Erklärung abzugeben, die in den Papieren der RS hinterlegt werden sollte. Dieses Schriftstück ist in größter Hast angefertigt und gibt uns, da Leibniz in der Eile aus seinen in Unordnung geratenen Aufzeichnungen das richtige Stück nicht her-

---

[22] Leibniz für die RS, 13. II. 73.

ausfinden konnte, ein ziemlich getreues Abbild dessen, was ihm damals ohne Unterlagen unmittelbar an mathematischem Wissen gegenwärtig war. Er verweist auf das Differenzenschema einer vorgegebenen Reihe, das er allgemein (unter unzweckmäßiger Verwendung der absoluten Beträge der Differenzen) hingeschrieben denkt, und gibt als Beispiel die Reihe der aufeinanderfolgenden Kubikzahlen mit dem Anfangsglied Null und

$$
\begin{array}{ccccccc}
0 & 0 & 0 & & & & \\
6 & 6 & 6 & 6 & & & \\
6 & 12 & 18 & 24 & 30 & & \\
1 & 7 & 19 & 37 & 61 & 91 & \\
0 & 1 & 8 & 27 & 64 & 125 & 216
\end{array}
$$

den erzeugenden Differenzen 1, 6, 6. Regnauld beschränkt sich auf arithmetische Reihen höherer Ordnung mit konstanter Schlußdifferenz, während Leibniz das Schema auch auf allgemeine Reihen ausgedehnt wissen will. Er fügt das nunmehr auf die Ermittelung der Binomialkoeffizienten abgestellte arithmetische Dreieck in der nebenstehenden Form an, verweist hinsichtlich des durch den angefügten Haken angedeuteten additiven Bildungsgesetzes auf seine *Ars combinatoria* und behauptet, dies sei weder bei Regnauld noch in Pascals *Triangle arithmétique* zu finden. Das ist jedoch unrichtig; in beiden Werken ist das Bildungsgesetz genauestens dargelegt. Mittels des Anfangsgliedes, der erzeugenden Differenzen und der Binomialkoeffizienten denkt sich

$$
\begin{array}{ccccccc}
1 & 1 & & & & & \\
2 & 1 & 1 & & & & \\
3 & 1 & 2 & 1 & & & \\
4 & 1 & 3 & 3 & 1 & & \\
5 & 1 & 4 & 6 & 4 & 1 & \\
6 & 1 & 5 & 10 & 10 & 5 & 1 \\
\vdots & \vdots & \vdots & \vdots & \vdots & \vdots & \vdots \\
10 & 1 & 10 & 45 & 120 & 210 & 252
\end{array}
$$

Leibniz die Glieder der Ausgangsreihe allgemein aufgebaut, wie das aus der Formel $0 \cdot \binom{n}{0} + 1 \cdot \binom{n}{1} + + 6 \cdot \binom{n}{2} + 6 \cdot \binom{n}{3} = n^3$ hervorgeht. Leibniz will jedoch mit dieser Darlegung nur ein Beispiel geben; er deutet an, daß er sich im Besitz der allgemeinen Regel befindet. Zu ihr sei er auf Grund der Umformung $u^p -- v^p == u^{p-1}(u--v) + (u^{p-1} - v^{p-1}) \cdot v$ gekommen; sein Ansatz gebe nicht nur die einzelnen Reihenglieder, sondern löse (für gebrochene n) auch das allgemeine Interpolationsproblem. Den Abschluß bildet ein Hinweis auf die Summierbarkeit der aus den reziproken figurierten Zahlen aufgebauten Reihen mit unendlich vielen Gliedern.

Man hat später im *Commercium epistolicum* gegen Leibniz vor allem den Vorwurf erhoben, daß er nicht einmal das Auftreten des Additionsgesetzes im arithmetischen Dreieck bei Pascal zugestanden habe[24]. In seinen zugehörigen Randnoten bemerkt Leibniz mit Recht, man könne aus dem Ganzen deutlich erkennen, wie wenig er damals von Mathematik verstand (und daß er das *Triangle arithmétique* nur überflogen hatte); nur die Summierung der unendlichen Reihen der reziproken figurierten Zahlen sei einigermaßen von Bedeutung gewesen.

Durch diese Erklärung war die Auseinandersetzung mit Pell zunächst beendet. Immerhin hielt es Oldenburg für geraten, seinen Landsmann zur nächsten Sitzung der RS am 15. II. 73 nicht mehr beizuziehen. In ihr kam es zu einem zweiten Vorstoß gegen Leibniz: Hooke wandte sich in abfälligen Worten gegen die Rechenmaschine und stellte ein einfaches Modell unter Benutzung der

Nepérschen Rechenstäbe in Aussicht. Oldenburg setzte Leibniz von den Ausführungen Hookes in Kenntnis, der allgemein als unverträglicher Nörgler und
Querulant angesehen wurde; er empfahl seinem jungen Freund dringend, die
Arbeiten an der technischen Vervollkommnung der Rechenmaschine möglichst
zu beschleunigen. Dem Wunsch Leibniz', in die RS aufgenommen zu werden,
kam Oldenburg gern entgegen; das Aufnahmegesuch[25] ist in seinem Beisein
von Leibniz entworfen worden.

Nach Erledigung des Londoner Auftrags drängte Schönborn zur Abreise; wahrscheinlich spielten die von dem kaiserlichen Gesandten Schroeter gesponnenen Intrigen mit. Schroeter war eine anrüchige Persönlichkeit von zweifel-
haftem Ruf. Auf Grund von Scheinaufträgen des Grafen Hanau hatte er es
verstanden, sich bei Hofe einzunisten und den König mit Goldmacherkünsten
zu düpieren; nun fürchtete er seine Entlarvung durch die Mainzer Gesandtschaft
und ahnte wohl auch, daß sein Sekretär Briegel insgeheim mit Leibniz zu-
sammenarbeitete und diesem Abschriften aus der politischen Korrespondenz
Schroeters zugänglich machte[26] — eine Handlungsweise, die im damaligen
diplomatischen Leben nichts Ungewöhnliches darstellte. Schon wenige Wochen
später sah sich Schroeter durchschaut und mußte London mit Schimpf und
Schande verlassen.

Die Vorbereitungen der Mainzer Gesandtschaft zur Rückkehr nach Paris
wurden derart eilig betrieben, daß Oldenburg keine Gelegenheit fand, sich
persönlich von Leibniz zu verabschieden, da er ihn bei seinem Gegenbesuch
verfehlte; er konnte ihm nur mehr ein kurzes Billet zukommen lassen[27],
dem ein Brief für Huygens[28] und die für diesen bestimmte letzte Nummer der
Philosophical Transactions [= *PT*][29] beilag, worin Sluses Tangentenmethode
abgedruckt war.

Die Angelegenheit mit den Zahlenreihen sollte noch ein längeres Nachspiel
haben: Leibniz erkundigte sich schon in seinem nächsten Brief aus Paris[30] nach
Pells Ansicht über seine Erklärung für die RS, vor allem hinsichtlich Mengoli,
und erhielt eine kurze Antwort Oldenburgs[31], später eine ausführlichere von
Collins, dem mathematischen Berater der RS. Mit diesem Mann, in dessen
Händen der Briefwechsel mit den auswärtigen Mathematikern der RS, vor
allem mit Wallis, Barrow, Gregory, Newton, Bertet und Borelli zusammenlief,
war Leibniz durch einen Zufall in London nicht bekannt geworden. Collins hatte
als Rechenmeister angefangen und verstand nicht viel von der höheren Mathematik, interessierte sich aber brennend für die neuen Ergebnisse vorzugsweise
der englischen Gelehrten. Er stand in engen Beziehungen zu den Londoner
Verlegern und bemühte sich darum, die Werke seiner Freunde möglichst gut
und rasch an die Öffentlichkeit zu bringen. Der briefliche und persönliche Verkehr mit den angesehensten Professoren an den englischen Universitäten schmei-

[25] Leibniz-RS, 20. II. 73 — [26] Hierzu vgl. Briegel-Leibniz, 17. III., 24. III., 24. IV. und
5? V. 73; Briegel-Schönborn, 24. IV. und 28. IX. 73; Leibniz-Briegel, 23? II. und
8. III. 73; Leibniz-Schloer, VI 73; Leibniz-Schönborn, 10. III. und 31. III. 73; Schloer-
Leibniz, Mitte IV, 20. IV., 23. IV., 5. V. und 27. VII. 73; schließlich Schönborn-Leibniz,
VII 73 — [27] Oldenburg-Leibniz, 19. II. 73 — [28] Oldenburg-Huygens, 19. II. 73 — [29] PT 7,
Nr. 90 vom 30. I. 73 — [30] Leibniz-Oldenburg, 8. III. 73 — [31] Oldenburg-Leibniz,
16. III. 73.

chelte seinem Ehrgeiz nicht weniger als die Vertrauensstellung als Bibliothekar der RS und Berater Oldenburgs, der sich niemals eingehender mit Mathematik befaßt hatte und sich daher in der Korrespondenz mit ausländischen mathematisch interessierten Mitgliedern oder Freunden der RS, wie Sluse, Leibniz und Tschirnhaus, weitgehend auf die Entwürfe von Collins zu verlassen pflegte. Leider war dieser in übertriebenem Nationalstolz nicht fähig, die Leistungen und die Persönlichkeit ausländischer Gelehrter vorurteilsfrei zu bewerten; er war einseitig gegen die Franzosen überhaupt, insbesondere gegen die Cartesianer, gegen Huygens und auch gegen Leibniz eingenommen und bemühte sich, mit allen, auch mit etwas zweifelhaften Mitteln, die Ergebnisse der Engländer herauszustreichen. Die Enge seines wissenschaftlichen Gesichtskreises hat ihm dabei trotz seines redlichen Bemühens um die Wahrheit und um die Förderung der neuen Gedankengänge manchen üblen Streich gespielt. Daß es ein Menschenalter später zwischen Leibniz und Newton zu einem Prioritätstreit kommen konnte, ist größtenteils der unglücklichen Vermittlerrolle von Collins zuzuschreiben, der auch die Verdienste von Gregory und Sluse gegenüber denen Newtons zu verkleinern trachtete und in dieser heute deutlich erkennbaren Tendenz den Tatsachen Gewalt angetan hat. Newton war so groß, als Mensch so rein und edel und so sehr erfüllt von umstürzenden Gedanken, daß ein Herausstreichen seiner Persönlichkeit und seiner Ergebnisse auf Kosten anderer völlig überflüssig ist. Es ist Pflicht einer ernsthaften historischen Forschung, die Dinge so darzustellen, wie sie wirklich waren, und sie endlich aus der durch Allzumenschliches verzerrten Perspektive herauszulösen, die jahrhundertelang ein falsches Bild der Zusammenhänge vorgetäuscht hat. Es kommt nicht darauf an, eine einzelne Persönlichkeit ungerechtfertigt zu vergrößern — diese Art von „Heldenverehrung" hat nichts mit ernsthafter Forschung zu tun —, sondern die volle Wahrheit ans Tageslicht zu bringen. Wo viel Licht ist, ist auch viel Schatten; wer geniale Menschen verstehen will, darf an ihren kleinlichen Schwächen nicht vorübergehen. —

In dem auf Collins zurückgehenden Brief an Leibniz[32] wird kurz abgehandelt, was die Engländer zur Interpolationslehre Moutons zu sagen haben: Ist $y = f(x)$ und wird der Reihe nach $x = 1, 2, 3 \ldots$; $y = y_1, y_2, y_3 \ldots$ gesetzt, so könne man die Funktion nach zwei verschiedenen Methoden bestimmen. Nach der ersten versuche man im Fall von n Werten y_k einen Ansatz mit einer Funktion $(n-1)$ten Grades in x. (Dieses Verfahren der „parabolischen Interpolation" war damals bereits allgemein verbreitet; es wird unter anderem auch in Collins' *Decimal Arithmetic*[33] abgehandelt. Im vorliegenden Schreiben wird es an den beiden schwierigsten Beispielen Moutons vorgeführt. Allerdings erscheint im zweiten Beispiel mit 5 gegebenen y-Werten ganz unnötigerweise eine Funktion 5. statt 4. Grades.) Bei der zweiten Methode müsse man gewisse Multiplikationen ausführen und könne sich auf diese Weise die Ausrechnung der Interpolationsfunktion sparen. Dies ist eine (beinahe bis zur Unkenntlichkeit entstellte) Anspielung auf Gregorys Interpolationsmethode, die im vor-

---

[32] Entwurf: Collins-Oldenburg für Leibniz, Anfang IV 73; Abfertigung: Oldenburg-Leibniz, 16. IV. 73 — [33] Hinweis darauf in Oldenburg für Leibniz, 16. IV. 73.

liegenden Fall mittels des Ansatzes $y = y_1 + \binom{x-1}{1} \Delta y_1 + \binom{x-1}{2} \Delta^2 y_1 + \cdots$ durchzuführen wäre[34] und im wesentlichen mit dem Ansatz Leibniz' übereinstimmt.

Was die Summierung der reziproken figurierten Zahlen $^1/_3$ $^1/_6$ $^1/_{10}$ $^1/_{15}$; $^1/_4$ $^1/_{10}$ $^1/_{20}$ $^1/_{30}$; $^1/_5$ $^1/_{15}$ $^1/_{35}$ $^1/_{70}$ betreffe, so sei das nämliche auch in Mengolis *Quadraturae arithmeticae* enthalten, doch könne dieser weder $\sum 1/k$ noch $\sum 1/k^2$ noch auch $\sum 1/k^3$ bestimmen, während Collins dies mittels seines Ansatzes zu leisten vermöge; insbesondere lasse sich die für ein Zinsrechnungsbeispiel wichtige 100gliedrige Summe

$$10000/106 + 10000/112 + 10000/118 + \cdots$$

bestimmen; sie sei beinahe genau gleich 3200. Collins hatte dieses letzte Ergebnis vermittels der logarithmischen Näherungsregel Newtons zur Summierung der harmonischen Reihe berechnet[35]. Diese lautet so: Ist

$$S = \frac{a}{b} + \frac{a}{b+d} + \cdots + \frac{a}{c-d} + \frac{a}{d},$$

und werden zwei Zahlen m, n so gewählt, daß $2\,m\,n/(b+c) < \sqrt{m\,n}$ nur wenig voneinander abweicht, so gilt für einen gewissen Zwischenwert e zwischen $2\,mn/(b+c)$ und $\sqrt{m\,n}$:

$$S = \frac{a}{e} \cdot \ln \frac{n}{m} : \ln \frac{2\,e+d}{2\,e-d}.$$

Ist die Spanne der Schranken hinreichend klein, so genügt es, e als das arithmetische Mittel der Schranken anzunehmen[36].

In seiner Antwort[37] ging Leibniz nicht mehr weiter auf die Interpolationstheorie ein. Er war sehr in Eile und konnte Mengolis Werk nicht einsehen; außerdem glaubte er aus Collins'/Oldenburgs Ausführungen schließen zu dürfen, daß in den *Quadraturae arithmeticae* nur eine endliche Zahl zusammengehöriger reziproker figurierter Zahlen summiert sei, nicht aber die aus unendlich vielen Gliedern bestehenden Reihen. Der Umstand, daß ihn Huygens mit der Summenbestimmung der unendlich vielen reziproken Dreieckszahlen ausdrücklich auf ein neues und bisher nicht bekanntes Problem hingewiesen habe, bestärke ihn in dieser Auffassung. Ähnlich drückte sich Leibniz in einem späteren Brief an Oldenburg aus[38], mußte sich aber dahingehend belehren lassen, daß Mengoli auch die unendlichen Reihen summiert habe[39]; er kam im Briefwechsel mit Oldenburg nicht mehr auf die Angelegenheit zurück. Tatsächlich war Leibniz' Ergebnis in Mengolis sehr viel weitergehenden Untersuchungen vollständig enthalten; die Summierung der reziproken Dreieckszahlen wird dortselbst entsprechend dem Verfahren von Huygens vollzogen, doch sind beide Forscher bestimmt voneinander unabhängig. Leibniz kannte seinen Vorgänger nicht; das Wesentliche an seiner Überlegung ist nicht das Ergebnis, sondern die interessante Methode.

Mit den andern von Collins vorgeschlagenen Reihen $\sum 1/k$, $\sum 1/k^2$ und $\sum 1/k^3$ ist Leibniz niemals fertig geworden. Er hat zwar festgestellt, daß die unend-

---

[34] Vgl. Gregory-Collins, 3. XII. 70 — [35] Newton-Collins, 30. VII. 71 — [36] Aufklärung in Hofmann, *Studien*, S. 42-44 — [37] Leibniz-Oldenburg, 26. IV. 73 — [38] Leibniz-Oldenburg, 24. V. 73 — [39] Oldenburg-Leibniz, 5. VI. 73.

liche harmonische Reihe divergiert und daher nicht summierbar sei[40], aber
Collins ließ ihm mitteilen, auch das habe schon Mengoli bewiesen; dieser sei
jedoch an der Summierung der endlichen Teilreihen der harmonischen verzweifelt, während die Engländer damit fertig geworden seien[41]. Alle von Leibniz
auf diese Summe verwandte Mühe war vergeblich — daß es sich um eine bloße
Näherungsmethode handelte, konnte er nicht ahnen —, so daß er schließlich
bereit war, seine arithmetische Kreisquadratur nebst Beweis daranzugeben,
wenn ihm Collins sein Summierungsverfahren auseinandersetzen wolle[42]. Das
einzige, was Leibniz herausgebracht hat, ist die Summierung

$$\sum_{n=2}^{\infty} \left(\frac{1}{2^n} + \frac{1}{3^n} + \frac{1}{4^n} + \ldots \right) = 1,$$

aber Collins hält ihm sogleich entgegen, auch dies sei nichts Neues[43]; denn
man könne ja nach Gliedern aufeinanderfolgender geometrischer Reihen
anordnen. Die Bestimmung von $\sum 1/k^2$ hat Leibniz Zeit seines Lebens beschäftigt, aber niemals wollte ihm die Lösung gelingen*).

Auch die Angelegenheit mit der Rechenmaschine sollte für Leibniz recht nach-
teilig ausgehen: Er war mit der Wirkungsweise seines Modells alsbald nicht
mehr zufrieden und entschloß sich zu einschneidenden Umänderungen[44], schrieb
aber an seine Korrespondenten viel zu optimistische Berichte, die keineswegs
durch den Stand der Dinge gerechtfertigt waren[45]. Hooke hatte schon am
15. III. 73 ein Modell seiner Maschine vor der RS vorgeführt und wenige
Wochen später[46] die von den Mitgliedern gewünschte eingehende Beschreibung
vorgelegt; Oldenburg drängte Leibniz fortgesetzt und erinnerte ihn an das
gegebene Wort, die Maschine möglichst bald fertig zu machen[47], erreichte aber
nur, daß Leibniz auf den letzten Brief keine Antwort mehr gab. Hookes Anordnung war nicht sehr verschieden von der Morlands und überhaupt nicht
mit der völlig automatisch arbeitenden Maschine von Leibniz in Vergleich zu
setzen, aber das sollte sich erst später herausstellen, als Leibniz sein Modell
wirklich gangfähig gemacht hatte. Zunächst mußte er sichs gefallen lassen,
daß ihn die Mitglieder der RS nicht mehr für ganz voll ansahen und es vielleicht bedauerten, daß sie ihn so rasch einstimmig in ihre Reihen aufgenommen
hatten[48]. Dazu kam, daß Leibniz, mit den in der RS üblichen Formen schlecht
vertraut, auf die Mitteilung Oldenburgs von seiner Aufnahme[49] nur mit einigen
flüchtigen Dankesworten reagierte[50] und erst von Oldenburg darauf hingewiesen
werden mußte, daß es üblich sei, den Dank in einem offiziellen Schreiben aus-
zusprechen[51]. Wie man aus der überraschend gezwungenen sprachlichen For-
mung sieht, ist Leibniz — sonst so federgewandt — nur schwer mit diesem
Schriftstück zustande gekommen[52]. Er war sehr ärgerlich darüber, daß er sich

---

*) Eine ganze Forschergeneration hat sich vergeblich an dem schwierigen Problem ab-
gemüht, dessen Lösung schließlich dem 29-jährigen Euler (1736) gelang.
[40] Leibniz-Oldenburg, 26. IV. und 24. V. 73 — [41] Oldenburg-Leibniz, 5. VI. 73 —
[42] Leibniz-Oldenburg, 30. III. 75 — [43] Oldenburg-Leibniz, 5. VI. 73 — [44] Leibniz-Oldenburg, 8. III., 26. IV. und 24. V. 73 — [45] Leibniz-Schönborn, 10. III. 73; Leibniz-Herzog
Johann Friedrich, 26. III. 73; Leibniz-Fürstenberg, IV 73 — [46] Sitzung der RS vom
17. V. 73 — [47] Oldenburg-Leibniz, 18. V. und 5. VI. 73 — [48] in der Sitzung der RS vom
19. IV. 73 — [49] Oldenburg-Leibniz, 20. IV. und 24. IV. 73 — [50] Leibniz-Oldenburg,
26. IV. 73 — [51] Oldenburg-Leibniz, 18. V. 73 — [52] Leibniz-RS, 1. VI. 73.

eine fühlbare Blöße gegeben hatte, konnte sich aber kein größeres Interesse an
der Rechenmaschine abringen; denn plötzlich hatte sich seiner eine Fülle von
mathematischen Ideen bemächtigt, die ihn gleich Zwangsvorstellungen über-
fielen und nicht mehr frei gaben.

4. DIE SENDUNG OLDENBURGS VOM 16. APRIL 73

Wir haben noch nachzutragen, daß Leibniz unmittelbar nach seinem Wieder-
eintreffen in Paris mit dem aus Lyon stammenden Algebraiker und Zahlentheoretiker Ozanam zusammengekommen ist, der mit ihm die Auflösung
jener höheren Gleichungen durchgesprochen hat, die sich durch die Substitution $x = x' + a$ auf reine Gleichungen zurückführen lassen[53]. Auf einen
kurzen diesbezüglichen Hinweis von Leibniz[54] ist Oldenburg in seiner verschollenen Antwort vom 16. III. 73 näher eingegangen; Collins hat später
darauf hingewiesen, daß man bei Auflösung einer rational in zwei quadratische
Faktoren zerfallenden Gleichung 4. Grades auch ohne die kubische Hilfsgleichung auskommen könne[55]. Der Witz der Sache liege darin, zu entscheiden,
wann die kubische Hilfsgleichung entbehrt werden könne und wann nicht.
Weit bedeutsamer sind einige zahlentheoretische Aufgaben, die Ozanam im
Anschluß an Billys *Diophantus redivivus* und das *Inventum novum* gestellt hat,
und die jahrelang als ungelöste Probleme von den europäischen Mathematikern
umworben wurden[56]. Das interessanteste von ihnen bezieht sich auf die Bestimmung dreier Zahlen, deren Summen und Differenzen je zu zweit Quadratzahlen ergeben. Leibniz berichtet, Ozanam habe ihm eine ganz einfache algebraische Lösungsmethode gezeigt, und möchte gern wissen, ob Ähnliches auch
in England bekannt sei[57]. Oldenburg ging auch hierauf in dem verschollenen
Brief vom 16. III. 73 ein.

Die ausführliche Antwort Oldenburgs vom 16. IV. 73 besteht aus drei Teilen:
Zunächst wird der bereits erwähnte englische Entwurf Collins' zusammen mit
einigen persönlichen Beifügungen in lateinischer Übersetzung wiedergegeben[58],
dann folgt eine in den bisherigen Drucken unrichtig eingereihte lateinische
Nachschrift[59], hierauf eine bisher ungedruckte englische Beilage über den damaligen Stand der Mathematik vorzugsweise in England[60]. Leibniz war zunächst
noch zu ungeschult, um den Inhalt des Gebotenen voll würdigen zu können;
er hat sich aber später — vermutlich im April 1675 — aus allen drei Schriftstücken Auszüge gemacht[61] (die uns zusammen mit gegenseitigen Anspielungen
innerhalb der einzelnen Teile der Oldenburgschen Sendung die vorgeschlagene
Reihenfolge als richtig gewährleisten). Aus der Unterredung mit Collins
während seines zweiten Aufenthalts in London[62] sind ergänzende Notizen
dazu erhalten.

---

[53] Ozanam für Leibniz, Anfang III 73, Nr. 1 — [54] Leibniz-Oldenburg, 8. III. 73 —
[55] Oldenburg-Leibniz, 16. IV. 73, Nachschrift — [56] Ozanam für Leibniz, Anfang III 73,
Nr. 2 — [57] Leibniz-Oldenburg, 8. III. 73 — [58] Entwurf: Collins-Oldenburg für Leibniz,
Anfang IV 73; Abfertigung: Oldenburg-Leibniz, 16. IV. 73 — [59] Oldenburg-Leibniz,
16. IV. 73, Nachschrift; in *LBG* irrtümlich auf 12. V. 77 datiert — [60] Oldenburg für Leibniz,
16. IV. 73 — [61] Leibniz, IV 75, Auszüge aus der Sendung Oldenburgs vom 16. IV. 73 —
[62] 18.-29. X. 76.

Collins hatte in Hurets Perspektive, die im Herbst 1672 in den *PT* besprochen worden war[63], eine ziemlich eingehende und äußerst abfällige Kritik an der Kegelschnittlehre von Desargues gelesen, der er keineswegs beistimmen konnte. Er selbst hatte schon 1669 in den *PT* eine Abhandlung über die Auflösung numerischer Gleichungen abdrucken lassen[64], worin er die Gleichungen 3. und 4. Grades in Zusammenhang mit dem Durchschnitt zweier passender Kegelschnitte brachte. Er dachte sich an eine Kugel im Zenit die Tangentialebene gelegt und die Kreise der Tangentialebene durch stereographische Projektion aus dem Nadir in die Kreise der Kugeloberfläche übergeführt; diese Kreise wurden durch Projektion aus dem Mittelpunkt in ein System von Kegelschnitten in der Tangentialebene transformiert. Das wird im Brief an Leibniz etwas genauer ausgeführt, aber nicht fehlerfrei dargestellt. Insbesondere bleibt dunkel, wie sich Collins den entscheidenden Hauptpunkt vorgestellt hat, nämlich die richtige Auswahl der Kurven, so daß das von ihm gewünschte Ziel, die Anwendung sphärisch-trigonometrischer Hilfsmittel, möglich geworden wäre. Collins vermutete, Ähnliches werde wohl auch in der ihm unbekannt gebliebenen Abhandlung von Desargues und deren Weiterführung, dem großen Kegelschnittwerk Pascals, enthalten sein. Er wußte von Pascals Entdeckungen nur aus einer Erwähnung in Mersennes *Cogitata*, hatte aber den *Essay* von 1640, auf den sie sich bezog, niemals gesehen. Da er erfahren hatte, daß sich einiges aus dem Nachlaß Pascals bei dem Bruder des Pariser Buchhändlers Desprez in der Auvergne befand, wollte er Leibniz veranlassen, sich um das Ms. zu kümmern. Dieser sollte überdies darauf dringen, daß Picard die auch später niemals zum Druck gekommene Abhandlung Debeaunes über den körperlichen Winkel herausbringe, die Bartholin aus dem Nachlaß erhalten und kommentiert hatte. Niemand wollte sie drucken, da die beigegebenen Figuren so sehr kompliziert waren[65]. Heute ist das Werkchen verschollen.

Die zahlentheoretischen Probleme Ozanams veranlaßten Collins zur Übermittelung einer Inhaltsangabe des 2. Buchs der Kerseyschen Algebra, das damals gerade ausgedruckt wurde. Schon Ende Januar 1673 war eine Voranzeige des 1. Buches erschienen[66]; der Band wurde bogenweise in Teillieferungen abgegeben. Collins war an der Abfassung beteiligt und setzte sich sehr für die Verbreitung des Werkes ein. Kersey war Rechenmeister und als Lehrer beliebt. Er bemühte sich, seinen Landsleuten einen in erster Linie auf gut ausgewählte Beispiele gestützten Überblick über die damals fast ausschließlich in Latein abgefaßten algebraischen und zahlentheoretischen Werke zu vermitteln, natürlich vor allem über die Veröffentlichungen der Cartesianer im Zusammenhang mit der *Géométrie*. Collins nennt eine große Anzahl der Gewährsleute Kerseys, so für die Wurzelschranken und die Gleichungserniedrigung Debeaune, Hudde nebst den zugehörigen ungedruckten Erläuterungen Merrys, Bartholin, Dulaurens, Brasser, Ferguson, Rahn und Brancker. Kerseys Algebra werde frühestens in etwa einem halben Jahr herauskommen; vielleicht sei bis dahin Frenicles bereits angekündigtes Buch über zahlentheoretische Gegenstände gedruckt,

[63] *PT* 7, Nr. 86 vom 29. VIII. 72 — [64] *PT* 4, Nr. 46 vom 22. IV. 69 — [65] Schooten-Huygens, 20. XI. 56 — [66] *PT* 7, Nr. 90 vom 30. I. 73.

von dem man sich wesentliche Ergänzungen zu Billys *Inventum novum* erwarte.
Ähnliches habe übrigens auch Pell in Aussicht gestellt. Fermat, Wallis und Kersey seien unabhängig voneinander zu der nämlichen Regel für die Zerlegung
der Summe zweier Kubikzahlen in zwei andere gekommen, aber keiner habe
Frenicles Zerlegungen in kleinen Zahlen aufklären können. Damit wird ein
Gegenstand berührt, der in der berühmten zahlentheoretischen Auseinandersetzung zwischen Fermat, Frenicle und Wallis in den Jahren 1657/58 eine
größere Rolle gespielt hatte. Die Fragestellung stammt von Fermat[67] und war
im Anschluß an ein verlorenes Porisma aus Diophant entstanden, das von
Bombelli, Viète und Bachet wiederhergestellt worden war: Die Differenz zweier
Kuben ist auch Summe zweier Kuben. Man setzte

$$a^3 - b^3 = \left(a - \frac{bt}{a}\right)^3 + \left(\frac{at}{b} - b\right)^3$$

und fand

$$t = 3\,a^2\,b^2 / (a^3 + b^3),$$

mußte aber jedesmal getrennt aus dem Größenverhältnis von a/b entscheiden,
ob sich eine Summe oder eine Differenz ergibt. Fermat hatte entdeckt, daß
man durch hinreichende Wiederholung des Ansatzes stets eine Kubensumme
wieder in eine Kubensumme verwandeln könne. Wallis wurde mit der allgemeinen Fragestellung nicht fertig; daher schlug Fermat das Beispiel $9 = 2^3 + 1^3$
vor, wofür Wallis die (nach der obigen Regel leicht erkennbare) Zerlegung
$2^3 + 1^3 = (^{20}/_7)^3 - (^{17}/_7)^3 = (^{20}/_7)^3 + (-\ ^{17}/_7)^3$ gab und diese Lösung gegenüber dem Einwurf, es sei ja nur eine Kubendifferenz erzeugt worden, mit dem
Hinweis darauf verteidigte, daß auch $-\ ^{17}/_7$ eine „Zahl" sei. Billy hat Fermats Andeutungen im *Inventum novum* näher ausgeführt und ist nach zwei
Zwischenschritten zu einer Zerlegung in Brüchen aus 21 und 22 stelligen
Zahlen gekommen. Frenicle hat eine Reihe von Zerlegungen in sehr kleinen
Zahlen gegeben[68], wie etwa $1^3 + 12^3 = 9^3 + 10^3$, die sich vermittels des Ansatzes
$(x + u)^3 - x^3 = (y + v)^3 - y^3$ bzw. $u\,(2\,x + u)^2 - v\,(2\,y + v)^2 = \ ^1/_3 \cdot (v^3 - u^3)$
durch passende Wahl von u, v auf ganz einfache Gleichungen der Form
$X^2 - p\,Y^2 = q$ zurückführen lassen. Seine Beispiele sind aus $p = 3, 7$ und 13
erklärbar.
Weiterhin gibt Collins eine Übersicht über die wichtigsten mathematischen
Fortschritte in jüngster Zeit. Er verweist auf Huddes Regel zur Bestimmung
der Extremwerte einer Funktion der Form $y = a_0\,x^n + a_1\,x^{n-1} + \ldots + a_n$,
die darin besteht, daß man $n\,a_0\,x^{n-1} + (n - 1)\,a_1\,x^{n-2} + \ldots + a_{n-1} = 0$
setzt; sie gehe weit über das früher von Bartholin in dieser Richtung Gefundene
hinaus. Andrerseits könne man mittels der Tangentenmethode von Sluse die
durch größere und kleinere Näherungswerte eingeschränkten Gleichungslösungen logarithmisch annähern oder Näherungen durch Reihenentwicklungen
geben (die erste Anspielung auf Newtons Methode, jedoch fälschlich unter
Benennung von Sluse statt von Newton), ferner das Interpolationsproblem
lösen und die Teilsummen der harmonischen Reihe durch Logarithmen an-

[67] Fermat-Digby, 15. VIII. 57 — [68] vgl. Brouncker-Wallis, 13. X. 57 und Frenicle-
Digby, 20. ? II. 58.

nähern, das von Wallis in seinem *Commercium epistolicum* angedeutete Problem behandeln (gemeint ist wohl Brounckers arithmetische Hyperbelquadratur), unhandliche Dezimalbrüche durch Kettenbrüche annähern und die sphärische Trigonometrie verbessern. Die letzten beiden Ergebnisse seien das Hauptverdienst von Wallis und in den (damals noch ungedruckten) Winkelschnitten enthalten; ähnliches habe auch Rahn geleistet, wobei Pell stark beteiligt gewesen sei.

Im Nachlaß Fermats, dessen Abhandlungen sich größtenteils abschriftlich in Pells Händen befänden und von diesem sorgfältig mit Anmerkungen versehen worden seien, sei vermutlich auch etwas über die Porismen Euklids, über Kugelberührung, über ebene (Gerade, Kreis), körperliche (allgemeine Kegelschnitte) und lineare Örter (höhere Kurven) und Oberflächenörter (auf Flächen 2. Grades) enthalten. Dann folgt eine längere Aufzählung der Studien zeitgenössischer Autoren über Euklid, vor allem über das berühmte 10. Buch (Art der Irrationalitäten von Ausdrücken der Form $\sqrt{a + \sqrt{b}}$), aber der größte erzielte Fortschritt liege nicht auf diesem Gebiet, sondern in der Ausdehnung der algebraischen Methode auf die Geometrie, worüber Bartholin eingehend gearbeitet und Newton etwas versprochen habe.

Über Kegelschnitte habe Strode alles ihm Zugängliche aus den besten Autoren, so vor allem aus Kinckhuysen gesammelt; Collins besitze Aufsätze von Barrow und Newton über die Auflösung von Gleichungen höheren Grades vermittels der Kegelschnitte und mechanischer Instrumente, und zwar könne Newton jeden Kegelschnitt aus 5 Punkten, jede Parabel aus 4 Punkten durch eine Konstruktion unter Benutzung beweglicher Winkel erzeugen, ferner höhere Gleichungen bis zum 9. Grad vermittels zweier kubischer Parabeln, Gleichungen bis zum 16. Grad vermittels zweier biquadratischer Parabeln lösen und besitze auch für diese Kurven mechanische Erzeugungsweisen. Das alles seien Erweiterungen der graphischen Auflösung von Gleichungen 4. Grades vermittels einer festen Parabel und eines Kreises (von Descartes); man könne aber auch wie Pappus durch Einschieben einer gegebenen Strecke konstruieren, die so zwischen zwei anstossende Seiten eines Rechtecks eingepaßt wird, daß ihre Trägergerade durch die 4. Ecke des Rechtecks hindurchgeht. Das, was Descartes hierüber bringe, sei nach Pells Ansicht unnötig kompliziert.

Übrigens sei die von Leibniz jüngst[69] übermittelte Nachricht, Pardies bediene sich bei Gleichungslösungen der logarithmischen Kurve, in dieser Form noch nicht hinreichend klar; man könne derzeit in England nur trinomische Gleichungen mittels Logarithmen behandeln. (Hiermit wird auf eine Näherungsmethode Newtons angespielt, der die ersten Glieder der Reihenentwicklung für die Lösungen durch Übergang zur logarithmischen Reihe praktisch angenähert hatte.) Sollte freilich Dulaurens mit seiner Behauptung recht haben, daß man in jeder Gleichung das Zwischenglied beseitigen könne, dann sei die Anwendbarkeit der Logarithmen eine Selbstverständlichkeit.

---

[69] Leibniz-Oldenburg, 8. III. 73.

Auf dem Gebiet der höheren Geometrie habe Newton schon vor Erscheinen
der *Logarithmotechnia* Mercators eine allgemeine Methode entwickelt, mittels
deren er krummlinig begrenzte Flächen quadrieren, Bögen ausstrecken, die
Schwerpunkte und Inhalte aller Drehkörper und ihrer 2. Segmente und ihre
Oberflächen bestimmen könne; ferner sei es möglich, die natürlichen trigonometrischen Funktionen und ihre Logarithmen unmittelbar aus dem Argument
zu berechnen und umgekehrt; außerdem könne man unreine Gleichungen auflösen, und zwar derart, daß man eine gewisse Reihe für alle kubischen Gleichungen erhalte, eine andere für alle biquadratischen usw. Hoffentlich werde
Newton seine Methode zusammen mit der Einleitung in Kinckhuysens Algebra
veröffentlichen. Auch Gregory sei auf das nämliche Verfahren verfallen und
wende es in erster Linie auf mechanische Probleme an, z. B. auf die Behandlung der Keplerschen Aufgabe und zur Tangentenbestimmung für mechanische
Kurven. Dazu trete noch die praktische Näherungsmethode von Dary aus
dessen Faßlehre. Ferner könne man verschiedene geometrische Probleme mit
dioptrischen Fragen in Verbindung bringen.

Ganz ohne Zusammenhang zum vorhergehenden steht eine kurze Zusammenstellung der neueren Untersuchungen über das Apollonische Kreisberüh-
rungsproblem, doch scheint Collins nichts von der bedeutsamen Erweiterung
gewußt zu haben, die Pascal vorgenommen hatte, indem er nach den
Kreisen fragte, die Kreise berühren und Gerade unter gegebenen Winkeln
schneiden[70].

Zusammenfassend können wir sagen, daß Leibniz einen mit vielen wertvollen
literarischen Hinweisen ausgestatteten Überblick über das erhalten hatte, was
Collins mathematisch besonders interessierte und was er von den neuen Ergebnissen der Engländer preiszugeben bereit war. Wohl werden gelegentlich
auch Einzelheiten gegeben, aber zumeist bleibt alles derart unbestimmt,
daß auch ein auf ähnlichen Gebieten arbeitender Fachmann damals nicht so
ohne weiteres hätte entscheiden können, von welcher Art die neuen Methoden
waren. Zweifelsohne hatte Collins hier wie auch in ähnlichen Berichten an
andere ausländische Gelehrte die Absicht, die Ergebnisse seiner englischen
Freunde festzuhalten und ihnen damit ihr geistiges Eigentum zu sichern. Er
sah sich zu diesem Verfahren gezwungen, da die durch den großen Londoner
Brand von 1666 schwer in Mitleidenschaft gezogenen Verleger fast keine mathematischen Werke mehr herauszubringen vermochten und daher die Forschungen
des Londoner Mathematikerkreises nur unter großen Schwierigkeiten bekannt
gemacht werden konnten. Auch die Verleger in Oxford und Cambridge waren
sehr behindert; für Barrow, Newton, Gregory und selbst für Pell und Wallis gab
es kaum eine Möglichkeit mehr, etwas zu veröffentlichen; an Barrows berühmt
gewordenen *Lectiones opticae* und *Lectiones geometricae* sind mehrere Drucker
insolvent geworden. Für den Fernerstehenden macht es zunächst den Eindruck, als handle es sich um vielgekaufte Werke mit mehreren Auflagen;
in Wahrheit sind immer nur kleine Zusätze angebracht worden, und alles

---

[70] Pascal-Fermat, 29. VII. 54.

andere ist als Titelauflage von einem bankrotten Verleger zum nächsten gewandert.

Daß und wie sich Collins für seine Landsleute eingesetzt hat, wird stets dankbar
anerkannt werden. Übrigens hat er sich Leibniz gegenüber durchaus korrekt
verhalten, obwohl er ihn als einen Französling ansah und ihm um seiner engen
Bekanntschaft mit Huygens willen mißtraute. Er hielt ihn (genau so wie Oldenburg selbst) für einen Diplomaten mit naturwissenschaftlichen Interessen und
für einen Erfinder, der sich um den Bau von Instrumenten kümmerte, wie
etwa die Rechenmaschine. Von seinen mathematischen Fähigkeiten gewann
er damals keinen sonderlichen Eindruck — wer könnte ihm das verdenken ? —,
wollte ihm jedoch durch die gebotenen Zusammenstellungen das Studium der
einschlägigen Fachwerke erleichtern und zeigen, wie viel auf diesem Gebiet
bereits erreicht sei. Leibniz hatte damals selbständig eine Reihe von hübschen
mathematischen Entdeckungen gemacht, war aber auf dem Gebiet der mathematischen Literatur noch vollständiger Neuling. Fast alles, was er damals
gefunden hatte und für unbekannt hielt, war in den einschlägigen Büchern
bereits vorhanden; neu war nur die Methode, aber worin sie sich von der
seiner Vorgänger unterschied, war damals noch nicht zu sehen. Die Auseinandersetzung mit Collins war für Leibniz sehr bedeutungsvoll; sie stellte
ihm mit unausweichlicher Klarheit vor Augen, daß auch in der Mathematik
ohne sorgfältiges Einzelstudium nichts zu erreichen sei, dämpfte seinen in
dieser Richtung völlig unbegründeten Optimismus und spornte ihn dazu an,
die einschlägige Literatur ernsthaft anzusehen.

Er wurde nicht nur auf seltene Bücher hingewiesen, wie auf Mengolis *Via regia*
oder *Speculazioni di musica* oder auf die Schriften Grienbergers, sondern ebenso
stark auf die nur handschriftlich umlaufenden Abhandlungen Fermats, Pascals,
Robervals, Frenicles und anderer und vor allem auf Pascals Nachlaß. Mehr
und mehr interessierte er sich für das Entstehen und die Entwicklung der
neuen Ideen, an deren Ausgestaltung er von nun an bewußt arbeitete. Sachlich
war das von Oldenburg Übermittelte damals viel zu hoch für ihn, aber es
gab die richtige Einstimmung und einen starken Anreiz. In seiner unvorstellbaren Feinfühligkeit ahnte Leibniz etwas von dem mathematischen Leben, das
auf der Insel pulsierte, und von dem stillen Wettkampf zwischen Newton und
Gregory um die neuen Methoden; er zog sich von Oldenburg zurück, um zu
lernen und die ihm peinlich fühlbar gewordenen Lücken auszufüllen, und
knüpfte im Sommer 1674 als ein anderer, als ein wahrhaft Wissender, die Beziehungen wieder an.

Collins hatte Leibniz noch nicht persönlich kennengelernt und sollte dem
Zauber seiner Persönlichkeit erst später verfallen; für ihn war der Leibniz des
Sommers 1674 der nämliche, den er im Frühjahr 1673 abgefertigt hatte; ein
interessanter Schwadroneur, den man kurz halten müsse und von dem man
nicht viel zu befürchten habe. Aus diesem Mißverständnis und der mangelnden
Einsicht in den Umstand, daß Leibniz 1673 noch Anfänger, 1674 der Reife
nahe war, erklärt sich viel von den überraschenden Unbegreiflichkeiten, vor
die uns die spätere Korrespondenz von Leibniz mit London zu stellen scheint.

5. DIE GROSSEN ENTDECKUNGEN DES JAHRES 1673

Noch während der Verhandlungen in London war Kurfürst Johann Philipp von Mainz gestorben (12. II. 73). Sein Nachfolger Lothar Friedrich war mit der Familie Schönborn verwandt, aber man wußte doch nicht ganz sicher, wie sich der Regierungswechsel auswirken würde. M. Fr. Schönborn verließ alsbald Paris und erreichte, daß ihn der neue Herr in seinem Amt als Obermarschall bestätigte; für Leibniz hatte Lothar Friedrich in Paris keinen Auftrag mehr, doch wurde ihm der weitere Aufenthalt in Frankreich ohne Verlust seiner Stelle zugestanden[71]. Die Familie Boineburg wünschte, daß sich Leibniz um die Erziehung des jungen Boineburg annehmen solle. Leibniz hatte dem alten Freiherrn mehrere Male widerraten, seinen Sohn, wie ursprünglich beabsichtigt, in eines der Pariser *Collèges* zu geben, und ihm und dann später der Witwe einen sorgfältig ausgearbeiteten Studienplan vorgelegt, der von der Familie Boineburg gebilligt wurde. Der 17jährige Philipp Wilhelm nahm bei Leibniz Quartier, fühlte sich jedoch in dem neuen Logis zu sehr beengt und beaufsichtigt, hatte nur geringe Neigung zu ernsthaften Studien und wollte den Aufenthalt in Paris in vollen Zügen genießen. Es kam zu Mißhelligkeiten und Klagen der verschiedensten Art; die Witwe Boineburg war in Geldverlegenheit und beschnitt die mit Leibniz verabredete Vergütung; schließlich sah sich Leibniz ziemlich kühl aus den Boineburgschen Diensten entlassen[72]. Er hatte diese Wendung der Dinge längst vorausgesehen. Schon im Frühjahr 1673 hatte ihm der Herzog von Hannover eine Stelle als Rat mit 400 Talern Gehalt angeboten[73], aber Leibniz vermochte sich noch nicht so rasch zur Annahme zu entschließen. Er liebte die wundervolle Stadt an der Seine, er glaubte, ohne den engen persönlichen Verkehr mit den erlesensten Geistern Europas, die sich in Paris zusammengefunden hatten, nicht leben zu können, und ihn reizte auch das diplomatische Spiel, dessen Fäden in den Händen des Sonnenkönigs und seiner Umgebung zusammenliefen. Immer und immer wieder hat er sich um politische Aufträge seiner hochmögenden Korrespondenten bemüht, um in der Weltstadt bleiben zu können, aber immer fehlte die unerläßliche Voraussetzung, ohne die man damals im diplomatischen Leben keine Wirkungsmöglichkeit hatte, nämlich der Adel der Geburt. Er, der größte Geist des damaligen Europa, blieb kleines Werkzeug in den Händen der Mächtigen. Noch klirrte die Kette nur leise, die ihn später fesseln sollte, noch hoffte er auf die Zukunft und dünkte sich frei — und zunächst war es die Freiheit, zu lernen, was es zu lernen gab, die ihn reizte.

Der von Oldenburg für Huygens mitgegebene Brief[74] war für Leibniz ein willkommener Anlaß, um erneut bei Huygens vorzusprechen. Dieser war damals gerade mit der Herausgabe seines *Horologium oscillatorium* beschäftigt. Er fand immer mehr Gefallen an dem lerneifrigen und intelligenten jungen Deutschen, schenkte ihm ein Exemplar des *Horologium* und erzählte ihm von diesem seinem neuesten Werk, der Frucht eines mehr als zehnjährigen Studiums, von den tiefgehenden theoretischen Untersuchungen, auf die er im Zusammenhang

---

[71] Schönborn-Leibniz, 5. V. 73 — [72] Baronin Boineburg-Leibniz, 13. IX. 74 — [73] Herzog Johann Friedrich-Leibniz, 25. IV. 73 — [74] Oldenburg-Huygens, 19. II. 73.

mit dem Problem der Pendelbewegung geführt worden war, und wie doch alles eigentlich aus den Schwerpunktmethoden Archimedes' hervorgegangen sei. Leibniz hörte andächtig zu; schließlich mußte er doch auch etwas sagen, aber was er vorzubringen hatte, war ungeschickt genug: nicht wahr, wenn man durch den Schwerpunkt einer ebenen (konvexen) Fläche eine Gerade zieht, so wird die Fläche immer halbiert[75]. Das war beinahe zuviel; einem seiner wissenschaftlichen Konkurrenten wie Gregory oder Newton hätte Huygens eine derartige Bemerkung wahrscheinlich niemals verziehen, aber diesem naiven jungen Deutschen konnte man eigentlich nichts verübeln: Huygens klärte ihn lächelnd über den Irrtum auf und riet ihm, die näheren Einzelheiten aus den einschlägigen Werken von Pascal, Fabri, Gregory, Gregorius a S. Vincentio, Descartes und Sluse zu entnehmen, und da ihn nun kein Staatsauftrag mehr festhielt und das Zusammenleben mit dem jungen Boineburg immer unerquicklicher wurde, hat sich Leibniz gern und willig in die Wissenschaft geflüchtet. Er besorgte sich die von Huygens genannten Bücher und noch einige mehr aus der königlichen Bibliothek, machte sich Auszüge über Auszüge und versenkte sich ganz gründlich in die Mathematik. Er lernte als fertige, reife Persönlichkeit, die das Gelesene kritisch verarbeitet und systematisch durchdringt — ihm ging es nicht um Rechentechnik und nicht um Ergebnisse, sondern um Einsichten und um Methoden, und überdies wirkte das Aufgenommene fortwährend schöpferisch in ihm nach. Das ganze war weder ein unselbständiges Nacharbeiten noch auch reine Phantasterei, sondern die genialische Neugruppierung einiger altbekannter Ergebnisse nach bisher noch nicht gedachten allgemeinen Gesichtspunkten — war anfangs Ablenkung für einen seines natürlichen Wirkungsfeldes beraubten Geist und wurde Leidenschaft des Erkennens und Zusammenschauens.

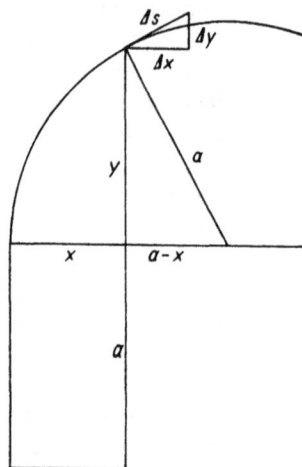

Die erste große Einsicht ging Leibniz an der auf Archimedes' Bestimmung der Kugeloberfläche gestützten Methode Pascals auf, mittels deren das Moment $\int_0^{\frac{a\pi}{2}} y\,ds$ des Viertelkreisbogens bezüglich der x-Achse bestimmt wird. Pascal benutzt die Ähnlichkeit des Dreiecks $\Delta x, \Delta y, \Delta s$ mit dem Dreieck $y, a-x, a$ und erhält $\dfrac{\Delta s}{a} = \dfrac{\Delta x}{y}$, also

$$\int_0^{\frac{a\pi}{2}} y\,ds = \int_0^{a} a\,dx = a^2.$$

Abb. 8.

Leibniz bemerkte, daß dieses Verfahren keineswegs auf den Kreis beschränkt, sondern allgemein sei; nur müsse man a durch die Länge n der Kurvennormale

[75] Leibniz-Tschirnhaus, Anfang 1680 und Leibniz-Jak. Bernoulli, IV 1703.

ersetzen. Er war sich sogleich bewußt, etwas Wesentliches gefunden zu haben. Als er gesprächsweise Huygens davon berichtete, freute sich dieser über den Eifer seines jungen Freundes und gestand ihm, auf dem nämlichen Wege habe er seine berühmte Oberflächenbestimmung des Drehparaboloids[76] und anderer Drehflächen 2. Grades[77] ermittelt (beweislos im *Horologium oscillatorum* III, 9 wiedergegeben), die für Roberval und Boulliau immer ein Rätsel geblieben sei. — Diese seine erste geometrische Entdeckung scheint Leibniz schon im Frühjahr 1673 gemacht zu haben; wahrscheinlich spielt er mit einer Bemerkung an Oldenburg[78] darauf an, worin er für später eine ausführliche Darstellung des Gefundenen verspricht.

Um die nämliche Zeit begann Leibniz mit dem ernsthaften Studium der von Schooten besorgten großen zweibändigen Ausgabe der Cartesischen *Geometria*, die damals als das beste Standardwerk der Mathematik galt. Hier lernte er die koordinatengeometrische Kurvendarstellung und die wichtigsten Sätze über Gleichungen kennen. Besonders interessierte ihn die rechnerische und graphische Behandlung der Gleichungen 3. und 4. Grades und der von Descartes nur kurz gestreifte Fundamentalsatz der Algebra. Die eigenartige achsengeometrische Behandlung des Normalenproblems, die sich auf die Mittelpunktbestimmung eines um einen Achsenpunkt gelegten Kreises stützt, der die Kurve im laufenden Punkt berührt, war ihm von Anfang an zu kompliziert. In den Ergänzungen fand er insbesondere die Rektifikationsmethode von Heuraet; daß dieser auch die oben angedeutete Leibnizsche Oberflächenbestimmung an Drehkörpern gekannt hat[79], muß Leibniz von Huygens selbst erfahren haben. Daß sich Descartes nur auf „geometrische Probleme" beschränkt und die „mechanischen" bewußt beiseite geschoben hat, ist Leibniz immer als eine höchst unzweckmäßige Verengerung des Blickfeldes erschienen, von der er sich baldmöglichst freizumachen versucht hat. Er hat aus der *Geometria* viel gelernt, vor allem aus den beigefügten Studien Huddes über die Gleichung 3. Grades, die Elimination, die Gleichungserniedrigung, die Bestimmung des größten gemeinsamen Teilers von Polynomen und über die Extremwertbestimmung; ferner aus de Witts Kegelschnittlehre.

Pascals *Lettres* hatten zum Hauptgegenstand die berühmten Zykloidenprobleme, um die sich seinerzeit eine heftige Auseinandersetzung entsponnen hatte. Leibniz hat sich auch das von den Konkurrenten Pascals Vorgebrachte angesehen, und zwar in erster Linie Fabris Studie über die Sinus-Linie und die Zykloide, die in dessen *Synopsis* wiederabgedruckt ist. Hier findet er die hübsche Bestimmung der Schwerpunktsordinate η an der Sinus-Fläche, die sich mittels

$$x = a \cos \varphi, \; y = a \sin \varphi, \; s = a\,\varphi$$

sehr einfach aus

$$\eta \int_0^s y\,ds = {}^1/_2 \int_0^s y^2\,ds \; \text{ oder } \; \eta \int_0^x dx = {}^1/_2 \int_0^x y\,dx$$

---

[76] Entdeckt am 27. X. 57: *HO* XIV, S. 234 — [77] entdeckt im November 1657: *HO* XIV, S. 314–46. — Hinsichtlich Boulliaus Unvermögen vgl. auch *Cat. crit.* 2, Nr. 773 (3. X. 74), Leibniz-Joh. Bernoulli, 28. VII. 1705 und *Nouveaux Essais* IV, 17, § 13 — [78] Leibniz-Oldenburg, 24. V. 73 — [79] Heuraet für Schooten, 18. I. 58.

ergibt. Wahrscheinlich unter dem Einfluß Fabris hat Leibniz die Gewohnheit angenommen, in seinen Figuren die x-Achse senkrecht nach unten und die y-Achse waagrecht nach rechts zu legen — eine durchaus sinnvolle Anordnung, die unsern sonstigen Schreibgewohnheiten entspricht. Da sich heute eine andere Anordnung herausgebildet hat, die sich aus der von Leibniz durch einfache Vierteldrehung nach links ergibt, haben wir es vorgezogen, in den nachfolgenden Abbildungen stets die moderne Darstellung zu verwenden. — Aus Fabri (der seinerseits wieder von Cavalieri abhängt) dürfte Leibniz den von ihm fortdauernd verwendeten Begriff des statischen Moments kennengelernt haben, an dem die Zeitgenossen ziemlich achtlos vorübergegangen waren. Später wird neben der Zykloidenquadratur auch die Parabelquadratur Fabris ausdrücklich genannt. Hinsichtlich beider Gegenstände verweist Leibniz außerdem auf Laloveras *Geometria promota*, scheint sich aber niemals eingehender mit diesem interessanten und bisher nur wenig untersuchten Werk abgegeben zu haben, obwohl er es selbst besaß. Auch die Zykloidenabhandlung von Wallis hat Leibniz gesehen und aus ihr den Hinweis auf Torricellis Leistungen übernommen; Torricellis *Opera geometrica* scheint er während der Pariser Zeit nicht beachtet zu haben.

Das Wesentliche, was Leibniz in diesen Monaten gelernt hat, ist die über Cavalieris Indivisibeln-Methode hinausgehende Art der Infinitesimalbetrachtung, bei der eine Fläche nicht nur als Gesamtheit breiteloser Ordinaten gilt, sondern aus einer sehr großen Zahl gleichbreiter schmaler Rechtecke erzeugt wird. Von selbst stellt sich hier der Begriff der infinitesimalen Einheit ein (die Rechtecksbreite), den vor allem Wallis in seiner *Arithmetica infinitorum* benutzt hatte. Dieses Werk hat Leibniz erst etwas später durchgearbeitet. Die Parabelquadratur auf arithmetischer Grundlage befriedigte ihn nicht, und ebensowenig das Interpolationsverfahren, mittels dessen Wallis zu seinem unendlichen Produkt für $\pi/4$ gekommen war. Wallis hatte — modern gesagt — eine Funktion

$$f(p, q) = 1 : \int_0^1 (1 - t^{\frac{2}{q}})^{\frac{p}{2}} dt = 1 \; : \; q \int_0^1 x^p y^{q-1} dy$$

eingeführt, wobei $x^2 + y^2 = 1$ ist. Durch partielle Integration sind die von ihm verwendete Symmetrieformel $f(p, q) = f(q, p)$ und die Reduktionsformel $p \cdot f(p, q) = (p + q) \cdot f(p - 2, q)$ leicht zu gewinnen. Aus ihnen lassen sich die Werte von $f(p, q)$ für alle ganzen nicht negativen p, q bestimmen, wenn man nur berücksichtigt, daß $f(0, q) = 1$ ist. Für $f(1, 1) = 1 : \int_0^1 y\,dx = 4/\pi$ setzt Wallis abkürzend $\square$; $f(0, 0)$ bleibt unbestimmt. Nun wird schrittweise eine Tabelle aufgebaut, in der die einzelnen Funktionswerte eingetragen sind. Für gerade p, q ergeben sich die gewöhnlichen Binomialkoeffizienten, für die andern zulässigen Werte von p, q gebrochene Vielfache von 1 bzw. $\square$. Das für die Binomialkoeffizienten typische Bildungsgesetz $f(p, q) = f(p - 2, q) + f(p, q - 2)$ bleibt auch für die nichtgeraden p, q in Geltung. Ferner ist

$$f(p - 2, q) < f(p, q) < f(p + 2, q),$$

und zwar derart, daß

$$f(p-2, q) \cdot f(p+2, q) < f^2(p, q)$$

ist. Das Bisherige ist bei Wallis nicht etwa streng bewiesen, sondern durch [unvollständige] Induktion heuristisch gefunden. Jetzt wird weiterhin angenommen, daß die letzterwähnte Ungleichung nicht nur für die Argumente $p-2, p, p+2$, sondern auch für die Argumente $p-1, p, p+1$ gilt. Hieraus ergibt sich durch systematische Vergleichung der Funktionen $f(p, 1)$, der Reihe nach

$$\sqrt{\frac{3}{2}} < \frac{3 \cdot 3}{2 \cdot 4} \sqrt{\frac{5}{4}} < \frac{3 \cdot 3 \cdot 5 \cdot 5}{2 \cdot 4 \cdot 4 \cdot 6} \sqrt{\frac{7}{6}} < \cdots < \square,$$

$$\frac{3}{2} \sqrt{\frac{3}{4}} > \frac{3 \cdot 3 \cdot 5}{2 \cdot 2 \cdot 4} \sqrt{\frac{5}{6}} > \frac{3 \cdot 3 \cdot 5 \cdot 5 \cdot 7}{2 \cdot 2 \cdot 4 \cdot 4 \cdot 6} \sqrt{\frac{7}{8}} > \cdots > \square,$$

also $\square = \dfrac{3 \cdot 3 \cdot 5 \cdot 5 \cdot 7 \cdot 7 \cdot 9 \cdots}{2 \cdot 4 \cdot 4 \cdot 6 \cdot 6 \cdot 8 \cdot 8 \cdots}$. Leibniz hat dieses unendliche Produkt als richtig angesehen — wahrscheinlich hatte er mit Huygens darüber gesprochen, der ihm berichten konnte, daß Brouncker das Ergebnis durch direktes Ausrechnen bestätigt hatte[80], vermutlich auf Grund der Darstellung

$$\frac{2}{3} \cdot \left(1 + \frac{1}{15}\right) \cdot \left(1 + \frac{1}{35}\right) \cdot \left(1 + \frac{1}{63}\right) \cdots < \frac{\pi}{4} < \left(1 - \frac{1}{9}\right) \cdot \left(1 - \frac{1}{25}\right) \cdot \left(1 - \frac{1}{49}\right) \cdots$$

Den Schluß durch Induktion hat Leibniz nicht anerkannt; auch er forderte genau so wie Fermat, Huygens und alle andern kritisch denkenden Mathematiker der damaligen Zeit eine strenge geometrische Betrachtung. Merkwürdigerweise ist damals niemand darauf gekommen, daß man alles aus der einfachen Beziehung

$$\frac{1}{f(p-1, q)} - \frac{1}{f(p, q)} = q \int_0^1 (1-x)^{p-1} y^{q-1} dy > 0$$

hätte erschließen können.

Bekanntlich hat Brouncker das unendliche Produkt von Wallis für $\square$ sogleich in den nebenstehenden Kettenbruch verwandelt, wofür Wallis in der *Arithmetica infinitorum* einen sehr gekün-
stelten Beweis erbringt. Leider $\quad \square = 1 + \cfrac{1}{2 + \cfrac{9}{2 + \cfrac{25}{2 + \cfrac{49}{2 + \cfrac{81}{2 + \cfrac{121}{2 + \cdots}}}}}}$
weiß man nicht, wie Brouncker
ursprünglich vorgegangen ist;
dies wäre deshalb von Wichtig-
keit, weil sich die reziproken Näherungsbrüche des Kettenbruchs als die Teilsummen der Leibniz-Reihe

$$\pi/4 = {}^1/_1 - {}^1/_3 + {}^1/_5 - {}^1/_7 + \cdots$$

erweisen. Brouncker ist also ganz dicht an Leibniz' Ergebnis herangekommen, aber der Zusammenhang zwischen den beiden Darstellungsweisen ist erst von Euler aufgedeckt worden. Ebensowenig hat man damals die enge Beziehung zwischen dem Gegenstand der *Arithmetica infinitorum* und Pascals Untersuchungen erkannt, die sich auf Quadraturen, Komplanationen, Kubaturen und Schwerpunktbestimmungen am Kreis

$$x^2 + y^2 = a^2$$

und gewissen mit ihm zusammenhängenden Körpern (Zylinder, Kugel, Kreishuf*) und andere) sowie auf die Gegenstände seines Zykloidenausschreibens**) beziehen. Die völlig verschiedenartige Ausdrucks- und Bezeichnungsweise hatte den beiden Konkurrenten selbst, den Zeitgenossen und den unmittelbaren Nachfolgern die inhaltlichen Berührungspunkte verschleiert. Auch Leibniz hat sie nicht bemerkt.

Aus den *Lettres* sind uns eingehende Auszüge erhalten; dabei werden vor allem Momente, Zylinderhufe*), Drehkörper und die damit zusammenhängenden Schwerpunktbestimmungen untersucht. Bei dieser Gelegenheit ist Leibniz auf den Gedanken gekommen, daß man eine Fläche nicht nur durch sehr viele schmale Rechtecke, sondern ebensogut durch sehr viele in einem Punkt zusammenstoßende Dreiecke mit kleinem Winkel im Treffpunkt annähern könne. Am Anfang ist er noch manche Irrwege gegangen und hat die Sache keineswegs klar und deutlich erfaßt, aber schließlich ist er zu seinem entscheidenden „Transmutationssatz" vorgestoßen, mittels dessen er alle bisher auf dem Gebiet der geometrischen Quadraturen gewonnenen Ergebnisse kurz und einfach herzuleiten vermocht hat.

Leibniz denkt sich einen (glatten wendepunktfreien) Bogen AB gelegt und durch ein auf ihm gewähltes Punktsystem passend unterteilt. Dann verbindet

Abb. 9.

er die einzelnen Teilpunkte mit dem Ursprung O und zieht aus ihnen in einer bestimmten Richtung die Parallelen bis zur X-Achse. Jetzt seien z. B. P, Q zwei benachbarte Teilpunkte der Kurve, R, S die Endpunkte der Parallelen auf der X-Achse, und die verlängerte PQ werde mit der in der gewählten Richtung durch O gelegten Parallelen in T geschnitten. Trifft die Achsenparallele durch T die PR, QS bzw. in U, V, so ist Dreieck $OPQ = \frac{1}{2} \cdot +_{gr} RSVU$. Zum Beweis wird OW so gelegt, daß $\sphericalangle OWT = \sphericalangle RSQ$. Dann folgt aus der Ähnlichkeit der Dreiecke PNQ und OWT, daß $\frac{\varDelta x}{h} = \frac{\varDelta s}{z}$, also $h \cdot \varDelta s = z \cdot \varDelta x$ usw.

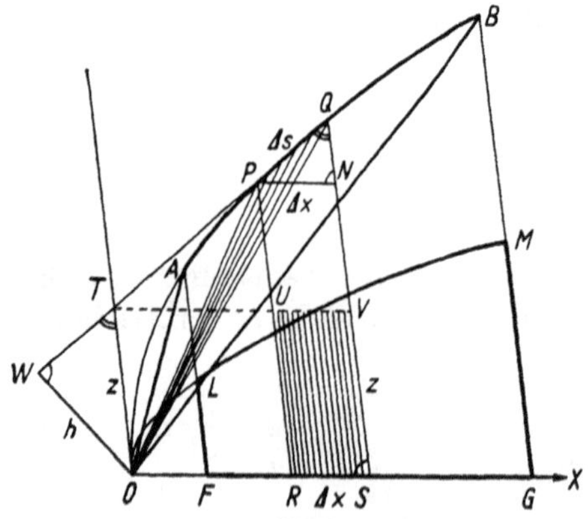

---

*) Kreishuf (*ungula, onglet*) ist die Bezeichnung für einen schräg abgeschnittenen geraden Kreiszylinder, dessen Grundfläche nicht mehr vom ganzen Vollkreis, sondern nur mehr von einem Kreissegment gebildet wird. Entsprechend beim allgemeinen Zylinder (Zylinderhuf).

**) Pascal hatte im Sommer 1659 ein öffentliches Preisausschreiben erlassen, das sich auf Integrationen im Zusammenhang mit der Zykloide bezog. Der Gegenstand fand lebhaftes Interesse, durch die anschließende Diskussion wurde die Lehre von den Quadraturen mächtig gefördert.

Ursprünglich hatte Leibniz diesen Satz nur für die Achsenlote aus den Teilpunkten aufgestellt; später dehnte er ihn auch auf beliebige Parallele aus. Wir erkennen deutlich, daß es sich um eine interessante affingeometrische Transformation handelt, mittels deren nach Übergang zur Grenze der Kurvensektor OBA als die Hälfte der Fläche $FGML$ bestimmt wird. Der Gedanke, derartige Quadratrizen*) wie LM herzustellen, ist keineswegs neu; er findet sich vor allem bei Lalovera. Überraschend war nur der Übergang von einer Sektorfläche zur gewöhnlichen Streifenquadratur.

Das Ergebnis war großartig genug; denn da sich $z = y - x\frac{dy}{dx}$ in 'Zusammenhang mit dem Tangentenproblem bringen läßt, ist hier eine äußerst wichtige Wechselbeziehung zum Quadraturproblem hergestellt. Ist z. B. $(y/b)^q = (x/a)^p$ und $q > p > 0$ (Quadratur der höheren Parabeln), so ergibt sich[81]

$$\frac{q\,dy}{y} = \frac{p\,dx}{x}, \text{ also } z = \frac{(q-p)\,y}{q}, \text{ d. h. } \int_0^x y\,dx = \frac{1}{2}\left(xy + \int_0^z z\,dx\right)$$

usw.[82], und entsprechend gelingt auch die Quadratur der Hyperbeln. Das war damals schon längst bekannt; als erster hatte es Fermat durch eine strenge Überlegung bewiesen, und zwar vermittels einer aus Rechtecken aufgebauten Treppenfigur, deren Grundlinien in geometrischer Reihe stehen. Torricelli war durch eine ähnliche Überlegung zum Ziel gekommen, aber keiner von beiden hatte seine Methode an die Öffentlichkeit gebracht. Der allgemeine Satz erscheint erstmals in der *Arithmetica infinitorum* von Wallis, wird aber durch die arithmetische Induktion mehr plausibel gemacht als bewiesen. Huygens wußte nichts von der Methode Fermat/Torricellis. Er hat sich ein fein durchdachtes Beweisverfahren zurechtgelegt[83], das auf dem Vergleich der Parabelfläche $\int_0^a y\,dx$ mit der Fläche zwischen dem Parabelbogen, der Tangente im Punkt a, b und der nach rückwärts verlängerten Achse beruht. Diese „Tangentenfläche" wird durch die Tangenten in einem passend gewählten System von Zwischenpunkten auf der Parabel in eine Gesamtheit beinahe dreiecksförmiger Stücke zerlegt. Die Grundlinie eines derartigen Stücks, dessen erzeugende Berührpunkte die Abszissendifferenz $\varDelta x$ haben, ist $\frac{(q-p)\,\varDelta x}{p}$; die Parabelfläche verhält sich also zur Tangentenfläche wie $2\,p : (q - p)$ und kann daher berechnet werden. Das Ergebnis wird wie immer bei Huygens ganz streng durch einen indirekten Schluß bewiesen. Im *Horologium oscillatorium* erscheint ein kurzer Hinweis darauf[84]. Übrigens sei vermerkt, daß sich aus der Behandlung bei Torricelli auch die einfache Methode herauslesen läßt, die sich auf $\int_0^a y\,dx : \int_0^b x\,dy = q : p$ stützt.

---

*) Als Quadratrix wurde damals jede Kurve $z = f(t)$ bezeichnet, die sich bei Darstellung eines Integrals $\int_a^x F(x)\,dx$ in der Form $\int_c^t z\,d\,t$ ergibt.

[81] Dies ist ein Ergebnis Torricellis: *De infinitis parabolis* — [82] Leibniz-La Roque, Ende 1675, Fassung C — [83] XI 57; vgl. HO XIV, S. 273-79 und 285-88 — [84] am Ende des 3. Teiles, S. 90.

Die bisher angedeuteten Wege sind speziell auf die Behandlung der Parabeln (bzw. Hyperbeln) abgestellt; etwas allgemeiner aufgebaut ist das von Gregory in der *Geometriae pars universalis, prop.* 54 entwickelte Verfahren. Hier wird die Subtangente $t = qx/p$ im Punkt x, y waagrecht nach links angesetzt und das Verhältnis der Fläche $\int_0^b tdy = \int_0^a ydx$ des entsprechenden *trilineum* zur Restfläche $\int_0^b xdy = ab - \int_0^a ydx$ zwischen der Parabel und dem umbeschriebenen Rechteck als $q:p$ bestimmt. Daraus ergibt sich $\int_0^a ydx = \dfrac{abq}{p+q}$. Wahrscheinlich ist Gregory auf diesen Gedanken durch seinen Lehrer Angeli geführt worden, der dem Torricelli-Kreis nahe stand und wissen konnte, daß sich Roberval einer ähnlichen Allgemeinmethode bedient hatte[85]. Wir sehen die Parabelquadratur im Mittelpunkt einer eingehenden Diskussion; keiner der Partner hatte jedoch den umfassenden Standpunkt von Leibniz erreicht.

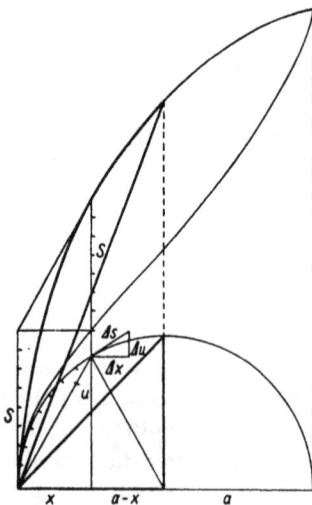

Abb. 10.

Das sollte sich sogleich zeigen, als Leibniz seine Methode auch auf das Zykloidensegment anwendete. Er geht aus vom Kreis $u^2 = 2ax - x^2$, bestimmt

$$\frac{dx}{u} = \frac{du}{a-x} = \frac{ds}{a} = \frac{du+ds}{2a-x}$$

und erzeugt die Zykloide aus $y = u + s$. Dann ist $z = y - xy' = s$, somit nach einigen einfachen Umformungen Segment $= \frac{1}{2} \cdot \{au - s(a-x)\}$. Ist also $x = a$, so ist das entstehende Zykloidensegment rational und gleich $\frac{1}{2} \cdot a^2$. Leibniz hat bewußt an das interessante Ergebnis von Huygens angeknüpft, das er im *Horologium oscillatorium* III, 7 gefunden hatte: Ist $x = \frac{1}{2}a$, so ist die Fläche zwischen der Achse, der Ordinate und dem Zykloidenbogen gleich $\frac{1}{4}$ des dem erzeugenden Kreis einbeschriebenen Sechsecks. Huygens hatte seinen Satz im Zusammenhang mit dem Preisausschreiben Pascals über die Zykloide gefunden[86], aber auf ganz anderem Wege aus der Beziehung zwischen der Zykloidenfläche und der Mantelfläche eines Kreishufs bestimmt.

Das feinste Ergebnis, das Leibniz im Verlauf des Jahres 1673 zufiel, war seine arithmetische Kreisquadratur. Sie folgt unmittelbar aus dem allgemeinen Transmutationssatz, indem man $y^2 = 2ax - x^2$ setzt, also

$$\frac{z}{a} = \frac{y}{2a-x} = \frac{x}{y} = \sqrt{\frac{x}{2a-x}}, \qquad x = \frac{2az^2}{a^2+z^2}$$

---

[85] Roberval-Torricelli, Spätherbst 1647 und Slusc-Huygens, 12. I. 63 — [86] VII 58; vgl. *HO* XIV, S. 349-51.

erhält. Die so entstehende Kurve (die *Versiera*) besitze die Asymptote $x = 2a$, habe bei $x = a$, $z = a$ (unrichtig; es sollte heißen: $x = {}^1/_2 a$, $z = a/\sqrt{3}$) einen Wendepunkt und sei mit der leicht konstruierbaren Subtangente $t = y^2/a$ ausgestattet. Jetzt lasse sich der Kreissektor einfach berechnen aus

$$\frac{1}{2}\left(ay + \int_0^x z\,dx\right) = \frac{1}{2}\left\{z(2a - x) + xz - \int_0^z x\,dz\right\} = az - \int_0^t \frac{a z^2\,dz}{a^2 + z^2}.$$

In der Weiterbehandlung des Integrals schließt sich Leibniz eng an das an, was er inzwischen aus Mercators *Logarithmotechnia* und vor allem aus der verbesserten Darstellung von Wallis[87] gelernt hatte: Dort dreht es sich um die Quadratur $\int_0^x v\,du$ der gleichseitigen Hyperbel $(b + u)v = b^2$, wobei zuerst ausdividiert und dann gliedweise integriert wird. Leibniz führt in seinem Beispiel das Entsprechende durch und findet schließlich: Kreissektor =

$$= az - z^3/3a + z^5/5a^3 - z^7/7a^5 \ldots$$

Über die Grenzen, innerhalb deren diese Entwicklung gültig ist, konnte er sich aus Wallis orientieren. Mit $z = a$ findet er die berühmte nach ihm benannte Reihe

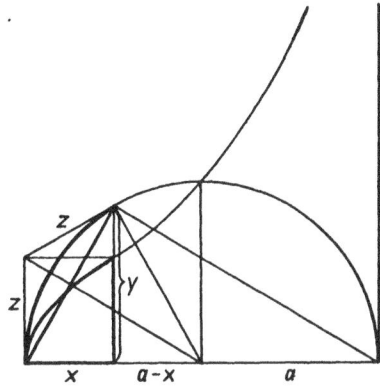

Abb. 11.

$$\frac{\pi}{4} = \frac{1}{1} - \frac{1}{3} + \frac{1}{5} - \frac{1}{7}\ldots$$

bzw.

$$\frac{\pi}{8} = \frac{1}{1\cdot 3} + \frac{1}{5\cdot 7} + \frac{1}{9\cdot 11} + \ldots = \frac{1}{2^2 - 1} + \frac{1}{6^2 - 1} + \frac{1}{10^2 - 1} + \ldots$$

Er bleibt aber bei diesem Ergebnis nicht stehen, sondern geht sogleich zu der etwas allgemeineren Reihe über

$$\frac{1}{1\cdot 3} + \frac{1}{2\cdot 4} + \frac{1}{3\cdot 5} + \frac{1}{4\cdot 6} + \frac{1}{5\cdot 7} + \ldots = \frac{3}{4},$$

aus der er durch Überspringen je eines Gliedes die Teilreihen erhält

$$\frac{1}{1\cdot 3} + \frac{1}{3\cdot 5} + \frac{1}{5\cdot 7} + \ldots = \frac{1}{2}\left(\frac{1}{1} - \frac{1}{3} + \frac{1}{3} - \frac{1}{5} + \ldots\right) = \frac{1}{2},$$

$$\frac{1}{2\cdot 4} + \frac{1}{4\cdot 6} + \frac{1}{6\cdot 8} + \ldots = \frac{1}{2}\left(\frac{1}{2} - \frac{1}{4} + \frac{1}{4} - \frac{1}{6} + \ldots\right) = \frac{1}{4}.$$

Durch Überspringen von je drei Gliedern der Ausgangsreihe ergibt sich mit dem Anfangsglied $\frac{1}{1\cdot 3}$ die oben hingesetzte Reihe für $\pi/8$, mit dem Anfangsglied $\frac{1}{2\cdot 4}$ erhält Leibniz die Reihe

$$\frac{1}{2\cdot 4} + \frac{1}{6\cdot 8} + \frac{1}{10\cdot 12} + \ldots$$

---

[87] Wallis-Brouncker, 18. VII. und 15. VIII. 68; *PT* 3, Nr. 38 vom 27. VIII. 68, S. 753-59.

Sie ergibt sich aus der Mercator-Reihe

$$\int_0^x \frac{b^2\,du}{b+u} = bx - \frac{x^2}{2} + \frac{x^3}{3\,b} \dots = b^2 \ln\left(1 + \frac{x}{b}\right)$$

mit $b = {}^1/_2$, $x = {}^1/_2$ und besitzt folglich die Summe ${}^1/_4 \cdot \ln 2$. Also hängt die Teilreihe

$$\frac{1}{1 \cdot 3} + \frac{1}{5 \cdot 7} + \frac{1}{9 \cdot 11} + \dots = \frac{\pi}{8}$$

von der Kreisquadratur, die Teilreihe

$$\frac{1}{2 \cdot 4} + \frac{1}{6 \cdot 8} + \frac{1}{10 \cdot 12} + \dots = \frac{1}{4} \cdot \ln 2$$

von der Hyperbelquadratur ab — ein höchst merkwürdiges Ergebnis, das sich Leibniz an der nebenstehenden Figur veranschaulicht: die Hyperbelfläche ist ${}^1/_4 \cdot \ln 2$, die dem Quadrat von der Seite ${}^1/_2$ umbeschriebene Kreisfläche gleich $\pi/8$. Schon vermutet Leibniz einen tieferen Zusammenhang zwischen den beiden transzendenten Problemen, nämlich der Kreisquadratur und der Hyperbelquadratur.

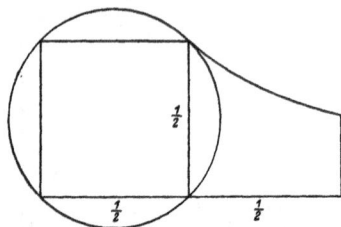

Abb. 12.

Wie gründlich sich Leibniz bereits mit dem Wesen der Quadraturen und Schwerpunktbestimmungen vertraut gemacht hat, verrät uns die Bemerkung, der Schwerpunkt (ξ, ζ) der Fläche $\int_0^x z\,dx$ hänge von der Quadratur des Kreises und der Hyperbel ab, und durch Drehung der Fläche $\int_0^{2a} z\,dx$ um die Asymptote entstehe ein Körper mit endlichem Rauminhalt. Tatsächlich haben wir

$$(2\,a - \xi) \int_0^x z\,dx = \int_0^x (2\,a - x)\,z\,dx = a \int_0^x y\,dx\,;$$

$$\zeta \int_0^x z\,dx = \int_0^x \frac{z^2\,dx}{2} = \frac{a^2}{2} \int_0^x \frac{x\,dx}{2\,a - x} = a^3 \int_0^x \frac{dx}{2\,a - x} - \frac{a^2\,x}{2}\,;$$

$$\int_0^x z\,dx = 2 \int_0^x y\,dx - xy.$$

Aus der ersten Formel folgt, daß der Schwerpunktabstand der Fläche $\int_0^{2a} z\,dx$ von der Asymptote gleich $a/2$, also (nach dem Guldinschen Satz) der Inhalt des Drehkörpers gleich $a^3 \pi^2$ ist[88].

6. GLEICHZEITIGE LITERATURSTUDIEN

Das in stürmischer Folge mehr durch Intuition denn durch systematische Überlegungen Gewonnene mußte nun methodisch abgeklärt und einwandfrei

[88] *Cat. crit.* 2, Nr. 560-61 (Sommer 1673).

dargestellt werden. Dazu trat die Absicht, die ganze erreichbare Literatur mit heranzuziehen und das Wesentliche, nämlich die *ars inveniendi*, in helles Licht zu setzen — ein schweres Unterfangen für einen so gedankenreichen Forscher, unter dessen Händen fremde Ideen sogleich zu neuem Leben erblühten und zu weiteren Studien verlockten. Wohl, durch die Arithmetisierung des Problems der Kreisquadratur war ein gewaltiger Erfolg erzielt, aber es blieb ungeklärt, wie weit die neue Methode führen könne. Über diesen Gegenstand scheint eine Unterredung mit Huygens stattgefunden zu haben, bei der Leibniz nur allgemein über seine bisherigen Untersuchungen berichtet hat. Dabei trat wohl die wichtige Frage in den Vordergrund, ob man vermittels der neuen Methode den Entscheid über die Möglichkeit oder Unmöglichkeit einer Konstruktion der Kreisquadratur mit Zirkel und Lineal in einer endlichen Anzahl von Schritten fällen oder zumindest eine Methode zur praktischen Kreisberechnung angeben könne. Beides lag Huygens sehr am Herzen; Zeit seines Lebens hat er an die Möglichkeit einer Quadratur durch eine endliche Konstruktion geglaubt. Seine *De circuli magnitudine inventa* hatten eine Verkürzung des Rechenvorgangs, vor allem aber eine auf diesem Wege erreichbare Konstruktion zum Ziel. Bei den Engländern hatte sich die gegenteilige Überzeugung herausgebildet; Wallis glaubte in seiner *Arithmetica infinitorum*, Gregory in der *Vera circuli et hyperbolae quadratura* die „analytische Unmöglichkeit" der Kreisquadratur dargetan zu haben. Hierüber war es zu einem erbitterten Zusammenstoß mit Huygens gekommen, der Gregorys Schlußweise nicht als verbindlich anzusehen vermochte. Ein einhelliger Entscheid über den sehr schwierigen Diskussionsgegenstand hatte sich nicht ergeben, und Huygens erhoffte von Leibniz einen neuen Beitrag zu dieser Problematik. Daher übergab er ihm als wichtigste Unterlagen die beiden in Frage stehenden Werke[89] — daß Wallis mit unzulänglichen Mitteln gearbeitet hatte und daher nicht weiter in Betracht gezogen werden konnte, lag auf der Hand — und wünschte sein Urteil in der Angelegenheit zu erfahren.

In langen Monaten mühte sich Leibniz vergeblich um den für ihn noch unzugänglichen Gegenstand. Er war zwar fest von der „analytischen Unmöglichkeit" der Kreisquadratur überzeugt, aber er konnte keinen ihn wirklich befriedigenden Beweis erbringen und fand erst nach längerer Überlegung den von Gregory begangenen Fehler heraus, damit die Meinung von Huygens bestätigend. Weit wichtiger als diese unfruchtbaren Untersuchungen wurde die nähere Bekanntschaft mit dem sonstigen Inhalt der sehr schwierig und undurchsichtig geschriebenen, aber außerordentlich tiefen Schriften Gregorys.

In der *Vera quadratura* fand Leibniz eine interessante Verallgemeinerung der Archimedischen Kreisquadratur vor. Gregory geht aus von einem Mittelpunktkegelschnitt mit dem Sektor *AOB*,

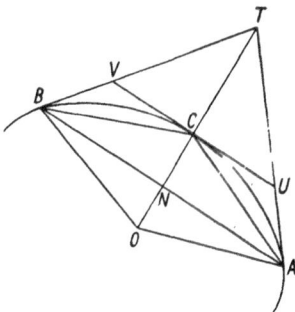

Abb. 13.

[89] 30. XII. 73. Vgl. *HO* XX, S. 388, ferner *Cat. crit.* 2, Nr. 503·05 und 883 (Anfang 1674).

dem er das „einbeschriebene" Dreieck $AOB = f_0$ und das „umbeschriebene"
Tangentenviereck $ATBO = F_0$ zuordnet. OT begegne dem Bogen in C; dann
halbiert N die Sehne und es ist $OC^2 = ON \cdot OT$. Wird jetzt das durch C bestimmte „einbeschriebene" Viereck $OACB$ mit f_1, das zugehörige Tangenten-
fünfeck $OAUVB$ mit F_1 bezeichnet, so ist f_1 das geometrische Mittel zwischen
f_0 und F_0, F_1 das harmonische Mittel zwischen f_1 und F_0, also $f_1{}^2 = f_0 F_0$,
$\frac{2}{F_1} = \frac{1}{f_1} + \frac{1}{F_0}$. Wird das eingeleitete Verfahren sinngemäß fortgesetzt, so
erhält man die Doppelfolge $f_0, f_1, f_2 \ldots, F_0, F_1, F_2 \ldots$, und zwar ist an der
Ellipse $f_n < f_{n+1} < F_{n+1} < F_n$, an der Hyperbel $F_n < F_{n+1} < f_{n+1} < f_n$.
Gregory schließt aus

$$|F_{n+1} - f_{n+1}| < |F_n - f_n|,$$

daß diese Doppelfolge gegen einen Grenzwert Φ, die Sektorfläche, konvergiert; wir können zum nämlichen Zweck die Beziehung

$$0 < (F_{n+1} - f_{n+1}) / (F_n - f_n) < {}^1/_4$$

heranziehen, die sich sehr einfach aus der (schon von Gregory selbst benutzten)
rationalen Darstellung ergibt:

$$\left. \begin{array}{l} f_0 = u^2 (u + v) t \\ F_0 = v^2 (u + v) t \end{array} \right\} \quad \text{also} \quad \left\{ \begin{array}{l} f_1 = uv (u + v) t, \\ F_1 = 2 uv^2 t, \end{array} \right. \quad \frac{F_1 - f_1}{F_0 - f_0} = \frac{uv}{(u+v)^2} .$$

Wäre der Sektor Φ „analytisch" aus den Anfangsgliedern f_0, F_0 in der Form

$$\omega (f_0, F_0)$$

darstellbar, so müsse er ebenso aus den Gliedern f_1, F_1 erzeugt werden können;
daher müsse gelten:

$$\omega \{u^2 (u + v), \quad v^2 (u + v)\} \equiv \omega \{uv (u + v), 2 uv^2\},$$

und dies ergebe eine „analytische Quadratur" nur für rationale Funktionen
ω in den beiden Veränderlichen; aber das sei nicht möglich. Der Gedanke ist
wahrhaft genial; vor allem bei Berücksichtigung der primitiven Hilfsmittel,
die Gregory zur Verfügung standen. Daß die Schlußweise in dieser Form noch
nicht zum Erfolg führt, konnte Gregory nicht wissen. Zeitlebens war er von
der Richtigkeit seines Ansatzes überzeugt und wurde allen wohlmeinenden
Kritikern gegenüber höchst ausfällig; in dem Streit um die Verbindlichkeit
seiner Schlußweise ist nichts Positives herausgekommen. Gregory ist aber der
erste, der den Konvergenzbegriff erfaßt und einigermaßen klar und deutlich
herausgearbeitet hat, und gerade diese Leistung hat ihm Leibniz mit Recht
als eines seiner größten Verdienste angerechnet.

Überdies hat Gregory einen höchst wichtigen Beitrag zur systematischen Berechnung des Kegelschnittsektors, d. h. einerseits zur Annäherung von Kreis-
funktionen, andrerseits zur Annäherung von Logarithmen geliefert. An dieser
Stelle ist er nicht unbeeinflußt durch die *De circuli magnitudine inventa* von
Huygens, auf die wir daher zuerst kurz eingehen müssen. Bekanntlich ist die
Kreismessung nach Archimedes mit sehr langwierigen Wurzelrechnungen
verknüpft; um die Archimedische Näherung $3^{10}/_{71} < \pi < 3^{10}/_{70}$ zu ermitteln,
muß man bis zum regelmäßigen 96-Eck aufsteigen. Wohl hatte Nikolaus

von Cues in genialer Intuition die Näherung $3 \sin \varphi / (2 + \cos \varphi) \approx \varphi$ benutzt, für die er aus einer naiven Proportionalitätsbetrachtung sogar eine Art von Scheinbeweis erbracht hatte; aber von einer wirklichen Einsicht in die Zusammenhänge konnte noch gar keine Rede sein. Schon wesentlich besser ist der (noch nicht einwandfrei bewiesene) Ansatz von Snell:

$$\frac{3 \sin \varphi}{2 + \cos \varphi} < \varphi < \frac{\operatorname{tg} \varphi + 2 \sin \varphi}{3}$$

oder

$$\frac{3 f_1{}^2}{f_0 + 2 f_1} < \Phi < \frac{F_0 + 2 f_1}{3},$$

den Huygens in die verbesserte Form $\dfrac{4 f_1 - f_0}{3} < \Phi < \dfrac{f_0 + 2 F_0}{3}$ überführte. Sein Beweisverfahren ist dem von Archimedes für die Parabelquadratur nachgebildet: in und um ein Kreissegment werden regelmäßige Sehnen- und Tangentenzüge von sich verdoppelnder Seitenzahl beschrieben und dann die entsprechenden Flächen abgeschätzt. Schon Gregory hat (in den *Exercitationes geometricae*) darauf hingewiesen, daß sich die Methode von Huygens unmittelbar als Vergleich des Parabelsegments mit dem Kreissegment deuten läßt. Barrow führt dies in den *Lectiones geometricae* näher aus: Es sei ABC ein Segment kleiner als der Halbkreis. Dann ist das Segment jener Parabel, die den Kreis in C berührt und durch A, B hindurchgeht, kleiner als das Kreissegment; andrerseits ist das Segment jener Parabel, welche die Kreistangenten in A und B berührt, größer als das Kreissegment. Die zweite Parabel halbiert überdies TN. Werden die Parabelsegmente in der üblichen Weise quadriert, so hat man $^4/_3 \cdot \Delta\, ABC <$ Segment ABC $< ^2/_3 \cdot \Delta\, ABT$. Den Zusammenhang mit der Parabel-quadratur hat auch Leibniz bemerkt.

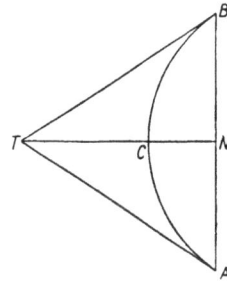

Abb. 14.

Gregory wußte, daß man aus den f_n, F_n die vorhergehenden f_k, F_k stets rational auszudrücken vermag; auf dieser Grundlage scheint er seine Näherungen in der *Vera quadratura* bestimmt zu haben. Dort handelt es sich aber um Ungleichungen für jeden Sektor eines beliebigen Mittelpunktkegelschnittes, also um wesentlich weitergehende Formeln. Um das Verfahren etwa am Ellipsensektor anzudeuten, denken wir uns F_0, F_1 aus den drei ersten Formeln Gregorys entfernt und erhalten

$$\frac{f_1 - f_0}{f_2 - f_1} = \frac{2 f_1 (f_1 + f_2)}{f_2{}^2} < 4, \text{ also } \frac{4 f_1 - f_0}{3} < \frac{4 f_2 - f_1}{3} < \ldots < \Phi.$$

Die beste auf diese Weise von ihm gefundene Näherung — er sagt selbst, er besitze noch keinen befriedigenden geometrischen Beweis — ist

$$\frac{1}{5} \cdot \frac{4 f_1 - f_0}{3} + \frac{4}{5} \cdot \frac{f_1 + 2 F_1}{3} > \Phi.$$

Allzuweit läßt sich diese Methode nicht führen; die rein rechnerischen Schwierigkeiten werden zu groß.

Ein Jahr später hat Gregory in seinen *Exercitationes geometricae* zahlreiche
sehr viel feinere Näherungen gegeben. Sie sind dort als Kreisbogennäherungen
ausgesprochen, während wir sie hier um des Zusammenhanges willen als
Flächensätze formulieren wollen, wie etwa

$$f_0 < \frac{4 f_1 - f_0}{3} < \frac{64 f_2 - 20 f_1 + f_0}{15} < \frac{4096 f_3 - 1344 f_2 + 84 f_1 - f_0}{2835} < \ldots < \Phi.$$

Gregory ist bei dieser Formelgruppe bis zu sechsgliedrigen Ausdrücken vorangeschritten und hat betont, er besitze das allgemeine Bildungsgesetz. Diese
merkwürdigen Beziehungen haben Leibniz immer aufs Höchste interessiert, er
hat sie aber niemals erweisen können und plante daher eine diesbezügliche
Anfrage bei Oldenburg[90]. Der moderne Mathematiker kann die Formeln leicht
durch Verwendung der Sinus-Reihe verifizieren; denn

$$f_1 = r^2 \sin \varphi, \; f_2 = 2 r^2 \sin \frac{\varphi}{2}, \; f_3 = 4 r^2 \sin \frac{\varphi}{4}, \ldots, \; \Phi = r^2 \varphi;$$

aber dieses Hilfsmittel stand Gregory damals noch nicht zur Verfügung.
Hingegen wissen wir, daß er schon im Frühjahr 1668 im Besitz der allgemeinen
Interpolationsformel war[91] — die Anregung hierzu mag aus ähnlichen Betrach-
tungen Torricellis geflossen sein — und die Entwicklung von $\dfrac{\sin n \omega}{\sin \varphi}$ als Funktion von n und $x = 4 \cdot \sin^2 \dfrac{\varphi}{2}$ besaß[92]. Daraus ergibt sich mittels $t = 1 : 2^{n-1}$:

$$f_n = f_1 \cdot \left\{ 1 + \frac{1 - t^2}{3!} x + \frac{(1 - t^2)(4 - t^2)}{5!} x^2 + \frac{(1 - t^2)(4 - t^2)(9 - t^2)}{7!} x^3 \ldots \right\},$$

also mit $n \to \infty$:

$$\Phi = f_1 \cdot \left\{ 1 + \frac{1}{3} \cdot \frac{x}{2} + \frac{1}{3} \cdot \frac{2}{5} \cdot \left(\frac{x}{2}\right)^2 + \frac{1}{3} \cdot \frac{2}{5} \cdot \frac{3}{7} \cdot \left(\frac{x}{2}\right)^3 + \ldots \right\} \text{ usw.}$$

In den *Exercitationes geometricae* tritt übrigens auch die *Versiera* auf, aber
Leibniz hat das damals noch nicht bemerkt.

Es kann leicht sein, daß dem von Huygens an Leibniz entliehenen Exemplar
der *Vera quadratura* auch die *Geometriae pars universalis* angebunden war. In
diesem Werk hat Gregory alles einheitlich zusammengefaßt, was er während
seines Aufenthaltes in Italien (1663/68) an bedeutenden Einzelheiten auf infinitesimalem Gebiet kennengelernt hatte. Er sagt im Vorwort, auf Originalität
komme es ihm nicht sehr an; der kundige Leser werde selbst merken, was vom
Autor des Buches und was von andern stamme. Demgemäß werden nur wenige
Werke zitiert, so z. B. die *Arithmetica infinitorum* und die Zykloiden-Abhandlung von Wallis, das *Opus geometricum* des Gregorius a S. Vincentio, die Abhandlungen Angelis über die Parabeln und Hyperbeln und Renaldinis *Ars
analytica*. Gregory rühmt sich, die Schwerpunktmethoden von Valerio, La
Faille, Guldin und Tacquet wesentlich vereinfacht und den Inhalt der Archi-

---

[90] **Leibniz-Oldenburg**, Mitte III 75 — [91] **Collins für Moray**, Mitte I 69 — [92] **Gregory-Collins**, 3. XII. 70.

medischen Abhandlungen *De sphaera et cylindro* und *De conoidibus et sphaeroi-dibus* auf wenige umfassende Sätze zusammengedrängt zu haben. Sein Lehrer Angeli war Schüler Cavalieris und mit Sluse befreundet; damit war die Be-ziehung zu Torricelli und seinem Kreis hergestellt, dem eine Reihe von Ergeb-nissen Fermats und Robervals durch Vermittlung Mersennes und Riccis zu-geflossen waren. Unzweifelhaft hat Gregory bei Angeli eine Reihe von Methoden gelernt, die aus ungedruckten Abhandlungen stammten. Dazu kamen dieWerke anderer italienischer Gelehrter über infinitesimale Fragen, so z. B. Riccis *Exercitationes geometricae*, die Gregory in einem Brief an Collins ganz besonders rühmt[93]: Gregorys Tangentenmethode ist eine Kombination aus der Riccis und den Gedankengängen Fermats. Was die Lektüre der *Geometriae pars uni-versalis* so sehr erschwert, ist die fast ausschließlich verbale Darstellung unter Bezugnahme auf äußerst komplizierte Figuren, die übrigens reich an kleineren Versehen sind. Gregory hatte damals nur wenig Algebra getrieben und kannte anscheinend die Cartesische *Geometria* noch nicht. Auch das ist für einen Schüler der Italiener nicht weiter verwunderlich: dort waren die Werke der eigenen Landsleute und der Jesuiten zu finden, aber nur wenige französische. Nur über die Hauptleistungen von Huygens war Gregory schon damals wohl-unterrichtet, und dies konnte ihm sowohl über Florenz wie über seinen Freund Collins zugeflossen sein, den er schon im Frühjahr 1663 vor Antritt seiner Reise nach Italien kennengelernt hatte. Wenn wir die Angelegenheit unter diesem Gesichtswinkel betrachten, so bleibt an wirklich unbeeinflußten Lei-stungen Gregorys in der *Geometriae pars universalis* nicht mehr viel übrig; diese Feststellung enthält jedoch keineswegs ein abschätziges Urteil, sondern gibt nur wieder, was Gregory selber im Vorwort angedeutet hat: er hat an diesem Buch systematisch denken gelernt und alles ihm Zugeflossene einheitlich und systematisch streng verarbeitet. Auch dies ist kein geringes Verdienst! Barrow hat in seine berühmten *Lectiones geometricae* viel mehr aus Gregory über-nommen als man bisher wußte.

Leibniz hat sich außerordentlich für die *Geometriae pars universalis* interessiert. In den Pariser Jahren hat er das Buch noch nicht erworben; von den beiden Exemplaren, die heute in Hannover aufbewahrt werden, stammt das eine aus dem Nachlaß von Huygens, das andere aus dem Nachlaß von Knorre. Die darin von Leibniz eingetragenen Randbemerkungen[94] fallen erst in spätere Zeit. Allerdings kann man es Leibniz nicht verübeln, daß er nicht die schwierigen Beweise, sondern nur die einzelnen Sätze und die gelegentlich hinzugefügten Allgemeinbemerkungen durchgearbeitet hat: er fand alsbald heraus, daß Gregory vollständig mit dem charakteristischen Dreieck und seiner Verwen-dung vertraut gewesen sein müsse (auch wenn nirgends klar darüber gesprochen wird), und daß daher die meisten Einzelsätze, die Leibniz mit seiner Hilfe ge-wonnen und für neu gehalten hatte, bereits bekannt waren. Für seine eigene analytische Methode hat Leibniz aus den interessanten Integralumformungen Gregorys sehr viel gelernt. Über manche weitere Einzelheit werden wir uns später zu orientieren haben.

---

[93] Gregory-Collins, 26. III. 68 — [94] Mahnke, *Einblicke*, S. 29-30.

Nur wenige Monate nach der *Geometriae pars universalis* ist die zweite verbesserte
Auflage von Sluses *Mesolabum* erschienen, der ein langer Anhang über infinitesimale Tagesfragen, die *Miscellanea*, beigegeben ist. Sluse war mit Huygens
eng befreundet und wurde von diesem sowohl wegen seiner bezaubernden
Liebenswürdigkeit und Bescheidenheit wie auch wegen seiner klaren Darstellungsweise sehr geschätzt. Er hatte jahrelang in Rom studiert, stand mit
Ricci auf bestem Fuß und kannte den ganzen Schülerkreis Cavalieris und
Torricellis persönlich. Andrerseits stand er durch Oldenburgs Vermittlung mit
der RS in Verbindung und erhielt in regelmäßigen Abständen von diesem eingehende Berichte über die neuen Studien und Ergebnisse der Engländer. Sein
interessanter und weitreichender Briefwechsel mußte ihn für die Enge der
kleinen Bischofsstadt Lüttich entschädigen, in der sich fast niemand für die
Wissenschaft und ihre Pflege interessierte.

Leibniz hat das *Mesolabum* in der Pariser Zeit noch nicht besessen. Die zahlreichen Auszüge aus diesem Werk zeugen von sorgfältigem Studium des
Inhaltes. Die in den ersten beiden Teilen rein geometrisch und dann analytisch
dargelegte graphische Behandlung kubischer Aufgaben vermittels der Schnitte
eines Kreises und eines Kegelschnitts hat er gründlich durchgearbeitet; die
sorgfältig durchdachten und immer auf den einfachsten und elegantesten Weg
hinzielenden Untersuchungen Sluses haben offenkundig tiefen Eindruck auf
ihn gemacht. Noch zwei Jahrzehnte später erinnert er sich ihrer und berichtet[95],
er habe Sluses Methode an Ozanam weitergegeben, der davon sehr entzückt
gewesen sei. Durch Sluse ist Leibniz auf das Normalenproblem an Kegelschnitten geführt worden, das ihn lange beschäftigt hat. Er kennt und schätzt
die Wendepunktbestimmung an der Konchoide — es ist jene Stelle, an der
Sluse ursprünglich seine Tangentenmethode einfügen wollte, aber mit Rück-
sicht auf Riccis ähnlich geartete Studien davon Abstand genommen hatte.
Nicht weniger anziehend waren die Untersuchungen über die Quadratur der
Spiralen, die Schwerpunktbestimmung, die Ermittlung von Extremwerten
und einzelne zahlentheoretische Probleme.

Später wurde Ricci mit einem hohen Kirchenamt betraut und mußte der
Mathematik gänzlich entsagen. Seinen Bitten nachkommend, entschloß sich
Sluse nunmehr, die Tangentenmethode an die Öffentlichkeit zu bringen. Da
ihm aber die Zeit zur Komposition eines ganzen Buches fehlte, zog er es vor,
seine Regeln in Form eines Briefes an Oldenburg[96] in den *PT*[97] drucken zu lassen.
Den Brief Sluses hat Oldenburg in einer der beiden Sitzungen der RS verlesen,
an denen Leibniz in London teilgenommen hatte[98], aber dieser war damals noch
nicht fähig, das Dargebotene richtig aufzufassen. Leibniz hat die Nummer der
PT persönlich an Huygens weitergegeben, jedoch anscheinend nicht näher mit
diesem über den Aufsatz gesprochen: sonst hätte er bestimmt erfahren, daß
auch Hudde und Huygens im wesentlichen zur nämlichen Rechenregel vorgedrungen waren[99]. Die Vorschrift Sluses bezieht sich nur auf „geometrische"
Kurven und setzt voraus, daß ihre Gleichung bereits von Radikalen und

[95] Leibniz-Foucher, 2. VI. 92 — [96] Sluse-Oldenburg, 17. I. 73 — [97] *PT* 7, Nr. 90 vom
30. I. 73, S. 5043-47 — [98] Sitzung der RS vom 8. II. 73 — [99] über nähere Einzelheiten siehe Hofmann, *Studien*, S. 26-27, 31, 39, 45, 52-53, 56-61, 70-74, 81-88, 90-94 und 113-16.

Brüchen befreit und in Form eines Polynoms $f(x, y) = 0$ geschrieben ist. Das weitere gebe ich an seinem Beispiel $x^3 = by^2 - xy^2$ wieder. Zuerst muß man die Gleichung so „praeparieren", daß links alle mit x behafteten, rechts alle mit y behafteten Glieder stehen; Glieder, die mit x und y behaftet sind, müssen sowohl links wie rechts hingeschrieben werden, und zwar auch dem Zeichen nach richtig. So erhält man einen symbolischen Ausdruck (von einer Gleichung kann man nicht mehr gut sprechen), im vorliegenden Fall $x^3 + xy^2 \sim by^2 - xy^2$. Jetzt wird links jedes Gleichungsglied mit dem zugehörigen Exponenten der in ihm auftretenden Potenz von x und überdies mit t/x multipliziert (wobei t die zum Punkt x, y gehörige Subtangente auf der x-Achse ist), rechts jedes Glied mit dem zugehörigen Exponenten der in ihm auftretenden Potenz von y. Durch Gleichsetzen der beiden erhaltenen Ausdrücke läßt sich die Subtangente bestimmen; im vorliegenden Falle aus $(3x^2 + y^2)\,t = 2y^2(b - x)$. Diese Regel ist nicht mehr als ein Rezept — eines, das im Grunde darauf hinausläuft, daß man $f_x \cdot dx = -f_y \cdot dy$ bildet und dann $\dfrac{dx}{t} = \dfrac{dy}{y}$ berücksichtigt. An dieser Vorschrift ist die unorganische Verwendung der symbolischen Ausdrücke störend; vortrefflich ist hingegen die Art und Weise, wie das Vorzeichen von t berücksichtigt wird. Das setzt Sluse sorgfältig an drei Kreisgleichungen auseinander. Hier werden auch die achsenparallelen Tangenten richtig gekennzeichnet.

Diese Regel stimmt nicht in der Form, wohl aber der Sache nach mit der berühmten Tangentenvorschrift Newtons in einem oft genannten Brief an Collins[100] überein; sie ist bei Newton geschickter gefaßt, aber Sluse gibt auch das Vorzeichen richtig, während sich Newton nur um die Länge der Strecke t kümmert. Ein wesentlicher Teil der Beschuldigungen Newtons im Prioritätsstreit dreht sich um diese Tangentenregel: Newton hat Zeit seines Lebens daran festgehalten, daß Leibniz aus ihr zum Grundgedanken seiner Differentialrechnung angeregt worden sei und ihm daher im wesentlichen alles diesbezügliche verdanke. Leibniz hat demgegenüber immer wieder betont, daß er die Tangentenregel schon früher und unabhängig von Newton aus Sluse entnommen habe. Und so verhält es sich auch: In seinen Papieren befindet sich ein bisher unbeachtet gebliebener Auszug aus dem Aufsatz Sluses, der zwar im *Cat. crit.* 2 richtig auf das Jahr 1673 datiert ist, aber ohne Bezugnahme auf die Vorlage, die dem sonst so wohlbewanderten Verfasser des *Cat. crit.* entgangen ist[101]. Newton hat übrigens die Sache so hingestellt, als sei auch Sluse von ihm abhängig[102]. Aber auch dies trifft nicht zu; vielmehr hatte Sluse seine Regel bereits zwischen 1655 und 1660 entwickelt, also zu einem Zeitpunkt, da sich Newton überhaupt noch nicht eingehender mit mathematischen Gegenständen befaßt hatte[103]. Daß sich Leibniz schon im Sommer 1673 um eine einfache Tangentenregel bemüht und die ihm damals zugängliche einschlägige Literatur angesehen hat — so z. B. auch den Tangentenaufsatz von Wallis[104], aber nicht

---

[100] Newton-Collins, 20. XII. 72 — [101] *Cat. crit.* 2, Nr. 616 (1673) und Nr. 1209 (1675?) — [102] *CE* 1722; Anmerkung zu Gregory-Collins, 15. IX. 70 — [103] vgl. die Untersuchung von Rosenfeld, ferner Hofmann, *Studien*, Fußnote 80 — [104] Wallis-Oldenburg, 25. II. 72; *PT* 7, Nr. 81 vom 4. IV. 72.

die einschlägigen Stellen in Barrows *Lectiones geometricae* — folgt aus einer wichtigen Handschrift[105], in der Leibniz bereits das inverse Tangentenproblem anzugreifen sucht.

Man kann freilich nicht auf den Tag genau feststellen, wann Leibniz das Studium der einzelnen hier genannten Werke und Aufsätze begonnen und beendet hat, aber es läßt sich mit Bestimmtheit sagen, daß er den entscheidenden Impuls nicht von Barrow und Newton, sondern von Huygens, Pascal, Gregorius a S. Vincentio, Mercator, Gregory und Sluse empfangen hat. Die infinitesimalen Probleme wurden gleichzeitig in Frankreich, Italien und England heiß umworben; die verbesserte Indivisibeln-Vorstellung wird als Führungsmethode sowohl von Fermat, Pascal und Huygens wie auch von Torricelli, Ricci, Angeli und Sluse verwendet. Gregory hat sie in Italien kennengelernt, Barrow vielleicht auch, Newton hat sie von Barrow. Das charakteristische Dreieck — um etwa eine besondere Einzelheit herauszugreifen — war bereits Fermat, Torricelli, Huygens, Hudde, Heuraet, Wren, Neil, Wallis und Gregory bekannt, ehe es durch Barrow an die Öffentlichkeit gebracht wurde; jeder der Vorgänger hatte es benutzt, aber keiner wollte das ängstlich gehütete Geheimnis preisgeben, mittels dessen er seine Ergebnisse gefunden hatte. Leibniz hat das charakteristische Dreieck nicht aus Barrow gelernt, sondern aus Pascals *Lettres* herausgelesen, wie oben kurz ausgeführt worden ist.

Ebensowenig ist die Transmutation identisch mit der Flächentransformation in Barrows *Lectiones geometricae*, wie Child das will. Wohl wird bei ihm eine Segmentfläche durch Übergang zu Polarkoordinaten ausgedrückt (ganz kurz modern gesagt), und in unserer heutigen Bezeichnungsweise würde dies auf eine Quadratur mittels $\frac{1}{2}\int_0^\varphi r^2\, d\varphi$ hinauskommen; aber dies und die damit gleichwertige Quadratur aus dem Ansatz $\int_0^r r\varphi\, dr$ wurde schon von Fermat, Roberval und Torricelli benutzt und von Gregory in der *Geometriae pars universalis* klug und geschickt dargestellt. Unter Annahme rechtwinkliger Koordinaten kommt Leibniz' Transformation tatsächlich auf das Gleiche hinaus wie die Quadratur mittels Polarkoordinaten, und daraus hat Child geschlossen, daß Leibniz seine Methode aus Barrow genommen habe. Aber in Wirklichkeit ist die Transformation von Leibniz — wenn auch anfangs in rechtwinkligen Koordinaten ausgesprochen — ihrem Wesen nach nicht maßgeometrisch, sondern affingeometrischer Natur und hat mit der Überlegung Barrows nichts zu tun[106]. Es ist richtig, Leibniz hatte sich während seines ersten Londoner Aufenthaltes ein Exemplar der *Lectiones geometricae* gekauft, dem die *Lectiones opticae* vorangebunden waren. Er hat es aber nicht sogleich studiert, sondern nur flüchtig durchgeblättert[107]. Damals interessierten ihn zunächst die *Lectiones opticae*[108]. Als er die *Lectiones geometricae* ernsthaft durcharbeitete, hatte er seine entscheidenden Entdeckungen bereits gemacht.

[105] *Cat. crit.* 2, Nr. 575 (VIII 73); vgl. Mahnke, Einblicke, S. 45 — [106] Mahnke, *Einblicke*, S. 11 — [107] Mahnke, *Einblicke*, S. 23-24 — [108] vgl. Leibniz-Oldenburg, 26. IV. 73 an einer bisher ungedruckten Stelle, woselbst auf einen von Mariotte und Huygens verbesserten Irrtum in den *Lectiones opticae* hingewiesen wird.

Daß Leibniz die *Lectiones geometricae* erst später vorgenommen hat, wird den Kenner kaum überraschen: für den Anfänger — und das war Leibniz im Frühjahr 1673 — ist das Werk Barrows noch weit schwieriger zu lesen als Gregorys *Geometriae pars universalis.* Vor allem setzt es völlige Vertrautheit mit den Elementen Euklids voraus, und gerade auf diesem Gebiet hatte Leibniz damals noch die größten Wissenslücken. Dazu kam, daß Leibniz nicht ahnen konnte, wie wertvoll der Inhalt der *Lectiones geometricae* war. Huygens, der Mentor seiner ersten selbständigen Studien, hatte ihn auf dieses Buch nicht eigens verwiesen. Der Grund dafür läßt sich leicht angeben. Huygens war im Frühjahr 1670 schwer erkrankt und hatte sein Gedächtnis fast völlig verloren; er mußte sich monatelang außerordentlich schonen, erholte sich trotz der aufopfernden Pflege seines Bruders Ludwig, der eigens nach Paris gekommen war, um dem Schwerkranken beizustehen, nur ganz langsam und kehrte — dem Rat der Ärzte folgend — im Herbst 1670 für einige Monate ins Elternhaus im Haag zurück. Justel hatte ihm im Juli 1670 ein Exemplar der *Lectiones geometricae* überbracht, und Oldenburg hatte Huygens in seinem ersten Brief nach dem Haag auf Barrows oben erwähnte Bemerkung hinsichtlich der Annäherung des Kreissegments durch einbeschriebene und umbeschriebene Parabeln hingewiesen, aber Huygens war noch so sehr geschwächt, daß er sich nicht näher mit der Angelegenheit befassen konnte[109]. Wir finden in seiner Korrespondenz und in seinen Aufzeichnungen vor dem Jahr 1691 keinen Hinweis, aus dem sich eine nähere Beschäftigung mit den *Lectiones geometricae* entnehmen ließe.

Allerdings hat Tschirnhaus schon 1678 die engen Berührungspunkte zwischen Barrows und Leibniz' Auffassung stark betont[110], Jakob Bernoulli hat das Nämliche in den beiden *Specimina calculi differentialis* aus dem Jahr 1691 vorgebracht[111], und seitdem ist diese Tatsache in den verschiedensten Formen immer wieder hervorgehoben worden. Leibniz hat demgegenüber stets darauf hingewiesen, daß er die entscheidenden Anregungen nicht aus Barrow, sondern aus Pascal gewonnen hat, und die uns erhaltenen Papiere Leibniz' aus der damaligen Zeit, in denen Barrows Name im Zusammenhang mit der Entwicklung der Infinitesimalmethoden kaum genannt wird, bestätigen dies. Für den heutigen Forscher, der den damaligen Verhältnissen um mehr als 250 Jahre ferner gerückt ist, wäre es allerdings sehr verlockend, in die ganze Entwicklung die Vorstellung einer stetig sich erweiternden und fortschreitenden Erkenntnis hineinzutragen. Wird gar nur nach den Erscheinungsjahren der einzelnen Werke geurteilt, so scheint sich eine „beinahe mit Händen zu greifende" Beziehung zwischen Barrow als dem Vorgänger und Leibniz als dem Nachfolger und Vollender aufzudrängen, aber die Tatsachen liegen eben anders; wir müssen die Barrow-Hypothese endgültig als Irrtum zurückweisen.

7. ERSTE MITTEILUNGEN ÜBER DIE NEUEN ERGEBNISSE

Endlich ist die Rechenmaschine doch fertig geworden. Es war ein langer und dornenvoller Weg, der von dem rohen Modell des Jahres 1672 zu dem wirklich

---

[109] Oldenburg-Huygens, 30. IX. 70 und Huygens-Oldenburg, 15. X. und 31. X. 70 — [110] Tschirnhaus-Leibniz, 10. IV. und Ende 1678 — [111] *AE*, I und VI 91.

gangfähigen Instrument des Sommers 1674 führen sollte. Immer wieder mußte
das alte Modell umgeändert und verbessert werden; die Handwerker verloren
die Lust an dem mühsamen und undankbaren Geschäft und wollten sich rasch
für ihre Arbeit bezahlt machen, und hätte Leibniz nicht in Olivier einen wahren
Künstler seines Faches gewonnen, der auch mit dem Herzen bei der Sache
war — die Maschine wäre wohl niemals zu Ende gekommen. Jetzt hat Leibniz
das erste und zunächst einzige Exemplar des heißumworbenen Instruments bei
sich, führt es gelegentlich einem Freund oder einem Bekannten vor und hat
nichts dawider, daß sich der Ruf seines Kunstwerks in den Kreisen der Pariser
Naturwissenschaftler verbreitet. Die Rechenmaschine vermittelt ihm die Bekanntschaft mit É. Périer, dem ältesten Neffen Pascals, der vor kurzem die
zweite Ausgabe der *Pensées* herausgebracht hat. Périer hält sich vorübergehend
in der Hauptstadt auf und besucht den jungen Deutschen, um das Instrument
zu besehen. Seine Wißbegierde ist begreiflich; hat doch auch der große Pascal
eine Rechenmaschine bauen lassen — freilich ein noch sehr bescheidenes Gerät,
mittels dessen man nur addieren und subtrahieren kann, während Leibniz'
Instrument auch die Multiplikation und Division zu leisten vermag. Der Be-
sucher wird liebenswürdigst empfangen; der Entdecker erweist sich als ein auf
allen Gebieten des Wissens wohlbeschlagener Weltmann mit bezaubernden
Manieren; er bekennt sich als glühender Verehrer der Pascalschen Schriften,
dankt Périer für seine Verdienste um das Erscheinen der *Pensées* und bedauert,
daß noch so viel Wertvolles aus dem Nachlaß ungedruckt geblieben ist. Périer
hat selbst die Absicht, die noch unveröffentlichten Papiere seines Onkels
zum Druck zu bringen. Er ist freudig überrascht, in dem knapp vier Jahre
jüngeren Deutschen einen Mithelfer für seine Pläne zu finden, der überdies gerade auf dem Gebiet der Mathematik so wohlbeschlagen ist, wovon er
selbst nicht allzuviel versteht. Er fürchtet zwar, im Nachlaß sei nichts Druck-
reifes vorhanden, aber auf jeden Fall ist er bereit, Pascals mathematische
Papiere zur Durchsicht an Leibniz zu geben. Nur bittet er um Geduld; denn
Périer ist sich seiner Pflichten als Oberhaupt der berühmten Familie vollauf
bewußt und will die wertvollen Handschriften nur durch ganz zuverlässige
Persönlichkeiten an Leibniz überbringen lassen, und dieser muß die volle Ver-
antwortung für die sorgsame Verwahrung und pflegliche Behandlung der kost-
baren Papiere übernehmen.

Welch ein ungeahnter Erfolg! In der ersten Freude über die große Aussicht,
die sich ihm eröffnet hat, schreibt Leibniz an Oldenburg[112]; er berichtet ihm
von der Vollendung der Rechenmaschine, die allgemein Aufsehen errege, damit
sein längst gegebenes Wort einlösend. Er selbst werde — hoffentlich recht bald
— der RS das wohlgelungene Instrument vorführen. Freilich wisse er noch nicht,
wann er kommen könne, und seine Tage seien reichlich ausgefüllt durch
literarisch-politische Arbeiten für fürstliche Auftraggeber und den Umgang
mit lieben Freunden; so bleibe nur wenig Zeit für die Pflege der Naturwissen-
schaften übrig, aber immerhin habe er auf mathematischem Gebiet mehr durch
glückliche Eingebung denn durch langwieriges Studium schöne Erkenntnisse

[112] Leibniz-Oldenburg, 15. VII. 74.

gesammelt. Als Probe gibt Leibniz sein Beispiel für die rationale Quadratur eines Zykloidensegments, nicht ohne auf das berühmte ähnliche Beispiel von Huygens für den Zykloidenstreifen hinzuweisen. Er habe noch weit bedeutendere Sätze gefunden, so z. B. die exakte Darstellung der Fläche des Vollkreises und des Kreissektors durch eine unendliche Reihe von rationalen Zahlen, und überdies weitreichende analytische Methoden, die viel wichtiger seien als einzelne noch so fein ausgedachte Sätze. Offenkundig ist dies eine Anspielung auf den Transmutationssatz. Nun folgen einige höfliche Bemerkungen über Leibniz' Bekannte in London und schließlich in einer (bisher noch nicht gedruckten) Nachschrift ein Hinweis auf das Zusammentreffen mit Périer, der Leibniz jüngst besucht und ihm einen eingehenderen Bericht über den in seinem Besitz befindlichen Nachlaß Pascals zugesichert habe. Diesen Brief wollte Leibniz nicht durch die Post befördern lassen, sondern vertraute ihn seinem Freund, dem dänischen Edelmann Walter an, der mit ihm zusammen im gleichen Quartier wohnte. Walter war bereits zweimal in England gewesen und sollte durch den zu überbringenden Brief mit Oldenburg bekannt gemacht werden.

Leibniz erwähnt Oldenburg gegenüber, er habe den Satz vom rationalen Zykloidensegment den „bedeutendsten Geometern" in Paris gezeigt, und diese hätten seine Originalität anerkannt. Wahrscheinlich spielt er mit dieser Bemerkung auf eine in sehr deutlicher und schöner Handschrift angefertigte Zusammenstellung seiner bisherigen geometrischen Entdeckungen an, die vermutlich Huygens zugegangen ist[113]. Sie enthält die rationale Quadratur des Zykloidensegments, die rationale Quadratur des Kreises durch die nach Leibniz benannte Reihe und eine Zusammenfassung der in der *Accessio ad arithmeticam infinitorum* gefundenen Summe der reziproken figurierten Zahlen in Form des von ihm so genannten „harmonischen Dreiecks", das bewußt in Entsprechung zum arithmetischen Dreieck Pascals steht. Für

$1/1$	$1/1$	$1/1$	$1/1$	$1/1$	$1/1$	$\cdots$
$1/2$	$1/3$	$1/4$	$1/5$	$1/6$	$1/7$	$\cdots$
$1/3$	$1/6$	$1/10$	$1/15$	$1/21$	$1/28$	$\cdots$
$1/4$	$1/10$	$1/20$	$1/35$	$1/56$	$1/84$	$\cdots$
$1/5$	$1/15$	$1/35$	$1/70$	$1/126$	$1/210$	$\cdots$
$\cdot$	$\cdot$	$\cdot$	$\cdot$	$\cdot$	$\cdot$	
$1/0$	$2/1$	$3/2$	$4/3$	$5/4$	$6/5$	$\cdots$

Harmonisches Dreieck

Huygens war die Angelegenheit mit den Reihensummen nichts grundsätzlich Neues und der Segmentsatz eine überraschende Einzelheit, aber ohne weiteres klar; hingegen mußte ihm die arithmetische Kreisquadratur — nur in Form des Ergebnisses ausgesprochen — unverständlich bleiben. Daher veranlaßte er Leibniz zu einer eingehenderen Darstellung nebst Beweis.

Von dieser Ausarbeitung[114] kennen wir je ein eigenhändiges lateinisches und französisches Konzept und die von einem Schreiber besorgte und von Leibniz nochmals verbesserte Reinschrift, die vermutlich als Druckmanuskript für das *JS* gedacht war. Huygens hat die Abhandlung durchgesehen und einige Bleistiftnotizen angefügt, die sich auf formale Verbesserungen des Textes und der Beweisführung beziehen. In seinem sehr anerkennenden Begleitschreiben[115]

[113] Leibniz für Huygens?, Sommer 1674 — [114] Leibniz für Huygens, X 74 — [115] Huygens-Leibniz, 6. XI. 74.

schlägt Huygens für die von Leibniz als „anonyme Kurve" bezeichnete Quadratrix $z^2 : a^2 = x : (2 a - x)$ (die *Versiera*) die Bezeichnung *Cyclocissoide* vor, da sich die Kurve *ordinatim* aus diesen beiden Kurven zusammensetzen lasse. Dies veranlaßte Leibniz zu der zusätzlichen Bemerkung zum Haupttext, daß ja $2 z = y + t$ sei, wobei $y^2 = 2 a x - x^2$ die Kreisgleichung und $t = x^2 : y$ die Kissoidengleichung ist. Huygens hoffte auf Grund der einfachen Form der Leibniz-Reihe doch noch auf eine mit Zirkel und Lineal ausführbare Konstruktion der Kreisquadratur. Er verweist darauf, daß die *Versiera* schon bei Gregorys Kissoidenquadratur benutzt werde, und hält es daher für richtig, ihm als dem Erstentdecker die endgültige Namengebung der Kurve zu überlassen. Übrigens sei er selbst der erste gewesen, dem die Kissoidenquadratur gelungen sei, wie aus einer diesbezüglichen Stelle bei Wallis hervorgehe.

Damit wird an eine alte Angelegenheit gerührt, die hier kurz gestreift werden muß[116]. Auf die Kissoide, deren Normale er im Jahr 1653 noch rein schematisch nach der Cartesischen Regel bestimmt hatte[117], wurde Huygens erneut durch eine Bemerkung Sluses geführt: der Drehkörper der Kissoidenfläche $2 \int_0^{2a} t dx$ um die Asymptote hänge von der Kreisquadratur ab[118]. Tatsächlich ist der Inhalt des fraglichen Drehkörpers $K = 2 \int_0^{2a} 2 \pi (2 a - x) t dx = 4 \pi \int_{2a}^{2a} xy dx$; dieses Integral läßt sich deuten als Drehmoment des Halbkreises $\int_0^{2a} y dx$ um den Ur-

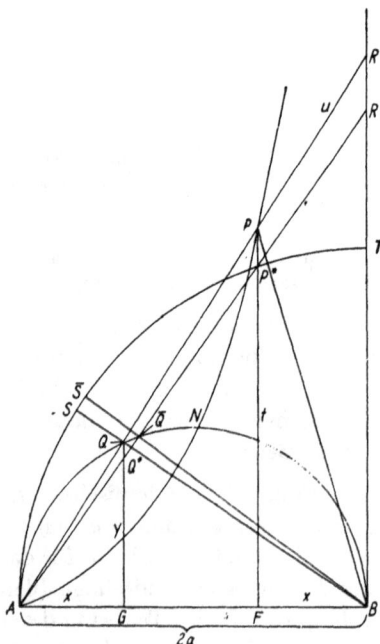

sprung, ist also gleich $a (a^2 \pi / 2)$; folglich ist $K = 2 a^3 \pi^2$. Sluse drückt dies nach der Guldinschen Regel als den Inhalt eines Kreiswulstes aus, der durch Drehung des Kreises $a^2 \pi$ um eine seiner Tangenten entsteht[119]. Damit war klar geworden, daß die Kissoidenfläche endlich sein müsse und sogleich bestimmt werden könne, falls man ihren Schwerpunkt ermittelt habe. Das genügte für Huygens, um zu einer wundervoll einfachen Betrachtung von folgender Art angeregt zu werden[120]: Ist $t = FP$, $y = GQ$ und wird außer dem Strahl $AQPR$ auch der ein wenig verdrehte Strahl $AQ^* P^* R^*$ gezogen, so ist

$$\frac{\text{Trapez } P^* R^* R P}{\Delta A Q^* Q} = \frac{(2 a - x) + 2 a}{x}$$

$$= \frac{4 a^2 + 2 a (2 a - x)}{2 a x}.$$

Abb. 15.

[116] Vgl. Hofmann, *Kissoidenquadratur* — [117] 1. XI. 53; *HO* XII, S. 76-78 — [118] Sluse-Huygens, 4. III. 58 — [119] Sluse-Hugens, 14. III. 58 — [120] 18. III. 58; *HO* XIV, S. 309-12.

Schneidet der Strahl AR^* den Kreis in $\bar{Q}$ und wird noch der Kreis durch A um B gelegt, so ist

$$\frac{\text{Trapez } P^*\,R^*\,RP}{\varDelta\,A\,Q^*\,Q} \approx \frac{\varDelta\,B\,S\bar{S} + \varDelta\,B\,Q\bar{Q}}{\varDelta\,A\,Q\bar{Q}},$$

also

$$\text{Trapez } P^*\,R^*\,RP \approx \varDelta\,B S\bar{S} + \varDelta\,B Q\bar{Q},$$

folglich:

$$\text{Kissoidenfläche } ABRPN = \text{Kreissektor } BST + \text{Kreissegment } BQ.$$

In unsere heutige Bezeichnungsweise umgesetzt, würde dies Verfahren auf die Verwendung des Ansatzes $r = 2\,a\,\dfrac{\sin^2\varphi}{\cos\varphi}$ in Polarkoordinaten hinauslaufen und so aussehen:

$$f = 2\,a^2\,\mathrm{tg}\,\varphi - \int\limits_0^\varphi \frac{r^2\,d\varphi}{2} = 2\,a^2 \int\limits_0^\varphi (1 + \sin^2\varphi)\,d\varphi = \frac{(2\,a)^2\,\varphi}{2} + \frac{a^2}{2}\,(2\,\varphi - \sin 2\,\varphi).$$

Huygens gibt einen ganz strengen indirekten Beweis in verschieden variierten Formen, auf die wir nicht weiter eingehen wollen. Er fügt hinzu, die bis ins Unendliche erstreckte Fläche zwischen der Kissoide und der Asymptote sei $3\,a^2\,\pi$, also teile der Schwerpunkt die x-Achse im Verhältnis $5:1$ von der Spitze ab. Ganz entsprechend lasse sich auch der Inhalt des Drehkörpers bestimmen, der durch Drehung der Kissoidenfläche $2\int\limits_0^{2\,a} t\,dx$ um die Asymptotenparallele durch die Spitze entstehe[121]. Im Herbst 1658 hat Huygens an Wallis das Hauptergebnis, nämlich die Quadratur der ganzen Kissoidenfläche $2\int\limits_0^{2\,a} t\,dx$, mit dem Bemerken gesandt, er glaube nicht, daß sich dies auch mittels der Methode der *Arithmetica infinitorum* zeigen lasse[122]. Wallis, der für längere Zeit von Oxford abwesend war, erhielt den Brief von Huygens erst mit erheblicher Verzögerung und strengte sich sogleich mächtig an, um die Leistungsfähigkeit seiner Methode auch an diesem Beispiel zu erweisen. Schon nach wenigen Tagen hatte er Erfolg[123]. Er macht wieder einen Induktionsschluß, der für uns gleichwertig mit der Bemerkung ist, daß sich aus $f\,(p,q) = \int\limits_0^{2\,a} x^p\,(2\,a - x)^q\,dx$ durch partielle Integration die Rekursionsformel $f\,(p+1,\,q-1) = (p+1)\,f\,(p,q)/q$ ergibt. Folglich ist

$$\int\limits_0^{2\,a} \frac{x^2\,dx}{\sqrt{x\,(2\,a - x)}} = \frac{1}{3} \int\limits_0^{2\,a} \sqrt{x\,(2\,a - x)}\,dx.$$

Dies wurde sogleich in die gerade im Entstehen befindliche Abhandlung über die Zykloide und Kissoide mit aufgenommen. Wallis hat seinen Beweis in größter Eile niedergeschrieben und war sich über gewisse formale Mängel seiner

---

[121] Huygens-Sluse, 5. IV. und 28. V. 58 — [122] Huygens-Wallis, 6. IX. 58 — [123] Wallis-Huygens, 1. I. 59.

Darstellung durchaus klar; die anfangs in Aussicht gestellte streng geometrische Beweisführung[124] hat er auch später niemals nachgeholt. Huygens
mußte in seiner Antwort zugeben, daß Wallis mittels seiner Methode un-
erwartet viel geleistet habe; freilich scheine ihm das Verfahren doch nicht
so einwandfrei zu sein wie die Schlußweise der Alten. Er selbst benutze jetzt
die Flächengleichheit des Sektors $ABPN$ mit dem dreifachen Segment BQ[125].
Später hat Huygens seinen schon vom April 1658 stammenden Beweis an
Wallis gesandt[126] und dieser hat das Stück als *Scholium* zu *cap. V, prop.* 29
des 2. Teils seiner Mechanik abgedruckt.

Huygens erhielt die Wallissche Schrift über die Zykloide und Kissoide erst im
Frühjahr 1660[127] und erwähnte sie in einem Brief an Carcavy, worin er einfließen
ließ, er selbst sei der Erstentdecker der Kissoidenquadratur[128]. Es scheint, daß
diese Bemerkung erst sehr verspätet an Fermat weitergeleitet wurde, der
nun seinerseits einen Beweis übersandte[129]. Dieser ist deshalb interessant, weil
Fermat entgegen seinen sonstigen Gewohnheiten nur eine infinitesimale Vor-
überlegung gibt. Sie zeigt uns, wie fein er das charakteristische Dreieck anzuwenden weiß. Modern ausgedrückt, kommt seine Schlußweise auf ein Symmetrisierungsverfahren hinaus, bei dem

$$\int_{0}^{2a} t\,dx = \int_{0}^{a} + \int_{a}^{2a} = \int_{0}^{a} \frac{x^2 + (2a-x)^2}{y}\,dx = 2\int_{0}^{a} \frac{a^2 + (a-x)^2}{y}\,dx = 2\int_{0}^{\frac{2\pi}{2}} a\,ds + 2\int_{0}^{a}(a-x)\,dy$$

gesetzt wird. Huygens hielt seine eigene Beweisführung mit Recht für klarer
und vollkommener als die Fermats[130]. Übrigens ist das Symmetrisierungsverfahren, das ja auch von Huygens selbst benutzt wird, methodisch sehr interessant. Diesen Gedanken hatte Fermat schon 1637 konzipiert und bei der
Nachprüfung der Robervalschen Zykloidenquadratur verwendet; Huygens
hatte ihn selbständig nachentdeckt und sich seiner an vielen Stellen mit voll-
endeter Meisterschaft bedient, aber nichts davon war bislang an die Öffentlichkeit gedrungen.

In seinen *Exercitationes geometricae* hat Gregory, damals durch die schnöde
Abweisung seiner *Vera quadratura* in der Huygensschen Besprechung[131] aufs
höchste erregt und gewillt, den hingeworfenen Fehdehandschuh ungesäumt
aufzunehmen, auch die Quadratur der Kissoide erneut vorgenommen. Er
kannte nur die von ihm als unzureichend angesehene Darstellung bei Wallis
und wußte nichts von der Art der von Huygens gegebenen Lösung; nur das
war ihm bekannt, daß das Problem von seinem großen Gegner stammte. Nun
reizte es ihn, zu zeigen, wie einfach sich die Fragestellung vermittels der in
seiner *Geometriae pars universalis* entwickelten Allgemeinmethoden behandeln
lasse. Er hielt es nicht für nötig, auf Huygens hinzuweisen; denn er nahm an,
daß jeder Mathematiker von Fach — und mit andern Leuten wollte er ja gar

[124] Wallis-Huygens, 28. II. 59 — [125] Huygens-Wallis, 31. I. 59 — [126] Huygens für Wallis,
1660?, vermutlich in einer uns unbekannten Antwort auf Wallis-Huygens, 10. IX. 60 —
[127] vgl. Huygens-Wallis, 31. III. 60 — [128] Huygens-Carcavy, 27. III. 60 — [129] Carcavy
für Huygens, 1. I. 62 — [130] Huygens-L. Huygens, 19. IV. 62 — [131] Huygens für Galloys,
JS vom 2. VII. 68.

nicht diskutieren — selbstverständlich über die Abhandlung von Wallis orientiert sein müsse.

Sein rein geometrisches Verfahren für die Beziehung

$$\text{Sektor } ABPN = 3 \cdot \text{Segment } BQ = 3 \cdot \text{Segment } AU$$

sieht so aus: Da — wie an der Figur abgelesen werden kann — $AP \| UB$ ist, ist

$$\text{trilineum } ABP = \text{trilineum } AUP.$$

Nun wird das *trilineum AFP ordinatim* verschoben und auf diese Weise dem *trilineum AUZ* gleichgemacht, so daß also

$$\text{trilineum } AUP = \text{trilineum } AFZ$$

wird. So entsteht der Bogen AZ mit den Ordinaten

$$2z = y + t.$$

Dabei ist

$$\Delta UWZ \simeq \Delta PAF,$$

folglich ΔAUW bei W rechtwinklig und $AV = VU = VW = z$ gleich der Kreis-tangente aus V. Jetzt denkt sich Gregory senkrecht über dem Kreisbogen die Zylinderoberfläche errichtet und mit

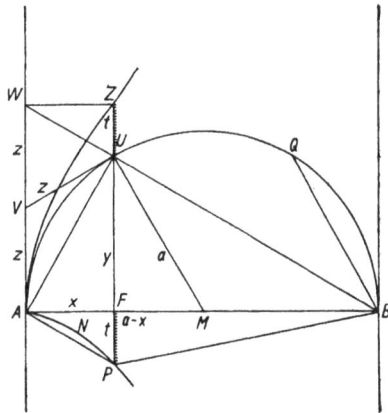

Abb. 16.

einer unter 45^0 gegen die Papierfläche geneigten Ebene durch AW ge-schnitten. Dann ist das über dem Bogen AU stehende Mantelstück des Zylinders gleich $\int\limits_0^s x ds$. Da aber $\dfrac{dx}{y} = \dfrac{dy}{a-x} = \dfrac{ds}{a}$ und $\dfrac{x}{y} = \dfrac{z}{a}$,

ist $\quad \text{trilineum } AFZ = 2\int\limits_0^x z dx = 2\int\limits_0^s x ds = 2a(s-y) = 4 \text{ Segment } AU$

und alles weitere klar. Es ist höchst bemerkenswert, wie dicht Gregory mit dieser seiner Betrachtungsweise an das Ergebnis Leibniz' herangekommen ist, aber auf einem methodisch völlig andern Weg. Für ihn war noch der geome-trische Sachverhalt die Hauptsache; er konnte die anschauliche Deutung von $\int\limits_0^s x ds$ als Mantelstück des Zylinders nicht entbehren. Seine Überlegungen sind ohne jede Buchstabenrechnung rein verbal durchgeführt und daher noch schwerfällig und starr; erst durch die Leibnizsche Bezeichnungskunst werden sie leicht erfaßbar und flüssig darstellbar. Gerade dieses Beispiel zeigt uns mit voller Eindringlichkeit, welcher Fortschritt mit dem Übergang von der geome-trischen Methode der älteren Schule zur analytischen Darstellungsweise bei Leibniz verbunden ist — und gibt uns einen Begriff von der gewaltigen geistigen Leistung, die mit der genialen Schöpfung des *Calculus* verbunden

4*

war. Huygens, der unübertroffene Hauptvertreter der Archimedischen Betrachtungsweise, denkt noch stark vorstellungsmäßig und in Bildern; er hat den Kernpunkt der Sache, den Transmutationssatz von Leibniz, in seiner Bedeutung nicht voll erfaßt und meint, man könne die Leibnizsche Darstellung durch Verbindung mit dem Verfahren Gregorys zur Bestimmung des *trilineum AFZ* noch wesentlich verkürzen — es kommt aber gerade hier nicht auf eine formale Verkürzung, sondern auf den neuen, methodisch umfassenden Gedanken an! Zum erstenmal spüren wir in Huygens eine Hemmung gegenüber den Absichten von Leibniz aufkeimen — sie wird später zu einem unüberwindlichen Vorurteil gegenüber der Leibnizschen Analysis werden. Der 45jährige ist nicht mehr elastisch genug, um den Fortschritt zu sehen, den Leibniz' Gedankengang inauguriert. Interessant und für den Menschen Huygens sehr ehrenvoll ist übrigens der Wandel in der Beurteilung der Kissoidenquadratur Gregorys, die er seinerzeit[132] — allerdings damals im Ärger über das Vorwort der *Exercitationes geometricae*, worin massive Vorwürfe gegen Huygens erhoben worden waren — als eine ganz schwache Leistung erklärt hatte.

Der von Huygens gegebene Hinweis hatte erneut gezeigt, daß Leibniz noch weit davon entfernt war, die mathematische Literatur seiner Zeit in ausreichendem Maße zu überblicken. Daher wurde die ursprünglich für druckreif angesehene, in Wahrheit jedoch methodisch noch recht unvollkommene Darstellung der Kreisquadratur zurückgehalten und erneut revidiert. Etwas später erhielt sie einen neuen Schlußabsatz. Darin äußert sich Leibniz über die Grenzen der Viète / Descartesschen Buchstabenmethode, mittels deren zwar ein jegliches „geometrische" (d. h. algebraische) Problem auf Gleichungen zurückgeführt werden könne, nicht aber die Fragestellungen der Kurvengeometrie, die erst durch Leibniz' eigene Methode arithmetiert würden. Schon lesen wir eine unzufriedene Äußerung über die umständliche Näherungsmethode Viètes zur Auflösung numerischer Gleichungen. In einer kurzen Literaturübersicht werden als Lehrmeister und Vorgänger Brouncker, Huygens, Mercator, Wren, Wallis, Cavalieri, Fermat, Gregorius a S. Vincentio, Heuraet und Pascal genannt; insbesondere sind die Verdienste von Brouncker und Mercator um die Hyperbelquadratur hervorgehoben, und hinsichtlich der „anonymen Kurve" wird auf Gregorys Kissoidenquadratur verwiesen (die von Huygens vorgeschlagene Bezeichnung *Cyclocissoide* wird nicht übernommen); schließlich äußert sich Leibniz in ganz klaren Worten über den Nutzen seiner neuen analytischen Bezeichnungsweise.

Schon im Sommer 1674 ist Leibniz erneut mit Ozanam zusammengetroffen, dessen zahlentheoretische Probleme immer noch ungelöst waren. Mengoli hatte sich inzwischen mit dem Sechsquadrateproblem*) abgegeben und es als unlösbar hinzustellen versucht, mußte sich aber von Ozanam in einer Flugschrift[133] eines Bessern belehren lassen. Dieser war damals nur bereit, eine Lösung mitzuteilen; die Methode, deren er sich bedient hatte, wollte er keines-

---

*) Bestimmung von drei Zahlen u, v, w, deren Summe oder Differenz je eine Quadratzahl ergibt.
[132] Huygens gegen Gregory, Ende 1668 — [133] datiert vom 18. IV. 74. Vgl. *Cat. crit.* 2, Nr. 705 (Sommer 1674).

falls preisgeben. Wir kennen sie jedoch aus seiner späteren Darstellung im *Dictionaire mathematique*.

Ozanam geht aus von den drei Zahlen

$$u = 2\,abxy, \quad v = a^2\,x^2 + b^2y^2, \quad w = b^2\,x^2 + a^2y^2.$$

Dann ist bereits $v \pm u$ und $w \pm u$ je ein volles Quadrat; das Sechsquadrate-problem ist also gelöst, wenn man noch $v \pm w$ zu Quadraten machen kann. Um dies zu erreichen, setzt er $x = z - ay : b$ und

$$v + w = p^2 : b^2, \quad v - w = q^2 : b^2.$$

Dann ist

$$\begin{cases} p^2 = [(a^2 + b^2)\,y]^2 - 2\,ab\,(a^2 + b^2)\,yz + (a^2 + b^2)\,b^2 z^2, \\ q^2 = [(a^2 - b^2)\,y]^2 - 2\,ab\,(a^2 - b^2)\,yz + (a^2 - b^2)\,b^2 z^2. \end{cases}$$

Jetzt erhält man mit

$$(a^2 + b^2)^2 q^2 - (a^2 - b^2)^2 p^2 = 2\,ab^3\,(a^4 - b^4)\,z\left[\frac{b\,z}{a} - 2\,y\right]$$

einen leicht in die Differenz zweier Quadrate zerlegbaren Ausdruck und findet $p = (a^2 + b^2)\left(y - \dfrac{b\,z}{2\,a}\right) + \dfrac{a\,b^3 z}{a^2 + b^2}$ usw., schließlich

$$x : y : z = a\,(3\,b^8 - 6\,a^4 b^4 - a^8) : b\,(b^8 + 6\,a^4 b^4 - 3\,a^8) : 4\,a\,(b^8 - a^8).$$

Mittels $a = 1$, $b = 2$ erhält Ozanam das Beispiel $u = 2\cdot399\cdot057$, $v = 2\cdot288\cdot468$, $w = 1\cdot873\cdot432$, das er schon seinerzeit angegeben hatte. Leibniz wußte damals nur, daß die Lösung auf Grund einer algebraischen Überlegung zustandegekommen war, hat sie aber nicht nacherfinden können.

Gregory — um dies gleich vorwegnehmend einzufügen — wurde durch seinen Freund Frazer im Sommer 1675 auf das Problem hingewiesen[134]. Ihm gelang schon nach kurzer Zeit eine höchst scharfsinnig ausgedachte Lösung[135], die wir aus hinterlassenen Notizen kennen[136]. Er beschreitet einen methodisch viel besseren Weg, indem er

$$\begin{cases} v - w = a^2, & v + w = p^2, \\ u - w = b^2, & u + w = q^2, \\ u - v = c^2, & u + v = r^2 \end{cases}$$

setzt und $a^2 = b^2 - c^2 = r^2 - q^2$ berücksichtigt. Folglich ist der Ansatz

$$\begin{cases} b = \dfrac{a^2 + x^2}{2\,x}, & c = \dfrac{a^2 - x^2}{2\,x} \\ q = \dfrac{a^2 - y^2}{2\,y}, & r = \dfrac{a^2 + y^2}{2\,y} \end{cases}$$

gestattet. Jetzt ist aber $v^2 - w^2 = (u^2 - w^2) - (u^2 - v^2)$, d. h.

$$(a\,p)^2 = (b\,q)^2 - (c\,r)^2 = a^2\,(x^2 - y^2)\,(a^4 - x^2 y^2) : 4\,x^2 y^2.$$

Nun setzt Gregory $x^2 - y^2 = z^2$ und $a = t + x$. So erhält er

$$(2\,p\,x\,y)^2 = x^2 z^4 + 4\,t\,x^3 z^2 + 6\,t^2 x^2 y^2 + 4\,t^3\,xz^2 + t^4 z^2$$

und setzt diesen Ausdruck gemäß den allgemeinen Vorschriften, die in Billys *Inventum novum* über die Behandlung biquadratischer Ausdrücke von der

---

[134] **Frazer-Gregory**, VI 75 — [135] Gregory für **Frazer**, 23. VII. 75 — [136] *G T*, S. 430-33.

Struktur des vorliegenden gegeben werden, entweder gleich $(xz^2 + 2tx^2 + t^2z)^2$ oder gleich $\left\{xz^2 + 2tx^2 + \dfrac{t^2 x(x^2 - 3 y^2)}{z^2}\right\}^2$. Im ersten Fall erhält er $t = \dfrac{x^2 + y^2 - 2xz}{2z}$, also $a = \dfrac{x^2 + y^2}{2z}$, $p = \dfrac{4x^2 y^2 - z^4}{8 x y z}$ (daraus folgt Ozanams Zahlentripel mit $x = 5$, $y = 3$, $z = 4$), im zweiten Fall $t = \dfrac{4x(x^4 - y^4)}{-3x^4 + 6x^2 y^2 + y^4}$ usw. Die hohe Wertschätzung, mit der Leibniz später von den zahlentheoretischen Leistungen Gregorys spricht, scheint darauf zu beruhen, daß er (wohl nur in allgemeinen Worten) etwas von dessen Lösung des Sechsquadrateproblems erfahren hatte.

Ein zweites, wesentlich einfacheres Problem, das Ozanam in einem Einblattdruck vom Februar 1674 bekanntgegeben hatte, forderte die Bestimmung von drei Zahlen, deren Summe eine Quadratzahl und deren Quadratsumme eine Biquadratzahl werden sollte. Es ist durch Erweitern aus der Aufgabe in Billys *Inventum novum* I, 45 entstanden: Zwei Zahlen x, y zu bestimmen, so daß $x + y = a^2$, $x^2 + y^2 = b^4$ wird. Diese Aufgabe stammt von Fermat. Er hatte sie zahlreichen seiner Korrespondenten vorgelegt, aber niemals eine Lösung erhalten. Er selbst geht aus von einem rechtwinkligen Dreieck $x^2 + y^2 = z^2$ und setzt $x = u^2 - v^2$, $y = 2uv$, also $\begin{cases} x + y = (u + v)^2 - 2v^2 = a^2, \\ x^2 + y^2 = (u^2 + v^2)^2 = b^4. \end{cases}$ Jetzt wird die erste Gleichung durch den Ansatz
$$u + v = 2\xi^2 + \eta^2, \quad a = 2\xi^2 - \eta^2, \quad v = 2\xi\eta$$
erfüllt; man erhält also $u = (\xi - \eta)^2 + \xi^2$, $v = 2\xi\eta$ oder
$$4\xi^4 - 8\xi^3\eta + 12\xi^2\eta^2 - 4\xi\eta^3 + \eta^4 = b^2 = (2\xi^2 - 2\xi\eta + \eta^2)^2 + (2\xi\eta)^2.$$
Diese Gleichung kann erfüllt werden durch den Ansatz $2\xi^2 - 2\xi\eta + \eta^2 = \eta^2 - \xi^2$. Man erhält also $3\xi^2 = 2\xi\eta$. Daraus folgt $\xi = 2$, $\eta = 3$, also $u = 5$, $v = 12$, $x = -119$, $y = +120$. Jetzt hilft der neue Ansatz $u = p + 5q$, $v = 12q$ weiter. Alsdann ist nämlich

$$\begin{array}{r} p^2 + 34\,pq + q^2 = a^2 \,|\, \cdot 169 \\ p^2 + 10\,pq + 169\,q^2 = b^2 \,|\, \cdot (-1) \end{array}$$

also $14q \cdot \left(12p + \dfrac{2868}{7}q\right) = (13a)^2 - b^2 = \left(13p + \dfrac{1434}{7}q\right)^2 - \left(p - \dfrac{1434}{\cdot 7}q\right)^2$. Hieraus folgt $p = 2\cdot048\cdot075$, $q = 20\cdot566$ usw.

Das Ozanamsche Problem ist viel einfacher als das Fermatsche. Im Gespräch mit Ozanam äußerte Leibniz, so sehr schwierig könne doch die Lösung nicht sein; ihm scheine die Angelegenheit in erster Linie eine Geduldsaufgabe. Sogleich sah er sich von Ozanam beim Wort genommen und mußte sich nun wirklich mit der Ausrechnung befassen[137]. Zunächst bemerkte er[138], daß man von drei Zahlen a, b, c ausgehen kann, die dem Ansatz $1/a + 1/b + 1/c = 0$ genügen; alsdann ist $a^2 + b^2 + c^2 = (a + b + c)^2$, also hat das Zahlentripel $a(a + b + c)$, $b(a + b + c)$, $c(a + b + c)$ die Summe $(a + b + c)^2$ und die

[137] Leibniz-Magliabechi, 18. XI. 91 — [138] Cat. crit. 2, Nr. 712 und 714 (Sommer 1674).

Quadratsumme $(a^2 + b^2 + c^2)^2 = (a + b + c)^4$. Allerdings sind hier höchstens zwei der drei Zahlen a, b, c positiv. Als Beispiel führt Leibniz

$$(-14) + 21 + 42 = 7^2, \ (-14)^2 + 21^2 + 42^2 = 7^4$$

vor, entstanden aus

$$-1/2 + 1/3 + 1/6 = 0.$$

Später ist er zu dem Lösungstripel 64, 152, 409 mit der Summe 25^2 und der Quadratsumme 21^4 vorgedrungen[139], das sich nach Beseitigung der Brüche aus dem leicht übersehbaren Ansatz

$$(t^2 - 2t - 1)^2 + (2t - 3)^2 + 4^2 = (t - 1)^4$$

ergibt, worin $t = 25/4$ wird. Dies ist ein Spezialfall der dreiparametrigen Lösung

$$(t^2 - 2ut - v^2)^2 + (u + v)t + 1/2 (v^2 - w)^2 + (u - v)t + 1/2 (v^2 + w)^2 = (t - u)^4.$$

Auf diesem Wege kann man sogar erreichen, daß die Summe d|r ges/ichten Zahlen gleich dem vorgegebenen Quadrat von t und ihre Quadra/summe gleich dem vorgegebenen Biquadrat von $(t - u)$ wird.

Diese neue Erkenntnis führt Leibniz auf das von ihm bisher noch ˅˅˅˅ behandelte zahlentheoretische Gebiet und bringt ihn erneut in nähere Berührung mit dem Philosophen, Physiker und Mathematiker Mariotte, für dessen Versuche er sich zeitlebens lebhaft interessiert hat. Für diesen scheint eine kurze Zusammenstellung seiner neuesten Ergebnisse vom Herbst 1674 bestimmt gewesen zu sein, die etwas später als die Darstellung der arithmetischen Kreisquadratur für Huygens abgefaßt sein wird[140]: Zunächst ist hier das vorhin erwähnte Ozanamsche Problem behandelt, dann wird die Summe der reziproken figurierten Zahlen gegeben und schließlich eine allgemeine Übersicht über die beiden neuesten großen Entdeckungen: Die eine sei geometrischer Natur und beziehe sich auf die bei Quadraturen auftretenden „mechanischen" (d. h. transzendenten) Probleme. Bisher habe man zwar die Quadratur der höheren Parabeln und Hyperbeln leisten können, nicht aber die von Kreis und Ellipse. Dafür habe Leibniz mittels der arithmetischen Quadratur das entscheidende Hilfsmittel gefunden: eine Überführung der Quadratur in die einer gleichwertigen rationalen Figur. Die andere Entdeckung sei arithmetischer Natur und beziehe sich auf die Behandlung zahlentheoretischer Probleme, bei denen man bereits gebrochene Lösungssysteme kenne. Leibniz verspricht hier ein allgemeines Verfahren, welches ganzzahlige Lösungen zu kennzeichnen vermag und ihm die Ermittelung der Lösungen in den kleinsten und (bei beschränktem Geltungsbereich) in den größtmöglichen Zahlen ermöglicht. Damit spielt Leibniz auf seine gleichzeitigen Studien über unbestimmte lineare Gleichungen mit mehreren Unbekannten an. Sie sind aus der von Bachet ausführlich behandelten Aufgabe hervorgegangen: *Eine Zahl zu finden, die bei Division durch gewisse angegebene Teiler vorgeschriebene Reste ergibt*[141]. Das hier besprochene Stück ist typisch für die Art der Leibnizschen Schlußweise,

---

[139] *Cat. crit.* 2, Nr. 715 und 724 (Sommer 1674) — [140] Leibniz für Mariotte ? Herbst 1674 — [141] vgl. *Cat. crit.* 2, Nr. 742 (10. IX. 74) und die fast gleichzeitigen Aufzeichnungen 743-44 und 757-59 (Herbst 1674).

die häufig auf ganz kühnen Verallgemeinerungen beruht. Im vorliegenden Fall steht das tatsächlich Erreichte in keinem Verhältnis zu dem, was er sich als beherrschbar vorgestellt hat. Aber dieser grandiose Optimismus war notwendig, um überhaupt den Mut zur Fortsetzung schwieriger und in ihrer Wesenheit zu Anfang der Untersuchungen nicht übersehbarer Überlegungen aufbringen zu können.

Leibniz wartete Wochen und Monate auf eine Antwort Oldenburgs, jedoch vergeblich[142]. Daher entschloß er sich, erneut nach London zu schreiben[143]. Der Brief wurde wiederum von einem Freund — vielleicht durch den Arzt Le Vasseur — überbracht. Zunächst berichtet Leibniz über eine Unterhaltung mit Prestet (einem Schüler Malebranches), der gerade dabei sei, das gesamte derzeit bekannte algebraische Wissen in einem neuen Lehrbuch zu vereinigen. Freilich habe er sich in die Meinung verrannt, die Cartesische Methode zur Rückführung der Gleichung 4. Grades auf die 3. Grades sei nicht allgemein, und er lasse sich auf keine Weise von seinem Irrtum abbringen[144]. Nun folgt ein Bericht über Ozanam, der Leibniz jüngst das Ms. seines *Diophantus promotus* gezeigt habe: es handle sich um eine bestimmt sehr verdienstvolle Zahlentheorie unter fast ausschließlicher Verwendung der Buchstabenrechnung. Das in Bachets Ausgabe Fehlende werde weitgehend ergänzt, und obendrein sei ein interessantes weiteres Buch angefügt. Leibniz fühle sich zu diesem Hinweis in ganz besonderem Maß verpflichtet, weil er glaube, in England sei ein ähnliches Werk dieser Art unter der Presse. Das war ein Hinweis auf das Buch Kerseys, dessen zweiter, die Zahlentheorie enthaltender Teil in den ersten Oktobertagen ausgegeben wurde[145]

Nun folgte ein sehr wichtiger Hinweis auf Leibniz' neue Studien über Quadraturprobleme, die für die Mechanik von größter Bedeutung seien: bekanntlich hätten Brouncker und Mercator die rationale Hyperbelquadratur geleistet, aber niemand Entsprechendes am Kreis durchzuführen vermocht; denn auch das unendliche Produkt von Wallis und der unendliche Kettenbruch von Brouncker seien nichts anderes als Näherungsdarstellungen. Leibniz hingegen habe eine rationale Reihe zur Darstellung des Kreisinhaltes gegeben, die in merkwürdiger Entsprechung zur Hyperbelquadratur stehe. Es handle sich nicht etwa um die Darstellung von π als Quotient zweier endlicher Zahlen — denn das sei so gut wie ausgeschlossen — vielmehr um eine Darstellung vermittels einer unendlichen Reihe, und auf dem nämlichen Wege sei auch der Bogen aus dem Sinus herstellbar, ohne daß man etwa zuerst zum Vollkreis übergehen müsse.

Auf die hier erwähnte arithmetische Hyperbelquadratur Brounckers hatte Wallis schon in der Widmung seiner Kampfschrift gegen Meiboms Proportionenlehre und in einem fast gleichzeitigen Brief an Digby hingewiesen[146]. Sluse, dem Wallis' *Commercium epistolicum* durch Huygens im Herbst 1658 zugegangen war[147], äußerte sogleich, hoffentlich entschließe sich Brouncker

[142] Oldenburgs Antwort vom 25. VII. 74 ist verloren; ihre Existenz steht fest aus dem (ungedruckten) Antwortvermerk auf Leibniz-Oldenburg, 15. VII. 74 — [143] Leibniz-Oldenburg, 16. X. 74 — [144] vgl. Prestet-Leibniz, IX 74 — [145] vgl. z. B. Collins-Gregory, 5. X. 74 — [146] Wallis-Digby für Fermat, 1. XII. 57 — [147] Sluse-Huygens, 11. X. 58.

bald zur Mitteilung seines Ergebnisses. Wahrscheinlich wußte er, daß Soverus schon 1630 etwas über die Hyperbelquadratur versprochen hatte, aber darüber hinweggestorben war, und daß der in Padua aufbewahrte Nachlaß von niemand angesehen wurde, weil jeder fürchtete, man werde ihm bei späterer Veröffentlichung ähnlicher Ergebnisse vorwerfen, er habe sich etwas von den Gedanken des Soverus angeeignet[148].

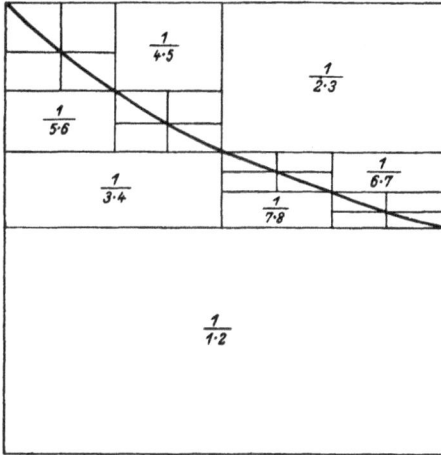

Abb. 17.

Es sollte indes noch 10 Jahre dauern, bis sich Brouncker dazu entschloß, seine Quadratur preiszugeben, und auch dann nur, weil die Frage der Hyperbelquadratur durch Gregorys *Vera quadratura* in aller Öffentlichkeit aufgeworfen worden war und zu lebhaften Diskussionen geführt hatte, und weil obendrein der nämliche Gegenstand auch in Mercators *Logarithmotechnia* behandelt wurde, die sich damals bereits unter der Presse befand; bei weiterem Zögern hätte Brouncker die Priorität verloren. Brouncker[149] konstruiert die Hyperbel $y = 1/(1 + x)$ im Quadrat $\begin{matrix} 0 \dots x \dots 1 \\ 0 \dots y \dots 1 \end{matrix}$ und unterteilt den

Flächenstreifen $\int\limits_0^1 \dfrac{dx}{1+x}$ durch fortgesetztes Halbieren in der aus der Figur erkennbaren Weise. Alsdann stellt er fest, die Hyperbelfläche sei

$$\ln 2 > \frac{1}{1 \cdot 2} + \left(\frac{1}{3 \cdot 4}\right) + \left(\frac{1}{5 \cdot 6} + \frac{1}{7 \cdot 8}\right) + \left(\frac{1}{9 \cdot 10} + \frac{1}{11 \cdot 12} + \frac{1}{13 \cdot 14} + \frac{1}{15 \cdot 16}\right) + \cdots,$$

die Hyperbelrestfläche

$$1 - \ln 2 > \left(\frac{1}{2 \cdot 3}\right) + \left(\frac{1}{4 \cdot 5}\right) + \left(\frac{1}{6 \cdot 7}\right) + \left(\frac{1}{8 \cdot 9} + \frac{1}{10 \cdot 11} + \frac{1}{12 \cdot 13} + \frac{1}{14 \cdot 15}\right) + \cdots$$

und der Fehler bei Fortführung der Einteilung bis zu $n = 2^k - 1$ Teilpunkten gleich

$$\frac{1}{(n+1)(n+2)} + \frac{1}{(n+2)(n+3)} + \cdots + \frac{1}{(2n+1)2n} = \frac{1}{n+1} - \frac{1}{2n} = \frac{n-1}{2n(n+1)}.$$

Wird sein Verfahren verallgemeinert — er selbst weist darauf hin, wie man das machen müsse — so erhält man die theoretisch nicht uninteressanten, aber praktisch schlecht konvergierenden Entwicklungen

$$\begin{cases} \ln(1+x) - \dfrac{x}{1+x} = x^2 \left\{ \dfrac{1}{(2+x)(2+2x)} + \left[\dfrac{1}{(4+x)(4+2x)} + \dfrac{1}{(4+3x)(4+4x)}\right] + \cdots \right\} \\[2ex] x - \ln(1+x) = x^2 \left\{ \dfrac{1}{2 \cdot (2+x)} + \left[\dfrac{1}{4(4+x)} + \dfrac{1}{(4+2x)(4+3x)}\right] + \cdots \right\}. \end{cases}$$

---

[148] Gregory-Collins, 26. III. 68 — [149] PT 3, Nr. 34 vom 23. IV. 68, S. 645-49.

Brouncker weiß noch nichts von natürlichen Logarithmen — dieses Fachwort wurde erst von Mercator geprägt[150]; für ihn dreht es sich vielmehr ausschließlich um die Bestimmung dekadischer Logarithmen aus den Hyperbelstreifen. Daß gleichzeitig eine größere Anzahl von andern interessanten, aber unveröffentlichten Hyperbelquadraturen vollzogen worden waren, deren bedeutendste die aus einer Schwerpunktnäherung stammende von Huygens ist[151], konnte Leibniz nicht ahnen; ebensowenig, daß auch Mercator zu Kreisreihen vorgedrungen war, über die wir leider nur aus inhaltsarmen Anspielungen in Briefen von Collins unterrichtet sind, ohne Greifbares in Händen zu haben[152]. Hinsichtlich der Ergebnisse Newtons aus der *Analysis* von 1669 hatte er zwar in der Sendung Oldenburgs vom 16. IV. 73 eine allgemeine Andeutung erhalten, aber er konnte daraus nicht entnehmen, was wirklich gemeint war.

Im *CE* wird Leibniz' Bericht über seine neuen Ergebnisse abgedruckt und dazu bemerkt, in Wahrheit habe Collins bereits seit 4 Jahren die Newtonschen Reihen an Freunde weitergegeben, und Gregory habe seit 3 Jahren im Freundeskreis seine eigenen Ergebnisse bekannt gemacht; Leibniz habe während seines ersten Aufenthalts in London vom Jahr 1673 nichts dergleichen mitgeteilt und die Kreisreihen erst nach Empfang des Ergebnisses durch Oldenburg übersandt. An dieser Darstellung ist richtig, daß Collins über Newtons Reihenlehre schon im Herbst 1669 an Sluse einen allgemeinen Bericht[153] und im Frühjahr 1670 an Gregory die Kreiszonenreihe weitergegeben hat[154] und daß Gregory seine Interpolationsreihen schon seit 1668[155] besessen haben muß, wenn er sie auch nicht vor Dezember 1670 an Collins gesandt hat[156] — aber aus dieser zeitlichen Abfolge zu schließen, daß Leibniz von den Engländern abhängig sei, geht zu weit. Wir wissen aus seinen Papieren ganz genau, daß er seine eigene Kreisquadratur bereits im Herbst 1673 besaß. Mit Recht hat sich Leibniz am Rande seines Exemplares des *CE* notiert, die dortige Behauptung sei falsch, es handle sich um eine andere Reihe als die von Newton. Bei der Bemerkung Leibniz' über die Darstellung des Bogens aus dem Sinus verweist das *CE* auf den Brief von Leibniz vom 12. V. 76, worin er eigens das Verfahren zur Herstellung der Newtonschen arc sin-Reihe erbeten habe. Dazu merkt Leibniz an, es sei ihm nur auf den Beweis nach der Newtonschen Methode angekommen. Wir werden unten näher auf die ganze Angelegenheit eingehen.

Um den erneuten Verlust eines Briefes zu vermeiden, gab Oldenburg seine Antwort vom 18. XII. 74 dem nach Paris zurückkehrenden Walter mit, der auch ein Schreiben an Huygens überbringen sollte. Er berichtete vom Erscheinen des zweiten Bandes der Kerseyschen *Algebra* und von den zahlentheoretischen Studien Gregorys über doppelte Diophantische Gleichungen[157], die Collins noch vor der Ausgabe des Ozanamschen *Diophant* in den *PT* erscheinen lassen wollte[158]; der Druck kam jedoch nicht zustande und das Ms. ist heute verschollen. Hinsichtlich der Rechenmaschine, mit der ihn Leibniz vor der RS so sehr blamiert hatte, drückt sich Oldenburg äußerst zurückhaltend

---

[150] Ergänzung zur *Logarithmotechnia*, *PT* 3, Nr. 38 vom 27. VIII. 68, S. 759-64 — [151] Herbst 1661; *HO* XIV, S. 451-57 — [152] vgl. Collins-Gregory, 9. I., 17. I., 12. II. und 25. III. 69 und Hofmann, *Studien*, S. 109-11. — [153] Oldenburg-Sluse, 24. IX. 69 — [154] Collins-Gregory, 3. IV. 70 — [155] vgl. Collins für Moray, Mitte I 69 — [156] Gregory-Collins, 3. XII. 70 — [157] Gregory-Collins, 25. IX. 74 — [158] Collins-Gregory, 3. XII. 74.

aus: es sei recht erwünscht, wenn Leibniz — eingedenk des seinerzeit in öffentlicher Sitzung der RS gegebenen Versprechens — das Instrumentchen (!) bei
passender Gelegenheit überbringen wolle.

Was nun die Quadraturen betreffe, so seien sowohl Newton wie auch Gregory
zu einer allgemeinen Methode vorgedrungen, die sich auf alle geometrischen
und mechanischen Kurven und auch auf den Kreis beziehe, so daß man aus der
Ordinate den Bogen, die Quadratur und den Schwerpunkt der Fläche, die
Oberfläche und den Inhalt des aus der Fläche erzeugten Drehkörpers und ihre
Teile bestimmen könne; obendrein lasse sich auch ln sin, ln tg und ln sec
ohne vorhergehende Berechnung der zugehörigen natürlichen Funktionen bestimmen und umkehren. Sollte sich der Kreis wirklich exakt arithmetisch
quadrieren lassen, so könne man Leibniz hierzu nur Glück wünschen, aber da
Gregory im Gegensatz hierzu dabei sei, die Unmöglichkeit einer exakten Kreisquadratur zu erweisen, sei es doch wohl notwendig, die Angelegenheit sorg-
fältigst zu prüfen und zu bedenken. Den Abschluß des Briefes bilden Mitteilungen über die jüngsten Arbeiten der Mitglieder der RS.

Der kundige Leser fühlt sofort heraus, daß Oldenburg nicht mehr so entgegen-
kommend und freundlich mit Leibniz korrespondiert wie bisher. Er ist zurückhaltend und kritisch und läßt sich deutlich anmerken, daß er das lange Schweigen Leibniz' übel vermerkt und weder das überlange Zögern in der Sache mit
der Rechenmaschine noch die für Leibniz so unglücklich ausgegangene Diskussion um die Interpolationslehre vergessen hat. Natürlich hat er keine Lust,
sich wegen der Kreisquadratur erneut in Mißhelligkeiten bringen zu lassen,
zumal es eben erst genug Schwierigkeiten mit Huygens gegeben hatte. Der
Hinweis auf Newtons und Gregorys Infinitesimalmethoden ist ganz allgemein
gehalten und genau so nichtssagend wie die entsprechende Bemerkung in der
Sendung Oldenburgs vom 16. IV. 73. Eingeleitet ist er mit den Worten *ignorare
Te nolim*. Das hat sich Leibniz in der auszugsweisen Wiedergabe der fraglichen
Stelle im *CE* angestrichen und hinzugefügt: *ergo antea ignorabat*. Er hat aber
wohl gleich bemerkt, daß hier ein *ergo* nicht am Platze ist, und es durch das
sinngemäßere *nempe* ersetzt.

Der von Collins stammende Hinweis auf Gregorys Unmöglichkeitsbeweis ist
sachlich nicht gerechtfertigt; denn Gregorys Behauptung von der analytischen
Unmöglichkeit der Kreisquadratur wollte nur besagen, daß π auf keinen Fall
Lösung einer Gleichung endlichen Grades mit ganzzahligen Koeffizienten sein
könne. Wir wissen, daß Gregory damals eine verbesserte Ausgabe seiner *Vera
quadratura* vorbereitete[159]; leider ist das Ms. in seinen jüngst wieder auf-
getauchten Papieren nicht mit enthalten. Interessant und bisher nicht gebüh-
rend beachtet ist der folgende Umstand: Collins will Leibniz „kurz halten" und
äußert daher Bedenken gegen die Möglichkeit der arithmetischen Kreisquadratur. Er erzielt damit genau die gegenteilige Wirkung; denn Leibniz mußte
nach dieser Bemerkung annehmen, daß seine Darstellung in England auf keinen
Fall bekannt sein könne. So wird dieser Brief trotz seiner kühlen, ja abweisen-
den Zurückhaltung zu einem mächtigen Antrieb für Leibniz, der sich nun

---

[159] Vgl. Gregory-Collins, 3. XII. 70 und 25. II. 71.

in der Auffassung bestärkt sieht, daß er sich auf bisher völlig unbetretenem Gebiet bewege. Diese Wendung der Dinge war von den Engländern keineswegs beabsichtigt; sie ist nur durch Collins' unzureichende mathematische Kenntnisse möglich geworden.

8. REKTIFIKATIONSSTREIT

Wir müssen hier für den Augenblick abbrechen und auf einen Gegenstand eingehen, der scheinbar nur lose mit Leibniz' Angelegenheiten zusammenhängt. Es wird sich zeigen, daß er für das Verständnis der Wechselbeziehungen zu London von größter Bedeutung ist. Ich meine die Auseinandersetzung zwischen Huygens und einigen Mitgliedern der RS um die Erstentdeckung der Rektifikation gewisser Kurven. Sie ist durch die Darstellung im *Horologium oscillatorium* III, 7/9 veranlaßt und hat zum Abbruch der Korrespondenz zwischen Huygens und Wallis geführt. Huygens war schwerstens verärgert; die eingetretene Verstimmung konnte durch die unermüdlichen Vermittlungsversuche Oldenburgs nur mühsam verringert werden. Der Diskussionsgegenstand — für uns heute ein Quadraturproblem wie viele andere auch — war deshalb für die damaligen Mathematiker von ganz besonderer Wichtigkeit, weil hier ein seit Jahrhunderten weitergeerbter Satz zu Fall gebracht wurde, der von den Aristotelikern für unumstößlich gehalten worden war.

Es handelt sich um eine philosophisch-mathematische Frage, die wahrscheinlich im Zusammenhang mit den schon von den Griechen fortwährend unternommenen, aber niemals gelungenen Versuchen einer konstruktiven Kreisquadratur steht. Aristoteles sagt, zwischen Gekrümmtem und Gestrecktem könne es kein rationales Verhältnis geben, und sein Kommentator Averroës leugnet sogar, daß irgend zwei Bögen in rationales Verhältnis treten können[160]. Es ist sehr fraglich, ob auch Archimedes die Ansicht der Aristoteliker gebilligt hat; auf jeden Fall verdankt man ihm das grundlegende Axiom an konvexen ebenen Figuren, auf das sich alle späteren Rektifikationen gestützt haben: *Das Umfassende ist größer als das Umfaßte*. Es entstammt der Abhandlung *De sphaera et cylindro*. Sein Geltungsbereich umfaßt nicht nur Flächen, sondern auch Bögen.

Von Archimedes erhielt sich in den Stürmen der Völkerwanderung kaum viel mehr als der Name; erst mit dem Wiederauftauchen eines griechischen Textes in der Humanistenzeit erlebten seine Gedanken eine erneute und großartige Auferstehung. Auf Veranlassung des gelehrtenfreundlichen Papstes Nikolaus V. wird der Kodex um 1450 durch den Kleriker Jakob von Cremona ins Lateinische übersetzt und in dieser Form dem Kardinal Nikolaus von Cues bekannt. Der Kardinal hat zwar auch mathematische Interessen, ist aber in erster Linie Philosoph und durch die Fülle der von ihm zu bewältigenden Verwaltungsaufgaben am gründlichen Studium des schwierigen und obendrein durch mancherlei Übersetzungsfehler entstellten Werkes gehindert. Der Cusaner liest in den Kodex einen Zusammenhang mit seinem philosophischen Grundprinzip, der *coincidentia oppositorum*, hinein und kombi-

---

[160] Vgl Hofmann, *Lull*. S 6.

niert den indirekten Archimedischen Schluß mit der inzwischen beinahe zum wissenschaftlichen Dogma gewordenen Ansicht des Aristoteles. Er lehrt, man könne zwar den Kreisbogen mit beliebiger Genauigkeit durch Strecken annähern, aber niemals exakt ausstrecken — eine Auffassung, die von ihm selbst und den nachfolgenden Mathematikern auch auf andere konvexe Bögen ausgedehnt wurde. Wohl hat Regiomontan gegen den Satz des Aristoteles/Averroës Einwände erhoben, jedoch vergeblich.

Noch bei Descartes wirkt die Aristotelische Auffassung deutlich nach. In der *Géométrie* z. B. wird gesagt, eine geometrische Kurve lasse sich keinesfalls geometrisch rektifizieren. Für mechanische Kurven hält Descartes die Ausstreckung für möglich; das ist aus dem brieflich erwähnten Beispiel der logarithmischen Spirale ersichtlich[161], die als Isogonaltrajektorie der Fahrstrahlen erklärt wird. Einen weiteren Vorstoß in das unbekannte Gebiet verdankt man Roberval. Dieser stellte 1643 die Behauptung auf, die Archimedische Spirale sei mit einer gewöhnlichen Parabel bogengleich; der von ihm vorgebrachte Beweis wurde jedoch von seinen Pariser Freunden als mißlungen angesehen. Hierüber berichtete Mersenne gelegentlich seines römischen Aufenthaltes im Winter 1643/44 im persönlichen Verkehr mit Ricci, der den Satz an Torricelli weitergab[162]. Dieser besaß damals bereits die Rektifikation der logarithmischen Spirale, zu der er unabhängig von Descartes auf Grund der mechanischen Erzeugungsweise $r = a\,k^t$, $\varphi = \alpha\,t$ gekommen war; er wußte auch, daß sich die Spirale dem Pol in unendlich vielen Windungen nähert, daß aber trotzdem die Bogenlänge bis zum Pol einen endlichen Wert annimmt[163]. Das hatte er durch eine Konstruktion mittels einer geometrischen Reihe gefunden, die erst 1919 aus seinem Nachlaß veröffentlicht wurde.

Torricelli war sich zunächst hinsichtlich der behaupteten Bogengleichheit der beiden Kurven völlig im unklaren und konnte sich auch aus den Andeutungen Mersennes nicht besser orientieren[164]; immerhin ist interessant, daß Mersenne durchaus nicht mehr von der Unmöglichkeit der Parabelausstreckung überzeugt ist und Torricelli eindringlich befragt, ob sie denn wirklich nicht ausgeführt werden könne. Später weist Mersenne im Auftrag Fermats nochmals auf die Ausstreckung der Parabel als ein noch ungeklärtes Problem von größter Bedeutung hin, mit dem Fermat bisher noch nicht fertig geworden sei[165]. Damals hatte Torricelli bereits den Satz von der Bogengleichheit bewiesen, den er zuerst für die Archimedische Spirale und die gewöhnliche Parabel[166], dann ganz allgemein für die Spiralen $(r/a)^m = (\varphi/2\,\pi)^n$ und die Parabeln $(y/b)^n = (x/a)^{m+n}$ gefunden hat[167], wobei er die Transformation

$$x = r, \quad y = \int_0^\varphi r\,d\varphi = \frac{m\,r\,\varphi}{m+n}$$

[161] Descartes-Mersenne, 12. IX. 38 — [162] vgl. etwa Torricelli-Ricci, 17. I. 45 und Mersenne-Torricelli, 4. II. 45 — [163] vgl. Torricelli-Ricci, 17. I. 45; Ricci-Torricelli, 28. I. 45; Torricelli für Mersenne, I 45; Torricelli-Carcavy, Anfang II 45; Torricelli-Ricci, 17. III. 46; Torricelli-Roberval, 7. VII. 46; Torricelli-Cavalieri, 15. VIII. 47 — [164] Mersenne-Torricelli, 4. II. 45 — [165] Mersenne-Torricelli, 26. VIII. 46 — [166] Torricelli-Ricci, 7. IV. 46 — [167] Torricelli-Roberval, 7. VII. 46; Torricelli-Carcavy, 8. VII. 46; Torricelli-Ricci, 24. VIII. 47; Torricelli-Cavalieri, 31. VIII. 47.

anwendet und demgemäß $b = 2\,a\,m\,\pi\,/\,(m + n)$ setzt[168]. Diese „rektifizierende Transformation" $x = r,\ y = \int\limits_0^{\varphi} r\,d\,\varphi$ findet sich, in allgemeiner Form behandelt, in Gregorys *Geometriae pars universalis* und demgemäß auch in Barrows *Lectiones geometricae* wieder. Da Torricelli über der Redaktion seiner Spiralenabhandlung weggestorben ist und den Franzosen und seinen italienischen Freunden nur das Ergebnis mitgeteilt hatte, ist es nicht ganz unwahrscheinlich, daß dies und das aus seinen Papieren durch Vermittlung Vivianis durchgesickert ist — durchaus in bester Meinung und keineswegs in der Absicht, an dem großen Florentiner geistigen Raub zu begehen. Sollte dies zutreffen — die einzelnen Belege würden sich nur durch eingehende archivalische Studien erbringen lassen können —, so wäre die schon oben angedeutete mutmaßliche gedankliche Abhängigkeit Gregorys von Torricelli durch Vermittlung Angelis erhärtet. Übrigens wurde Torricellis Ergebnis in Frankreich keineswegs richtig gewürdigt; Carcavy scheint das ihm Mitgeteilte nicht weitergegeben zu haben. So konnte es geschehen, daß Fermat das nämliche (ohne Kenntnis des Vorgängers) nochmals nacherfand und es für neu hielt[169].

Der 21jährige Huygens hat Torricellis *Opera geometrica* durchgearbeitet und sich klar und deutlich gegen die dort geübte Verwendung der Cavalierischen Indivisibeln ausgesprochen[170]. Als Gegenbeispiel, aus dem er ursprünglich gehofft hatte, eine Parabelausstreckung gewinnen zu können, gibt er das folgende: Angenommen, ABD sei die Fläche der Parabel $y/b = 1 - (x/a)^2$ und ABC ein mit der Parabelfläche umfangsgleiches Dreieck. Wäre die Cavalierische Erzeugung einer Fläche aus der Gesamtheit der in ihr befindlichen (breitelosen) Linien richtig, so müßte sich aus der Unterteilung der Parabelfläche und des Dreiecks durch Linien, die aus dem Mittelpunkt M der Parabelsehne zum Umfang der Figur $ABCD$ ähnlich gelegen sind, die Flächengleichheit des Dreiecks mit der Parabel ergeben. Daß dies unrichtig sei, lasse sich leicht zeigen, aber wesentlich schwieriger sei es, den wahren Grund für den Fehler auszumitteln. Interessiert hat sich Huygens also schon damals für die Parabelausstreckung; von irgendeiner Hemmung durch das Aristotelische Vorurteil ist nichts mehr zu verspüren. Das Problem erscheint erneut im Jahr 1656: Hobbes hatte in seinen *Six Lessons* eine verfehlte Parabelausstreckung vorgenommen, die Huygens sogleich widerlegt hat[171], ebenso einen von Hobbes unternommenen Berichtigungsversuch[172]. Wenige Monate später erfuhr Schooten durch Mylon etwas von Robervals Satz über die

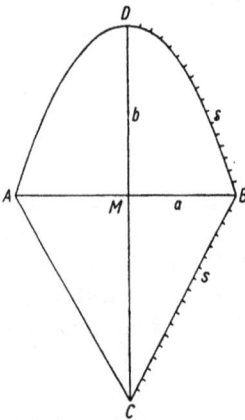

Abb. 18.

[168] Torricelli, *De infinitis spiralibus* — [169] Fermat-Carcavy für Huygens, Frühjahr 1660; Beilage zu Carcavy-Huygens, 25. VI. 60 — [170] Huygens-Schooten, IX 50 — [171] Huygens-Wallis, 15. III. 56 — [172] vgl. Mylon-Huygens, 23. VI. 56 und Huygens-Mylon6. VII. 56.

Bogengleichheit der Spirale und der Parabel[173] und gab das Mitgeteilte an Huygens weiter. Dieser antwortete, er halte den Satz für richtig und sei selbständig zur nämlichen Vermutung gelangt, aber er besitze noch keinen Beweis[174].

Zu einer Tagesfrage war der ganze Komplex erst durch die *Six Lessons* geworden. Jetzt haben sich fast alle zeitgenössischen Mathematiker von Ruf mit der Ausstreckung der Parabel beschäftigt. Huygens war der erste, der in diesem Wettlauf zum Ziel kam. Am 27. X. 57 machte er die große Entdeckung[175], damit endgültig dem Cartesischen Gedankenkreis entwachsend und den Weg zur systematischen Behandlung transzendenter Probleme eröffnend.

Ausgangspunkt für Huygens war das Archimedische Axiom. Er konstruiert an der Parabel einen Tangentenzug zwischen äquidistanten Durchmesserparallelen und verschiebt ihn in der Durchmesserrichtung derart, daß er zum Sehnenzug wird. Das ist natürlich einzig und allein an der Parabel möglich. Jetzt ist der Sehnenzug kleiner, der passend abgeschlossene Tangentenzug größer als der Parabelbogen; die Differenz zwischen beiden kann durch hinreichende Verfeinerung der Einteilung beliebig klein gemacht werden. Ist z. B. $y/b = (x/a)^2$ die Gleichung der Parabel, so hat die Tangente im Endpunkt a, b die Gleichung $z/b = 2x/a - 1$. Wird nun von x aus auf der Abszissenachse nach links und rechts das

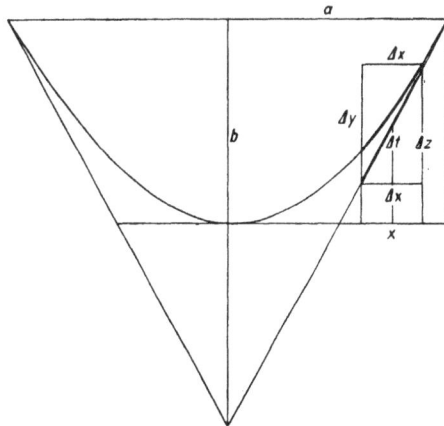

Abb. 19.

Stück $^1/_2 \cdot \Delta x$ abgegrenzt, so gehört zu Δx die Ordinatendifferenz $\Delta y \approx 2b x \cdot \Delta x / a^2$ auf der Parabel und $\Delta z = 2b \cdot \Delta x / a$ auf der Tangente; folglich ist das Sehnen- oder Tangentenstück an der Parabel gleich $\Delta s \approx \sqrt{1 + 4b^2 x^2/a^4} \cdot \Delta x$ und die entsprechende Strecke auf der Tangente gleich $\Delta t = \sqrt{1 + 4b^2/a^2} \cdot \Delta x$. Daraus ergibt sich durch Integration

$$\frac{s}{t} = \frac{\int_0^a \sqrt{1 + \dfrac{4b^2 x^2}{a^4}} \cdot dx}{\int_0^a \sqrt{1 + \dfrac{4b^2}{a^2}} \cdot dx} = \frac{\text{Hyperbelfläche}}{\text{Rechtecksfläche}} .$$

Also sind die Ausstreckung des Parabelbogens, die Quadratur des Hyperbelsegments und übrigens auch die Schwerpunktbestimmung des Hyperbelsegments gleichwertige Probleme. Das Verfahren ist völlig einwandfrei; es

---

[173] Mylon-Schooten, XI 56 — [174] Huygens-Schooten, 6. XII. 56 — [175] *HO* XIV, S. 234-53

beruht auf dem außerordentlich originellen Gedanken, den Tangentenzug zu verschieben, ist aber nicht verallgemeinerungsfähig. Es wird hier zum erstenmal gezeigt, daß man auch eine geometrische Kurve ausstrecken kann, allerdings noch nicht in geometrischer Form, sondern nur vermittels der Hyperbelfläche, d. h. mechanisch (transzendent).

Nun ist es freilich etwas Wunderliches um Gedanken. Einmal gedacht, machen sie sich gleichsam selbständig und wollen wirken; sie verlassen den Initiator, ob er nun will oder nicht. Huygens z. B. hatte die Absicht, seine große Entdeckung zunächst nicht preiszugeben, wollte sich aber durch Anspielungen in Briefen an die Freunde die Priorität sichern[176]. Damals studierten Heuraet und Hudde gemeinsam bei Schooten und nahmen mit brennendem Interesse an allen mathematischen Fragen teil, die zwischen Schooten und Huygens verhandelt wurden. Heuraet vor allem mühte sich dauernd, hinter den Parabelsatz zu kommen, von dem ihm immer nur in leeren Worten berichtet worden war, aber Huygens ließ sich nur zu der Bemerkung herbei, er habe gleichzeitig die Komplanation des Drehparaboloids gefunden[177], so daß sich Heuraet in bittern Worten über das unlösbare Rätsel beklagte[178]. Wenige Monate später hat Heuraet, der schon Ende 1657 zu einer umfassenden Quadraturmethode vorgedrungen war[179], den Kernpunkt der Sache erfaßt und aus der von ihm richtig erratenen Problemstellung eine allgemeine Rektifikationsmethode entwickelt. Noch ehe er zusammen mit Hudde auf seine Kavalierstour ging, war ihm der entscheidende Gedanke gekommen, aber die endgültige Fassung ist ihm doch erst in Saumur möglich gewesen, wo sich die beiden Niederländer studienhalber etwas länger aufhielten. Niedergelegt ist die Rektifikationsmethode in einem Brief an Schooten[180], der sogleich in die *Geometria* aufgenommen wurde. Im Gegensatz zu Huygens benutzt Heuraet das Normalendreieck und geht mittels

$$\frac{\Delta x}{\Delta s} \approx \frac{y}{n} = \frac{c}{z} \quad \text{zu} \quad c\,s = \int_0^x z\,dx$$

über. Er gibt keinen ordentlichen Existenzbeweis, sondern nur eine allgemeine infinitesimale Betrachtung. Als Anwendungsbeispiele erscheinen die semikubische Parabel, die Parabel und einige andere Kurven. Besonders bedeutungsvoll war der Fall der semikubischen Parabel; *denn hier tritt erstmals eine geometrisch rektifizierbare algebraische Kurve auf.* Damit ist die Cartesische Behauptung und mit ihr das letzte Überbleibsel des alten Einwandes von Aristoteles/Averroës widerlegt.

Allerdings berichtet Wallis in seiner Zykloidenabhandlung, schon im Sommer 1657 habe Neil die Ausstreckung der semikubischen Parabel gekannt. Er sei ausgegangen von der Parabel $(y/b)^2 = x/a$ und habe ihr eine Kurve zugeordnet, deren Koordinaten z derart zur Parabelfläche $2\,xy/3$ proportional seien, daß $z/b = xy/ab$. Ferner habe er $c = 2a/3$ und $t = \sqrt{c^2 + y^2}$ gesetzt und bemerkt,

[176] Vgl. Huygens-Sluse, 2. XI. 57; Sluse-Huygens, Mitte XI 57; Huygens-Schooten, 23. XI. 57; Schooten-Huygens, 11. XII. 57; Huygens-Sluse, 20. XII. 57; Sluse-Huygens, 24. XII. 57; Huygens-Schooten, 28. XII. 57; Huygens-Sluse, 3. I. 58 — [177] Huygens-Schooten, 28. XII. 57 — [178] Heuraet-Huygens, 24. II. 58 — [179] vgl. Schooten-Huygens, 22. XII. 57; nähere Einzelheiten fehlen — [180] Heuraet-Schooten, 13. I. 59.

daß $\int \sqrt{dx^2 + dz^2} : a : b = \int\limits_0^a t\,dx : ac : \int\limits_0^a y\,dx$ gelte. Die ganze Überlegung ist
wahrscheinlich durch die Behauptungen von Hobbes veranlaßt und stützt sich
auf einige Einzelsätze der *Arithmetica infinitorum*. Neil, der damals noch völlig
unbekannt war, fand erst im Hochsommer 1658 Gelegenheit, über seine Entdeckung im *Gresham-College* vorzutragen. Brouncker fügte einen neuen und
besseren Beweis hinzu und wollte haben, daß Neils Satz in das Wallissche
Commercium epistolicum aufgenommen werde, aber da niemand von Neil etwas
wußte, unterblieb die Veröffentlichung[181]. Diese erst 1673 gegebene Erklärung
ist freilich etwas merkwürdig gehalten und erweckt den Verdacht, daß hier
etwas nicht stimmt, obwohl sich Brouncker und Wren als Zeugen für den inzwischen verstorbenen Neil erbötig machten[182]. Das Auffallende ist die lange
Frist zwischen der Entdeckung und der ersten Erwähnung im *Gresham-College*.
Ob 1657 zu Recht genannt wird oder durch 1658 ersetzt werden müßte, ist
übrigens für die ideengeschichtliche Auseinandersetzung belanglos; das richtige
Datum wird sich vielleicht einmal bei Herausgabe der Papiere von Wallis feststellen lassen, die vom mathematikgeschichtlichen Standpunkt aus zum Teil
sehr interessant sind.

Inzwischen hatte Wren im Zusammenhang mit dem großen Preisausschreiben
Pascals über die Zykloidenprobleme die Ausstreckung des Zykloidenbogens
gefunden: $\sigma = 2t$ (Abb. 20). Für diesen Satz wird ein indirekter Beweis von
folgender Art gegeben: Wird der Zykloidenbogen von rechts her durch äquidistante Ordinaten bis zu einer bestimmten Schlußabszisse $x = x_0$ geteilt und
jedesmal die Tangente in einem der Teilpunkte
auf dem Bogen bis zum Schnitt mit den beiden
benachbarten Ordinaten gelegt, so ergibt sich
nach der bekannten Tangenteneigenschaft der
Zykloide, daß $\Delta\sigma > \Delta\tau$, wobei $\Delta\tau$ das beim
Weiterschreiten auf dem Kurvenbogen von links
nach rechts auf $\Delta\sigma$ folgende Tangentenstückchen
ist. Also ist der Zykloidenbogen kleiner als die
Summe der Stücke $\Delta\sigma$ und größer als die
Summe der Stücke $\Delta\tau$. Diese Summen unter-
scheiden sich um das erste Tangentenstück der
$\Delta\sigma$ und das letzte Tangentenstück der $\Delta\tau$ —
eine Differenz, die sich bei hinreichend ver-
feinerter Unterteilung beliebig klein machen
läßt. Damit ist die Existenz der Bogenlänge
gesichert. Ferner ist $\dfrac{\Delta\sigma}{\Delta x} = \dfrac{t}{x} = \dfrac{2a}{t}$, also

$$2ax = t^2, \quad t\Delta\sigma = 2a\Delta x = (2t + \Delta t)\Delta t,$$

$$\Delta\sigma \approx 2\Delta t, \quad \sigma - \sigma_0 = 2(2a - t_0) \text{ usw.}$$

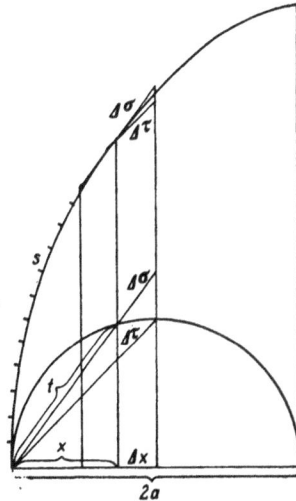

Abb. 20.

---

[181] Wallis-Huygens, 9. VI. 73; Wallis-Oldenburg, 3. VII. und 14. X. 73 — [182] Brouncker-
Oldenburg, 18. X. 73 und Wren-Oldenburg, X 73.

Dieser Beweis stammt vermutlich vom Anfang Juli 1658; der Satz ging im Herbst 1658 an Pascal und wurde von diesem in der *Hi toria trochoidis* rühmend erwähnt. Huygens hat ihn aus dem Ergebnis[183] sofort rekonstruiert[184] und sich sehr anerkennend über Wrens Entdeckung geäußert, da sie anregend wirken könne[185], zumal dies die erste rationale Rektifikation einer Kurve sei[186]. Daß bei Descartes und Torricelli die Ausstreckung der logarithmischen Spirale vorausgegangen war, die ebenfalls rational ausgeführt werden kann, wußte er damals nicht. Um diese Zeit dürfte die Allgemeinmethode Heuraets bereits in ihren wesentlichen Zügen entwickelt gewesen sein.

Jetzt endlich entschloß sich Huygens zur Mitteilung seiner Parabelaus-streckung. Er gab sie in der folgenden feinen Form, die dem Unkundigen wie dem Kundigen seinen Weg völlig verschleiern mußte[187]. Die Ausgangs-parabel sei $y/b = (x/a)^2$. Ihr werde die Hyperbel zugeordnet

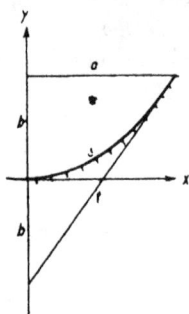

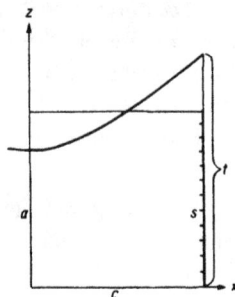

$$z^2 = a^2 + \frac{4 b^2 x^2}{c^2}.$$

Dann ist

$$s = \frac{1}{c} \int_0^c z \, dx,$$

Abb. 21.

d. h. gleich der Höhe eines zum Hyperbelstreifen flä-chengleichen Rechtecks, dessen Grundlinie gleich c ist.

Huygens hatte zu lange gezögert; in den Augen seiner französischen Kor-respondenten hatte er sich die Priorität seiner Entdeckung verscherzt: Mylon schrieb ihm[188], Auzout habe schon vor Wochen mitgeteilt, falls man die Parabel oder die Archimedische Spirale ausstrecken könne, besitze man auch die Hyperbelquadratur und umgekehrt. Dazu kam, daß Schooten von einem ähnlichen, aber allgemeinen Ergebnis Heureats berichtete[189] (gemeint ist der Brief vom 13. I. 59), das Huygens erst im Sommer 1659 nach Ausgabe der *Geometria* zu Gesicht bekam. Dies geschah nicht von ungefähr, sondern war Heuraets Quittung für das Versteckspiel von seinerzeit über das, „was Huygens an der Parabel entdeckt hatte". Die Darstellung der Wrenschen Methode im Zykloidenaufsatz von Wallis sah Huygens erst zu Beginn des Jahres 1660[190]; dort fand er auch das Ergebnis von Neil.

Unter den Preisfragen Pascals war auch Robervals Behauptung von der Bogengleichheit der Archimedischen Spirale und einer gewöhnlichen Parabel enthalten. Mylon berichtet noch Ende Januar 1659, Auzout sei mit dem Beweis

[183] Die *Historia trochoidis* lag dem Brief Pascal-Huygens, 6. I. 59 bei — [184] Aufzeichnung vom 11. I. 59; *HO* XIV, S. 363-67 — [185] Huygens-Sluse, 14. I. 59 — [186] Huygens-Carcavy 16. I. 59 — [187] vgl. die verschiedenen Fassungen in Huygens-Carcavy, 16. I. 59; Huygens-Schooten, 7. II. 59; Huygens-Sluse, 10? VII. 59; Huygens-Gregorius a S. Vincentio. 30. X. 59; Erstdruck im *Horologium oscillatorium* III, S. 77 — [188] Mylon-Huygens, 31. I. 59 — [189] Schooten-Huygens. 13. II. 59 — [190] Begleitbrief: Wallis-Huygens, 4. XII. 59; eingegangen: 20. III. 60 (*HO* III, S. 58).

nicht zustande gekommen[191]; Pascals um die nämliche Zeit in den *Lettres* ver-
öffentlichter Beweis kam erst Anfang Mai 1659 in Huygens' Hand[192] und wurde
von diesem sogleich beanstandet[193]. Pascal war inzwischen so schwer erkrankt,
daß er den begangenen (unwesentlichen) Irrtum nicht mehr selbst berichtigen
konnte[194]. Auch Fermat hatte den Fehlschluß entdeckt und gab im Sommer
1659 eine Berichtigung an Carcavy[195], die Huygens erst sehr verspätet erhielt[196].
Bei dieser Gelegenheit erwähnte Fermat den allgemeinen Satz von der Bogengleichheit der höheren Parabeln und Spiralen, ohne seines Vorgängers Torricelli zu gedenken, fand aber bei Huygens nicht das erwartete Verständnis.
Dieser kritisierte vielmehr die Einführung der höheren Spiralen als eine nutz-
lose Spielerei und erklärte den allgemeinen Satz für
eine ganz einfache Folgerung des speziellen für die
Archimedische Spirale[197]. Was Huygens zu dieser
unerwarteten Stellungnahme veranlaßt hat, ist ungeklärt; der Gegenstand wird in seinen eigenen
mathematischen Aufzeichnungen kaum berührt.
Übrigens war der Beweis
Heuraets für seine All-
gemeinmethode keines-
wegs befriedigend. Der
Mangel lag in der un-
zureichenden Existenz-
betrachtung. Er wurde
erst behoben durch Fer-
mats geistreiche Me-
thode in der *Comparat.o
curvarum linearum*, die
sich als tiefsinnige Er-
weiterung und Verall-
gemeinerung des Wren-
schen Verfahrens erweist.

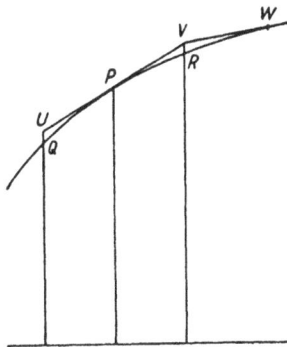
Abb. 22.

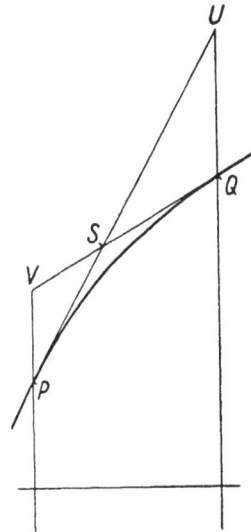
Abb. 23.

Fermat arbeitet wie Wren mit den Sägezügen
zwischen äquidistanten Ordinaten. Sein Haupttheorem für einen konvex
steigenden Bogen ist in den beiden Ungleichungen (Abb. 22)

$$\begin{cases} \text{Tangente } UP < \text{Sehne } PQ < \text{Bogen } PQ, \\ \text{Bogen } PR < \text{Tangente } PV \end{cases}$$

enthalten. Zum Beweis legt Fermat aus V an die Kurve die Tangente VW (sie
muß noch auf dem zugelassenen Bogenstück enden). Dann ist Bogen $PR +$ Bogen $RW < PV + VW$, also Bogen $PR < PV -$ (Bogen $RW - VW$) $< PV$.

Daß der Hilfspunkt W außerhalb des Bogens QPR herangezogen werden muß,
ist ein Schönheitsfehler, den erst Gregory in seiner *Geometriae pars universalis*
beseitigt hat. Auch er geht aus von der Darstellung bei Wallis — ob er Fermats

[191] Mylon-Huygens, 31. I. 59 — [192] vgl. HO II, S. 396 — [193] Huygens-Pascal, Mitte V 59
und Huygens-Sluse, Anfang VI 59 — [194] Carcavy-Huygens, 14. VIII. 59 und Bellair-
Huygens, 22. IX. 59 — [195] Carcavy-Huygens, 13. IX. 59, abgesandt am 26. XII. 59 —
[196] Huygens erhielt den Brief im Januar 1660. Vgl. HO III, S. 26 — [197] Huygens-Carcavy,
26. II. 60.

Aufsatz gekannt hat, steht dahin — gibt aber dem Haupttheorem folgende
Wendung (Abb. 23):

$$\begin{cases} \text{Tangente } VQ < \text{Sehne } PQ < \text{Bogen } PQ \quad \text{und} \\ \text{Bogen } PQ < PS + SQ < \text{Tangente } PS + SU. \end{cases}$$

Jetzt erst hat die Methode der Sägezüge, die mit dem infinitesimalen Satz vom
Normalendreieck kombiniert werden muß, die feinste und für die damalige
Zeit unübertreffliche Form angenommen. — Fermat und Gregory waren sich
der Allgemeinheit ihrer Überlegungen vollauf bewußt; sie konnten den Existenzbeweis für die Ausstreckbarkeit eines jeden zulässigen Bogens führen.
Daß es im Fall der semikubischen Parabel möglich ist, eine „geometrische
Kurve" sogar durch eine andere „geometrisch" auszustrecken, ist nur ein
Corollar des Hauptsatzes. Keiner ahnte damals, daß man an dem Archimedischen Axiom selbst Anstoß nehmen kann und muß. Bedeutungsvoll ist der
erzielte Fortschritt gegenüber dem Huygensschen Verschiebungssatz, von dem
freilich niemand Genaues wußte. Fermat hat ganz recht, wenn er hervorhebt,
daß man die Existenz der Bogenlänge nach der Methode der einbeschriebenen
Sehnen- und umbeschriebenen Tangentenvielecke nicht leicht erschließen kann;
erst das Sägezugverfahren hilft weiter.

Bei Abfassung des *Horologium oscillatorium* gab Huygens im dritten Teil eine
vollständige Theorie der Kurvenabwicklung und Evolutenbestimmung und
fügte damit zu der bisherigen Rektifikationsmethode einen neuen und wichtigen Gesichtspunkt hinzu. In Satz 7 kam er auf die Ausstreckung der Zykloide
zu sprechen, die er nun nicht mehr mittels der Sägezüge, sondern vermittels
der im Satz 6 gegebenen Zykloidenevolvente durch den Scheitel bewies.
Wren wird höchst ehrenvoll genannt, die diesbezügliche Stelle bei Wallis hervorgehoben. In Satz 8 wird die Evolute der gewöhnlichen Parabel bestimmt,
in Satz 9 durch Umkehrung die Ausstreckung der semikubischen Parabel vollzogen. Jetzt erscheint Heuraet als Erstentdecker. Auch Neil und die bei Wallis
gegebene Darstellung wird erwähnt, aber Huygens ist der Meinung, Neil habe
die Sache wohl nicht so vollständig durchschaut wie Heuraet. Über Fermat
wird mit dem kurzen Hinweis hinweggegangen, sein Beweis sei zwar selbständig, aber erst 1660 und somit verspätet erschienen. Hinsichtlich der Entdeckung Heuraets wies Huygens auf seine Parabelausstreckung des Jahres
1657 hin und betonte, er habe Heuraet durch seine Andeutungen an Schooten
den Weg zu seiner Entdeckung geebnet; denn aus der seinerzeit übermittelten
Oberflächenbestimmung des Drehparaboloids sei es ein Leichtes gewesen, die
Grundlagen der Parabelquadratur zu finden.

Wallis erhielt das ihm von Huygens überreichte Widmungsstück des *Horologium
oscillatorium* während eines kurzen Aufenthalts in London. Er fühlte sich hinsichtlich der obigen Darstellung in seiner nationalen Ehre gekränkt und schrieb
sogleich an Huygens[198], die Entdeckungsgeschichte der Rektifikation sei unzu-
treffend geschildert: an erster Stelle müsse unbedingt Neil stehen, der die
geometrische Ausstreckung einer algebraischen Kurve nicht weniger gut durch-

---

[198] Wallis-Huygens, 9. VI. 73.

schaut habe als Heuraet, aber damals habe man aus neuen Einzelsätzen kein besonderes Wesen gemacht und die Veröffentlichung unterlassen. Huygens verteidigte sich mit der sehr zutreffenden Bemerkung[199], von den Einzelheiten der Neilschen Entdeckung habe er nicht genug gewußt; wäre alles sogleich veröffentlicht worden, so hätte es keine Differenz hinsichtlich der strittigen Punkte geben können. Wallis gab sich mit dieser Erklärung nicht zufrieden, sondern hielt es für angemessen, seinen abschließenden Brief[200] zusammen mit den Ehrenerklärungen Brounckers[201] und Wrens[202] in den *PT* abdrucken zu lassen[203]. Das war zuviel für Huygens. Er hat seitdem nicht mehr an Wallis geschrieben; die von diesem — aber erst nach dem Tod von Huygens — vorgebrachte Behauptung, Huygens habe in einem späteren Brief seine Meinung hinsichtlich Neil geändert und ihm die volle Priorität zugestanden[204], ist durch keinen anderweitigen Hinweis dieser Art belegbar und von geringer Wahrscheinlichkeit. Es mag zugestanden werden, daß man den damals 20jährigen Neil im Jahr 1657 nicht kannte; aber seine Entdeckung war von so tiefgreifender Bedeutung, daß es für die unterlassene Veröffentlichung im Wallisschen *Commercium epistolicum* keine Entschuldigung gibt — selbst dann nicht, wenn man davon absieht, daß es sich um die endgültige Beseitigung des Aristotelisch/Averroistischen Dogmas drehte: war doch gerade durch dieses Beispiel eine grundsätzliche Behauptung von Descartes widerlegt und auf diese Weise den Engländern, die immer eine erhebliche Reserve gegenüber Descartes bewahrt haben (wovon noch eingehender zu handeln sein wird), eine starke Stütze gegen Descartes geboten!

Leibniz kannte die Darstellung des Sachverhaltes im *Horologium oscillatorium* und die in den *PT* abgedruckten Briefe; er hat ferner Heuraets Verfahren in der *Geometria*, Pascals *Lettres* und den Zykloidenaufsatz von Wallis gelesen, war also über die Erfolge der Partner unterrichtet, nicht aber über die genaue Vorgeschichte der Angelegenheit. Im wesentlichen stellt er sich — wir werden später noch darauf zurückkommen — auf den Standpunkt von Huygens, versuchte aber auch seinen englischen Freunden einigermaßen gerecht zu werden.

In die nämliche Zeit fällt die Auseinandersetzung zwischen Huygens und Newton um die Farbenlehre; diese wurde anfangs von Huygens für diskutabel erklärt[205], dann bezweifelt[206]. Newton schrieb einen großen Brief zur Verteidigung seiner Farbenlehre[207], worin er sich einleitend auch über das *Horologium oscillatorium* äußerte; er erbot sich, seine mit der Evolutentheorie von Huygens verwandten Allgemeinsätze über die Rektifikation mitzuteilen, aber dieser wollte die Auseinandersetzung mit den Engländern, die ihm lästig wurde, nicht mehr weiter fortsetzen[208] und reagierte weder auf Oldenburgs Antwort[209] noch

[199] Huygens-Wallis, 10. VII. 73 — [200] Wallis-Oldenburg, 14. X. 73 — [201] Brouncker-Oldenburg, 18. X. 73 — [202] Wren-Oldenburg, X 73 — [203] PT 8, Nr. 98 vom 27. XI. 73 — [204] Wallis-Leibniz, 11. XII. 96 — [205] Huygens-Oldenburg, 9. IV. 72 — [206] vgl. Huygens-Oldenburg, 1. VII. 72; Oldenburg-Newton, 12. VII. 72; Newton-Oldenburg, 18. VII. 72; Oldenburg-Huygens, 28. VII. 72; Huygens-Oldenburg, 27. IX. 72; Oldenburg-Newton, 4. X. 72; Huygens-Oldenburg, 14. I. 73; Oldenburg-Newton, Anfang III 73; Newton-Oldenburg, 18. III. 73; Oldenburg-Newton, 23. III. 73; Newton-Oldenburg, 13. IV. 73; Oldenburg-Huygens, 17. IV. 73; Huygens-Oldenburg, 10. VI. 73; Oldenburg-Newton, 14. und 17. VI. 73; Huygens-Oldenburg, 24. VI. 73; Newton-Oldenburg, 3. VII. 73; Oldenburg-Huygens, 7. VII. 73; Huygens-Oldenburg, 10. VII. 73 — [207] Newton-Oldenburg, 3. VII. 73 — [208] Huygens-Oldenburg, 10. VII. 73 und Huygens-Wallis, 10. VII. 73 — [209] Oldenburg-Huygens, 14. VIII. 73.

auf einige weitere Sendungen[210]. Erst im Mai 1674 entschloß er sich zu einer kürzeren Mitteilung, in der er erklärte, er habe nicht mehr geschrieben, um weiteren Unannehmlichkeiten mit den Mitgliedern der RS zu entgehen[211], und ließ sich auch durch das gütliche Zureden Oldenburgs[212] nicht so ohne weiteres versöhnen. Die Korrespondenz kam erst im Januar 1675 wieder in Gang; damals hatte Huygens die Unruhe entdeckt und übersandte ein diesbezügliches Anagramm an Oldenburg, um sich die Priorität zu sichern[213]. Unglücklicherweise sollte sich daraus eine neue Affäre entwickeln, die sich zu einer noch viel heftigeren Auseinandersetzung auswuchs. Der Gegner war diesmal Hooke, der ewig reizbare, nörgelnde, mißgünstige und kampflustige, und auch Leibniz wurde in die Sache mit hineingezogen.

9. AUSEINANDERSETZUNGEN UM DAS CHRONOMETER

Die im Dezember 1659 aufgefundene Tautochronie der Zykloidenbewegung war die große theoretisch-physikalische Entdeckung, mittels deren Huygens aus seiner Pendeluhr ein Präzisionsinstrument zu machen hoffte[214]; zumal ihm im August 1661 auch die Pendelregulierung durch einen kleinen Läufer gelungen war[215]. Dieser Angelegenheit war der ganze zweite Teil des *Horologium oscillatorium* gewidmet. Aber noch fehlte manches zur Vervollkommnung der Pendeluhr, vor allem die Ankerhemmung — vielleicht eine Erfindung Hookes[216] —, die bereits in einer von Clement 1671 verfertigten Kirchenuhr benutzt wird. Leibniz scheint während seines ersten Londoner Aufenthaltes etwas davon gehört und seine Kenntnis an Huygens weitergegeben zu haben[217]. Das geschah wohl am 22. I. 75, als Huygens mit Leibniz in allgemeinen Worten über seine jüngste Entdeckung, die Unruhe, zu reden kam[218]. Hier wird die von Huygens bereits 1673/74 theoretisch untersuchte Isochronie der elastischen Schwingungen[219] zur Gangregulierung der Uhr verwendet. Der Uhrmacher Thuret erhielt sogleich unter dem Siegel der Verschwiegenheit den Auftrag zur Herstellung eines gangfähigen Modells[220]; in der nächsten Sitzung der *Académie des scien es* [= *Ac. sc.*] wurden Cassini, Picard und Mariotte verständigt[221]; Oldenburg erhielt einen kurzen Hinweis unter Beigabe eines Anagramms über die neue Entdeckung[222], Colbert wurde unter Vorzeigen des Modells um ein Patent angegangen[223], das alsbald erteilt wurde[224]. Thuret erwies sich als unzuverlässig; er hatte eine Uhr mit eingebauter Unruhe bei Colbert als seine eigene Erfindung vorgeführt[225] und wollte an der Entdeckung teilgehabt haben. Es kam zu einer längeren Auseinandersetzung[226], in deren Verlauf Huygens

---

[210] Oldenburg-Huygens, 13. XI. und 18. XII. 73, 12. III. und 9. IV. 74 — [211] Huygens-Oldenburg, 15. V. 74 — [212] Oldenburg-Huygens, 4. VI. und 21. VI. 74 — [213] Huygens-Oldenburg, 30. I. 75 — [214] HO XVI, S. 344-49, 392-413; HO XVII, S. 95-103 — [215] HO XVI, S. 353-54, 425-31; HO VII, S. 102-03 — [216] HO XVIII, S. 606 — [217] HO XVIII, S. 605 — [218] HO VII, S. 408 und HO XVIII, S. 522 — [219] HO XVIII, S. 489-95 — [220] 22. I. 75; vgl. HO VII, S. 410 — [221] Sitzung der Ac. sc. vom 23. I. 75 — [222] Huygens-Oldenburg, 30. I. 75 — [223] 31. I. 75; HO VII, S. 410. Vgl. ferner Huygens für Colbert, 5. II. 75 — [224] Colbert für Huygens, 15. II. 75 — [225] anscheinend schon am 24. I. 75. Vgl. HO VII, S. 411 — [226] vgl. Huygens für Colbert, 9. II. 75 (nicht abgesandt), Huygens für La Roque, 11. II. 75; Huygens-Colbert, 16. II. 75 (nicht abgesandt); Huygens-C. Huygens den Bruder, 15. III. 75; Perrault-Huygens, 19. IV. 75; Huygens-Galloys?, 21. IV. 75; Huygens-C. Huygens den Bruder, 26. IV. 75; La Voye-Huygens, 12. VII. 75; Huygens-C. Huygens den Bruder, 9. VIII. 75; Huygens-Chevreuse, 31. VIII. 75; Galloys-Huygens, 2. IX. 75; Huygens-Perrault, IX 75,

allen Ernstes an seinen Bruder Constantin schrieb, wenn die Sache nicht in seinem Sinne bereinigt werde, gedenke er Frankreich für immer zu verlassen[227]. Schließlich gab er sich jedoch mit einem Entschuldigungsschreiben Thurets zufrieden[228], zumal dessen Uhren weit zuverlässiger waren als die der andern Pariser Uhrmacher, die sich der neuen Erfindung alsbald bemächtigten[229]. Auch der Abbé Hautefeuille meldete Ansprüche auf das Prinzip der Unruhe an und stützte sich hierbei auf eine seinerzeit bei der *Ac. sc.* eingereichte Abhandlung[230]; ja, es kam sogar zu Prozeßvorbereitungen[231], aber die Angelegenheit wurde niedergeschlagen[232].

In London interessierte man sich von Anfang an lebhaftest für die neue Entdeckung[233]. Da Thuret die Erfindung preisgegeben hatte, übersandte Huygens alsbald den Text seines Anagramms[234] und legte einen Abzug der für das *JS* bestimmten kurzen Darstellung bei[235]. Brief und Beilage wurden in der RS verlesen[236] — es war die erste Sitzung, an der Newton teilnahm. Hooke erklärte sogleich, diese Erfindung besitze er schon lange[237]. Inzwischen hatte Leibniz den Uhrenaufsatz im *JS* zu Gesicht bekommen und hielt es für angemessen, eine andere, schon mehr als 4 Jahre zurückliegende Erfindung zur Gangregulierung an die Öffentlichkeit zu bringen. Er gab seiner Mitteilung die Form eines Briefes an La Roque, den Herausgeber des *JS*. Das Schriftstück ist in mehreren Konzepten erhalten, die uns einen interessanten Einblick in das Werden des Aufsatzes vermitteln[238]. Leibniz weist absichtsvoll auf die allgemeine Anerkennung hin, die Huygens mit seiner neuen Erfindung geerntet habe, und bedient sich einer Terminologie, die jener von Huygens durchaus entspricht. Es komme ihm nicht etwa, wie Huygens, auf eine neue Beobachtungstatsache an (Konstanz der Schwingungsdauer der Feder), sondern auf die rein mechanische Bemerkung, daß die Schwingungsdauer einer aus dem nämlichen Spannungszustand freigegebenen Feder bis zur Rückkehr zur Ausgangslage stets die nämliche sei. Er denkt sich die Antriebswirkung durch einen Zyklus passend angeordneter Federn geregelt, von denen nach Einleitung des Vorgangs jede nachfolgende von der vorhergehenden freigegeben wird, bei der Rückkehr zum ursprünglichen Zustand die nächste Feder freigibt und sogleich wieder in ihrer Spannungslage festgehalten wird. Ursprünglich wird betont, daß hier kein geometrischer Beweis nötig sei; dieser Gesichtspunkt wird in den verschiedenen Übergangsstufen bis zur Druckvorlage immer stärker zurückgedrängt. In der ersten Fassung denkt sich Leibniz sechs Federn benutzt, in der Schlußfassung beschränkt er sich auf deren zwei, ähnlich in einem für La Roque bestimmten, aber damals nicht zum Druck gekommenen Nachtrag[239]. Eine Diskussion der Störungsmomente — Abhängigkeit von der Wärme, vom Luftwiderstand, von der Reibung, unregelmäßige Schlitterbewegung durch die Art der Auslösung —

[227] Huygens-C. Huygens den Bruder, 9. VIII. 75 — [228] Thuret-Huygens, 10. IX. 75 — [229] Huygens-Oldenburg, 21. XI. 75 — [230] Hautefeuille für die *Ac. sc.*, 7. VII. 74 — [231] Hautefeuilles diesbezügliches *Factum* ist im März 1675 veröffentlicht worden. Vgl. ferner Huygens-Contesse, 5. V. 75 — [232] *HO* VII, S. 453-55 — [233] Sitzung der RS vom 7. II. 75: Oldenburg-Huygens, 12. II. 75 — [234] Huygens-Oldenburg, 20. II. 75 — [235] dortselbst abgedruckt als: Huygens für La Roque, 25. II. 75; eine englische Übersetzung erschien in den *PT* 10, Nr. 112 vom 4. IV. 75, S. 272-73 — [236] Sitzung der RS vom 28. II. 75 — [237] Oldenburg-Huygens, 21. III. 75 — [238] Leibniz für La Roque, Mitte III 75 — [239] Leibniz für La Roque, Ende III 75.

beschließt den Aufsatz, der einen theoretisch wertvollen Gedanken in technisch noch nicht ausgereifter Form enthält. Wahrscheinlich hat Huygens die Drucklegung vermittelt[240]; ihm konnte diese Veröffentlichung nur willkommen sein. In einem gleichzeitigen unvollendeten Schriftstück, das vielleicht für Huet bestimmt ist, wird die Kombination dieses Systems mit einem Pendel angedeutet[241]. Leibniz wollte zuerst die Abschrift eines der ursprünglichen Konzepte an Oldenburg schicken; da der Druck sehr rasch vonstatten ging, wurde sogleich ein Heft des *JS* beigegeben[242]. Wenige Wochen später führte Leibniz in der *Ac. sc.* ein kleines Modell seines Chronometers vor[243] und fand bei Huygens und Cassini liebenswürdige Zustimmung[244], aber nicht mehr. Eine wirklich gangfähige Uhr nach Leibniz' Prinzip zu bauen, ist unseres Wissens damals nicht versucht worden.

Hooke ließ auf Grund seines Prinzips — wie die technische Ausgestaltung beschaffen war, wissen wir nicht; das Konstruktionsgeheimnis ist verschollen — eine Uhr anfertigen, die im Sommer 1675 dem König gezeigt wurde[245] und sich gut bewährte[246]; jedoch hat niemand ihr Inneres zu sehen bekommen. Hooke beschuldigte sowohl Oldenburg wie auch die RS, seinen Hauptgedanken an Huygens verraten zu haben. Als Präsident der RS sah sich Brouncker vor eine schwierige Lage gestellt. Er liebte den großsprecherischen Nörgler keineswegs und war sich auch nicht klar, ob Hooke wirklich etwas Entscheidendes gefunden oder nur einen nicht lebensfähigen Einfall gehabt hatte. Um die Sache zu beenden, ließ er durch Oldenburg eine Taschenuhr nach der Huygensschen Konstruktion bestellen[247], um sie gegebenenfalls mit der Uhr Hookes vergleichen zu können. Wie mißtrauisch man den Behauptungen Hookes zu begegnen pflegte, geht aus einem gleichzeitigen Brief von Collins hervor[248], Huygens habe etwas Neues über Taschenuhren gefunden und darauf ein französisches Patent erhalten; Hooke wolle das Nämliche schon früher entdeckt haben.

Die Anfertigung der Uhr zögerte sich jedoch trotz fortwährender Bitten der Engländer[249] um fast zwei Monate hinaus. Sie wurde erst im Juni durch den italienischen Schauspieler Biancolelli überbracht[250], der gewöhnlich in Paris auftrat, aber nebenbei des öftern in diplomatischen Geschäften nach England reiste. Huygens hatte eine eingehende Gebrauchsanweisung mitgegeben, aber das Unglück wollte, daß im Werk eine Kleinigkeit nicht stimmte, so daß die Uhr regelmäßig gegen 12 Uhr stehen blieb[251]. Huygens, der inzwischen auch für den Generalstatthalter Wilhelm III.[252] und König Ludwig XIV.[253] wundervoll ausgeführte Uhren hatte herstellen lassen, die tadellos gingen, war peinlichst überrascht[254]. Der Fehler ließ sich in England nicht beheben[255], und Oldenburg drängte auf Übersendung eines neuen Modells[256]. Inzwischen hatte sich Hooke

---

[240] *JS* vom 25. III. 75; Abdruck in einer von Oldenburg besorgten englischen Übersetzung in den *PT* 10, Nr. 113 vom 6. V. 75 — [241] Leibniz-Huet?, Ende III 75 — [242] Leibniz-Oldenburg, 30. III. 75; verlesen in der Sitzung der RS vom 25. IV. 75 — [243] Sitzung der *Ac. sc.* vom 24. IV. 75 — [244] Leibniz-Oldenburg, 20. V. 75 — [245] Oldenburg-Huygens, 1. VII. 75 — [246] Oldenburg-Huygens, 23. IX. und 4. X. 75; Oldenburg-Leibniz, 10. X. 75 — [247] Oldenburg-Huygens, 6. IV. 75 — [248] Collins-Gregory, 11. V. 75 — [249] Oldenburg-Huygens, 29. IV., 15. V. und 20. V. 75 — [250] Huygens-Oldenburg, 21. VI. 75 — [251] Oldenburg-Huygens, 25. VII. 75 — [252] Huygens-C. Huygens den Bruder, 5. VII. 75 — [253] de Nyert-Huygens, 28. VIII. 75 — [254] Huygens-Oldenburg, 10. VIII. 75 — [255] Papin-Huygens, 10. VIII. 75 — [256] Oldenburg-Huygens, 25. VII., 1. VIII., 9. VIII., 23. IX., 4. X., 21. X., 28. X., 4. XI und 11. XI. 75. Die zweite Uhr wurde von Thuret hergestellt und zusammen mit dem Brief Huygens-Oldenburg, 21. XI. 75 von Ken überbracht.

zu immer maßloseren Beschuldigungen gegen Huygens verstiegen, worüber Oldenburg nur einige sehr zurückhaltende Andeutungen übermittelt hatte[257]; was nicht in den Briefen stand, mag wohl durch mündliche Berichte ergänzt worden sein. Huygens setzte sich kräftig zur Wehr, betonte seine völlige Unwissenheit hinsichtlich der mutmaßlichen Erfindung Hookes[258] und ging schließlich zum Gegenangriff über[259]: Hooke betreibe anscheinend das nämliche Geschäft wie gewisse Pariser Uhrmacher, von denen jeder aus kleinen formalen Abänderungen der Unruhe Ansprüche auf die Teilhaberschaft an der Erfindung herleite.

Die Dinge trieben zu einem dramatischen Höhepunkt: denn jetzt erklärte Hooke in aller Öffentlichkeit[260], Oldenburg sei an allem schuld; er habe das Geheimnis der Unruhe bewußt an Huygens verraten und sei nichts anderes als ein Spitzel der Franzosen. Zwar wurde er sofort zur Zurücknahme dieser ungeheuerlichen Beschuldigung veranlaßt[261], aber trotzdem war für Oldenburg, der stets als politisch verdächtig galt, eine äußerst peinliche Situation entstanden; und dazu kam, daß sich Hooke in einem Anhang zu seiner soeben erschienenen *Description of Helioscopes* nicht weniger beleidigend äußerte[262]. Bei dieser Gelegenheit wird auch Leibniz' Erfindung gestreift und kurzerhand als praktisch wertlos abgetan[263]. Huygens übersandte auf Bitten Oldenburgs sogleich an Brouncker eine Richtigstellung des Sachverhaltes[264] und verwahrte sich energisch gegen Hookes Behauptungen, und in ähnlichem Sinne äußerte sich Oldenburg selbst in seiner Besprechung der *Description of Helioscopes* in den *PT*[265]. Auf seine Anregung, auch im *JS* eine Erklärung abzugeben[266], ist Huygens nicht eingegangen; in mehreren Sitzungen der RS wurde die Angelegenheit verhandelt und Hooke zurechtgewiesen[267], zumal sich auch C. Huygens der Vater mit dem ganzen Gewicht seiner Persönlichkeit für eine gründliche Bereinigung des Streitfalles ausgesprochen hatte[268] — er, der in England hochangesehene Diplomat, der das aufbrausende Temperament seines Christiaan sehr wohl kannte, sich aber davon überzeugt hatte, daß ihn in dieser Sache keine Schuld traf. Hooke gab sich aber auch jetzt noch nicht zufrieden, sondern äußerte an Oldenburgs Verhalten in seiner *Lampas* vom August 1676 eine der Form nach verbindlichere, aber nicht weniger verletzende Kritik als früher. Jetzt befaßte sich die RS in einer Ausschußsitzung eingehend mit dem Stand der Dinge[269] und ließ in den *PT* eine offizielle Erklärung erscheinen[270], worin sie klar für ihren ständigen Sekretär eintrat.

Nur wenn man die hochgespannte Atmosphäre kennt, die durch diese heftigen Auseinandersetzungen zwischen Huygens, Oldenburg und der RS geschaffen worden war, vermag man die Stimmung richtig zu verstehen, in der Leibniz' Briefe der Jahre 1675/76 aufgenommen und beurteilt wurden. Das alte Miß-

---

[257] Oldenburg-Huygens, 17. VI. und 1. VII. 75 — [258] Huygens-Oldenburg, 11. VII. 75 — [259] Huygens-Oldenburg, 12. X. 75 — [260] Oldenburg-Huygens, 21. X. 75 — [261] Oldenburg-Huygens, 25. X. 75 — [262] vgl. HO VII, S. 517-26 — [263] HO VII, S. 519 — [264] Huygens-Brouncker, 31. X. 75 — [265] PT 10, Nr. 118 vom 4. XI. 75 = HO VII, S. 536-38 — [266] Oldenburg-Huygens, 18. XI. 75 — [267] Sitzungen der RS vom 14. XI., 21. XI., 5. XII. und 12. XII. 75 — [268] C. Huygens der Vater-Oldenburg, 26. XI. 75, verlesen in der Sitzung der RS vom 5. XII. 75 — [269] Ausschußsitzung der RS vom 30. XI. 76 — [270] PT 10, Nr. 129 vom 10. XII. 76 = HO VII, S. 541-42.

trauen gegen Oldenburg fand durch Hookes in keiner Weise zu rechtfertigendes
Verhalten neue Nahrung und drohte jeden Augenblick erneut aufzuflackern.
Collins und sein Kreis waren gewiß nicht gewillt, sich für Hooke einzusetzen,
der sich auch in Newtons Farbentheorie einzumischen versucht hatte[271], aber
sie waren nervös und gereizt. Seitdem Leibniz seinen Uhrenaufsatz veröffentlicht hatte, schien ihnen vollends der Beweis für eine enge Beziehung zwischen
Leibniz und Huygens erbracht zu sein, die in Wahrheit damals nicht mehr
bestand. Für sie war Leibniz irgendwie von Huygens vorgeschickt, um aus-
zuhorchen, und zudem ging es um die Priorität hinsichtlich einer wissenschaftlichen Großtat ersten Ranges, um die von Newton entdeckte Reihenlehre.
Collins fühlte sich persönlich dafür verantwortlich, daß ihr Geheimnis durch
seine Ungeschicklichkeit[272] an Gregory verraten worden war[273]. Newton war
darüber sehr mißgestimmt: er war anfangs fest entschlossen, eine umfassende
Darstellung seiner neuen Lehre zu veröffentlichen[274], aber es erwies sich als unmöglich, einen bereitwilligen Verleger zu finden, und zudem war Newton durch
die nicht enden wollende Diskussion um seine Farbenlehre — für ihn die klarste
Sache von der Welt — enttäuscht, erregt, verbittert. So faßte er den heroischen
Entschluß, nichts von seinen neuen Entdeckungen zu veröffentlichen; nichts
über die Optik und nichts über die Reihenlehre[275] — es war ein schweres, ein
fast unvorstellbares Opfer, und keine Persönlichkeit dritten Ranges hatte es
gebracht, sondern einer der schöpferischsten Köpfe aller Zeiten! Es war der
Verzicht auf Anerkennung, auf Ehre; auf das Glück, seine Gedanken wachsen
und weiterwirken zu sehen. Sollte die Entsagung so weit gehen, daß Newton
dem nur wenige Jahre jüngeren Konkurrenten auf dem Festlande freiwillig das
Letzte geben sollte, was er in langen Nächten ausgesonnen hatte? Niemand
wird das erwarten; jeder wird verstehen, daß Newton sich zum Kampf stellte,
als es in seinen Augen erwiesen schien, daß der neue Partner sich die ihm allzu
leichtfertig übermittelten Andeutungen zunutze machte und Newtons Kerngedanken nacherfand. Er mußte in dem Franzosling einen Plagiator sehen,
während Leibniz beinahe nichtsahnend nur nach neuen Erkenntnissen strebte,
ohne zu wissen, daß er für Newton nichts anderes als ein frecher Eindringling
sein konnte. Dazu trat das Mißgeschick, daß Newton mit dem Wort *Analysis*
seine Reihenlehre, Leibniz seinen Calculus meinte — daß sich beides in gleicher
Weise auf die nämliche Sache anwenden ließ und daher ein fast unentwirrbarer
Knäuel von Mißverständnissen entstehen mußte. Und derjenige, dem die Vermittlerrolle zufiel, war strebsam, aber doch kein Wissender; er konnte nicht
überblicken, was in dem nun anhebenden Ringen zwischen den beiden großen
Partnern zu tun oder auch zu unterlassen war. Wäre Oldenburg, dieser feine
Diplomat, dieser grundgescheite und doch auch warmherzige Mann, von einem
besseren Fachmann beraten gewesen, alles hätte sich in die rechten Bahnen
leiten lassen. Nichts von dem, was später geschehen ist, war von irgendeiner
Seite in böswilliger Absicht herbeigeführt; jeder der Beteiligten war voll des

---

[271] Vgl insbesondere das in den Sitzungen der RS vom 25 II 25 V, 1 VI und 7 XII 72 Vorgebrachte, ferner das am 21 III, 28 III und 26 XII 75 Vorgetragene — [272] Collins-Gregory, 3 IV 70 — [273] vgl Hofmann, *Studien* — [274] vgl z B Newton-Collins, 4 VI 72 —
[275] Newton-Collins, 23 VII 72.

besten Willens, und doch sollte alles in Wirrnis und Streit enden, weil das Schicksal zwischen die Genialen einen Zwerg gestellt hatte, der die geheimen Fäden nicht zu lenken wußte.

10. ERSTE EINZELHEITEN ÜBER GREGORYS UND NEWTONS ARBEITEN

Das Jahr 1675 setzte für Leibniz mit einer schwerwiegenden Entscheidung ein: Er hatte seine Rechenmaschine vor der *Ac. sc.* vorgeführt[276], aber deutlich genug gemerkt, daß ihm von dieser Seite bestenfalls wissenschaftliche Anerkennung, jedoch keine Lebensstellung geboten werde. Das Instrument hatte Unsummen verschlungen und die Mathematik lockte noch immer, aber die Lebensnotdurft erforderte, daß sich Leibniz zur Übernahme eines Amtes entschloß. Die Absicht, in die Dienste des Kaisers zu treten, war gescheitert[277]; so blieb nur mehr das Angebot des Herzogs Johann Friedrich von Hannover. Ungern und zögernd wurde die Zusage niedergeschrieben, die Leibniz so gern vermieden hätte[278]: Was sollte er in der kleinen Residenzstadt, wo alles nur von der Fürstengunst abhängig war; und wie leicht war diese zu verscherzen! Noch versuchte er seine Freiheit zu wahren, berichtete von der nun fertiggestellten Rechenmaschine, von der Colbert ein Exemplar für die Sternwarte, ein anderes für die Finanzverwaltung herstellen lassen wolle. Wünsche etwa auch der Herzog ein Modell zu besitzen? Und wäre es nicht angemessen, wenn Leibniz für seinen neuen Herrn auf die Jagd nach seltenen Büchern und Handschriften, aber auch nach Erfindungen und Kuriositäten ginge? Im Augenblick freilich habe er alle andern Studien aufgegeben und widme sich nur seinen weitreichenden mathematischen Entdeckungen.

Worauf sich die Untersuchungen von Leibniz nunmehr beziehen, ersehen wir zu einem gewissen Teil aus dem Brief an Oldenburg vom 30. III. 75, der uns in drei verschiedenen Fassungen überliefert ist. Wir beginnen mit der Abfertigung[279], der ein Abdruck des Uhrenaufsatzes im *JS* beilag. Im ersten Teil des Schreibens wird auf diesen Druck und die für La Roque vorgesehene Ergänzung Bezug genommen; dann folgt eine kurze Bemerkung über die Möglichkeit der arithmetischen Kreisquadratur, die durchaus nicht im Gegensatz zu Gregorys Unmöglichkeitsbehauptung stehe, hierauf ein allgemeiner Hinweis auf Gregorys und Newtons Methoden, die vermutlich Näherungsverfahren seien. Diese Stelle ist auch im *CE* wiedergegeben. Leibniz stellt ausdrücklich die Frage, ob die beiden Engländer im Besitz einer Ausstreckung der Hyperbel und Ellipse seien — Gregory habe sie im Frühjahr 1668 noch nicht gehabt, wie aus seiner *Geometriae pars universalis* (prop. 66) hervorgehe — und ob sie das Problem „absolut" erledigt hätten (gemeint ist eine Darstellung in geschlossener algebraischer Form), was Leibniz kaum glauben könne, oder etwa in Abhängigkeit von der Quadratur des Kreises und der Hyperbel. Leibniz bietet seine Kreisquadratur nebst Beweis gegen die Methode von Collins zur Summierung einer endlichen Anzahl von Gliedern der Summen $\sum 1/k$, $\sum 1/k^2$, $\sum 1/k^3$ — die, soviel er gehört habe, bereits gedruckt zu finden, aber für ihn unzugänglich sei.

[276] Sitzung der *Ac. sc.* vom 9. I. 75 — [277] vgl. Leibniz-Lincker, II 74 — [278] Leibniz-Herzog Johann Friedrich, 21. I. 75 — [279] Leibniz-Oldenburg, 30. III. 75.

Die arithmetische Kreisquadratur sei eine weitreichende Angelegenheit und eröffne den Weg zu vielen neuen Sätzen; daher erwarte Leibniz von der Gegenseite großzügige Mitteilungen über die Methoden Gregorys und Newtons. Er werde nicht versäumen, beide Autoren im Vorwort zu seiner Darstellung mit gebührender Hochachtung zu erwähnen. Diese letzte Stelle, aus der mit aller Deutlichkeit hervorgeht, wie weit die neue Fassung der arithmetischen Kreisquadratur bereits gediehen sein mußte, fehlt bedauerlicherweise im CE, so daß eine außerordentlich wichtige, wenn auch ein wenig naive Äußerung von Leibniz für fast zwei Jahrhunderte unzugänglich geblieben ist.

Im ersten Konzept[280], worin noch keinerlei Beziehung zum Uhrenaufsatz zu bemerken ist, findet sich eine interessante Klassifizierung der Quadraturen als näherungsweise, mechanische, analytische und geometrische. Die Näherungsmethoden zerfallen in numerische, wie etwa das Verfahren von Archimedes, die Berechnung Ludolphs van Ceulen und die Methode von Wallis mittels des abgebrochenen unendlichen Produkts für die Kreisquadratur — oder in lineare, wie die Näherungskonstruktionen von Snell und Huygens für die Kreisquadratur. Im Gegensatz hierzu sei eine mechanische Quadratur genau, aber sie erfordere eine aus passendem Material hergestellte Kurve. Von dieser Art sei etwa die Anwendung einer Fadenkonstruktion wie bei der Kurvenabwicklung oder das Anlegen eines Lineals zur Tangentenbestimmung; als Beispiel wird die Ausstreckung des Kreisbogens unter Verwendung der Tangente an die Archimedische Spirale $r = a\varphi$ (vermittels der Polarsubtangente $r\varphi$; vgl. De spiralibus prop. 20) oder vermittels der Zykloide erwähnt. Wahrscheinlich ist nichts anderes gemeint als die Konstruktion aus der gezeichnet vorliegenden Zykloide $z = y + s$, wobei $y^2 = x(2a - x)$ den erzeugenden Kreis kennzeichnet. Bei der arithmetischen Quadratur werde nicht etwa nur eine einzige Zahl, sondern eine unendliche Zahlenreihe verwendet. Das erste Beispiel dieser Art sei Brounckers numerische Hyperbelquadratur, die Mercator verallgemeinert habe. Er selbst, Leibniz, habe als erster die arithmetische Kreisquadratur gefunden. Sie sei wunderbar genug, so daß einer der bedeutendsten Geometer (gemeint ist wohl Huygens) gesagt habe, auch die Auffindung der analytischen Kreisquadratur könne nicht schöner sein; denn falls sie überhaupt möglich sei, erfordere sie sicherlich verwickelte Irrationalitäten, während die arithmetische Kreisquadratur von erstaunlicher Einfachheit sei. Die analytischen Quadraturen seien ihrem Wesen nach von ganz anderer Art als die arithmetischen; bei ihnen drehe es sich um rationale oder irrationale oder sogar um transzendente (hier erstmals dieses Fachwort) Ausdrücke, und zwar um die einfachstmögliche Klassifizierung des vorgegebenen Problems. So behaupte etwa Gregory, π sei auf keinen Fall Wurzel einer Gleichung endlichen Grades (mit ganzen Koeffizienten), jedoch seien die von Huygens vorgebrachten Einwände keineswegs widerlegt, und auch Leibniz selbst habe hierzu etwas zu sagen. Die feinste Leistung sei die Auffindung der geometrischen Quadratur, bei der eine Bogenausstreckung oder eine Flächenquadratur durch eine geometrische Konstruktion vollzogen werde, und zwar nicht nur mit Zirkel

---

[280] Leibniz-Oldenburg, Anfang III 75.

und Lineal, sondern überhaupt vermittels einer Kurve. Die von Descartes zugelassenen Hilfsmittel (gemeint ist die Beschränkung auf algebraische Konstruktionen) seien zu eng, übrigens gebe es analytische Ausdrücke, die nicht algebraisch seien, und algebraische Konstruktionen, die analytisch nicht zu fassen seien. Mit dieser Bemerkung bricht die interessante, aber noch unvollkommene Skizze ab, bei der die Begriffe geometrisch, mechanisch und analytisch noch nicht hinreichend greifbar unterschieden und herausgearbeitet sind.

Das zweite Konzept[281] wird eingeleitet durch einen längeren Hinweis auf die vorgesehene Beilage, die ursprüngliche Fassung des Uhren-Aufsatzes, wobei besonderes Gewicht auf den überflüssigen geometrischen Beweis gelegt wird. Aus dem weiteren Text hebe ich den schon oben erwähnten Hinweis auf Gregorys Kreisnäherungen in den *Exercitationes geometricae* hervor, ferner eine Anspielung, aus der sich entnehmen läßt, daß Leibniz die beabsichtigte Reise nach London zur Vorführung seiner Rechenmaschine bereits als unmittelbar bevorstehend ansah.

Der Gesichtskreis von Leibniz hat sich neuerdings stark erweitert, vor allem auf dem Gebiet der Kurvengeometrie hat er mächtige Fortschritte gemacht. Er studiert verallgemeinerte Zykloiden[282], die Cartesischen Ovale[283], die Fußpunktskurven des Kreises und der Parabel[284], sucht die Normalen aus einem beliebigen Punkt an die Parabel und den allgemeinen Mittelpunktskegelschnitt[285], nimmt das Studium inverser Tangentenprobleme erfolgreich auf[286] und strebt vor allem nach einer sinnvollen Klassifikation der Quadraturprobleme. Die Kegelschnitte betrachtet er gemeinsam auf Grund der Scheitelgleichung $y^2 = 2\,ax + a\,x^2 \, q$ und bestimmt ihre Bogenlänge in der Form[287]

$$\int_0^x \sqrt{1 - \frac{a}{q} + \frac{a^2}{2\,a\,x + a\,x^2 \, q}} : dx,$$ ist aber noch nicht in der Lage, den Typus

dieses Integrals anzugeben. Hingegen plant er die Konstruktion eines „analytischen" Gegenstücks zur Rechenmaschine — eines Instruments zur Bestimmung von Gleichungslösungen[288], die ihm wirklich noch im Jahr 1674 gelingt[289]. Im Herbst 1674 steckt Leibniz im Studium der geometrischen Örter und der graphischen Methoden zur Gleichungsauflösung[290]; eine interessante Einzelheit ist die schrittweise Ermittlung von Quadratwurzelnäherungen auf Grund des Ansatzes $\sqrt{a^2 \pm bc} = a \pm z$, aus dem sich $z^2 \pm 2\,az = \pm\,bc$, also $z \approx bc\,2a$ ergibt. Dieses Verfahren wurde bereits von den Alten benutzt[291], ging aber in den Stürmen der Völkerwanderung verloren und war im 17. Jahrhundert unbekannt. Leibniz hat es selbständig wiedergefunden. Er behandelt das Beispiel

$$\sqrt{1 + 1} = \frac{3}{2} - \frac{1}{4 \cdot 3} - \frac{1}{8 \cdot 3 \cdot 17} - \frac{1}{16 \cdot 3 \cdot 17 \cdot 577} - \cdots,$$

[281] Leibniz-Oldenburg, Mitte III 75 — [282] vgl etwa Cat crit 2 Nr 775 (X 74), Nr 827 (XII 74) und Nr 902 (I 75) — [283] vgl. Cat crit 2, Nr 832-33 (XII 74) — [284] vgl. Cat. crit 2 Nr 828-30 (XII 74) — [285] vgl. Cat. crit. 2, Nr. 562 (1673?) und Nr 847 849, 851 855-56, 861 und 864-65 (1674?) — [286] Cat. crit. 2, Nr 791 (XII 74) und Nr 840, 844-46 und 849 (1674?) — [287] Cat. crit. 2, Nr 773 (3. X 74) — [288] Cat crit 2 Nr 772 (IX? 74) — [289] Cat crit 2 Nr 815-19 (XII 74) — [290] Cat. crit. 2, Nr 787 (X 74) und Nr 852-55 857-60 und 864-65 (1674) — [291] vgl. Heron Metrica I 8

worin $3 = 2 \cdot 1^2 + 1$, $17 = 2 \cdot 3^2 - 1$, $577 = 2 \cdot 17^2 - 1$ usw., hat sich jedoch bei der Durchrechnung im einzelnen vertan. Im Frühjahr 1675 setzen Leibniz' Studien über die zweckmäßigste Auflösung der allgemeinen Gleichung 4. Grades ein[292]. Wahrscheinlich im Zusammenhang damit und dem Plan, in absehbarer Zeit den angekündigten Besuch in London zu machen, hat sich Leibniz die seinerzeitige Sendung Oldenburgs vom 16. IV. 73 nochmals vorgenommen und sorgfältig ausgezogen[293]. Über den Stand seiner damaligen algebraischen Kenntnisse unterrichtet uns eine Aufzeichnung vom April 1675[294], die vermutlich an Huygens ging[295] und nach Rückgabe nochmals korrigiert wurde. Es handelt sich um Ansätze zur Auflösung von höheren Gleichungen, die mit der Cardanischen Formel für Gleichungen 3. Grades verwandt sind.

Die von Leibniz mit größter Spannung erwartete Antwort Oldenburgs auf den Brief vom 30. III. 75 ist vom 22. IV. 75 datiert. Oldenburg war über die von Leibniz berührten mathematischen Fragen nicht ausreichend unterrichtet und ließ sich daher eine diesbezügliche Zusammenstellung von Collins machen[296], deren englischen Text er ins Lateinische übersetzt und vollständig in seinen Brief mitübernommen hat. Der nach der Ansicht der Engländer kennzeichnendste Abschnitt ist ins *CE* übernommen und mit ergänzenden Anmerkungen versehen worden, zu denen sich Leibniz in seinem Handstück sehr bedeutsame Randnoten gemacht hat. Hierauf werden wir im einzelnen noch zurückkommen. Oldenburg leitet sein Schreiben mit einem Hinweis auf die innerhalb der RS geäußerten Bedenken gegen Leibniz' Chronometer ein. Wahrscheinlich gibt er hier Hookes Auffassung wieder, jedoch in sehr gemilderter Form, um Leibniz nicht vor den Kopf zu stoßen. Nun folgt die Übersetzung des Collinsschen Berichtes. Es handelt sich um eine wesentlich stärker ins einzelne gehende Zusammenstellung als die seinerzeitige Sendung vom 16. IV. 73.

Zunächst wird auf eines der neuen Ergebnisse Gregorys zur Kreisrechnung[297], nämlich auf die Reihe $r\pi = 4\,r^2 : \left\{ 2\,d - \dfrac{1}{3} \cdot e - \dfrac{1}{90} \cdot \dfrac{e^2}{d} - \dfrac{1}{756} \cdot \dfrac{e^3}{d^2} - \cdots \right\}$ hingewiesen, worin $d = r \cdot \sqrt{2}$ die Halbseite des in den Kreis beschriebenen Quadrats, $e = r\,(\sqrt{2} - 1)$ die Differenz zwischen der ganzen Quadratseite und dem Radius ist. Darauf sei schon im Verlauf der Auseinandersetzung zwischen Huygens und Gregory um die *Vera quadratura* angespielt worden[298]. Es ist gelungen, die Wiederherstellung dieser Formel auf Grund der von Gregory allgemein angewendeten Prinzipien zu leisten[299]; dabei zeigt sich, daß dies nur eine Weiterbildung der von uns schon oben benutzten Formel $\dfrac{\sin n\varphi}{\sin \varphi} = \binom{n}{1} - \binom{n+1}{3} x + \binom{n+2}{5} x^2 - \cdots$ ist, wobei

$$x = 2\,(1 - \cos\varphi) = 4 \sin^2 \frac{\varphi}{2}$$

[292] Vgl. *Cat. crit.* 2, Nr. 910-12 (II 75) — [293] vgl. Leibniz (IV 75), Auszüge aus der Sendung Oldenburgs vom 16. IV. 73 — [294] Leibniz für Huygens, IV 75 (mit Korrekturen vom V 75) — [295] vgl. Leibniz-Oldenburg, 27. VIII. 76 — [296] Collins-Oldenburg für Leibniz, 20. IV. 75 — [297] Gregory-Collins, 3. XII. 70 — [298] Gregory-Oldenburg, 25. XII. 68, abgedruckt in den *PT* 3, Nr. 44 vom 25. II. 69, S. 886 — [299] vgl. Gibson, *Gregorys Math. Work.*

gesetzt ist[300]. Gregory hat dies wahrscheinlich für $n = 2, 3, \ldots$ direkt her
geleitet; der Faktor x ist wohl unter Benutzung von

$$f_0 = \frac{1}{2} r^2 \sin 2\,\varphi,$$

$$f_1 = r^2 \cdot \sin \varphi,$$

also $x = (2 \sin \varphi - \sin 2\,\varphi)/\sin \varphi = 2 \,(f_1 - f_0)/f_1$ zustande gekommen. Diese
direkte Herleitung war durch ähnliche Überlegungen bei Viète vorbereitet,
die wir modern so schreiben könnten:

$$\sin (n\,\varphi + \varphi) + \sin (n\,\varphi - \varphi) = 2 \sin n\,\varphi \cos \varphi = (2 - x) \cdot \sin n\,\varphi.$$

Jetzt gilt nämlich

$$\frac{\sin (n+1)\,\varphi}{\sin \varphi} = (2-x) \cdot \frac{\sin n\,\varphi}{\sin \varphi} - \frac{\sin (n-1)\,\varphi}{\sin \varphi},$$

also

$$\frac{\sin \varphi}{\sin \varphi} = 1$$

$$\frac{\sin 2\,\varphi}{\sin \varphi} = 2 - x$$

$$\frac{\sin 3\,\varphi}{\sin \varphi} = 3 - 4\,x + x^2$$

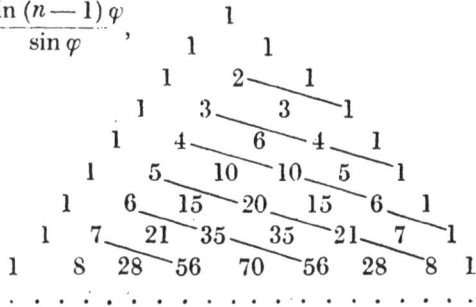

```
                    1
                1       1
            1       2       1
        1       3       3       1
    1       4       6       4       1
1       5       10      10      5       1
1       6       15      20      15      6       1
1       7       21      35      35      21      7       1
1   8   28   56   70   56   28   8   1
```
. . . .

Das allgemeine Bildungsgesetz wurde damals an Hand von Zahlentafeln, sog.
Canones, festgestellt; wie das zu verstehen ist, zeigt uns die beigegebene Über-
sicht auf Grund des Pascalschen Dreiecks.
Diese für $\sin n\,\varphi/\sin \varphi$ gegebene Entwicklung ist für alle ganzen positiven n
richtig und wird von Gregory für gebrochene n definitorisch verwendet.
Wir finden ihn ganz allgemein im Besitz der Formel[301] $y = y_0 + \binom{n}{1} \varDelta\, y_0$

$+ \binom{n}{2} \varDelta^2 y_0 + \binom{n}{3} \varDelta^3 y_0 + \ldots$ und der daraus fließenden Quadratur

$$\int_0^t y \, dn = t \left\{ y_0 + \frac{t}{2!} \varDelta y_0 + \frac{t\,(t-3)}{3!} \varDelta^2 y_0 + \frac{t\,(t-2)^2}{4!} \varDelta^3 y_0 + \ldots \right\}.$$

Im vorliegenden Fall ergibt sich

$$\int_0^t \frac{\sin n\,\varphi}{\sin \varphi} \, dn = \frac{1 - \cos t\,\varphi}{\varphi \cdot \sin \varphi}$$

$$= \frac{t^2}{2} \left\{ 1 - \frac{t^2 - 2}{1 \cdot 2 \cdot 3!} x + \frac{2\,t^4 - 15\,t^2 + 24}{2 \cdot 3 \cdot 5!} x^2 - \frac{3\,t^6 - 56\,t^4 + 294\,t^2 - 432}{3 \cdot 4 \cdot 7!} x^3 + \ldots \right\},$$

also für $t = 1$: $\dfrac{1 - \cos \varphi}{\varphi \sin \varphi} = \dfrac{1}{\varphi} \operatorname{tg} \dfrac{\varphi}{2} = \dfrac{1}{2} + \dfrac{1}{24} x + \dfrac{11}{1440} x^2 + \dfrac{191}{120960} x^3 + \ldots$

und für $t = 2$: $\dfrac{1 - \cos 2\,\varphi}{\varphi \sin \varphi} = \dfrac{2}{\varphi} \sin \varphi = 2 - \dfrac{1}{3} x - \dfrac{1}{90} x^2 - \dfrac{1}{756} x^3 - \ldots$

[300] Vgl. Gregory-Collins, 3. XII. 70 — [301] erbeten in Collins-Gregory, 9. I. 69, gegeben in Gregory-Collins, 3. XII. 70 und Gregory für Collins, 3. XII. 70.

Daraus folgt schließlich für $\varphi = \pi/4$ die Formel Gregorys. Wir sehen, Gregory hatte schon damals (Frühjahr 1668) die Interpolationslehre völlig gemeistert. Er konnte ferner die Entwicklungen

$$\operatorname{tg} \frac{\varphi}{2} = \frac{\varphi}{2} \cdot \left\{ 1 + \frac{x}{12} + \frac{11\,x^2}{720} + \frac{191\,x^3}{60480} + \cdots \right\}$$

und

$$\sin \varphi = \varphi \cdot \left\{ 1 - \frac{x}{6} - \frac{x^2}{180} - \frac{x^3}{1512} - \cdots \right\}$$

benutzen und auf diese Weise jene Näherungen herleiten, die Leibniz so viel Kopfzerbrechen bereitet haben. Aus dem ihm übermittelten isolierten Ergebnis vermochte Leibniz überhaupt nichts zu erkennen, zumal ihm durch ein von Oldenburg begangenes Schreibversehen nicht einmal die richtige Reihe mitgeteilt worden war: es fehlte das Glied $e^2/90\,d$. Das Versehen wurde gelegentlich des Teildrucks im CE berichtigt, bei dem das englische Original mit herangezogen worden war.

Diese Reihe, schreibt Collins weiterhin, sei ihm erst nach Erscheinen der *Logarithmotechnia* Mercators (Juli 1668) übermittelt worden, die alsbald auch an Barrow gegangen sei[302]. Aus Cambridge wurde geantwortet[303], Mercators logarithmische Reihe habe Newton schon einige Zeit vor Herausgabe der *Logarithmotechnia* besessen und auf die Methode zur Quadratur aller geometrischen und mechanischen Kurven angewendet. Dies ist eine Anspielung auf Newtons *Analysis*, die Collins im Sommer 1669 erhalten[304] und abgeschrieben hatte und später auf Wunsch einigen Mitgliedern der RS zur Einsicht vorlegte. Sei beispielsweise[305] $x = \sin z$, so gelte

$$z = x + \frac{1}{6}\,x^3 + \frac{3}{40}\,x^5 + \frac{5}{112}\,x^7 + \cdots$$

und

$$x = z - \frac{1}{6}\,z^3 + \frac{1}{120}\,z^5 - \frac{1}{5040}\,z^7 + \cdots;$$

beide Reihen seien leicht fortsetzbar. Vermittels der ersten sei die Näherung Ludolphs van Ceulen mühelos aus $x = 1/2$, $z = \pi/6 \approx 30^0$ herzustellen. Später hat sich Leibniz eingehend nach dem Bildungsgesetz dieser Reihe und dem zugehörigen Beweis erkundigt[306], worauf noch zurückzukommen sein wird.

Weiterhin gibt Collins für den Flächenstreifen $2 \cdot \int\limits_0^a \sqrt{r^2 \mp x^2} \cdot dx$ an Kreis

und Hyperbel die Entwicklung[307] $2\,ar \mp \dfrac{a^3}{3\,r} - \dfrac{a^5}{20\,r^3} \mp \dfrac{a^7}{56\,r^5} - \cdots$,

für das Kreissegment[308] $2 \cdot \int\limits_0^a \sqrt{2\,r\,x - x^2} \cdot dx$ die Reihe

$$\frac{4\,a\,b}{3} - \frac{2\,a^3}{5\,b} - \frac{a^5}{24\,b^3} - \cdots,$$

wobei $b^2 = 2\,ar$, und für den zugehörigen Bogen $4\,r \cdot \operatorname{arc\,sin} b/a$ die Reihe

[302] Vgl. den ähnlichen Wortlaut in Collins-Gregory, 5. XII 69 — [303] aber nicht sogleich, sondern fast ein volles Jahr später: Barrow-Collins, 30. VII. 69 — [304] Barrow-Collins, 10. VIII. 69 — [305] vgl. den ähnlichen Wortlaut in Collins-Gregory, 3. I. 71 — [306] Leibniz-Oldenburg, 12. V. 76 — [307] Collins folgt nicht dem Text in Newtons *Analysis*, sondern der Darstellung in Gregory-Collins, 29. XII. 70 — [308] Gregory-Collins 27. V. 71

$2b + \dfrac{1}{4} \cdot \dfrac{a^2}{b} + \dfrac{3}{20} \cdot \dfrac{a^4}{b^3} + \dfrac{5}{56} \cdot \dfrac{a^6}{b^5} + \cdots$ Diese beiden letzten Reihen, fügt
Collins hinzu, verdanke man Gregory, der sich einige Jahre später der
Reihenmethode bemächtigt habe. Seine Darlegung ist jedoch sehr oberflächlich und verschweigt, daß Gregory ursprünglich von den Interpolationsreihen ausgegangen war und ihre Theorie bereits 1668 vollständig entwickelt
hatte — zu einem Zeitpunkt also, da noch niemand etwas von Newtons
Reihenlehre wußte. Die von Collins übermittelten Andeutungen über ähnliche
Ergebnisse Mercators[309] hatten dazu Veranlassung gegeben, daß Gregory in
mehreren großen Briefen seine Allgemeinmethode kurz kennzeichnete und
einige der mit ihrer Hilfe gewonnenen Einzelheiten preisgab[310]; darunter
befand sich insbesondere der als logarithmische Reihe angesetzte allgemeine
binomische Lehrsatz, auf den ebenfalls als ein Ergebnis des Jahres 1668 angespielt wird[311]. Gregory setzt — um sein Verfahren modern zu wenden —
$\log a = u$, $\log x = u + y$ und $\log (a + b) = u + v$. Dann ist

also
$$y = \log \frac{x}{a}, \quad v = \log\left(1 + \frac{b}{a}\right),$$
$$\log \frac{x}{a} = \frac{y}{v} \log\left(1 + \frac{b}{a}\right), \quad x = a\left(1 + \frac{b}{a}\right)^{y/v}.$$

Ist hier y/v eine positive ganze Zahl, so ist

$$x = a + b \cdot \binom{y/v}{1} + \frac{b^2}{a} \cdot \binom{y/v}{2} + \frac{b^3}{a^2} \cdot \binom{y/v}{3} + \cdots$$

der zu $u + y$ gehörige Numerus; ist y/v ein Bruch, so gilt die nämliche
Formel definitionsgemäß als Interpolationsausdruck. Als Beispiel erscheint
die Bestimmung des ersten von 364 Mitteln zwischen 100 und 106, d. h. die
Bestimmung des Tageszinses bei $6^0/_0$ Jahreszins unter Verwendung der Zinses-
zinsformel, so daß $100 \cdot [1 + 6/100]^{1/365}$ herauskommt. Es ist wichtig, wie
wir später sehen werden, das außerordentlich frühe Datum dieser Entdeckung
festzuhalten. Gregory stand unmittelbar vor der Entdeckung der Potenz-
reihenmethode, als ihm Collins die Kreiszonenreihe Newtons übermittelte[312];
er wurde mit ihr deshalb nicht sogleich fertig, weil er immer glaubte, es
müsse doch möglich sein, sie durch Kombination aus seinen bisherigen Interpolationsreihen herzustellen, was ihm jedoch nicht gelingen wollte[313], bis er
entdeckte, daß es sich um die Quadratur der nach dem binomischen Lehrsatz
gefundenen Entwicklung für $\sqrt{1 - x^2}$ handelte[314].
Nun gibt Collins die berühmten Reihen für tg und arc tg wieder[315], die Gregory,
wie wir heute aus wiederaufgefundenen Aufzeichnungen wissen, durch fortgesetzte Differentiation bestimmt hat[316]. Ist r der Kreishalbmesser, s der Kreisbogen und t die zugehörige Tangente, so ist

$$\frac{t}{r} = \operatorname{tg} \frac{s}{r},$$

[309] Vgl. Collins-Gregory, 9. I., 17. I., 12. II. und 25. III. 69 — [310] vgl. Gregory-Collins,
3. XII. und 29. XII. 70, 25. II. und 27. V. 71 — [311] Collins für Moray, Mitte I 69; wieder-
erwähnt in Gregory-Collins, 15. IX. 70. Zum folgenden vgl. Gregory für Collins, 3. XII.
70 — [312] Collins-Gregory, 3. IV. 70 — [313] Gregory-Collins, 30. IV., 3. XII. und 29. XII.
70 — [314] Gregory-Collins, 29. XII. 70 — [315] Gregory-Collins, 25. II. 71 — [316] Mitte II 71;
vgl. G T, S. 350 und 352.

also

$$\frac{dt}{ds} = 1 + \left(\frac{t}{r}\right)^2,$$

folglich läßt sich

$$s = \int_0^t \frac{r^2\, dx}{r^2 + x^2}$$

entsprechend dem Vorgehen Mercators durch Entwicklung des Integranden und nachfolgende gliedweise Integration bestimmen, t durch fortgesetzte Differentiation gemäß der sog. Taylor-Entwicklung, die Gregory im Frühjahr 1671 entdeckt und in der Form $y = y_0 + \dfrac{x}{r}\, r\, y_0' + \dfrac{x^2}{2\,r^2}\, r\, y_0'' + \dots$ benutzt hat. Er setzt

$$z_0 = y,\ z_1 = ry' = r\left(1 + \frac{y^2}{r^2}\right),\ z_2 = ry'' = 2y\left(1 + \frac{y^2}{r^2}\right),\ z_3 = r^2 y''' = 2r\left(1 + \frac{y^2}{r^2}\right)\left(1 + \frac{3\,y^2}{r^2}\right)$$

usw. Bei Bestimmung von z_6 ist ihm ein typischer Rechenfehler unterlaufen: der dort auftretende Koeffizient von y^2/r^2, erzeugt aus $960 + 272$, heißt irrtümlich 987 ($= 960 + 27!$). Das zieht nach sich, daß in

$$z_7 = 272\, r + 3233\, \frac{y^2}{r} + \dots \left(\text{statt } 3968\, \frac{y^2}{r}\right)$$

und in

$$z_9 = 2 \cdot 3233\, r + \dots \text{ (statt } 23968\, r)$$

steht. Also ergibt sich mit $y = 0$ das fehlerhafte Glied $\dfrac{2 \cdot 3233}{9!}\, \dfrac{t^9}{r^8} = \dfrac{3233}{181440}\, \dfrac{t^9}{r^8}$, das in CE zu $\dfrac{62}{2835}\, \dfrac{t^9}{r^8}$ berichtigt ist. Dort wird weiterhin bemerkt, *Leibniz habe die arc tg-Reihe erst nach Erhalt des vorliegenden Briefes als seine eigene Entdeckung an die französischen Freunde gegeben.* Hierzu hat Leibniz notiert, das sei eine freche und böswillige Unterstellung; denn schon in den Briefen vom 15. VII. und 16. X. 74 an Oldenburg habe er auf sein Ergebnis hingewiesen. Daß Leibniz im Recht ist, zeigt uns die völlig andersgeartete Herleitung der arc tg-Reihe in der an Huygens gegangenen Fassung der arithmetischen Kreisquadratur vom Oktober 1674.

Auf die weiteren Ergebnisse Gregorys hinsichtlich des ln tg und ln sec wird nur ganz kurz verwiesen[317], hingegen etwas genauer auf Newtons Quadratur und Ausstreckung der Quadratrix[318], auf die allgemeine Oberflächenbestimmung von Drehkörpern und ihre 2. Segmente und auf die Gleichungsauflösung durch Reihen[319]. Nach langer Mühe habe Gregory das Nämliche geleistet, aber noch nicht mitgeteilt[320], zumal er wünsche, daß Newton als Erstentdecker der Reihenlehre seine Ergebnisse auch als erster an die Öffentlichkeit bringe. Damit endet der im CE wiedergegebene Auszug.

Was nun die niedere Algebra betreffe, so habe Pell über die Wurzelschranken von Gleichungen gearbeitet und könne unter Verwendung von Logarithmen

[317] Vgl. auch Oldenburg-Leibniz, 5. VIII. 76 — [318] vgl. die ähnliche Fassung in Collins-Gregory, 3. I. 71 — [319] vgl. die näheren Ausführungen in Newton-Oldenburg für Leibniz und Tschirnhaus, 23. VI. 76 — [320] vgl. Collins-Newton, 9. VIII. 72 und das damals noch nicht eingetroffene Stück Gregory-Collins, 7. IV. 75.

den Logarithmus einer jeden Gleichungswurzel annähern, ferner irreduzible Gleichungen 3. und 4. Grades näherungsweise in Faktoren zerlegen, und dies ohne Verwendung der Cartesischen Methode oder der Bestimmung von Wurzelschranken. Nach Dulaurens sei die Beseitigung einiger Zwischenglieder bei der allgemeinen Gleichung höheren Grades innerhalb gewisser Grenzen durchaus möglich. Habe z. B. eine Gleichung 6. Grades 4 reelle Lösungen, so könne man 2 Zwischenglieder beseitigen; habe sie aber 2 reelle Lösungen, so seien 4 Zwischenglieder entfernbar. Hoffentlich bringe Prestet Genaueres darüber; auch Pell verspreche Ähnliches vermittels einer weitreichenden sin-Tafel. Malebranche habe jüngst geschrieben[321], falls man die kubische Gleichung im irreduzibeln Fall auflösen könne, lasse sich die Gleichungslehre wesentlich fördern. Dies veranlaßt Collins zu einer kurzen Zusammenfassung seiner eigenen Methode, die in der graphischen Darstellung der kubischen Form $y = a_0 x^3 + a_1 x^2 + a_2 x$ unter Kennzeichnung der Extremwerte von y und der aus den Schranken von y feststellbaren Anzahl der reellen Lösungen in x besteht. Eine beachtliche Ergänzung stamme von Wallis[322]: Zu jedem irgendwie gewählten x_0 gehöre ein y_0, das auch noch durch zwei andere Werte x_1, x_2 erzeugt werden könne. Diese beiden Werte seien Wurzeln einer quadratischen Gleichung und daher bestimmbar. Auf diese Weise könne man stets beliebig nahe an jeden vorgeschriebenen Wert von y herankommen. Andrerseits sei es möglich, die Gleichung $x^3 = qx + r$ durch sinngemäße Division der Glieder mit den Gliedern der geometrischen Reihe 1, $\sqrt{q}$, q, $q\sqrt{q}$ — d. h. durch die Substitution $x = y\sqrt{q}$ — auf die Normalform $y^3 = y + r/q\sqrt{q}$ zu bringen und dann durch Anwendung von Tafeln der Quadrat- und Kubikzahlen, wie die von Guldin oder die in Vorbereitung befindlichen von J. Smith, aufzulösen. Allerdings irrt Collins in der Annahme, im Fall $\left|\dfrac{r}{q\sqrt{q}}\right| > 1$ sei stets eine, im Fall $\left|\dfrac{r}{q\sqrt{q}}\right| < 1$ seien stets drei reelle Lösungen zu erwarten. Mit einem Hinweis auf die von ihm selbst stammende Methode der Kegelschnittprojektion auf die Kugel zum Zweck der numerischen Auflösung der Gleichungen 3. und 4. Grades unter Verwendung der sphärischen Trigonometrie verläßt Collins das Gebiet der elementaren Algebra, dem er sehr zugetan war, ohne jedoch wirklich tiefer in den Gegenstand eingedrungen zu sein.

Newtons und Gregorys Studien über die Schnittpunkte zweier Kegelschnitte hätten von der Methode der Kugelprojektion ihren Ausgang genommen. In ihren Untersuchungen stecke wohl der ganze Inhalt des verlorenen Buchs VIII der Apollonischen Kegelschnitte und der Studien Fermats und Robervals über höhere Örter; auch Kinckhuysen bringe einiges Diesbezügliche und hoffentlich ebenso Prestet in der neuen Algebra, die in England mit größter Spannung erwartet werde. Übrigens hätten Newton und ebenso Gregory schon längst allgemeinere Methoden zur Gleichungslösung mittels höherer Parabeln entwickelt. Bei der Wiedergabe der Einzelheiten, die etwas weitergehen als in dem früheren Bericht ähnlichen Inhaltes[323], hat Collins einen Irrtum begangen,

[321] Malebranche-Vaughan, Frühjahr 1675 — [322] Wallis-Collins, Frühjahr 1669 — [323] vgl. Oldenburg-Leibniz, 16. IV. 73.

der aus den fehlerhaft angegebenen Dimensionszahlen erkennbar ist, aber mangels der Vorlagen noch nicht berichtigt werden kann.

Nun folgt eine eingehende Schilderung der Newtonschen Kegelschnitterzeugung unter Verwendung von zwei um ihre Scheitel drehbaren starren Winkeln, deren eine Schenkel sich in den Punkten einer Geraden schneiden, während der entsprechende Schnittpunkt der andern Schenkel den Kegelschnitt beschreibt[324]. Die Konstruktion aus 5 Punkten, von denen 2 als Winkelscheitel gewählt werden, wird ausführlich vorgeführt; entsprechend, sagt Collins, gelinge die Konstruktion aus 4 Punkten und einer Tangente und aus 3 Punkten und 2 Tangenten und demgemäß auch die Bestimmung der Parabeln durch 4 Punkte und die Erledigung ähnlicher Probleme.

Nun geht Collins zu einem weiteren seiner Lieblingsprobleme über, der Aufgabe von Davenant: Es sind 4 aufeinanderfolgende Glieder einer geometrischen Reihe aus ihrer Quadratsumme Q und ihrer Kubensumme C zu bestimmen. Das sei eine Angelegenheit für Kenner, und Girards Methode zur Bestimmung der Quadratsummen, Kubensummen und Biquadratsummen von Gleichungslösungen spiele mit herein. Hinsichtlich der Reihen $\sum 1/k$, $\sum 1/k^2$, $\sum 1/k^3$ habe Collins eine kleine Abhandlung bei Freunden in Umlauf gesetzt, die zu Verlust gegangen sei. Er habe unter anderm im Anschluß an die Mercator-Reihe ein Symmetrisierungsverfahren angewendet, wie es etwa aus

$$\frac{1}{b-3c}+\frac{1}{b-2c}+\frac{1}{b-c}+\frac{1}{b}+\frac{1}{b+c}+\frac{1}{b+2c}+\frac{1}{b+3c}=\frac{7}{b}+\frac{28\,c^2}{b^3}+\frac{196\,c^4}{b^5}+\cdots$$

hervorgehe. — Abschließend wiederholt Collins die schon seinerzeit[325] gemachten Bemerkungen über Pascal, Desargues und Debeaunes Abhandlung vom körperlichen Winkel und erbittet Leibniz' Beihilfe zur Beschaffung der Elementargeometrie von Gottigniez, die bisher nicht aufzutreiben gewesen sei.

Dieser lange, aber schlecht gegliederte Brief hat zahlreiche Berührungspunkte mit der seinerzeitigen großen Sendung vom 16. IV. 73. Jetzt zum erstenmal erfährt Leibniz nähere Einzelheiten über die Studien Gregorys und Newtons, jedoch nur Ergebnisse und keine Methoden. Das Ganze kommt zunächst auf einen freundschaftlichen Wettstreit hinaus: Collins gibt im wesentlichen einen sich von dem früheren nicht viel unterscheidenden Überblick und illustriert dies und das durch näher ausgeführte Beispiele. Leibniz sieht sich zum erstenmal von den Engländern ernst genommen und über die noch unveröffentlichten Studien Newtons und Gregorys unterrichtet; er glaubt freilich, von ihren brennenden Tagesfragen zu hören, während er nur über bereits erledigte Probleme unterrichtet wird. Dies ist nicht etwa Böswilligkeit von seiten Collins', sondern eine nach den seinerzeitigen Erlebnissen wohlbegründete Zurückhaltung. Im ganzen hat Collins an allgemeinen Gesichtspunkten mehr gegeben, als man billigerweise erwarten konnte, aber doch weniger, als Leibniz wünschte: nämlich Methoden und Beweise. Wie dem auch sei: Leibniz war damals

---

[324] Vgl. *CP 1*, VI, Nr. 8a. — [325] Oldenburg-Leibniz, 16. IV. 73.

gerade im Begriff, sich eingehend mit den Kernproblemen der Algebra auseinanderzusetzen und wurde durch diesen Brief in seinen Studien mächtig angeeifert; er blieb nicht bei der Cartesischen *Geometria* und den Studien des Schooten-Kreises stehen, sondern sah sich — jetzt von sich aus zu sorgfältigen Literaturstudien bereit — genauer nach den Quellen um, aus denen die damals führenden Wissenschaftler geschöpft hatten. Mit allen mathematisch interessierten Persönlichkeiten in Paris stand er in lebhaftem Gedankenaustausch; so diskutierte er mit Roberval einige von diesem bemerkte Flüchtigkeiten in der *Geometria*[326], die schon im Jahr 1656 zu einer lebhaften Korrespondenz zwischen Huygens und Roberval geführt hatten[327], und mit Ozanam unterhielt er sich über die Konstruktion geometrischer Örter[328]. Daß ihm hierbei die Aufgabe vorgelegt wurde, eine Kurve zu konstruieren, so daß die Verbindungsstrecken AP, BP des laufenden Punktes P mit den gegebenen Strecken AC, BC gleiche Winkel erzeugen[329], ist ein seltsames Zusammentreffen mit der aus ähnlichen Fragestellungen erwachsenen mechanischen Kegelschnittkonstruktion Newtons. Gleichzeitig machte sich Leibniz Auszüge aus der Mechanik von Wallis[330], studierte die Stoß- und Reibungsgesetze auf geometrischer Grundlage[331] und ließ sich von Foucher die Gewichtsbestimmung verdünnter Luft auseinandersetzen[332]. Diese physikalischen Gegenstände interessierten Leibniz zunächst mehr als die mathematischen; daher dankte er Oldenburg nur kurz für die Übersendung der Collinsschen Reihen und bemerkte, es sei ihm bisher noch nicht möglich gewesen, sie mit seinen eigenen, schon einige Jahre zurückliegenden Ergebnissen zu vergleichen; sobald dies geschehen sei, werde er sich zu der Angelegenheit äußern[333]. Das war freilich eine sehr unpassende Bemerkung; es wäre besser gewesen, Leibniz hätte unumwunden zugestanden, was er hier zu verschleiern versuchte, daß er nämlich vor allem mit der ersten Reihe Gregorys nicht fertig geworden war. Im *CE* wird diese Stelle herausgegriffen und Leibniz vorgehalten, er habe über den von ihm in Aussicht gestellten Vergleich zwischen seinen eigenen Reihen und den erhaltenen niemals etwas mitgeteilt, wohl aber nach Wiedererhalt der sin- und arc sin-Reihe durch Mohr um Mitteilung der von Newton eingeschlagenen Methode gebeten[334] und sich später[335] die arc tg-Reihe Gregorys angeeignet, ohne mit einem Wort des Briefes vom 22. IV. 75 zu gedenken, in dem alles Entscheidende enthalten gewesen sei. Als weiteres Beweisstück für das vollzogene Plagiat wird Leibniz' Einleitung zur *Quadratura arithmetica* in den *AE* herangezogen[336]: Unter gekünstelter Umdeutung des dortigen Wortlautes wird behauptet, Leibniz habe die arithmetische Kreisquadratur nicht vor 1675 (nämlich erst nach Erhalt des Briefes vom 22. IV. 75) gefunden und alsdann seinen Freunden bekannt gemacht. Er habe die für Oldenburg bestimmte Darstellung erst 1676 ausgefeilt und auf die sofortige Veröffentlichung verzichtet, da ihm zwar das

[326] Vgl. *Cat. crit.* 2, Nr. 908 (I 75?) — [327] Huygens-Roberval, III 56; Roberval-Huygens, 6. VII. 56; Huygens-Roberval, 20. VII. 56; Huygens-Schooten, 25. VII. 56; Huygens-Roberval, 27. VII. 56; Huygens-Roberval, VIII 56; Huygens-Schooten, 6. XII. 56; Schooten-Huygens, 12. XII. 56 — [328] vgl. Leibniz-Foucher, 2. VI. 92 — [329] *Cat. crit.* 2, Nr. 940 (IV 75) — [330] *Cat. crit.* 2, Nr. 941, 943 und 944 (IV 75?) — [331] *Cat. crit.* 2, Nr. 943-48 (IV 75) und Nr. 965 (V 75) — [332] *Cat. crit.* 2, Nr. 949 (IV 75) — [333] Leibniz-Oldenburg, 20. V. 75 — [334] Leibniz-Oldenburg, 12. V. 76 — [335] Leibniz-Oldenburg, 27. VIII. 76 — [336] *AE* IV 91.

Werk unter den Händen wuchs, aber die Dienstgeschäfte in Hannover zu wenig Zeit zur Zusammenfassung übrig ließen. Seine eigene Analysis habe Leibniz erst in Hannover im Zusammenhang mit diesen Studien und völlig abhängig von Newton ausgesonnen.

So stellte sich der Sachverhalt den Engländern im Jahr 1712 dar, als sie sich fast ausschließlich auf Grund der von Wallis in seinen *Opera* III abgedruckten Briefe von Leibniz an Oldenburg und der Leibnizschen Aufsätze in den *AE* unterrichteten und hinsichtlich der an Leibniz gegangenen Schriftstücke die Entwürfe von Collins heranzogen. Sie waren damals bereits völlig davon überzeugt, daß Leibniz an Gregory hinsichtlich der arc tg-Reihe, an Newton hinsichtlich der allgemeinen Analysis bewußt Plagiat verübt habe. Daher handelte es sich für sie nicht etwa um eine Prüfung und Feststellung des Tatbestandes, an dem es ihrer Meinung nach nicht den geringsten Zweifel geben konnte, sondern nur mehr um die Ermittlung der zugehörigen Beweisstücke. Aber so einfach lagen die Dinge nicht; in Wirklichkeit waren Leibniz' Angaben über die Jahreszahlen hinsichtlich der Entstehung und Mitteilung seiner arithmetischen Kreisquadratur und der sich aus ihr entwickelnden Analysis r i c h t i g. Damals war das freilich nicht so ohne weiteres erkennbar; denn die Originale der in Frage stehenden Briefe waren in den Papieren der Empfänger verborgen und unzugänglich, und Leibniz besaß zwar von den meisten der gewechselten Schriftstücke zuverlässige Abschriften und konnte sich der Einzelheiten noch ziemlich deutlich entsinnen, aber er hatte den Überblick über das beinahe unerschöpfliche Material in seinem Besitz verloren und war daher nicht mehr in der Lage, die entscheidenden Beweisstücke selbst vorzulegen. Dazu trat ein grundsätzliches Mißverständnis: Leibniz hatte im wesentlichen nicht nach Er g e b n i s s e n gefragt, sondern nach M e t h o d e n, und zwar nicht nur nach Bildungsgesetzen, sondern nach den vollständigen Beweisen. Erhalten hatte er aber nur E i n z e l h e i t e n, und diese stets in einer durch sinnstörende Schreibfehler entstellten Form. Das konnte man damals nicht wissen; die Engländer richteten sich vielmehr nur nach den von Collins zusammengestellten Entwürfen und glaubten, die von Oldenburg an Leibniz weitergegebenen Übersetzungen befänden sich bis auf Kleinigkeiten nach Form und Inhalt in Übereinstimmung mit den englischen Vorlagen. Dies ist jedoch eine Täuschung. Das tatsächlich an Leibniz Weitergegebene ist gelegentlich an entscheidender Stelle gegenüber dem englischen Urtext verkürzt und nicht immer zutreffend übersetzt; von den in den Abschriften enthaltenen zusätzlichen sinnentstellenden Schreibfehlern ahnte niemand etwas. Andrerseits haben die Engländer nicht Leibniz' Originalbriefe, sondern — abgesehen von den mit vielen Lesefehlern behafteten Drucken in den *Opera* von Wallis — fast ausschließlich die durch Oldenburg veranlaßten Abschriften gesehen, die für das *Letterbook* der RS bestimmt waren. Diese Kopien sind nicht etwa vollständig, sondern um schlecht lesbare Teile und um jene rein persönlichen Mitteilungen gekürzt, die Oldenburg nicht festzuhalten wünschte; vor allem sind sämtliche Stellen weggeblieben, durch die sich Mitglieder der RS irgendwie angegriffen fühlen konnten. Oldenburg hat diese Textverkürzungen in bester Absicht vorgenommen, allein von dem Wunsch beseelt, beiden Teilen durch Beseitigung unwesentlicher oder ungünstig auslegbarer Nachrichten zu dienen. In den unterdrückten Textstellen befinden sich jedoch mehrere bedeutsame Hinweise, aus denen die Engländer hätten sehen können, daß die von ihnen im *CE* wiedergegebene Auswahl unzureichend ist.

Alle diese Gesichtspunkte sind außer acht gelassen; für die Verfasser des *CE* geht es nur um die Priorität hinsichtlich der Einzelheiten und der zugehörigen Bildungsgesetze; sie wird festgestellt aus den übermittelten Ergebnissen. Die Frage nach der Methode und den zugehörigen Beweisen wird als unwesentlich beiseite geschoben. Diese für den Fernerstehenden besonders überraschende Tatsache hängt einerseits damit zusammen, daß man damals ganz allgemein die Methoden zurückzuhalten pflegte, andrerseits damit, daß sich die höhere Analysis durch den gewaltsamen Einbruch der unstrengen Indivisibeln-Vorstellungen hinsichtlich ihrer Grundlegung in einem fortgesetzten Krisenzustand befand und daher eine befriedigende methodische Darstellung gar nicht möglich gewesen wäre. Leibniz' Wunsch, die Methoden der Engländer nebst den zugehörigen Beweisen kennenzulernen, war also im Grunde ein unbilliges Verlangen. Newton wollte ihm nicht entsprechen, *aber er hätte es auch gar nicht vermocht*. Immerhin ist Leibniz im Recht, wenn er in seinen Randnoten zum *CE* und auch sonst hervorhebt, er habe methodisch nichts von den Engländern empfangen; er mußte sich genau so wie Newton und Gregory selbständig zu den entscheidenden Gedanken durchringen. Tatsächlich hat — worauf später noch zurückzukommen sein wird — jeder der drei Konkurrenten seine eigene Methode; keiner hat vom andern mehr als belanglose Einzelheiten aufgenommen oder übernommen. Von diesem Standpunkt aus gesehen, erweist sich der ganze Prioritätstreit als eine Überbewertung von Einzelergebnissen ohne wirklich umfassende Bedeutung; es liegt etwas Tragisches darin, daß Newton seine eigene Methode für die alleinmögliche ansah und nicht verstehen wollte, daß es im Reich der Gedanken keinerlei Besitzrechte gibt; die Zeit war reif geworden für die Entwicklung der höheren Analysis, und so entstand sie in drei verschiedenen Köpfen, dreimal das Nämliche und doch dreimal wieder ein wenig anders; dreimal auf methodisch verschiedenem Wege gewonnen.

11. ALGEBRAISCHE STUDIEN

Mit algebraischen Gegenständen hatte sich Leibniz schon im Herbst 1674 befaßt. Damals standen zahlentheoretische Fragen im Vordergrund, auf die Leibniz durch die Berührung mit Ozanam geführt worden war, ferner die graphischen Methoden zur Behandlung „körperlicher" Probleme. Gegen Ende des Jahres 1674 hatte Leibniz seinen *circinus aequationum* erfunden — das algebraische Gegenstück zu seiner Rechenmaschine. Bei der Durcharbeit der Cartesischen *Geometria* interessierte ihn die Ermittlung der Teiler einer vorgegebenen Gleichung[337] und der Fundamentalsatz der Algebra[338], vor allem aber die Behandlung des irreduziblen Falles der Gleichung 3. Grades und die Rück-

---

[337] *Cat. crit.* 2, Nr. 820-21 (XII 74) — [338] *Cat. crit.* 2, Nr. 834 (XII 74).

führung der Gleichung 4. Grades auf die kubische Resolvente[339]. Das waren die damals brennenden Tagesfragen, die seinerzeit schon von Viète, Stevin, Girard, Descartes und seinem Freundeskreis eifrig diskutiert, jedoch noch nicht hinreichend geklärt worden waren. Insbesondere drehte es sich darum, ob die Cardanische Formel allgemeingültig oder nur auf kubische Gleichungen mit negativer Diskriminante anwendbar sei. Leibniz hielt den Durchgang durchs Imaginäre im irreduzibeln Fall zunächst für vermeidbar[340] und demgemäß die immer wieder von Collins vorgebrachte Meinung für richtig, die Cardanischen Formeln seien spezieller Natur und müßten durch allgemeinere ersetzt werden[341]; später hat er sich von der Allgemeingültigkeit der Cardanischen Formeln überzeugt, und zwar zunächst an reduzierbaren Beispielen von Gleichungen der Form $x^3 = px + q$, wie etwa bei dem schon in Girards *Invention nouvelle* diskutierten $x^3 = 13\,x + 12$ oder dem Beispiel $x^3 = 48\,x + 72$; beide Male können die Kubikwurzeln aus den Binomen in der Darstellung $x = \sqrt[3]{\dfrac{q}{2} + \sqrt{\dfrac{q^2}{4} - \dfrac{p^3}{27}}} + \sqrt[3]{\dfrac{q}{2} - \sqrt{\dfrac{q^2}{4} - \dfrac{p^3}{27}}}$ wirklich ausgezogen werden[342]. Leibniz ist der Fragestellung auch literarisch nachgegangen und hat eindringlich auf die Tatsache hingewiesen, daß die Behandlung der Gleichungen 3. und 4. Grades und der Cardanischen Binome bereits in der italienischen Schule des 16. Jahrhunderts durchgeführt worden war[343]. Insbesondere hat er Oldenburg gegenüber betont, Descartes habe hinsichtlich der Auflösung der Gleichung 4. Grades in Ferrari einen wohlunterrichteten Vorgänger[344]. Die diesbezüglichen Einzelheiten sind nicht uninteressant: Ferrari ging von der Normalform $x^4 + px^2 + qx + r = 0$ aus und suchte eine Hilfsgröße t so zu ermitteln, daß $(x^2 + t)^2 \equiv (2\,t - p)\,x^2 - qx + (t^2 - r)$ wird. Dies erfordert, daß rechts ein volles Quadrat entsteht, so daß also

$$4\,(t^2 - r)\,(2\,t - p) = q^2$$

gelten muß. Zu Ferraris Zeit war das Rechnen mit Buchstaben noch nicht erfunden; demgemäß erscheinen in der Darstellung, die Cardano dem Verfahren seines hochbegabten Schülers in der *Ars magna* widmet, nur Zahlenbeispiele, aber die gegebene Anweisung ist unmißverständlich und allgemein. Descartes gibt in der *Géométrie* nur ein Rezept, keine Ableitung. Er sagt unvermittelt, man müsse die Hilfsgleichung $y^6 + 2\,py^4 + (p^2 - 4\,r)\,y^2 - q^2 = 0$ auflösen und erhalte alsdann die Lösungen der Ausgangsgleichungen aus $x^2 \pm xy + \dfrac{1}{2}\,y^2 + \dfrac{p}{2} \mp \dfrac{q}{2\,y} = 0$. Das Cartesische Verfahren läßt sich durch den Ansatz $2\,t - p = y^2$ unmittelbar aus dem Ferraris gewinnen. Im Freundeskreis von Descartes hat man sich eingehend mit dessen Methode beschäftigt; in seinen *Notae breves* bringt Debeaune eine nur wenig befriedigende Verifikation, erst in der *Geometria* von 1659 erscheint eine von Schooten stammende Aufklärung, worin die Zerlegung der Gleichung 4. Grades in die beiden von

[339] *Cat. crit.* 2, Nr. 789-90 (X 74). Nr. 848 und 866 (1674) und Nr. 923-24 (III 75) — [340] *Cat. crit.* 2, Nr. 790 (X 74) und Nr. 1014 (VII 75) — [341] vgl. z. B. Oldenburg-Leibniz, 16. IV. 73 — [342] *Cat. crit.* 2, Nr. 1034-32 (VII 75) und Leibniz-Oldenburg, 12. VII. 75 — [343] Leibniz-Oldenburg, 12. VII. 75 und Leibniz-Huygens, IX? 75 — [344] vgl. *Cat. crit.* 2, Nr. 747 (12. IX. 74) und Nr. 938 (IV 75).

Descartes gegebenen Quadratfaktoren durch Ansatz in unbestimmten Koeffizienten geleistet wird. Schon vor Erscheinen der *Géométrie* ist Harriot in seiner *Ars analytica* von 1631 zu einem ähnlichen Ergebnis gekommen; Descartes war trotz gegenteiliger Behauptung von Wallis (in der *Algebra*) bestimmt von Harriot unabhängig, aber wahrscheinlich haben beide die entscheidende Anregung von Viète empfangen, der aus Ferrari geschöpft hat.

Leibniz hat sich mit den sämtlichen bereits vorhandenen Methoden zur Gleichungslösung vertraut gemacht und versucht, sie zu vereinheitlichen und auf höhere Gleichungen auszudehnen. So finden wir bei ihm den Ansatz $x = u + v$ für die Normalform 3. Grades[345] und entsprechende dreigliedrige und viergliedrige Ansätze für die Gleichungen 4. und 5. Grades[346], ferner den Ansatz $x = u + v\sqrt[3]{t} + w\sqrt[3]{t^2}$ für die allgemeine Gleichung dritten Grades und seine Erweiterung auf Gleichungen höheren Grades[347]. Im wesentlichen handelt es sich freilich um noch unausgereifte Versuche, bei denen sich entweder infolge begangener Rechenfehler Scheinlösungen einstellen oder die volle Ausführung wegen der sich häufenden Rechenschwierigkeiten abgebrochen werden mußte[348]. In voller Übereinstimmung mit der einmütigen Auffassung der Zeitgenossen war Leibniz der festen Überzeugung, auch die allgemeine Gleichung n-ten Grades lasse sich durch Ansätze mit Radikalen oder Radikalschachteln lösen[349]. Hand in Hand mit diesen Betrachtungen gingen Untersuchungen zur Kennzeichnung jener Gleichungen höheren Grades, die durch bestimmte Ansätze gelöst werden können, wie z. B. mittels $x = \sqrt[n]{u + \sqrt{v}} + \sqrt[n]{u - \sqrt{v}}$ — eine Familie, die im folgenden kurz als die der verallgemeinerten Cardanischen Gleichungen bezeichnet werden möge. Zu ihr, so behauptet Leibniz, gehören die Gleichungen 5. Grades von der Form $x^5 + px^3 + p^2 x/5 = r$ und andere höhere Gleichungen (er gibt die Beispiele bis zum 9. Grad). Es handle sich (je nach dem Vorzeichen von p und dem Zahlenwert von r) entweder um ein Problem der Winkelteilung oder um die Einschiebung mehrerer geometrischer Mittel[350]. Wir erkennen, daß er von dem Ansatz $u + v = x$, $uv = -p$ ausgegangen ist und schrittweise die Potenzsummen $y_n = u^n + v^n$ vermittels $xy_n = y_{n+1} - py_{n-1}$ als Funktionen von x bestimmt hat. Ohne es zu wissen, hat Leibniz damit ein Ergebnis Fermats wiedergefunden, das dieser im Anschluß an Viètes bekanntes *Responsum ad problema A. Romani* entdeckt hatte[351]. Mit dieser Überlegung hängt eines der für die Zeitgenossen überraschendsten Einzelergebnisse von Leibniz zusammen, nämlich die Beziehung[352] $\sqrt{1 + \sqrt{-3}}$ $+ \sqrt{1 - \sqrt{-3}} = \sqrt{6}$. Leibniz hatte sie aus $uv = p$, $u^2 + v^2 = q$, also $u + v = \sqrt{2p + q}$ bzw. aus der für u, v gemeinsam geltenden Beziehung $t^4 - qt^2 + p^2 = 0$ gewonnen, aus der sich $t^2 = q/2 \pm \sqrt{q^2/4 - p^2}$, also $\sqrt{q/2 + \sqrt{\dots}} + \sqrt{q/2 - \sqrt{\dots}} = \sqrt{2p + q}$ ergibt. Daraus folgt die Leibnizsche Behauptung für $p = 2$, $q = 2$. Daß die erwähnte Identität für $p^2 < q^2/4$

[345] *Cat. crit.* 2, Nr. 980 (4. VI. 75), Nr. 1024 (VII 75) und öfter — [346] *Cat. crit.* 2, Nr. 1104 (X ? 75) und Nr. 1024 (VII 75) — [347] *Cat. crit.* 2, Nr. 1044 (VII 75) — [348] Leibniz-Oldenburg, 20. V. 75 — [349] Leibniz-Oldenburg, 28. XII. 75 — [350] *Cat. crit.* 2, Nr. 1044 (VII 75) und Leibniz-Huygens, IX ? 75 — [351] Fermat-Huygens, XII 61 — [352] *Cat. crit.* 2, Nr. 1031-32 (VII 75), ferner Leibniz-Huygens, IX ? 75; Huygens-Leibniz, 30. IX. 75; Leibniz-Oldenburg, 27. VIII. 76; Wallis-Collins, 26. IX. 76.

mit den Aussagen von Euklid X, 47/54 übereinstimmt, hat man damals nicht bemerkt. Für Leibniz war das Ergebnis von größter Bedeutung; schon ahnte er, daß $f(x+iy)+f(x-iy)$ stets reell wird, und schöpfte aus dieser Erkenntnis die innere Gewißheit, daß man bei Behandlung des irreduziblen Falles der Gleichung 3. Grades auch dann etwas Reelles erhalten müsse, wenn die beiden in Frage stehenden Kubikwurzeln aus den Cardanischen Binomen nicht ausziehbar sind, d. h. daß die Cardanische Formel allgemein ist und in jeder kubischen Gleichung mit reellen Koeffizienten eine reelle Lösung kennzeichnet[353]. Über die wichtigsten Einzelheiten dieser algebraischen Studien werden wir wiederum aus den gleichzeitigen Briefen von Leibniz unterrichtet.

In seiner bereits erwähnten Antwort[354] auf Oldenburgs Brief vom 22. IV. 75 verweist Leibniz auf seine weittragenden, aber mit erheblicher Rechenmühe verbundenen neuen Untersuchungen. Er interessiere sich hinsichtlich der ihm angedeuteten Ergebnisse der Engländer insbesondere für die Beseitigung der Zwischenglieder einer Gleichung und die logarithmische Lösung unreiner Gleichungen; von Prestet sei in dieser Hinsicht nichts zu hoffen. Dieser habe zwar Huddes Erläuterungen zur Cartesischen *Geometria* genau studiert und vermutlich geschickt zusammengezogen, sei aber weder über Geometrie noch über Zahlentheorie noch auch über Mechanik hinreichend unterrichtet und bestehe eigensinnig darauf, daß die Cartesische Lösung der Gleichung 4. Grades nicht allgemein genug sei. Leibniz habe ihn vergeblich aufgefordert, wenigstens etwas näher auf Gleichungen 5. und 6. Grades einzugehen.

Im Gegensatz zu Prestet sei Ozanam auf dem Gebiet der niedern Algebra weniger bewandert, aber ein guter Geometer und ein vorzüglicher Zahlentheoretiker; er arbeite über Diophantische Probleme erfolgreich unter Einführung von Buchstaben, während Billy und Frenicle in erster Linie rein arithmetisch vorzugehen pflegten. Freilich gebe es auch hier schwierige Probleme, wie etwa die Zerlegbarkeit einer vorgegebenen Zahl in die Summe zweier Quadrate[355]; hier scheine die Einführung von Buchstaben aussichtslos zu sein, und es wäre sehr interessant, die diesbezügliche Auffassung der Engländer kennenzulernen. Erstaunlicherweise fehlt an dieser Stelle jeglicher Hinweis auf Fermat, dem es gelungen war, vermittels seiner *des, ente infinie* die Zerlegbarkeitsbedingung herzuleiten; allerdings hatte er nur die Regel[356], nicht den von ihm selbst als äußerst schwierig bezeichneten Beweis gegeben. Huygens hatte von Fermat eine zwar nicht voll ausgeführte, aber in deutlichen Umrissen wiedergegebene Schilderung des eingeschlagenen Verfahrens erhalten[357], war jedoch an zahlentheoretischen Fragen nur wenig interessiert[358] und brachte für Fermats Studien nicht das nötige Verständnis auf. Er billigte mehr oder minder[359] die abschätzige Meinung von Descartes, der Fermats Entdeckungen im wesentlichen als *Gascognaden* abzutun beliebte[360]. Von dieser Seite war Leib-

[353] Leibniz-Oldenburg, 12. VII. 75 und Leibniz-Huygens, X? 75 — [354] Leibniz-Oldenburg, 20. V. 75 — [355] vgl. *Cat. crit.* 2, Nr. 764 (IX? 74), Nr. 961 (V? 75) und Nr. 1061 (10. X. 75) — [356] im Druck zugänglich waren für Leibniz die *Observationes* Fermats zu Diophant III, 22 und V, 12 und die Bemerkung in Fermat-Digby, Anfang VI 58. Vgl. ferner die Wiederherstellung des Fermatschen Verfahrens in Hofmann, *Fermat-Studien*, S. 9-10 — [357] Fermat-Carcavy für Huygens, Anfang VIII 59 — [358] vgl. etwa Huygens-Mylon, 1. VI. 56; Huygens-Wallis, 6. IX. 58; Huygens-L. Huygens, 31. VIII. 62 — [359] Huygens-Schooten, 4. X. 58 — [360] vgl. Schooten-Huygens, 19. IX. 58.

niz bestimmt nicht sehr eindringlich auf Fermat hingewiesen worden. Nur so läßt sich die erstaunliche, ja beinahe unbegreifliche Tatsache erklären, daß sich Leibniz während seines Pariser Aufenthaltes weder um die ihm zugänglichen Drucke Fermatscher Abhandlungen und Briefe noch auch um den handschriftlichen Nachlaß hinreichend gekümmert hat, der von Carcavy verwahrt wurde und daher Leibniz leicht zugänglich gewesen wäre — und dies, obwohl er englischerseits mehrere Male auf den Nachlaß Fermats eindringlich hingewiesen worden war[361]. Offenkundig hielt er Ozanams zahlentheoretische Studien für wichtiger, weil sie auf eine algorithmische Behandlung des Gegenstandes hinzielten; Fermat brachte nur Resultate, keine Methoden — und mit den rätselhaften Ergebnissen, die von den Zeitgenossen nicht als die Frucht methodischer Überlegungen, sondern systematischen Probierens angesehen wurden, wußte auch Leibniz nichts anzufangen. Übrigens haben die Engländer auf seine Bemerkung hinsichtlich der Zerlegbarkeit von Zahlen in die Summe von zwei Quadraten nichts zu antworten gewußt.

Collins und Oldenburg setzten ihre Andeutungen über die algebraischen Ergebnisse der Engländer im Verlauf der Korrespondenz mit Leibniz weiter fort; im ganzen ist nicht viel dabei herausgekommen, und zwar deshalb nicht, weil sich die ganze Kraft der genialsten Köpfe im Ringen um die vergeblich angestrebte Auflösung der höheren Gleichungen durch Radikale erschöpfte. Es mag daher bei einem summarischen Überblick über die verhandelten Gegenstände sein Bewenden haben, der sich auf die Korrespondenz des Jahres 1675 bezieht[362]. An den Anfang stelle ich die Mitteilung Oldenburgs[363], der Eichmeister Dary (ein Freund von Collins und gleich diesem ohne eigentliche wissenschaftliche Vorbildung) habe eine quadratische Konstruktion für die Binome $\sqrt[3]{u + \sqrt{v}}$ gefunden, die auch dann gelte, wenn die Kubikwurzel nicht gezogen werden könne; er habe sein Verfahren an zahlreichen Beispielen erprobt und vermöge auf diese Weise alle körperlichen Probleme auf ebene zurückzuführen. Sollte die Sache richtig sein, so wäre es ein ganz großer Erfolg. Collins jedenfalls stimme heftig zu. Leibniz hielt Darys angebliche Entdeckung für höchst unwahrscheinlich[364]. Er besitze freilich noch keinen Unmöglichkeitsbeweis, kenne aber eine Entsprechung bei Diophantischen Gleichungen (gemeint ist wohl die Aufgabe, einen Ausdruck 4. oder höheren Grades zu einem Quadrat zu machen), die er jedoch wegen der damit verbundenen Rechenschwierigkeiten noch nicht näher verfolgt habe. Er erbitte die Regel nebst ausgeführten Beispielen, wie etwa die Verdoppelung des Würfels oder die Konstruktion des regelmäßigen Siebenecks. Inzwischen hatte Collins den von Dary begangenen Fehlschluß bemerkt und bemühte sich, die ihm peinliche Angelegenheit zu verschleiern[365]. Natürlich sei die Auflösung der Gleichung 3. Grades — abgesehen von den reduziblen Fällen — notwendig ein körper-

[361] Oldenburg-Leibniz, 16. IV. 73; Oldenburg für Leibniz. 16. IV. 73; Oldenburg-Leibniz, 22. IV. 75 und Oldenburg-Leibniz, 4. VII. 75 — [362] im einzelnen ist herangezogen: Oldenburg-Leibniz, 20? V. 75; Leibniz-Oldenburg, 12. VI. 75; Oldenburg-Leibniz, 4. VII. 75; Leibniz-Oldenburg, 12. VII. 75; Oldenburg-Leibniz, 10. X. 75 mit den Beilagen Mohr-Collins, 26. IX. 75 und Wallis-Collins, 8. IV. 73; schließlich Leibniz-Oldenburg, 28. XII. 75 — [363] Oldenburg-Leibniz, 20? V. 75 — [364] Leibniz-Oldenburg, 12. VI. 75 — [365] Oldenburg-Leibniz, 4. VII. 75.

liches Problem und lasse sich (im allgemeinen Fall) ebensowenig auf ein ebenes zurückführen wie etwa auf eine reine kubische Gleichung; dies sei etwa am Beispiel $x^3 - 21\,x^2 + 120\,x = y$ zu erkennen, bei dem im graphischen Bild Wendepunkte aufträten. Leibniz nahm an dieser Beweisführung sogleich Anstoß[366]. Von der Sache sei er durchaus überzeugt, aber er könne sich nur mit strengen Schlüssen von der Art der Euklidischen Inkommensurabilitätsbeweise zufriedengeben; welche Rolle hierbei den Wendepunkten zufallen solle, vermöge er nicht zu erkennen.

Über Darys Methode äußert sich Collins so[367]: Dieser habe die kubische Gleichung nach Multiplikation mit x angesehen als eine biquadratische Gleichung ohne absolutes Glied und die linke Seite durch Hinzufügen eines passenden absoluten Gliedes in zwei quadratische Faktoren zerlegt. Auf diese Weise werde die kubische Hilfsgleichung der Cartesischen Methode vermieden. Collins selbst habe die Sache noch nicht durchgerechnet; wahrscheinlich handle es sich um eine Näherungsmethode. Wir überblicken heute leicht, daß es sich um ein praktisch nicht verwendbares Rechenverfahren dreht. Leibniz konnte sich aus der gemachten Andeutung kein Bild von der Sache machen[368] und erhielt die Zusicherung, Collins werde demnächst alles erklären[369], doch wird die Angelegenheit später nicht mehr berührt. Wahrscheinlich hat Leibniz mit Tschirnhaus näher über das ganze Verfahren gesprochen und alsdann auf dem Brief Oldenburgs vom 20. V. 75 notiert: *nihil erat.*

Sehr viel interessanter ist eine andere Regel Darys zur Behandlung des irreduziblen Falles, allerdings beschränkt auf die Annahme, daß die Kubikwurzeln aus den Cardanischen Formeln wirklich ausgezogen werden können (wodurch die Gleichung bereits reduzibel wird): Ist $x^3 = px + q$ und

$$\sqrt[3]{\frac{q^2}{2} + \sqrt{\frac{q^2}{4} - \frac{p^3}{27}}} = u + \sqrt{-v},$$

so ist $x_1 = 2\,u$, $x_{2,3} = -u \pm \sqrt{3\,v}$ [denn $p = 3\,(u^2 + v)$, $q = 2\,u\,(u^2 - 3\,v)$]. Die allgemeine Regel wird nur in Worten gegeben, die Rechnung am Beispiel $x^3 = 21\,x + 20$ vorgeführt. Wir erkennen hierin den ersten, freilich noch unvollkommenen Versuch, aus der Cardanischen Formel nicht nur eine, sondern alle drei Lösungen der Gleichung 3. Grades herzustellen.

Leibniz weist Oldenburg gegenüber auf die Allgemeingültigkeit der Cardanischen Formel für die Gleichung 3. Grades hin[370], die übrigens erstmals von Ferro aufgelöst worden sei[371]. Er könne das Imaginäre durch direktes Wurzelziehen beseitigen. Oldenburg entgegnet, dies sei in England durchaus bekannt[372]; Wallis verwende die Cardanische Formel auch bei positiver Diskriminante und behandle das Imaginäre formal ganz genau so wie das Reelle[373]. Dies war jedoch eine Übertreibung; tatsächlich war Wallis von der Leibnizschen Identität $\sqrt{1 + \sqrt{-3}} + \sqrt{1 - \sqrt{-3}} = \sqrt{6}$ aufs äußerste überrascht und kam damit keineswegs unmittelbar zurecht[374]. Im Zusammenhang mit

[366] Leibniz-Oldenburg, 12. VII. 75 — [367] Oldenburg-Leibniz, 4. VII. 75 — [368] Leibniz-Oldenburg, 12. VII. 75 — [369] Oldenburg-Leibniz, 10. X. 75 — [370] Leibniz-Oldenburg, 12. VII. 75 — [371] Leibniz-Oldenburg, 20. V. 75 — [372] Oldenburg-Leibniz, 10. X. 75 — [373] Wallis-Collins, 8. IV. 73 — [374] Wallis-Collins, 26. IX. 76.

diesem Gegenstand steht die Frage nach der Ausziehbarkeit der Kubikwurzeln der Formel $\sqrt[3]{a + \sqrt{b}} = x + \sqrt{y}$ — eine Angelegenheit, die schon in Stifels Bearbeitung der *Coss* von Rudolff behandelt, in Bombellis *Algebra* auf imaginäre Größen ausgedehnt, in Briefen von Descartes erwähnt[375], in Waessenaers *On-wissen Wis-Konstenaer* dargelegt, von Schooten in einem Anhang zu seiner Arbeit über die organische Kegelschnitterzeugung ausgebaut und von hier aus in die *Geometria* von 1659 übernommen wurde, aber keineswegs befriedigend gelöst war. Im 17. Jahrhundert waren Stifel und Bombelli bereits vergessen; auf letzteren hat erst Leibniz wieder hingewiesen[376]. Schon Stifel wußte, daß $x^2 - y = \sqrt[3]{a^2 - b}$ und $(2\,x)^3 = 3\,(2\,x)\sqrt[3]{a^2 - b} + 2\,a$ wird. Er beschränkte sich auf Fälle unter der Annahme $a^2 - b = c^3$, die in Wirklichkeit von rückwärts konstruiert sind, und Bombelli ging nicht anders zu Werk. Über ein mehr oder minder systematisches Raten sind auch die Späteren nicht hinausgekommen, ebensowenig übrigens Mohr, der über diesen Gegenstand ein Schreiben an Collins gerichtet hatte[377], das Oldenburg für Leibniz abgeschrieben und an diesen weitergeleitet hat[378]. Hier werden auch die ausziehbaren Fälle von $\sqrt[3]{\sqrt{a} + \sqrt{b}}$ beigefügt, die übrigens schon bei Stifel behandelt worden waren — alles ist sehr kompliziert ausgedrückt, wird an Zahlenbeispielen klargemacht und allgemein nicht in Buchstaben, sondern nur in Worten angedeutet. In seiner Antwort[379] äußerte sich Leibniz über die beiden Briefe von Wallis und Mohr liebenswürdig, aber sachlich ablehnend; mit derartigen Betrachtungen sei kein entscheidender Fortschritt über das bereits Erreichte hinaus verbunden, und insbesondere seien Mohrs Darlegungen auf das Reelle beschränkt, was ganz unnötig sei.

Ein weiteres Hauptziel der damaligen Algebraiker war die Beseitigung der Zwischenglieder einer höheren Gleichung, um sie auf diese Weise zu einer reinen zu machen und alsdann durch Radikale aufzulösen. Man dachte sich die Sache so, daß man durch irgendwelche Umformungen einzelne Gleichungslösungen verändern, andere unverändert lassen und auf diese Weise dem erstrebten Ziel näherkommen könne. Die Durchführbarkeit wurde von Dulaurens, einem mathematischen Außenseiter, im Vorwort zu seinen *Specimina mathematica* behauptet und von Frenicle, der zwar ein guter Arithmetiker, aber ein schwacher Algebraiker war, bestätigt[380]. Obwohl Wallis auf entscheidende Fehler in den *Specimina* hingewiesen hatte[381] und einen nicht sehr geschickten Verteidigungsversuch[382] mit erneuter vernichtender Kritik beantwortete[383], sah Collins trotzdem die Dulaurenssche Vermutung für zutreffend an, zumal sich auch Pell in diesem Sinne geäußert hatte[384]. Gregory hielt die Beseitigung der Zwischenglieder zunächst für ganz unmöglich[385], zog sie aber später in Erwägung[386] und teilte schließlich mit, er könne die Zwischenglieder

[375] Descartes-Wassenaer, 1. II. 40 und Descartes-Mersenne, 6. VIII. 40 — [376] Leibniz-Oldenburg, 12. VII. 75 und Leibniz-Huygens, IX ? 75 — [377] Mohr-Collins, 26. IX. 75 — [378] Beilage zu Oldenburg-Leibniz, 10. X. 75 — [379] Leibniz-Oldenburg, 28. XII. 75 — [380] Collins-Gregory, 3. I. 71 — [381] PT 3, Nr. 34 vom 23. IV. 68, S. 654-55 — [382] Dulaurens-Oldenburg, Ende VI 68 — [383] Wallis-Oldenburg, 12. VII.-68 (PT 3, Nr. 38 vom 27. VIII. 68); Wallis-Oldenburg, 28. VII. 68 (PT 3, Nr. 39 vom 1. X. 68) und PT 3, Nr. 41 vom 26. XI. 68 — [384] Collins-Gregory, 11. XI. 70 und XI 71 — [385] Gregory-Collins, 25. II. 71 — [386] Gregory-Collins, 27. V. 71.

tatsächlich beseitigen, aber nur unter Erhöhung des Gleichungsgrades[387]; so müsse man z. B. zur Beseitigung der Zwischenglieder einer Gleichung 5. Grades eine Gleichung vom 5·4-ten Grad lösen, und überdies gebe es Fälle[388], wie etwa beim 3. Glied einer Gleichung 4. Grades, bei denen sich die Beseitigung nicht immer auf reellem Wege vollziehen lasse. Die an Leibniz weitergegebenen diesbezüglichen Notizen[389] mußten unverständlich bleiben; dazu kam, daß Leibniz das Wort *aequatio arbitria* (gemeint war „allgemeine" Gleichung) des ihm zugegangenen Textes als „willkürliche" Gleichung deutete[390] und daher in der Fragestellung überhaupt kein Problem sah; Oldenburg gab alsbald eine Aufklärung[391]. Um was es sich bei Gregory drehte, ist erst nach dem Wiederauftauchen einiger seiner bis dahin als verschollen angesehenen Originalpapiere im vollen Umfang klar geworden[392]. Gregory glaubte eine Methode zu besitzen, um eine Gleichung n-ten Grades durch Übergang zu einer lösbaren Gleichung $n(n-1)$-ten Grades zu einer reinen Gleichung zu machen und folglich durch Radikale zu lösen. Um etwa das interessanteste der von ihm vorgeführten Beispiele vorzunehmen, nämlich die Behandlung der Gleichung 5. Grades, gehen wir aus von der Normalform $x^5 + p_2 x^3 + p_3 x^2 + p_4 x + p_5 = 0$. Gregory setzt $x = u + v$ und multipliziert die umgerechnete linke Seite der Gleichung mit der willkürlichen Form 15. Grades $v^{15} + a_1 v^{10} + \ldots + a_{15}$. Im Ergebnis sollen nur die Glieder mit $v^{20}, v^{15}, v^{10}, v^5$ und das absolute Glied stehen bleiben: alle andern Glieder müssen verschwinden. So entstehen 16 Gleichungen für die 16 Unbekannten a_k und u. Sind sie aufgelöst, so erhält man v^5 aus einer Gleichung 4. Grades. Nun meint Gregory, u und v seien durch Radikale bestimmbar. Er ist zu dieser Vorstellung durch Verallgemeinern der an den Gleichungen 3. und 4. Grades tatsächlich noch in Geltung befindlichen entsprechenden Verhältnisse gekommen. Daß sich nach Entfernung der a_k eine irreduzible Gleichung 6. Grades für u einstellt, konnte er noch nicht übersehen. Er ist an den für ihn unüberwindlichen Rechenschwierigkeiten gescheitert, die sich erst vermittels unserer modernen Symbolik übersehen lassen. — Ursprünglich hatte Collins hier einen andern Text für Leibniz vorgesehen[393], der sich auf Newtons logarithmische Auflösung trinomischer Gleichungen bezogen hätte[394]. Dort wurde die Frage diskutiert, wie man den Zinsfuß N einer Rente bestimmen könne, die den gegenwärtigen Barwert A besitzt und nach n Jahreszahlungen vom jeweiligen Betrag B aufgezehrt ist.

Daß Pell bei der Auflösung höherer Gleichungen aus den Tafeln der Logarithmen und trigonometrischen Funktionen größten Nutzen ziehen könne, hatte Leibniz schon früher erfahren[395], doch blieb damals alles bei sehr vagen Andeutungen. Pell hütete seine Methoden ängstlich und war nur schwer zu greifbaren Aussagen zu bewegen. Seine Papiere sind größtenteils ungedruckt, aber glücklicherweise erhalten[396]. Eine genauere Durchsicht wäre vom mathematikgeschichtlichen Standpunkt aus sehr erwünscht, da sich wahrscheinlich unter diesen Handschriften auch wichtige Hinweise auf die Persönlichkeiten

[387] Gregory-Collins, 27. I. 72 — [388] Gregory-Collins, 5. VI. 75 — [389] Oldenburg-Leibniz, 4. VII. 75 — [390] Leibniz-Oldenburg, 12. VII. 75 — [391] Oldenburg-Leibniz, 10. X. 75 — [392] Ergebnisse aus dem Jahr 1671: GT, S. 384-87 — [393] Oldenburg-Leibniz, 4. VII. 75 — [394] Newton-Collins, 16. II. 70. Vgl. Hofmann, *Studien*, S. 24-25, Fußnote 69-70 — [395] Oldenburg-Leibniz, 16. IV. 73 und 22. IV. 75 — [396] BrM, Coll. Birch, MS 4418-31.

aus Pells Freundeskreis und ihre Studien befinden. Wir wissen heute, daß Pell schon während seines Aufenthaltes in den Niederlanden (1643/52) an seiner Gleichungslehre gearbeitet und z. B. an den Rechenmeister Stampioen im Haag, von dem Huygens und seine Brüder ihren ersten Unterricht empfangen haben, die volle Auflösung einer Gleichung 6. Grades vermittels der Sinus-Tafeln gegeben hat[397]. Im Frühjahr 1671 ließ sich Pell zu einer Unterhaltung über seine Methoden mit Collins herbei. Er bestätigte Dulaurens' Behauptung, daß jede Gleichung ungeraden Grades durch Winkelteilung oder durch Einschiebung geometrischer Mittel gelöst werden könne, und fügte hinzu, diese Gleichung habe stets mindestens eine reelle Lösung; er selbst sei in der Behandlung höherer Gleichungen sehr weit vorangeschritten und habe darüber eine eigene Schrift, seinen großen *Canon mathematicus*, verfaßt; zuerst bestimme er Wurzelschranken, alsdann Näherungen für die reellen Lösungen durch Übergang zu Logarithmen auf Grund einer Art von *regula falsi*. In einer vollständigen Gleichung 8. Grades könne er z. B. innerhalb gewisser Schranken 6 Zwischenglieder beseitigen, innerhalb anderer 4, innerhalb wieder anderer 2. Ähnliches habe Harriot schon um 1630 gemacht und bei dieser Gelegenheit zwei mittlere Glieder einer vollständigen Gleichung beseitigt. Den Vorschlag von Collins, seine Studien zum Druck zu geben, habe Pell derart energisch zurückgewiesen, daß jeder weitere Versuch in dieser Richtung als aussichtslos angesehen werden müsse[398]. Neue Mitteilungen von Pell erhielt Collins erst wieder im Jahr 1675[399]. Damals berichtete Pell, er zerlege die linke Gleichungsseite unter passender Umgestaltung des absoluten Gliedes in einen Faktor $(n-2)$-ten Grades und einen Quadratfaktor und könne den richtigen Lösungswerten durch Annahme verschiedener absoluter Glieder beliebig nahe kommen. Das führe er sowohl bei Gleichungen 3. und 4. Grades wie auch bei höheren Gleichungen durch. Einige Monate später berichtete Collins ergänzend[400], Pell ermittle die Lösungen der irreduziblen Gleichungen 3. Grades vermittels der Sinus-Tafeln, die der Gleichungen 3. Grades mit negativer Diskriminante unter Verwendung von sec- und log-Tafeln. Im irreduzibeln Fall könne er die beiden andern Lösungen schon aus der ersten allein konstruieren. Seine Methoden seien auch auf höhere Gleichungen anwendbar. An Leibniz ging damals außer dem schon früher Mitgeteilten[401] nur die Bemerkung[402], Pell könne die kennzeichnenden Größen (*concomitantia*) einer Gleichung 3. Grades aus einer Parabel 2. Grades erkennen. Später wird hinzugefügt[403], Pell habe schon lange etwas über die Auflösung von Gleichungen durch Sinus und Logarithmen versprochen; man könne nur hoffen, daß er endlich Wort halte. Leibniz antwortete hierauf[404], Pells Zerlegungsmethode interessiere ihn lebhaftest; daß sie etwa durch Prestets Algebra überholt werde, sei nicht anzunehmen. Dieses Werk sei nun endlich erschienen, enthalte aber nur eine Buchstabenarithmetik und eine elementare Algebra, jedoch nichts von den neueren Methoden. Es werde nicht ein einziges schwierigeres Problem behandelt, auch keinerlei geometrische Anwendung gegeben.

[397] Collins, *Narrative*, VI 70 — [398] Collins-Gregory, 4. IV. 71 — [399] Collins-Gregory, 11. V. 75 — [400] Collins-Gregory, 9. VII. 75 — [401] Oldenburg-Leibniz, 22. IV. 75 — [402] Oldenburg-Leibniz, 4. VII. 75 — [403] Oldenburg-Leibniz, 10. X. 75 — [404] Leibniz-Oldenburg, 28. XII. 75.

Nur die Gleichung 4. Grades sei im Anschluß an Descartes ausführlich behandelt[405].

Für die praktische Berechnung der Gleichungswurzeln ist die Bestimmung von Wurzelschranken unerläßlich. Hierüber hatten Debeaune, Bartholin und Hudde gearbeitet. Sie ordneten der Gleichung $f(x) = 0$ ihre Ableitung $f'(x) = 0$ zu, um die Extremstellen der Funktion $y = f(x)$ zu bestimmen, und benutzten diese als Wurzelschranken. Debeaune hatte bemerkt, daß man aus $f'(x) = 0$ eine Gleichung $(n-2)$-ten Grades erhalten kann, falls das vorletzte Glied der Ausgangsgleichung fehlt, und daß sich dies vermöge der Transformation $x = 1/y$ bewerkstelligen läßt, wenn in der Ausgangsgleichung wie üblich das 2. Glied gleich Null gemacht ist. Das waren Gedankengänge, die Gregory im einzelnen wieder aufgenommen hatte[406] und auf die nunmehr Leibniz durch Collins erneut hingewiesen wurde[407]. Leibniz hat sich — wahrscheinlich im Zusammenhang mit diesen Andeutungen — eingehender mit der einschlägigen Literatur beschäftigt[408].

Ferner erhielt Leibniz Mitteilungen[409] über den Inhalt der damals schon seit Jahren druckfertig bei Collins liegenden *Winkelschnitte* von Wallis, die erst 1685 als Anhang zur *Algebra* veröffentlicht wurden. Hier werde gezeigt, wie man gewisse höhere Gleichungen durch Übergang von den Seiten eines regelmäßigen Vielecks zu den Diagonalen lösen könne. Das hänge zusammen mit den Sinusfunktionen (gemeint ist die Behandlung der Gleichungen vom Typ $x = 2 \cdot \sin \varphi$, $y = 2 \cdot \sin n\varphi$); ein anderer kundiger Engländer ($=$ Pell) versichere, ebensogut könne man auch tg oder sec benutzen; jedesmal erhalte man schrittweise lösbare Gleichungstypen. Sogleich antwortete Leibniz mit einer Übersicht über seine Behandlung der höheren Cardanischen Gleichungen[410], bei denen man es in keiner Weise nötig habe, irgendwelche Zwischenglieder zu entfernen. Gleichzeitig fragte er an, ob sich Wallis' Behandlung der Gleichungen 3. Grades auf reduzible oder auch auf rational unzerlegbare Gleichungen beziehe, und ob dabei etwa eine Lösung beliebig angenommen werden könne. Bei seiner eigenen Methode falle das Imaginäre durch Wurzelziehen heraus. Jetzt legte Oldenburg seinem Antwortschreiben[411] den schon oben erwähnten Auszug aus einem Brief von Wallis bei[412], worin gesagt wird, Wallis sehe das Imaginäre innerhalb der Cardanischen Formel als etwas Unwesentliches an und habe diesen Standpunkt schon 1648 vertreten, noch ehe er mit der Cartesischen *Géométrie* bekannt geworden sei. Collins vermutete übrigens auf Grund der von Leibniz gegebenen Schilderung über die Auflösung der verallgemeinerten Cardanischen Gleichungen, deren Hauptgedanken er nicht richtig auffaßte, womöglich handle es sich um das nämliche Verfahren, das auch Tschirnhaus und Gregory besäßen; letzterer verwende neben seiner Methode zur Beseitigung der Zwischenglieder von höheren Gleichungen durch Erhöhung des Grades neuerdings auch eine andere, bei der die Lösungen durch Radikale

---

[405] Ähnlich auch in Leibniz-Galloys, 2. XI. 75. Vgl. ferner die Auszüge und kritischen Bemerkungen in *Cat. crit.* 2, Nr. 1170 und 1565 (Ende X 75), sowie Nr. 1278 (I 76) — [406] Gregory-Collins, 24. II. 72 — [407] Oldenburg-Leibniz, 4. VII. 75 — [408] *Cat. crit.* 2, Nr. 1004 (VII 75) — [409] Oldenburg-Leibniz, 4. VII. 75 — [410] Leibniz-Oldenburg, 12. VII. 75 — [411] Oldenburg-Leibniz, 10. X. 75 — [412] Wallis-Collins, 8. IV. 73.

ausgedrückt und aus einer einzigen durch alleinige Zeichenwechsel gewonnen werden könnten. Er arbeite an der Herstellung diesbezüglicher fester Regeln (*canones*), aber die Berechnung sei äußerst mühevoll, so daß er bereit sei, seine Methode nebst Beweis zur Verfügung zu stellen, falls ihm jemand die Rechenarbeit abnehmen wolle. Das war die kurze Wiedergabe zahlreicher Anspielungen auf Gregorys neue Methode, die wir aus den mit Collins gewechselten Briefen kennen[413]; leider ist das eingeschlagene Verfahren, das mit gruppentheoretischen Überlegungen einige Verwandtschaft zu besitzen scheint, auch heute noch verschollen. Leibniz hatte den Eindruck, Gregorys Methode müsse zumindest mit seiner eigenen sehr verwandt sein[414]; Einzelheiten wolle er unter diesen Umständen nicht geben, und vor allem schrecke auch ihn die langwierige Durchrechnung.

In Beantwortung eines Hinweises, worin Leibniz sein algebraisches Instrument zur Auflösung von Gleichungen genannt hatte[415], und im Zusammenhang mit der Frage nach der logarithmischen Auflösung von Gleichungen erhielt Leibniz die kurze Schilderung[416] einer zum nämlichen Zweck von Newton ersonnenen Methode[417]. Hier würden mehrere parallel aneinander gleitende oder kreisförmige Skalen mit logarithmischer Einteilung verwendet; mittels einer anzulegenden Geraden sei es möglich, alle höheren Gleichungen zu lösen, und zwar benötige man für eine Gleichung n-ten Grades genau n Schieber. Leibniz teilte sofort mit[418], sein eigenes Verfahren stütze sich auf eine ganz andere Überlegung; er interessierte sich jedoch außerordentlich für Newtons Anordnung und fertigte sich während seines Aufenthalts in London einen Auszug aus dem fraglichen Brief.

Schon im Frühjahr 1675 hatte Leibniz seinem Gönner Huygens ein algebraisches Ms. zur Durchsicht vorgelegt[419]; damals handelte es sich um einen noch recht schülerhaften Versuch, die Cardanische Formel bei der Gleichung 3. Grades durch einen Ansatz von der Form $x = \sqrt{u + \sqrt{v}}$ zu ersetzen. Im Sommer 1675 hatten sich Leibniz' neue algebraische Vorstellungen soweit abgeklärt, daß er es mit besserem Recht wagen durfte, erneut einige algebraische Studien an Huygens zu übergeben[420]. Dieser sagte die Überprüfung der vorgelegten Papiere liebenswürdigst zu, interessierte sich für Leibniz' Bemerkungen über die ältere algebraische Literatur der Italiener hinsichtlich der Gleichungen 3. und 4. Grades und ermunterte ihn zur Fortsetzung, gegebenenfalls zur Veröffentlichung der jüngsten Ergebnisse, ließ aber alsdann nichts mehr von sich hören. Leibniz wurde ungeduldig — wir werden nachher erfahren, warum — und wünschte sich in Erinnerung zu bringen. Diesem Zweck diente ein Schreiben[421], worin Leibniz eine Übersicht über die seinerzeit ausgehändigten Studien gab und dem er Bombellis *Algebra* beilegte[422]. Dieser habe bereits imaginäre Wurzeln eingeführt und zur Auflösung kubischer Gleichungen verwendet, bei denen die Cardanische Formel eine positive Lösung liefere, wie etwa

$$x^3 = 15\,x + 4.$$

---

[413] Gregory-Collins, 7. IV., 5. VI., 30. VIII. u. 21. IX. 75 — [414] Leibniz-Oldenburg, 28. XII. 75 — [415] Leibniz-Oldenburg, 12. VI. 75 — [416] Oldenburg-Leibniz, 4. VII. 75 — [417] Newton-Collins, 30. VIII. 72 — [418] Leibniz-Oldenburg, 12. VII. 75 — [419] Leibniz für Huygens, IV 75 — [420] vgl. *Cat. crit.* 2, Nr. 815-16 (XII 74) und Nr. 1028 und 1031 (VII 75) — [421] Leibniz-Huygens, IX? 75 — [422] Auszüge aus diesem Werk stehen in *Cat. crit.* 2, Nr. 1048 (VIII 75).

woselbst

$$x = \sqrt[3]{2 + \sqrt{-121}} + \sqrt[3]{2 - \sqrt{-121}} = (2 + \sqrt{-1}) + (2 - \sqrt{-1}).$$

Hier werde zwar ein geometrischer Beweis in Aussicht gestellt, aber in Wirklichkeit nur der Nachweis für die Möglichkeit derartiger Gleichungen und ihrer Wurzeln erbracht, ohne daß auf die Einzelheiten eingegangen werde. Im Fall $x^3 = 12 x + 9$ führe die Cardanische Formel auf eine negative Lösung

$$\left(x = \sqrt[3]{\frac{9 + \sqrt{-175}}{2}} + \sqrt[3]{\frac{9 - \sqrt{-175}}{2}} = \frac{-3 + \sqrt{-7}}{2} + \frac{-3 - \sqrt{-7}}{2} \right),$$

die von Bombelli nicht als zulässig angesehen werde. Im Anschluß an Cardano werde der Teiler $x + 3$ der Form $x^3 - 12 x - 9$ aus dem absoluten Glied entnommen und nach ausgeführter Division die einzige positive, also im Sinne Bombellis anzuerkennende Lösung $x = (3 + \sqrt{21})/2$ gegeben. Da diese nicht aus der Cardanischen Formel zu gewinnen sei, habe Bombelli die Allgemeingültigkeit der Regel in Zweifel gezogen, aber zu Unrecht. Leibniz habe nun als erster gefunden, daß die Cardanische Formel auf jeden Fall richtig sei, ganz unabhängig von der Frage, ob die Kubikwurzeln aus den Binomen ausziehbar seien oder nicht. Er habe dies erschlossen in Analogie zu der merkwürdigen Identität $\sqrt{1 + \sqrt{-3}} + \sqrt{1 - \sqrt{-3}} = \sqrt{6}$. Entsprechendes gelte jedoch ganz allgemein für die Summe höherer Wurzeln geraden Grades aus Binomen dieser Art. Überdies habe Leibniz festgestellt, daß jede reduzible kubische Gleichung mit rationalen Koeffizienten eine rationale Lösung besitze. An dieser Stelle drücke sich Descartes nicht scharf genug aus; denn er spreche schlechthin von Größen, wo er sich auf rationale hätte beschränken müssen. Die Ermittlung von Gleichungslösungen in Radikalen sei zurückführbar auf zwei Grundprobleme der Geometrie, nämlich auf die Winkelteilung bzw. auf die Einschiebung geometrischer Mittel; daher seien die Logarithmen in gewissem Sinne das Entsprechende zu den Bögen. So erhalte man ganze Gleichungsfamilien, die vermöge verallgemeinerter Cardanischer Formeln aufgelöst werden könnten, und zwar derart, daß jede Gleichung genau durch die ihrem Grad entsprechenden Radikale zu behandeln sei, wie etwa bei den in Frage stehenden Gleichungen 5. Grades. Niemand als Huygens könne außerdem besser über die beiden bisher noch zurückgehaltenen weiteren Entdeckungen von Leibniz, nämlich über sein Verfahren zur näherungsweisen Bestimmung höherer Radikale aus einem Binom und das Instrument zur Auflösung aller algebraischen Gleichungen, urteilen. Huygens habe Leibniz seinerzeit nahegelegt, dies alles zu veröffentlichen, und so bitte Leibniz um sein wohlgeneigtes Urteil.

Was hier zu antworten sei, hat sich Huygens sehr sorgfältig überlegt[423]. Wir kennen sein Konzept, worin er klar zum Ausdruck bringt, es handle sich zunächst um die Gewinnung ganz einfacher und allgemeingültiger Regeln zur Bestimmung von $\sqrt[3]{u + \sqrt{v}}$, um aus dem peinlichen Zustand des Probierens

---

[423] Huygens-Leibniz, 30. IX. 75.

herauszukommen, der mit Bombelli beginne und auch mit Schooten noch nicht abgeschlossen sei. Daß eine reduzible Gleichung 3. Grades mit rationalen Koeffizienten stets eine rationale Lösung habe, müsse erst noch bewiesen werden; ebenso, daß sich das Imaginäre im irreduzibeln Fall nicht vermeiden lasse. Die Auflösung der verallgemeinerten Cardanischen Gleichungen sei zwar interessant und nützlich, aber dies beziehe sich nur auf spezielle Gleichungen und nicht auf die allgemeinen. Das Instrument zur Auflösung von Gleichungen möge theoretisch ganz gut ausgedacht sein — seine praktische Wirksamkeit müsse sich jedoch erst bewähren.

Also in jeder Richtung eine glatte Absage; aber Derartiges hätte Huygens, der feine Ästhet und wohlerfahrene Weltmann, niemals in so rücksichtsloser Offenheit gesagt. Das tatsächlich an Leibniz gegangene Schreiben beginnt mit einer Entschuldigung wegen der überlangen Verzögerung der Antwort, veranlaßt durch starke anderweitige Beanspruchung und die seit Jahren mangelnde Übung in algebraischen Untersuchungen. Die sachlichen Gesichtspunkte des Entwurfs werden im wesentlichen belassen, aber in liebenswürdiger und doch auch nichtssagender Form dargeboten. Über das algebraische Instrument z. B. sagt Huygens, hätte er nicht Leibniz' Rechenmaschine gesehen, so würde er es für unmöglich halten, daß jemand mit diesem neuen Apparat zustande kommen könne. Von einer Veröffentlichung der zurückgehenden Papiere ist überhaupt nicht mehr die Rede. Ein versehentlich bei Huygens verbliebenes Blatt ging wenige Tage später wieder an Leibniz[424].

Dieser hat recht wohl verstanden, was Huygens zum Ausdruck bringen wollte. Das, was Huygens forderte und was auch Leibniz selbst im Sinn hatte — eine Allgemeinmethode zur Gleichungslösung oder zumindest die Bezwingung der allgemeinen Gleichung 5. Grades — war nicht gelungen, und es wäre lächerlich gewesen, sich darüber hinwegzutäuschen. Leibniz fühlte das Unbefriedigende seiner bisherigen algebraischen Studien durchaus, zumal, nachdem er mit Tschirnhaus persönlich bekannt geworden war, der anscheinend ein weit tiefergehendes Wissen auf diesem Gebiet mitbrachte. Daher zog er sich von der undankbaren Frage nach der Auflösung der allgemeinen höheren Gleichungen zurück[425] und wandte sich erneut und mit frischer Kraft der Analysis zu. Jetzt sollten sich die auf algebraischem Gebiet gewonnenen Einsichten als außerordentlich fruchtbringend erweisen: *der Calculus wäre ohne sie nicht erfunden worden!*

Freilich war die durch Huygens erfahrene Abweisung — die früher sehr engen Beziehungen hatten sich mehr und mehr gelockert — recht unangenehm. Die Verhandlungen mit Hannover um Leibniz' zukünftiges Amt hatten sich festgefahren[426] und Leibniz wollte daher nichts unversucht lassen, um in Paris festen Boden unter den Füßen zu gewinnen. Er hatte sich durch politisch-juristische Gutachten, wie z. B. um die Freigabe des Prinzen Wilhelm von Fürstenberg und die Wiederherstellung des Friedens[427] oder um die Ehescheidung des

---

[424] Huygens-Leibniz, 3 ? X. 75 — [425] Leibniz-Oldenburg, 28. XII. 75 — [426] Auf die Briefe Leibniz-Herzog Johann Friedrich, Ende V 75 und Leibniz-Linsingen, Ende V 75 war noch keine Antwort eingegangen — [427] *Cat. crit.* 2, Nr. 690 und 803-10 (IX-X 74).

Herzogs Christian Ludwig von Mecklenburg[428], über Wasser gehalten, dabei erhebliche Ersparnisse gemacht und wollte eine ihm zusagende Stelle in Paris kaufen; insbesondere dachte er an die Übernahme eines besoldeten Amtes an der *Ac. sc.*, wie Huygens, Römer und Cassini eines hatten. Colbert war die hierfür maßgebliche Persönlichkeit, aber man konnte sich nicht direkt an ihn wenden. Daher suchte Leibniz die Verbindung mit dem Abbé Galloys herzustellen, der großen Einfluß auf den Herzog von Chevreuse, Colberts Schwiegersohn, besaß und Leibniz' Bewerbung zu unterstützen bereit war[429]. Der Plan nahm greifbare Gestalt an, so daß Leibniz durch Dalencé zu einer Audienz beim Herzog in St. Germain eingeladen wurde[430], um dort seine Rechenmaschine vorzuführen. Offenbar hinterließ Leibniz einen recht günstigen Eindruck. Allerdings zog er sich eine Erkältung zu, mußte für einige Tage das Zimmer hüten und konnte die beabsichtigte Aufwartung bei Galloys nicht machen. Daher schrieb er diesem seine Ansicht über die zweckmäßigste Weiterbehandlung der Angelegenheit[431] und bekundete insbesondere die Absicht, die in letzter Zeit gemachten wissenschaftlichen Entdeckungen in Form von Briefen an anerkannte Fachleute festzuhalten und gegebenenfalls auch zu veröffentlichen. Seine Sache stand nicht schlecht, zumal durch den Tod Robervals († 27. X. 75) nicht nur ein Sitz in der *Ac. sc.*, sondern obendrein auch die mathematische Professur am *Collège Royal* und die von Ramée gestiftete frei geworden waren. Die am *Collège Royal* erhielt Picard, der selbst Mitglied der *Ac. sc.* war[432]; die andere sollte gemäß der ausdrücklichen Vorschrift des Stifters immer nur auf drei Jahre verliehen werden und nach vorausgegangener öffentlicher Disputation (die für März 1676 in Aussicht genommen war) dem tüchtigsten und erfolgreichsten Bewerber zufallen. Hier hoffte Leibniz auf einen vollen Erfolg, zumal es sich so gefügt hatte, daß Tschirnhaus — soeben mit Leibniz bekannt geworden und engsten Umgang mit ihm pflegend — den Sohn Colberts in Mathematik unterrichtete[433]. Inzwischen war der Kurfürst Lothar Friedrich von Metternich gestorben. Sein Nachfolger, Damian Hartard von der Leyen, ließ Leibniz in seinem bisherigen Amt als kurmainzischer Rat bestätigen[434]. Leibniz, der die Verhandlungen mit Hannover bisher nur lässig geführt hatte[435], sah sich vor eine neue Situation gestellt und hoffte, vielleicht als politischer Beauftragter des neuen Mainzer Herrn und des Herzogs von Hannover in Paris verbleiben zu können, aber sein diesbezüglicher Vorstoß[436] blieb erfolglos[437] und nötigte zum Abschluß mit Hannover, obwohl die dortigen Bedingungen keineswegs sehr verlockend waren[438] und der Herzog darauf bestand, daß Leibniz möglichst bald an seinen neuen Amtssitz übersiedeln solle[439]. Inzwischen war es einer Belanglosigkeit halber zu einer Verstimmung mit

---

[428] *Cat. crit.* 2, Nr. 870-80 (Anfang 1675) — [429] Galloys-Leibniz, 4. IX. und 3 ? X. 75 — [430] Dalancé-Leibniz, 29. X. 75 — [431] Leibniz-Galloys, 2. XI. 75 — [432] Leibniz-Oldenburg, 28. XII. 75 — [433] Schuller-Spinoza, 14. XI. 75; vgl. ferner den durch Leibniz-Colbert, 11. I. 76 belegten direkten Annäherungsversuch — [434] Kurfürst Damian-Leibniz, Ende 1675 — [435] Leibniz-Herzog Johann Friedrich, 20. XI. 75; Leibniz-Linsingen, 20. XI. 75; Leibniz-Herzog Johann Friedrich, I? 76; Leibniz-Kahm, I? 76 — [436] Leibniz-Kurfürst Damian, 18. I. 76 — [437] Schönborn-Leibniz, 11. II. 76 — [438] Leibniz-Kahm. 14. II. 76; Herzog Johann Friedrich-Leibniz, 21. II. 76; Kahm-Leibniz, 28. II. 76; Leibniz-Herzog Johann Friedrich, Anfang III 76 — [439] Kahm-Leibniz, 19. III. 76; Leibniz-Herzog Johann Friedrich, 22 ? III. 76; Leibniz-Kahm, 22. III. 76.

Galloys gekommen[440]; der Abbé war maßlos empfindlich und zog seine Hand von Leibniz zurück. Damit war die Hoffnung auf ein Amt in Paris äußerst gering geworden; ja, es scheint, daß sich Leibniz unter diesen Umständen gar nicht an der Disputation beteiligt hat. Die Professur fiel an Ebert, eine ziemlich unbedeutende Persönlichkeit[441]. Widerwillig dehnte Johann Friedrich die Aufenthaltsbewilligung für Leibniz in Paris bis Pfingsten (24. V. 76) aus[442], Leibniz reiste jedoch nicht ab, sondern versuchte ein Letztes: Er schrieb an Huygens, der seit Ende 1675 erneut schwer erkrankt war und keine Besuche empfing, sich aber nach den jüngsten Informationen Leibniz' wieder auf dem Weg der Besserung befinden sollte[443]. Dieser antwortete unmittelbar vor seiner Abreise nach den Haag[444], er habe sich sowohl bei Colbert wie auch bei Galloys für Leibniz eingesetzt und hoffe auf Erfolg; leider sei es ihm wegen der unaufschiebbaren Reisevorbereitungen nicht mehr möglich, mit Leibniz persönlich zu sprechen. Jetzt erst war jede Aussicht entschwunden; immerhin ließen sich die Verhältnisse in Hannover günstiger an als ursprünglich zu befürchten war[445]: Leibniz solle die Bibliothek übernehmen, sein Gehalt laufe bereits seit Jahresbeginn, nur müsse er sogleich kommen, da die Stelle sonst anderweitig besetzt werde. Kurze Zeit darauf erhielt Leibniz im Auftrag des Herzogs einen Reisekostenzuschuß[446] und seine Pässe; der Wunsch, den Weg über die spanischen Niederlande zu nehmen, war wegen der Paßschwierigkeiten und des damit unvermeidlich verbundenen monatelangen Aufschubs der Abreise unerfüllbar[447], und der Herzog drängte erneut[448]. Im Oktober 1676 hat Leibniz Paris verlassen, um die Weltstadt, die er so heiß geliebt, nie mehr wiederzusehen.

Dies der rein menschliche Hintergrund, den man kennen muß, um die ungeheure, sich fortwährend steigernde Spannung zu verstehen, in der Leibniz seit September 1675 bis zum endgültigen Entscheid über seine Zukunft lebte; jene Spannung, die einen Durchschnittsmenschen wahrscheinlich seiner Arbeitsfähigkeit beraubt hätte, aber Leibniz weder schwach werden ließ noch zermürben konnte, vielmehr die Vorbedingung war für seine größte mathematische Leistung, die Erfindung des Calculus.

12. DAS ZUSAMMENTREFFEN MIT TSCHIRNHAUS

Den „offiziellen" Leibniz kennen wir aus den von ihm so sorgfältig aufbewahrten Aufzeichnungen und den gewechselten Briefen recht genau und sind über seine weitausgreifenden Pläne, seine politische Tätigkeit und seine wissenschaftlichen Studien während der Pariser Zeit ziemlich gut unterrichtet. Weit weniger wissen wir über sein Privatleben. Die mit Oldenburg gewechselten Briefe verraten uns, daß der junge Leibniz der damaligen Jahre eine bezaubernde Persönlichkeit gewesen sein muß, alles eher denn ein „wandelndes Konversationslexikon". Überall dort, wo es auf die unmittelbare Wirkung von

[440] Vgl. Leibniz-Johann Bernoulli, 24. VI. 1707 — [441] Leibniz-Oldenburg, 12. V. 76 — [442] Kahm-Leibniz, 12. IV. 76 — [443] Leibniz-Huygens, Mitte VI 76 — [444] Huygens-Leibniz, Ende VI 76 — [445] Kahm-Leibniz, 2. VII. 76 — [446] Brosseau-Leibniz, 26. VII. 76 — [447] Brosseau-Leibniz, 13. IX. 76 — [448] Brosseau-Leibniz, 26. IX. 76.

Mensch zu Mensch ankommt, vermag er sich durchzusetzen, und nur gegenüber
nörgelsüchtigen Egoisten wie Hooke, gemütskranken Melancholikern wie Pell
oder geistesarmen Strebern wie Galloys ist er machtlos. Der unerschütterliche
Optimismus seiner Philosophie ist die Frucht eines ebenso unerschütterlichen
Lebensoptimismus, emporgewachsen aus einem sonnigen und weltoffenen
Naturell, das die Arbeit um der damit verbundenen Tätigkeit willen liebt, aber
nicht einsam stehen kann noch will, sondern sein Glück im Umgang mit gleich-
gesinnten Freunden findet. Zwischen ihnen und den verschiedenen Aufträgen
teilt er seine Zeit[449]. Ein Kreis lebensvoller junger Menschen hatte sich in dem
von Leibniz im Herbst 1674 bewohnten Quartier im *Hôtel des Romains* in der
rue St. Marguerite zusammengefunden; dort wurde Leibniz mit dem dänischen
Edelmann Walter bekannt, der zwei Briefe der Oldenburg-Korrespondenz
besorgte[450]. Im Frühjahr 1676 ist Walter nach Italien gegangen und sendet nun
an Leibniz mehrere in außerordentlich herzlichem Ton gehaltene Reiseberichte
aus Rom[451]; leider fehlen die zugehörigen Antworten von Leibniz[452]. Aus diesen
Briefen Walters, der sich angelegentlich nach dem Herbergsvater Schütz und
den andern Pariser Freunden erkundigt, läßt sich ein wenig von dem froh-
gemuten Geist verspüren, der in Leibniz' persönlichem Bekanntenkreis herrscht.
Wesentlich steifer, aber doch von der nämlichen warmen Empfindung getragen
sind die beiden Briefe Schelhammers[453], der mit Leibniz ebenfalls im *Hôtel
des Romains* bekannt geworden zu sein scheint. Die stärkste und innigste persönliche Berührung stellte sich mit Tschirnhaus ein, den Leibniz im Herbst
1675 kennen lernte.

Der junge sächsische Edelmann hatte in Leiden studiert und sich ganz dem
Cartesianismus ergeben; noch lehrte in Leiden Heidanus, der Geulinx eine
Freistatt geboten hatte; neben ihm Wittich, der Mathematiker Pieter van
Schooten (der wesentlich jüngere Bruder von Frans van Schooten) und der
Physiker Volder. Während seiner Studienjahre scheint sich Tschirnhaus die
außerordentliche algebraische Rechenfertigkeit angeeignet zu haben, die ihm
einen großen formalen Vorsprung vor den Zeitgenossen verschaffte. Für kurze
Zeit (1672/73) diente Tschirnhaus als Freiwilliger in der holländischen Armee,
um sich alsdann eingehend mit Mathematik und Philosophie zu beschäftigen.
Während seines Aufenthaltes in Amsterdam (1673), der ihn wahrscheinlich
mit Raey in Berührung brachte, wurde er auch mit den Freunden Spinozas
bekannt — zumindest mit den Medizinern Ludwig Meyer und Schuller —
und von ihnen in die Lehre des Philosophen eingeführt. In seiner Begeisterung
für Descartes nahm er zunächst gegen Spinozas Ansichten Stellung, kam dadurch in nähere Verbindung mit diesem, lernte ihn wahrscheinlich 1674 persönlich im Haag kennen und setzte sich mit ihm in einem sehr interessanten
längerdauernden Briefwechsel in freundschaftlichem Geist auseinander[454].

---

[449] Leibniz-Oldenburg, 15. VII. 74 — [450] Leibniz-Oldenburg, 15. VII. 74 und Oldenburg-Leibniz, 18. XII. 74 — [451] Walter-Leibniz, E.de IV, 16. VI., 22. IX. und 3. XII. 76
— [452] Leibniz-Walter, IV, Mitte V und VIII? 76 — [453] Schelhammer-Leibniz, Anfang IX
und 20. X. 74 — [454] Tschirnhaus-Spinoza, 8. X. 74; Spinoza-Schuller, X 74; Tschirnhaus-Spinoza, 5. I. 75; Spinoza-Tchirnhaus, Frühjahr 1675; Schuller-Spinoza,
25. VII. 75; Spinoza-Schuller, 29. VII. 75; Tschirnhaus-Spinoza, 12. VIII. 75; Spinoza-Tschirnhaus, 18. VIII. 75; Tschirnhaus-Spinoza, 2. V. 76; Spinoza-Tschirnhaus, 5. V. 76; Tschirnhaus-Spinoza, 23. VI. 76; Spinoza-Tschirnhaus, 15. VII. 76.

Im Mai 1675[455] geht Tschirnhaus nach England; wahrscheinlich hat er den verlorenen Brief Spinozas an Oldenburg[456], durch den die Korrespondenz der seit langem befreundeten Männer wieder in Gang gebracht wurde, als Empfehlungsschreiben mitgebracht.

In London sieht sich Tschirnhaus freundlich aufgenommen; er arbeitet an der Weiterführung seiner algebraischen Untersuchungen, insbesondere an der Gleichungslehre, und kommt auf Grund eines Empfehlungsschreibens von Oldenburg[457] und vermutlich eines ähnlichen Schriftstücks von Pieter van Schooten mit Wallis in Berührung, der sich in längerer Unterredung[458] mit ihm über mathematische Gegenstände ausspricht, so über die Bestimmung quadrierbarer Stücke der Zykloidenfläche. In temperamentvoller Weise hat Tschirnhaus von seinen neuesten algebraischen Ergebnissen berichtet und auf die Londoner Mathematiker den tiefsten Eindruck gemacht. Dieser Eindruck war so stark, daß Pell es ablehnte, sich mit ihm über wissenschaftliche Fragen zu unterhalten[459]. Er hat sich mit Boyle und Oldenburg über Spinoza ausgesprochen und die Vorurteile zu erschüttern vermocht, die man in England gegen den *Tractatus theologico-politicus* als das Werk eines „verabscheuungswürdigen Atheisten" hatte[460]. Am 9. VIII. 75, unmittelbar vor seiner Abreise nach Frankreich, ist Tschirnhaus mit Collins zusammengetroffen und hat sich mit ihm über algebraische Gegenstände unterhalten. Wir sind hierüber aus mehreren Mitteilungen an Gregory eingehend unterrichtet[461], aus denen sich folgendes ergibt[462]:

Tschirnhaus sei ein glühender Verehrer der Cartesischen Methoden. Er wolle in Paris ein großes Werk über Algebra und geometrische Örter schreiben; den ersten Entwurf habe Collins bereits gesehen. Darin seien Huddes Regeln über die Erniedrigung und Vereinfachung von Gleichungen erklärt; die Cartesische Tangentenmethode werde von Tschirnhaus sowohl auf geometrische wie auch auf mechanische Kurven angewendet. Ferner besitze der Deutsche neue Methoden für die Quadratur und Rektifikation von Kurven und habe die Lehre von den geometrischen Konstruktionen wesentlich erweitert; schließlich habe er jüngst eine Methode zur Auflösung aller Gleichungen gefunden, welche die Regeln Huddes zur Zerlegung von Gleichungen überflüssig mache. Man könne wohl sagen, Tschirnhaus sei zusammen mit Gregory und Newton einer der bedeutendsten Algebraiker Europas. Freilich gehe er in seiner Verehrung für Descartes etwas zu weit und behaupte z. B. allen Ernstes, die neuen Beiträge von Sluse und Barrow über Gleichungen und die ganze Lehre von den Quadraturen, Rektifikationen, Schwerpunktbestimmungen usw. seien nichts anderes als Folgerungen aus der Cartesischen Methode. Das sei beinahe ebenso grotesk wie wenn man behaupten wolle, die Bemerkung des Aristoteles, vom Grund einer Zisterne aus könne man auch Tages die Sterne am Himmel sehen*), enthalte die Entdeckungen Galileis mit dem Fernrohr.

---

*) *De generatione animalium* V 1, 780 b, Z. 21/22.
[455] *G T*, S. 315-22 — [456] Spinoza-Oldenburg, V? 75 — [457] Oldenburg-Wallis, Mitte VII 75 — [458] 17. VII. 75: *WO* II, S. 471-72. Vgl. auch Wallis-Collins, 21. IX. 76 — [459] *G T*, S. 332 — [460] Oldenburg-Spinoza, 8. VI. 75 und Schuller-Spinoza, 25. VII. 75 — [461] Collins-Gregory, 13. VIII., 20. VIII., 14. IX. und 1. X. 75 — [462] Collins-Gregory, 13. VIII. 75.

Als Probe habe Tschirnhaus vorgeführt, wie man die Gleichung $x^4 - px^3 + qx^2 - rx + s = 0$ behandeln könne, falls $s = r^2 : p^2$. Alsdann sei

$$x = \frac{p}{4} \pm \sqrt{\frac{p^2}{16} - \frac{q}{4} + \frac{r}{2\,p}} \pm \sqrt{\frac{p^2}{8} - \frac{q}{4} - \frac{r}{2\,p} \pm \frac{p}{2}\sqrt{\frac{p^2}{16} - \frac{q}{4} + \frac{r}{2\,p}}}.$$

Seine Methode gebe Tschirnhaus nicht preis, er sage nur, von dieser Art sei etwa das allgemeine Beispiel $x^4 - 2\,ax^3 + (2\,a^2 - c^2)\,x^2 - 2\,a^3\,x + a^4 = 0$ aus der *Géométrie*, und die nach der allgemeinen Regel von Descartes reell un-lösbare Gleichung $x^4 - 2\,x^2 + 12\,x - 18 = 0$ lasse sich ähnlich behandeln. Collins hatte sogleich herausgefunden, daß $s = r^2 : p^2$ noch nicht die allgemeine Zerfallsbedingung sein könne; denn sie sei etwa im Beispiel

$$x^4 - 8\,x^3 + 18\,x^2 - 11\,x + 2 \equiv (x^2 - 2\,x + 1) \cdot (x^2 - 5\,x + 2) = 0$$

nicht erfüllt. Dies wird von Gregory[463] durch eine allgemeine Rechnung be-stätigt und hinzugefügt, es handle sich offenkundig nur um spezielle Methoden. So verhält es sich auch; im vorliegenden Fall erkennt man leicht, daß Tschirn-haus von der Zerlegung

$$\left[x^2 - \frac{p\,x}{2} + \frac{r}{p} \right]^2 = \left[\frac{p^2}{4} - q + \frac{2\,r}{p} \right] x^2 + \left(\frac{r}{p} \right)^2 - s$$

ausgegangen ist; mittels des Ansatzes $x = y + t$ würde er aus der allgemeinen Gleichung 4. Grades jene Bedingungsgleichung 3. Grades gefunden haben, die erfüllt sein muß, damit die Gleichung in y den gewünschten Typ erhält. Bei Oldenburg habe Tschirnhaus ein Ms. hinterlegt, worin alle Gleichungen aufgelöst werden, deren Wurzeln in arithmetischer Reihe stehen[464]. Beginne die Gleichung mit $x^n + p\,x^{n-1} + q\,x^{n-2} + \ldots = 0$, so könne man die n Lösungen aus

$$x_k = -\frac{p}{n} - \left[\frac{n+1}{2} - k \right] \sqrt{W}$$

entnehmen, wobei

$$W = \left[\frac{(n-1)\,p^2}{2\,n} - q \right] : \frac{n\,(n^2 - 1)}{24}$$

ist und k von 1 bis n läuft. Die Abschrift ist durch zahlreiche Lesefehler entstellt und enthält die Lösungen nur für die (nach ungeradem und geradem n getrennten) Fälle von 2 bis 9, jedoch wird hinzugefügt, so könne man allgemein fortfahren. Es ist deutlich zu sehen, daß Tschirnhaus den Sach-verhalt völlig durchschaut hatte. Gregory findet hinter der Angelegenheit nichts Besonderes[465]; man könne nämlich die Bedingungen leicht angeben, die zwischen den Koeffizienten erfüllt sein müssen, damit die Gleichungslösungen in arithmetischer Reihe stehen. Für die kubische Gleichung z. B. müsse $r = (9\,pq - 2\,p^3) : 27$ erfüllt sein.

Zur Bestimmung der Extreme von Polynomen der Form $f(x) = a_0\,x^n + \ldots + a_n$ hatte Hudde eine Regel entwickelt, die darauf hinausläuft, daß man

$$[f'(x) \equiv]\,n\,a_0\,x^{n-1} + (n-1)\,x^{n-2} + \ldots + a_{n-1} = 0$$

---

[463] Gregory-Collins, 30. VIII. 75 — [464] Collins für Gregory, 13. VIII. 75 — [465] Gregory-Collins, 30. VIII. 75.

setzt. Ist x_0 gemeinsame Lösung von $f(x) = 0$ und $f'(x) = 0$, so hat $f(x)$ an der Stelle $x = x_0$ eine Doppelwurzel. Hudde drückt die Sache ein wenig anders aus: Er sagt, für eine Doppelwurzel sei kennzeichnend, daß die Ausgangsgleichung und die Summe ihrer mit einer beliebigen arithmetischen Reihe multiplizierten Glieder $[p \cdot f(x) + k\,x \cdot f'(x)]$ gleich Null werde. Für eine dreifache Wurzel müsse man den letzten Ausdruck wiederum gliedweise mit einer arithmetischen Reihe multiplizieren usw. Tschirnhaus behauptet[466], Hudde habe den Sachverhalt keineswegs voll durchschaut; sonst hätte er darauf hingewiesen, daß bei einer Dreifachwurzel auch noch die mit einer Reihe von Dreieckszahlen multiplizierte Gliedersumme verschwinde, bei einer Vierfachwurzel entsprechend die mit einer Reihe von Pyramidalzahlen multiplizierte usw. Wir erkennen daraus, daß er neben

$$f_1(x) = f(x) = 0$$

und $f_2(x) \equiv n \cdot f(x) - x \cdot f'(x) \equiv 0 \cdot a_0 x^n + 1 \cdot a_1 x^{n-1} + \ldots n \cdot a_n = 0$ auch noch

$$f_3(x) \equiv \binom{n+1}{2} f(x) - \binom{n}{1} x f'(x) + \frac{1}{2} x^2 f''(x) \equiv 0 \cdot a_0 x^n + 1 \cdot a_1 x^{n-1} + 3 \cdot a_2 x^{n-2} + \ldots \binom{n+1}{2} \cdot a_n = 0$$

$$f_4(x) \equiv \binom{n+2}{3} f(x) - \binom{n+1}{2} x f'(x) + \frac{n}{2} x^2 f''(x) - \frac{1}{6} x^3 f'''(x) \equiv$$

$$\equiv 0 \cdot a_0 x^n + 1 \cdot a_1 x^{n-1} + 4 \cdot a_2 x^{n-2} + \ldots + \binom{n+2}{3} a_n = 0$$

usw. benutzte. Gregory[467] findet Huddes Verfahren besser als das von Tschirnhaus.

Seinen Bericht fortsetzend[468], erzählt Collins, er habe eingewendet, eine Gleichung 4. Grades sei nur dann leicht mittels Quadratwurzeln darstellbar, wenn sie zwei Paar entgegengesetzte Wurzeln besitze. Tschirnhaus habe entgegnet, seine Methode sei auch für Gleichungen mit vier beliebigen Wurzeln anwendbar; er besitze eine ganze Fülle von Hilfsmitteln, wolle jedoch nicht seine allgemeine Regel, sondern nur leicht übersehbare Sonderfälle vorbringen. Sei z. B. die Nebenbedingung $q = p^2/4 + 2\,r/p$ erfüllt, so sei

$$x = \frac{p}{4} \pm \sqrt{\frac{p^2}{16} - \frac{r}{p} \pm \sqrt{\left(\frac{r}{p}\right)^2 - s}}\,.$$

Von dieser Art seien die Gleichungen 4. Grades, deren Wurzeln in arithmetischer Reihe stehen, und jene, die aus zwei Quadratfaktoren mit dem nämlichen 2. Glied durch Multiplikation hervorgehen; ferner die (höchst unzweckmäßig angesetzte) Gleichung des Problems, in den Viertelkreis

$$y^2 = x(2c - x)$$

$(0 \leq x \leq c)$ ein Rechteck von der Fläche ab einzubeschreiben, wie sich sogleich mittels des Ansatzes $(c - x)\,y = ab$ ergebe, schließlich die Gleichung $x^4 - u\,x^2 + v = 0$ mit der Lösung

$$x = \pm \sqrt{\frac{u}{4} - \sqrt{\frac{v}{4}}} \pm \sqrt{\frac{u}{4} + \sqrt{\frac{v}{4}}}\,.$$

[466] Collins-Gregory, 13. VIII. 75 — [467] Gregory-Collins, 30. VIII. 75 — [468] Collins-Gregory, 20. VIII. 75.

Gregory[469] findet hierin nur eine Anwendung der altbekannten Regel zur gleichzeitigen Beseitigung des 2. und 4. Gliedes, die wir aus

$$\left[x\left(x-\frac{p}{2}\right)\right]^2 + \frac{2\,r\,x}{p}\left(x-\frac{p}{2}\right) + s = x^2\left(\frac{1}{4}\,p^2 + \frac{2\,r}{p} - q\right)$$

sofort überblicken.

Collins beendet seine Ausführungen mit dem Hinweis auf eine Konstruktion für Gleichungen 3. Grades[470], die er vielleicht in der Eile nicht ganz richtig verstanden habe. Man solle im einen Endpunkt des Durchmessers $\frac{1}{2}t\,\sqrt{2+\sqrt{5}}$ eines Halbkreises das Lot von der Länge $\frac{1}{4}t$ errichten, seinen Endpunkt mit dem Kreismittelpunkt verbinden und den erhaltenen Schnittpunkt aus dem andern Endpunkt des Durchmessers auf das Lot zurückprojizieren; so erhalte man das zu bestimmende x. Es handelt sich also in Wahrheit um eine Gleichung 4. Grades: aus

$$x : \tfrac{1}{2}t\,\sqrt{2+\sqrt{5}} = \tfrac{1}{4}t : [\tfrac{1}{4}t\,\sqrt{2+\sqrt{5}} + \tfrac{1}{4}t\,\sqrt{3+\sqrt{5}}\,]$$

folgt

$$x = \tfrac{1}{2}t : (1 + \sqrt{\sqrt{5}-1}),$$

d. h.

$$t^4 - 8\,t^3\,x + 32\,t^2\,x^2 - 64\,t\,x^3 - 16\,x^4 = 0.$$

Wird jetzt x als gegeben, t als gesucht angesehen, so ist die Nebenbedingung $q = p^2/4 + 2\,r/p$ erfüllt, also der Lösungsgang vorgezeichnet. — Anschließend habe Tschirnhaus durchblicken lassen, dies sei nur eine ganz besonders einfache Anwendung seiner allgemeinen Regel; in andern Fällen sei alles wesentlich komplizierter. Aus dem ihm Vorgetragenen müsse Collins schließen, Tschirnhaus besitze wirklich umfassende Methoden zur Auflösung höherer Gleichungen. Er habe eine eingehendere Darstellung versprochen, sobald er in Paris sei. In seiner Entgegnung[471], worin er eine Reihe von interessanten Andeutungen über seine eigene Allgemeinmethode macht, äußert sich Gregory ziemlich abfällig über das ihm Übermittelte: er könne von einer Persönlichkeit, die Descartes derart überschätze, in wissenschaftlicher Hinsicht nicht eben viel halten, und zudem erschöpfe sich das Dargebotene in Spezialitäten; er sehe keine Beziehung zwischen seinen neuesten Studien und den Ergebnissen Tschirnhaus'.

Collins hatte sich inzwischen von der ersten Überraschung über die meteorgleich auftretende Gestalt des deutschen Edelmannes wieder einigermaßen erholt und dachte nunmehr weit nüchterner über das Vernommene. Im Grunde hatte er doch nichts Greifbares von der neuen Allgemeinmethode gehört, außer daß Tschirnhaus in London an den Regeln zur Auflösung der Gleichungen bis zum 8. Grad gearbeitet[472] und ihm — da er unmittelbar vor der Abreise stehe und seine Papiere bereits weggepackt seien — nicht einmal Einblick in sein neues Verfahren zur Auflösung der Gleichung 3. Grades gewährt hatte, bei der zwar auch Kubikwurzeln aus Binomen aufträten, aber in anderer

---

[469] Gregory-Collins, 30. VIII. 75 — [470] Collins-Gregory, 20. VIII. 75 — [471] Gregory-Collins, 30. VIII. 75 — [472] Collins-Gregory, 1. X. 75.

Weise als bei Cardano[473]; das solle jedoch baldigst an den Dänen Mohr gegeben werden, der schon damals mit Tschirnhaus eng befreundet war. Bei dieser Gelegenheit wird auf den *Euclides Danicus* hingewiesen, worin alle ebenen Konstruktionen nur mittels des Zirkels allein geleistet seien; in einem andern Werkchen des nämlichen Autors, *Euclides curiosus* betitelt, werde gezeigt, daß man das Nämliche mittels des Lineals und eines Zirkels von konstanter Öffnung leisten könne. Leider ist es uns bisher noch nicht gelungen, diese zweite Schrift Mohrs auszumitteln, die nicht so neuartig war wie der erst 1928 wieder ans Tageslicht gezogene *Euclides Danicus*.

Die Berichte aus London sind für uns von größter Bedeutung. Sie zeigen uns, daß Tschirnhaus über eine Fülle von speziellen Methoden verfügte und eine allgemeine zur Auflösung von Gleichungen zu besitzen glaubte; wahrscheinlich enthielt das von ihm bereits weggepackte Ms. über die Gleichung 3. Grades den Ansatz $y = x^2 + ux + v$, mittels dessen sich die Gleichung $x^3 + px + q = 0$ auf eine reine Gleichung $y^3 = c$ reduzieren läßt[474]. Es ist anzunehmen, daß er auch die Ausdehnung auf die Gleichung 4. Grades kannte und meinte, auf diesem Wege grundsätzlich zu den Gleichungen n-ten Grades aufsteigen zu können. Das entscheidende Zusammentreffen fällt auf den 9. VIII. 75; die ganze Schilderung gibt uns die Gewißheit, daß Collins früher noch nicht mit Tschirnhaus in Berührung getreten war. Dieser Umstand ist wichtig; denn über die Cartesische Methode kam es im Frühsommer 1676 zu einem bisher noch unveröffentlichten interessanten Schriftwechsel zwischen Collins/Oldenburg und Tschirnhaus, der durch ein Versehen im *CE* um ein volles Jahr vordatiert wird. Bei dieser Gelegenheit sollte Tschirnhaus Angaben über die Infinitesimalmethoden der Engländer, insbesondere auch über Newtons berühmten Tangentenbrief[475] erhalten. Wäre das Jahr 1675 richtig, so bestünde allerdings die Möglichkeit, daß Tschirnhaus nach seinem Bekanntwerden mit Leibniz wichtige Einzelheiten über Newtons Methode hätte weitergeben können. Dazu kommt, daß Oldenburg berichtet[476], was Collins Gregory gegenüber verschweigt, daß nämlich an Tschirnhaus Gregorys Rektifikation des Kreisbogens gegeben worden sei (wahrscheinlich handelt es sich um den Auszug aus Gregory[477], der uns später noch beschäftigen wird); Leibniz könne von diesem Näheres erfahren. In Wirklichkeit ist das fragliche Stück[478], von dem uns nur ein Entwurf aus Collins' Feder bekannt ist, nicht im Jahr 1675, sondern erst im Jahr 1676 entstanden. Das geht schon daraus mit Sicherheit hervor, daß es die Bemerkung Gregorys von der durch Tschirnhaus so maßlos überschätzten Cartesischen Methode enthält[479], die erst im Herbst 1675 geschrieben wurde und überhaupt nicht zur Weitergabe an fremde Persönlichkeiten geeignet war. Tatsächlich ist gerade dieser Hinweis bei Wiedergabe der ganzen Stelle in einem wichtigen Brief an Leibniz weggeblieben[480]. Der von Collins verfaßte englische Entwurf stammt also sicher nicht vom Mai 1675 und wurde auf keinen Fall in seiner ursprünglichen Fassung an Tschirnhaus weitergeleitet; die bisher aus der

---

[473] Collins-Gregory, 14. IX. 75 — [474] Tschirnhaus-Leibniz, 17. IV. 77 — [475] Newton-Collins, 20. XII. 72 — [476] Oldenburg-Leibniz, 10. X. 75 — [477] Gregory-Collins, 25. II. 69 — [478] Collins-Oldenburg für Tschirnhaus, Ende V 76 — [479] Gregory-Collins, 30. VIII. 75 — [480] Oldenburg-Leibniz und Tschirnhaus, 5. VIII. 76.

Existenz dieses Schriftstücks gezogenen Schlüsse sind unhaltbar, weil sie auf ganz unsicherer Grundlage beruhen. Wir werden später auf die Einzelheiten eingehend zurückkommen.

Es bleibt noch die Frage zu klären, ob Leibniz Wesentliches von Tschirnhaus über die Ergebnisse der Engländer erhalten haben kann. Wie wir gesehen haben, hat Tschirnhaus nur mit zwei bedeutenderen englischen Mathematikern gesprochen, nämlich mit Wallis und mit Collins. Die Unterredung mit Wallis bezog sich in erster Linie auf die rationale Quadratur des Zykloidenstreifens und wahrscheinlich auf algebraische Einzelheiten; es ist sehr zweifelhaft, ob Wallis dabei der gebende Teil gewesen ist. Zudem wußte er damals noch nichts von den neuen Methoden, die Newton und Gregory ausgesonnen hatten. Über die Unterhaltung mit Collins haben wir dessen eigenen Bericht. Er verrät uns deutlich, daß Collins für Tschirnhaus zunächst keine andere Empfindung aufbrachte als die restloser Bewunderung. Er hat sich zwar bemüht, mit Einwendungen zu kommen, in der Hoffnung, auf diesem Wege Genaueres über die Allgemeinmethode zur Gleichungslehre zu erfahren, aber im übrigen hatte nicht er, sondern Tschirnhaus das Gespräch in der Hand, und dieser redete wohlweislich nur von seinen eigenen Methoden zur Quadratur und Rektifikation und davon, daß das alles aus dem Cartesischen Ideenkreis hervorgegangen sei. Es lag keineswegs im Interesse von Tschirnhaus, allzuviel von den Methoden der Engländer zu erfahren; denn damit hätte er ja nur in den Augen der andern seine eigene Originalität gefährden können. Mehr als die allgemeinen Hinweise, die Leibniz bereits kannte, und das spezielle Stück über Gregorys Kreisrektifikation hat er bestimmt nicht erhalten. Er kam nach Paris in der hochgeschwellten Empfindung, als einer der ersten Mathematiker Europas zu gelten, und glaubte es nicht nötig zu haben, von den geistigen Früchten anderer zu zehren.

Wir wissen, daß er sich damals Barrows *Lectiones opticae et geometricae* gekauft hat[481] — wahrscheinlich in der Titelauflage von 1675. Sie waren als Anhang zur Bearbeitung[482] des Archimedes, der ersten 4 Bücher *Conica* des Apollonius und der *Sphaerica* des Theodosius hinzugefügt worden, da sich der Verleger von der Bearbeitung in Studentenkreisen einen erheblichen Absatz versprach und das andere schlecht gängige Werk loszuwerden hoffte. Um diese Zeit wurde Barrow als Kanzler der Universität nach Cambridge berufen[483] und mußte daher die geplante Fortführung seiner sehr beliebten Klassiker-Ausgaben aufgeben, worunter für die nächste Zeit insbesondere die letzten drei nur arabisch erhaltenen Bücher des Apollonius vorgesehen waren. Hiervon gab es bisher die Ausgabe von Borelli und Abraham d'Echelles auf Grund der Redaktion des Persers Abulphat (1661) und eine von Ravius (1669) auf Grund einer türkischen Vorlage, aber nun hatte Bernard in Oxford zwei neue arabische Fassungen des Abd-el-Melek und des Alhwarazmi unter Wiedergabe der Anmerkungen des Eutokios entdeckt[484], die er herauszugeben[485] und zunächst in

[481] Collins-Gregory, 29. X. 75 — [482] besprochen in *PT* 10, Nr. 114 vom 3. VI. 75, S. 314-15 — [483] Oldenburg-Leibniz, 20? V. 75 — [484] Collins-Gregory, 4. IV. 71 — [485] erst von Halley herausgegeben.

verkürzter Form zu veröffentlichen gedachte; die geplante Bearbeitung kam jedoch nicht zustande. Inzwischen hatte sich Hardy, nun schon ein hoher Siebziger, den orientalischen Sprachen zugewandt und interessierte sich ebenfalls für die drei letzten Bücher der *Conica*. Er ließ eigens durch Leibniz anfragen, wie es um die diesbezüglichen Herausgeberpläne der Engländer stehe[486]. Einzelheiten über eine von ihm beabsichtigte Herausgabe sind uns nicht bekannt geworden. — Tschirnhaus hat seinen Barrow eifrig studiert; er ist der eigentliche Urheber der oben kurz gestreiften Fehlmeinung, Leibniz verdanke den *Lectiones geometricae* den entscheidenden Anstoß zur Erfindung der höheren Analysis.

Mitte August 1675 scheint Tschirnhaus London verlassen zu haben. Er brachte ein Empfehlungsschreiben Oldenburgs[487] und weitere Briefe für Huygens[488] mit, ferner ein Empfehlungsschreiben für Leibniz[489], ist aber erst Ende September mit Leibniz bekannt geworden und hat sich wenige Tage später bei H u y g e n s vorgestellt[490], der ihn liebenswürdigst aufgenommen und sich angelegentlich nach den Freunden und Bekannten im Haag erkundigt hat; auch S p i n o z a wurde erwähnt und der *Tractatus theologico-politicus* besprochen, den Huygens bereits kannte[491]. Auf die Frage nach weiteren Schriften des Philosophen hat sich Tschirnhaus verabredungsgemäß nur sehr zurückhaltend geäußert und dabei ganz im Sinne Spinozas gehandelt[492]. Er war des Französischen noch unkundig und warf sich mit voller Kraft auf die Erlernung der Landessprache[493]; außerdem unterrichtete er Colberts Sohn in Mathematik, sich dabei des Lateinischen bedienend, was dem Vater Colbert aus erzieherischen Gründen sehr erwünscht war[494]. Von einer Zusammenfassung der bisherigen algebraischen Studien war zunächst nicht mehr die Rede; anscheinend hat sich Tschirnhaus — ein eleganter junger Mann von 25 Jahren, dem kraft seiner Abstammung die Tür zu jedem Pariser Salon offen stand — sehr gern in den Strudel des gesellschaftlichen Lebens hineinziehen lassen. Allerdings mußte auch er an die Zukunft denken und hätte am liebsten zunächst eine Stelle als Mentor und Reisebegleiter eines deutschen Prinzen gefunden[495], aber seine diesbezüglichen Bemühungen waren vergeblich.

Die engen wissenschaftlichen Beziehungen zwischen Leibniz und Tschirnhaus lassen sich durch zahlreiche Aufzeichnungen über Unterredungen und gemeinsame Studien belegen. Zunächst berichtet Tschirnhaus über seine neuesten Ergebnisse[496]; dabei fällt die vollauf gerechtfertigte Bemerkung, der Leibniz lebhaft zugestimmt haben dürfte, Kerseys *Algebra* sei wertlos. Das Gespräch wandte sich zu S p i n o z a, und Tschirnhaus erzählte von dem nicht sehr glücklichen Bekehrungsversuch, den Steno unternommen hatte. Mit Spinoza hatte

[486] Leibniz-Oldenburg, 12. V 76. Über das Zusammentreffen mit H a r d y vgl auch *Nouveaux Essais* IV, 5; § 4 — [487] Oldenburg-Huygens, 9. VIII 75 — [488] Smethwick-Huygens 10. VII 75 und Papin-Huygens, 10. VIII. 75 — [489] Oldenburg-Leibniz, 9? VIII 75 — [490] Huygens-Smethwick, 9. X 75. Daß Tschirnhaus Leibniz damals schon kannte geht wohl aus Huygens-Leibniz, 3? X. 75 hervor. worin nach Tschirnhaus. Adresse gefragt wird — [491] Schuller-Spinoza, 14. XI. 75 — [492] Spinoza-Schuller, 18 XI 75 — [493] Leibniz-Oldenburg, 28. XII. 75 — [494] Schuller-Spinoza, 14 XI 75 — [495] vgl Leibniz-Habbaeus, 14 II. und 22. III. 76, ferner Leibniz-Kahm, 14. II. 76 — [496] *Cat crit* 2, Nr 1055 (1 X 75)

Leibniz im Zusammenhang mit einer optischen Frage Briefe gewechselt[497], er interessierte sich für den Verfasser des *Tractatus theologico-politicus*, und Tschirnhaus kämpfte mit sich, ob er nähere Einzelheiten über die von ihm gemachten Auszüge aus den Handschriften Spinozas preisgeben solle[498], unterließ es aber, damit wiederum den Wünschen des Haager Einsiedlers entsprechend[499]. In einer weiteren Unterredung[500], an der auch Justel und Mathion teilnahmen, berichtete Tschirnhaus unter anderm über seltene Bücher aus Holland. — Die gemeinsamen mathematischen Studien bezogen sich zunächst auf einfache algebraische Gegenstände. Ich erwähne Aufzeichnungen über die Gleichungen 3. Grades unter Benutzung der Ansätze $x = u + v$ und

$$x = \sqrt[3]{u} + \sqrt[3]{v} + \sqrt[3]{w}$$

und Entsprechendes für Gleichungen 5. Grades, zu denen sich eine Note über die Dreiteilung des Winkels gesellt[501], ferner die Behandlung der Gleichung 4. Grades[502] mittels $x = u + v + w$, eine Aufzeichnung über das Auftreten imaginärer Größen gelegentlich der Lösung einer von Tschirnhaus gestellten geometrischen Aufgabe[503] und einige algebraische Umformungen[504].

Um die Summierung der harmonischen Reihe haben sich die beiden vergeblich bemüht[505]. Das, was Collins hierüber an Leibniz gegeben hatte[506], stellte diesen keineswegs zufrieden[507]; es handle sich nur um eine Näherung, und zwar um eine sehr einfache, die man leicht aus der Mercator-Reihe erhalten könne   - während Leibniz aus Oldenburgs Andeutungen auf eine exakte Summierung der Teilreihen gehofft hatte. Aber freilich müsse man zunächst schon für eine Näherung dankbar sein, solange man nichts Besseres habe. Die von einem jungen französischen Mathematiker stammende näherungsweise Berechnung von $\sum 1/k^2$ wurde von Leibniz und Tschirnhaus gemeinsam geprüft[508]. Im Spätherbst 1675 macht Tschirnhaus Andeutungen über die von ihm benutzten Methoden zur Bestimmung von Tangenten und Quadraturen[509], die Leibniz sogleich aufzunehmen und weiterzuführen versucht[510]. Als Gegengabe mag Leibniz über seine arithmetische Kreisquadratur berichtet haben; die Betrachtungen über die Flächen regelmäßiger Vielecke von 2^n Seiten im Kreis[511] auf Grund der Beziehung

$$\frac{2\,\varrho_{2n}}{r} = \sqrt{2 + \frac{2\,\varrho_n}{r}}$$

gehören mit zu den Vorstudien für die Einleitung des geplanten Werkes. Die vorbereitende Division $ay^2/(a^2 + y^2) = y^2/a - y^4/a^3 + \dots$ hat Tschirnhaus — sofern er wirklich der Schreiber des fraglichen Schriftstückes ist[512] -- selbständig nachgerechnet, ebenso das ihm von Leibniz Dargelegte über den

[497] Leibniz-Spinoza, 5. X 71 und Spinoza-Leibniz, 9 XI 71 — [498] Schuller-Spinoza 14 XI 75 — [499] Spinoza-Schuller, 18 XI. 75 — [500] *Cat. crit.* 2, Nr. 1056 (3? X. 75) -- [501] *Cat. crit.* 2, Nr. 1161 (17. XII. 75), Nr 1162-63 und 1198-99 (XII 75), Nr. 1296 (2 II 76) und Nr 1413 (3? V 76) — [502] *Cat. crit.* 2, Nr. 1104[503] (X? 75) — [503] *Cat. crit.* 2 Nr 1136 (26? XI 75) — [504] *Cat crit.* 2. Nr. 1132 (26? XI 75) und Nr. 1418 (13? V. 76), sowie Nr. 1512 (VIII 76) - [505] *Cat. crit.* 2, Nr. 1180-82 und 1184-85 (XII 75), Nr. 1334-36 und 1341-42 (II 76) — [506] Oldenburg-Leibniz, 22. IV. 75 — [507] Leibniz-Oldenburg, 20. V. 75 — [508] *Cat. crit.* 2, Nr. 1210 (1675?) — [509] *Cat. crit.* 2, Nr. 1128 (26? XI. 75) — [510] *Cat. crit.* 2, Nr 1208 (1675) — [511] *Cat crit* 2, Nr 1362 (28 II 76) und Nr 1411 (2. V 76) — [512] *Cat. crit.* 2. Nr. 1472 (VI? 76).

Aufbau des Differenzenschemas einer Reihe[513]. Vielleicht war Tschirnhaus
der Freund, bei dem Leibniz das druckfertige Ms. seiner arithmetischen Kreisquadratur[514] in Paris zurückgelassen hat, damit es durch diesen bei nächster
Gelegenheit zum Druck befördert werden könne[515]. Dort hat es Ozanam eingesehen[516], der von Leibniz nur eine Mitteilung des Ergebnisses erhalten
hatte, und den Hauptsatz nebst Beweis in seine *Géométrie pratique* von 1684
(S. 192/96) eingefügt hat, ohne Leibniz' auch nur mit einem einzigen Wort
zu gedenken. Gelegentlich seines zweiten Aufenthalts in Paris (Frühjahr
bis Herbst 1882) hat Tschirnhaus das Leibnizsche Druckmanuskript mitgenommen, um es dem Eigentümer wieder zuzustellen; leider ist das wertvolle Original auf der Reise verlorengegangen[517].

Die oben genannten Aufzeichnungen aus den Papieren von Leibniz machen
es wahrscheinlich, daß Tschirnhaus, der Ende September 1675 mit Leibniz
bekannt geworden ist, mit ihm am 1. und 3. X. 75 zwei vorzugsweise allgemein
orientierte Unterredungen gehabt und sich erst um den 26. XI. 75 über
mathematische Einzelheiten mit ihm unterhalten hat. Diese bezogen sich auf
Tschirnhaus' Infinitesimalmethode und die Verwendung imaginärer Größen
im Zusammenhang mit geometrischen Aufgaben, deren algebraische Lösung
Tschirnhaus vorführte. Wir haben nicht den geringsten Anhaltspunkt dafür,
daß Leibniz durch ihn in diesen Wochen irgend etwas Wesentliches über die
neuesten Arbeiten der Engländer erfahren hätte; nur das eine ist sicher,
daß sich Tschirnhaus auf Wunsch von Oldenburg und Collins nach dem
Verbleib der Schriften einiger französischer Mathematiker erkundigt hat, auf
die auch Leibniz bereits hingewiesen worden war. Es drehte sich noch immer
um die *Leçons des Tenebres* von Desargues[518], um den Abdruck der Nachlässe
von Lalovera und Fermat[519], um die Papiere von Roberval und vor allem
um die von Pascal. Von Roberval war damals fast nichts gedruckt, jedoch
liefen mehrere seiner Abhandlungen und Vorträge handschriftlich bei Freunden
um. Collins wollte sich durch Leibniz Abschriften verschaffen lassen[520], erhielt
aber die Auskunft, dies sei wohl unnötig, da Roberval seine Papiere selbst an
die Öffentlichkeit bringen wolle[521]. Mitten aus diesen Vorbereitungen war Roberval weggestorben; Leibniz konnte seine *Elementa geometrica* einsehen und hat
das Ms. auch Tschirnhaus übergeben. Beide äußerten sich dahin, es lohne sich
kaum, diese Schrift zum Druck zu befördern[522]. In späteren Jahren erwähnt
Leibniz die darin enthaltenen (noch sehr unvollkommenen) axiomatischen
Bemerkungen[523]. Den vermutlich bedeutenderen Teil seiner Handschriften habe
Roberval unter Benennung von Blondel, Buot und Picard als seine Testaments-
vollstrecker der *Ac. sc.* hinterlassen[524].

Daß er einen Bericht Périers über die Ms. Pascals erwarte, hatte Leibniz
schon im Sommer 1674 mitgeteilt[525]. Endlich, fast ein volles Jahr später, erhielt

[513] *Cat. crit.* 2, Nr. 1513 (VIII 76) — [514] *Cat. crit.* 2, Nr. 1323-33 (Sommer 1676) — [515] Leibniz-
Huygens, 18. IX. 79 — [516] Leibniz-Tschirnhaus, Sommer 1693 — [517] vgl. Gent-Huy-
gens, 18. XII. 82 — [518] Oldenburg-Leibniz, 4. VII. 75 — [519] Oldenburg-Leibniz, 4. VII.
75. Näheres über diese Nachlässe in Collins-Gregory, 24. III. 72 — [520] Oldenburg-Leibniz,
4. VII. 75 — [521] Leibniz-Oldenburg, 12. VII. 75 — [522] Leibniz-Oldenburg, 28. XII. 75 —
[523] Bemerkungen zu Descartes (1692), *L PG* IV, S. 354 und *Nouveaux Essais* I, 3, § 24 und
IV, 7, § 10 — [524] sie wurden 1686-88 von La Hire druckfertig gemacht, erschienen aber erst
1693. — [525] Leibniz-Oldenburg, 15. VII. 74.

er von den beiden jüngeren Brüdern É. Périers, die damals in Paris von Arnauld
und Nicole unterrichtet wurden, eine größere Anzahl von Heften aus dem Nachlaß Pascals[526], doch handelte es sich um kaum mehr als Fragmente[527], darunter
die leider unvollständigen Studien zur Elementargeometrie[528] — sie haben
Arnauld zur Abfassung seiner berühmten *Nouveaux Elemens de Geometrie*
veranlaßt — und das Vorwort an die Pariser *Académie* Monmors. Es sollte
an die Spitze der schon 1654 ausgedruckten, aber erst 1665 an die Öffentlichkeit gekommenen Schriften treten, die im *Triangle aritmétique* vereinigt sind.
Ein Bruchstück aus der Einleitung in die Geometrie besaß auch der Abbé des
Billettes; Leibniz hat es angesehen und ausgezogen[529]. Die Widmung an die
Pariser *Académie*, worin Pascal eine Übersicht über die von ihm bereits abgeschlossenen und weiterhin geplanten mathematischen Schriften zusammenstellt,
hat Leibniz abgeschrieben[530]. Die Pascalschen Kegelschnitte, für die man sich
in England ganz besonders interessierte[531], hatte Leibniz damals noch nicht erhalten[532]; wahrscheinlich wurden ihm diese Ms. erst im Januar 1676 ausgehändigt[533]. Auch Tschirnhaus beteiligte sich an der Durchsicht. Der eigenhändige
Auszug von Leibniz aus den *Conica*[534] enthält Randnoten von Leibniz und
Tschirnhaus, ebenso die kleine Studie über Pascals *Hexagramma mysticum*[535];
die Note über die *hyperbolae oppositae* (die beiden zusammengehörigen Zweige
der Hyperbel) stammt von Tschirnhaus allein[536]. Im ganzen waren Leibniz und
Tschirnhaus von Pascals Nachlaß hochbefriedigt; in dem Begleitbrief, den
Leibniz bei Rückgabe der Papiere an É. Périer richtete[537] und der als Einleitung
für die von Leibniz sehr befürwortete Veröffentlichung dieser Handschriften
gedacht war[538], wurde alles für druckfertig erklärt. Vermutlich hat Périer das
Bündel an seinen Verleger Desprez gegeben, bei dem das Ms. zugrunde gegangen
zu sein scheint[539]. Leibniz meint, man solle mit der *Generatio conisectionum*[540]
beginnen, worin die Kegelschnitte durch räumliche Zentralprojektion aus einem
Kreis erzeugt werden. Daran werde sich die Untersuchung des Pascalschen
Sechsecks[541] und der (heute irrtümlich nach Mac Laurin benannten) Konfi-
guration zwischen 4 Tangenten und den zugehörigen Berührpunkten am Kegel-
schnitt anschließen lassen, ferner die Studie über Verhältnisbeziehungen an
Sehne, Sekante und Tangente, über die Bestimmung von Kegelschnitten aus
5 gegebenen Elementen (Punkte oder Tangenten) und über die körperlichen
Örter (die anscheinend als selbständige Einzelschrift beabsichtigt war). An den
Schluß wären — abgesehen von dem *Essay pour les coniques* von 1640 — einige
Bruchstücke zu stellen, wie etwa jenes nur im Konzept vorhandene über das
problema magnum, durch einen gegebenen Punkt eines Kegels einen ebenen
Schnitt zu führen, der zu einem gegebenen Kegelschnitt ähnlich werde. Das
Werk herauszubringen, sei sicher sehr verdienstvoll; jedoch dürfe man mit der
Drucklegung nicht mehr länger zögern, da eine ähnlich geartete Schrift in

---

[526] Leibniz für die Brüder Périer, 4. VI. 75 und die Brüder Périer für Leibniz, 4? VI. 75 —
[527] Leibniz-Oldenburg, 20. V. 75 — [528] vgl. Leibniz, *De cognitione, veritate et ideis*, AE XI 84
— [529] *Cat. crit.* 2, Nr. 1501 (1675-76) — [530] *Cat. crit.* 2, Nr. 1500 (1675-76) — [531] Oldenburg-
Leibniz, 4. VII. 75 — [532] Leibniz-Oldenburg, 12. VII. und 28. XII. 75 — [533] die Brüder
Périer für Leibniz, I 76 — [534] *Cat. crit.* 2, Nr. 1496 (I ? 76) — [535] *Cat. crit.* 2, Nr. 1292 (I 76) —
[536] *Cat. crit.* 2, Nr. 1377 (2. IV. 76) — [537] Leibniz-É. Périer, 30. VIII. 76 — [538] vgl. Collins-
Bernard, 27. XI. 76 und Leibniz-Remond, 14. III. 1714 — [539] Leibniz-Vagetius, 7. XII.
86 — [540] Abschrift in *Cat. crit.* 2, Nr. 1499 (1676) — [541] Auszug in *Cat. crit.* 2, Nr. 1498 (1676).

Vorbereitung sei — ein Hinweis auf La Hires *Nouveaux Elemens des sections coniques*, die freilich erst 1679 herauskamen.

Es scheint, daß Tschirnhaus die ihm von Leibniz übergebenen Papiere Robervals und Pascals am 17. XII. 75 wieder zurückgestellt hat. Mehrere Tage später schrieb Leibniz an Oldenburg[542], daß dieser ihm einen so gescheiten und vielversprechenden jungen Mann empfohlen habe, sei ein wahrer Freundschaftsdienst gewesen. Tschirnhaus habe Leibniz mehrere seiner geometrischen und analytischen Aufzeichnungen gezeigt, die von außerordentlicher Eleganz seien. Jetzt sei er vollauf mit der Erlernung des Französischen beschäftigt und daher zunächst außerstande, das gegebene Versprechen hinsichtlich der Übersendung eines Beitrags für die *PT*, vor allem des verabredeten über die irrationalen Gleichungslösungen, in absehbarer Zeit einzulösen. Er habe schon vor einiger Zeit gebeten, sein überlanges Schweigen Oldenburg gegenüber zu entschuldigen; wunschgemäß habe er sich um die Papiere Robervals, Pascals und Frenicles gekümmert, aber nur zum Teil mit Erfolg. Auch F r e n i c l e war im Herbst 1675 gestorben; er hatte ein druckfertiges Ms. über rationale rechtwinklige Dreiecke hinterlassen, das von Mariotte mit Zusätzen herausgegeben werden sollte. Wir werden darauf später in anderm Zusammenhang zurückkommen.

In seinem Brief setzt sich Leibniz im Anschluß an eine Bemerkung B o y l e s in der *Excellency of Theologie*[543] mit der Frage auseinander, inwieweit sich die *scientia de mente* vermittels geometrischer Methoden betreiben lasse[544]. Seiner Ansicht nach seien die metaphysischen Konstruktionen der Cartesianer viel zu stark auf den Begriff der I d e e aufgebaut. Der Unterschied zwischen Stoff und Geist lasse sich keineswegs ausschließlich durch den Gegensatz zwischen Ausdehnung und Bewußtsein wiedergeben. Descartes und andere zögen zum Beweis für die Ewigkeit des Geistes den reinen Seinsbegriff heran, dessen Grundeigenschaft die Existenz sei. Es sei aber keineswegs ausgemacht, ob das Denkmögliche auch wirklich existiere; von dieser Art seien etwa Begriffe wie die Zahl aller Zahlen, das Unendliche, das Kleinste, das Größte, das Vollkommenste, die Allheit und dergleichen mehr, die von Natur aus unklar seien und mit denen man erst nach Aufstellung klarer und eindeutiger Existenzkriterien operieren dürfe. Es komme alles darauf an, eine Wahrheit sozusagen auf mechanischem Wege zuverlässig, deutlich und damit unwiderleglich zu machen. Daß dies überhaupt möglich sei, sei freilich eine geradezu unbegreifliche Gnade. Hier werden Ansichten wiedergegeben, die Leibniz im Zusammenhang mit den Andeutungen von Tschirnhaus über Spinozas Ethik und in der Diskussion mit seinem neuen Partner niedergelegt hatte[545].

Nun folgt ein Hinweis auf eine der Lieblingsideen von Leibniz, nämlich auf die *characteristica universalis*, seine Begriffsschrift, mittels deren er den Denkvorgang zu einem mehr oder minder mechanischen Problem zu machen hoffe, so daß man selbst mit so schwierigen Begriffen wie Gott oder Geist ebenso

---

[542] L e i b n i z - O l d e n b u r g, 28. XII. 75 — [543] Auszüge und Noten daraus in *Cat. crit.* 2, Nr. 1172 (Spätherbst 1675) — [544] vgl. *Cat. crit.* 2, Nr. 1173 und 1177 (Spätherbst 1675) — [545] *Cat. crit.* 2, Nr. 1216-17 (Herbst 1675) und L e i b n i z - T s c h i r n h a u s, Ende VI 82.

zuverlässig umzugehen vermöge wie mit Zahlen oder Figuren. Die gegenwärtige
Algebra gebe nur einen kleinen Vorgeschmack davon; das Wesentliche sei, daß
man selbst dann nicht zu irren vermöge, wenn man es wolle.

Diese Mitteilung kreuzte sich mit einem kurzen Schreiben Oldenburgs[546], der
ungeduldig wurde, da er noch immer keine Antwort auf seine Sendung vom
10. X. 75 erhalten hatte, und sich über Tschirnhaus beklagte, von dem man
ohne jede Nachricht sei; ob er denn die gegebenen Zusicherungen schon vergessen habe? — Der Brief von Leibniz blieb wunschgemäß unbeantwortet,
denn Leibniz gedachte für einige Wochen zu verreisen und frühestens Ende
Januar 1676 wieder nach Paris zurückzukehren. Er war von Abbé Gravel, mit
dem er in Mainz geschickt zusammengearbeitet hatte, zur Teilnahme an der
Konferenz in Marchienne wegen der Neutralität Lüttichs eingeladen worden,
erhielt aber den von Hannover erhofften diesbezüglichen politischen Auftrag
nicht[547]. In die Hochspannung dieser Tage, da es um seine ganze Zukunft ging,
fällt die Durchsicht der Papiere Pascals und das häufige Zusammensein mit
Tschirnhaus (I/II 76), ferner ein gemeinsamer Besuch bei Clerselier[548], der
den Nachlaß von Descartes verwahrte. Die beiden haben zahlreiche der damals
noch ungedruckten Papiere angesehen und ausgezogen; Leibniz insbesondere
hat sich für medizinische[549], meteorologische[550] und mathematische Aufzeichnungen[551] interessiert. Später hat er durch Tschirnhaus' Vermittelung die Abschriften einiger weiterer damals noch ungedruckter Ms. von Descartes erhalten[552].

In diesem Zusammenhang muß auf die merkwürdige Lücke eingegangen
werden, die sich im Briefwechsel zwischen Leibniz und Oldenburg zwischen
dem 28. bzw. 30. XII. 75 und dem nächsten Brief von Leibniz vom 12. V. 76
vorfindet. In die Zwischenzeit fällt das eingehende Studium der *Conica* Pascals, auf die überraschenderweise in den beiden nachfolgenden Briefen von
Leibniz[553] überhaupt nicht eingegangen wird, und der Besuch bei Clerselier. Er
findet seinen Niederschlag in einem Schreiben von Tschirnhaus[554] — dem ersten
seit der Abreise von London —, das eine glühende Apologie der Cartesischen
Methoden enthalten haben muß und Collins zu einer längeren Entgegnung
veranlaßt hat[555]. In seinem Brief vom 12. V. 76 äußert sich Leibniz überhaupt
nicht über die vorausgegangenen Stücke der Korrespondenz; wohl aber bittet
er, es möge nichts von Gregorys wertvollem Nachlaß unaufbewahrt bleiben.
Der Tod Gregorys war ihm in Oldenburgs Brief vom 30. XII. 75 noch nicht
mitgeteilt worden. Läge wirklich zwischen Leibniz' Brief vom 12. V. 76 und
dem vorhergehenden eine Zeitspanne von fast einem halben Jahr, so wäre
eine Entschuldigung irgendwelcher Art wie im Brief vom 15. VII. 74, durch
den die Korrespondenz wieder angeknüpft worden war, wohl angemessen ge-

---

[546] Oldenburg-Leibniz, 30. XII. 75 — [547] Leibniz-Herzog Johann Friedrich, I 76;
Leibniz-Kahm, 14. II. 76; Kahm-Leibniz, 28. II. 76 — [548] 24? II. 76. Vgl. *Cat. crit.* 2, Nr. 1321
(II 76) — [549] *Cat. crit.* 2, Nr. 1322-23 (II 76) — [550] *Cat. crit.* 2, Nr. 1324 (II 76) — [551] *Cat. crit.* 2,
Nr. 1325 (II 76) — [552] Die *Recherche de la verité* war Beilage zu Tschirnhaus-Leibniz, 16. XI.
76, der *Tractatus de methodo* Beilage zu Tschirnhaus-Leibniz, 4. V. 83; weiteres wird in
Leibniz-Tschirnhaus, 12. X. 94 erwähnt aber nicht einzeln genannt — [553] Leibniz-Olden-
burg, 12. V. und 27. VIII. 76 — [554] Tschirnhaus-Oldenburg, Anfang V 76 — [555] Oldenburg-Tschirnhaus, Ende V 76.

wesen. Daß jeglicher Hinweis fehlt, scheint auf den Verlust dazwischenliegender Briefe hinzudeuten. Ich nehme an, daß Leibniz Mitte II 76 näher auf Pascals Papiere eingegangen ist und vielleicht bei dieser Gelegenheit Einzelstücke in Abschrift nach London gesandt hat; Oldenburg mag Anfang III 76 geantwortet und Gregorys Tod erwähnt haben. Sein Brief könnte sehr wohl gleichzeitig mit dem Schreiben an Huygens verfaßt sein[556], das durch Bernard persönlich nach Paris mitgebracht wurde. Von den drei hier erwähnten Briefen ist der von Tschirnhaus am leichtesten zu ermitteln; man hat ihm bisher nur noch nicht die nötige Aufmerksamkeit geschenkt, weil man seine Bedeutung nicht erkannt hatte. Wahrscheinlich findet sich zumindest eine Abschrift im *Letterbook* der RS. Der mutmaßliche Brief von Leibniz ist in den offiziellen Papieren der RS nicht vorhanden, ebensowenig wie die Antwort Oldenburgs, die vielleicht nur ein kurzes Billett war. Um das Schreiben von Leibniz wiederzufinden, müßte man in den noch keineswegs hinreichend sorgfältig durchgearbeiteten Nachlässen von Barrow, Collins, Halley, Newton, Pell und Wallis nach Auszügen bzw. Abschriften aus Pascal suchen. Aus ihnen wäre, wie zu hoffen steht, ein Hinweis auf die verschollenen Schriftstücke zu erwarten.

Mit Tschirnhaus war Leibniz unmittelbar vor Erfindung des Calculus bekannt geworden. Beide haben seit Ende XI 75 in immer stärkerem Maße zusammengearbeitet und sich insbesondere für Handschriften interessiert: Tschirnhaus vor allem für Descartes, Leibniz mehr für Pascal. Ihre Studien über Allgemeinmethoden zur Auflösung von Gleichungen blieben unvollendet; Leibniz hat mit klarem Blick die Mängel der verwendeten Ansätze erkannt und aufgewiesen und seinen phantasievollen, aber nicht hinreichend kritisch veranlagten jüngeren Freund von der unbedachten Weitergabe der bisherigen Ergebnisse zurückgehalten. Tschirnhaus war eine jener auf mathematischem Gebiet nicht seltenen Persönlichkeiten, die so stark von ihrer eigenen Gedankenwelt erfüllt sind, daß sie Anregungen von außen nur mittelbar und nur nach einer gewissen Inkubationszeit aufzunehmen vermögen. Aus den später zwischen Leibniz und Tschirnhaus gewechselten Briefen geht dies mit voller Klarheit hervor. Ihnen entnehmen wir die uns bereits bekannte Tatsache, daß Tschirnhaus schon während der Pariser Zeit eindringlich auf den Ansatz $x = u + v$ zur Behandlung verallgemeinerter Cardanischer Gleichungen und gewisser Erweiterungen hingewiesen worden war[557], jedoch nur mit halbem Ohr zugehört und die Methode ungeprüft zurückgewiesen hatte[558], um sie später — im wesentlichen selbständig, wie er vermeinte — wieder aufzunehmen[559], ohne darin weiter voranzukommen als seinerzeit Leibniz. Dieser glaubte inzwischen herausgefunden zu haben, daß der erwähnte Ansatz bei Gleichungen 4. Grades auf eine Hilfsgleichung $3 \cdot 4$-ten Grades, bei einer Gleichung 5. Grades sogar auf eine Gleichung $4 \cdot 5$-ten Grades führe, also praktisch nicht verwendbar sei[560]. In Paris war zwischen beiden auch schon von dem Ansatz $x = \sqrt[3]{u} + \sqrt[3]{v}$ für kubische Gleichungen usw. die Rede[561]; Leibniz wußte jetzt, daß er mit dem vorhergehenden identisch

[556] Oldenburg-Huygens, 3. III. 76 — [557] Cat. crit. 2, Nr. 1104² (X ? 75) und Tschirnhaus-Leibniz, Sommer 1677 — [558] Leibniz-Tschirnhaus, Anfang V 78 — [559] Tschirnhaus-Leibniz, 10. IV. 78 — [560] Leibniz-Tschirnhaus, Anfang V 78 und Ende V 78 — [561] Cat. crit. 2, Nr. 1296 (2. II. 76).

sei[562]. Noch während der Pariser Zeit, schreibt Tschirnhaus (aber anscheinend, ohne Leibniz hierüber unterrichtet zu haben), habe er zur Beseitigung der Zwischenglieder einer Gleichung n-ten Grades den allgemeinen Ansatz $y = x^{n-1} + u_2 x^{n-2} + \ldots + u_n$ gemacht[563] und bisher nur an Mohr und Schuller weitergegeben. Er führt die Beseitigung des 2. und 3. Gliedes der kubischen Gleichung in voller Breite vor. Demgegenüber betont Leibniz, dieser Ansatz sei sicherlich vortrefflich zur Gleichungstransformation geeignet, aber schwerlich allgemein genug für die Gleichungsauflösung[564]; die Beseitigung sämtlicher Zwischenglieder sei sicher so nicht möglich. Leibniz glaube z. B. beweisen zu können, daß man auf diesem Wege nur spezielle Typen der Gleichung 5. Grades meistern werde, aber niemals die allgemeine.

Noch weit interessanter ist Tschirnhaus' Stellung zu Leibniz' Infinitesimalmethoden. Leibniz hatte ihm in allgemeinen Worten über seinen Calculus berichtet und die bei der arithmetischen Kreisquadratur verwendete Transmutation eingehend klargelegt. An Letzteres erinnert sich Tschirnhaus noch ganz genau, aber nicht mehr an das Erste[565]. Er weiß nur mehr, daß Leibniz die Kombinatorik als eine selbständige Wissenschaft betreiben wolle, während sie Tschirnhaus bestenfalls als Anhang der Algebra ansieht und nicht recht versteht, was Leibniz damit sagen will, daß die Kombinatorik als eine Formenlehre (der symmetrischen Funktionen) betrachtet werden kann[566]. Auf eine Bemerkung von Leibniz über die geplante Universalsprache[567] entgegnet er, den Nutzen dieser Sache könne er nicht recht einsehen[568]. Leibniz schreibt nun ausführlicher über seine *characteristica universalis*[569], ohne jedoch überzeugen zu können[570]. Im Verlauf dieser Diskussion betont Leibniz auch, daß man sich keineswegs mit der rein definitorischen Einführung neuer Gebilde begnügen dürfe, sondern noch einen Existenzbeweis hinzufügen müsse[571].

In Wirklichkeit hat Tschirnhaus auch von Leibniz' Infinitesimalrechnung schon in Paris gehört; so weiß er z. B. noch dunkel, daß Leibniz die Guldinschen Schwerpunktsätze (vermittels des charakteristischen Dreiecks) wesentlich erweitert hat[572]. Leibniz ruft ihm nun ins Gedächtnis zurück, er habe ihm die Sache eingehend auseinandersetzen wollen, aber Tschirnhaus habe in den neuen Symbolen nur unnütze Zeichen gesehen, die bestenfalls dazu dienen könnten, den Gegenstand zu verdunkeln; nicht einmal ein Beispiel habe er sich vorführen lassen wollen[573]. Wie wenig Tschirnhaus den Sachverhalt begriffen hatte[574], zeigt die Bemerkung, Leibniz' Verfahren sei bestenfalls ein *compendium methodi*, noch nicht die Methode selbst.

Dort, wo es um rein algorithmische Dinge ging, fühlte sich Tschirnhaus sogleich zu Hause; algorithmisch ist auch die Quadraturmethode, die er sich zurecht-

---

[562] Leibniz-Tschirnhaus, Anfang 1680 — [563] Tschirnhaus-Leibniz, 17. IV. 77, später als *Methodus auferendi omnes terminos* in den *AE*, V 83 (S. 204-07) veröffentlicht. Vgl. die zugehörige kritische Bemerkung in Leibniz' Papieren vom Sommer 1683 (*LBG*, S. 315-16) — [564] Leibniz-Tschirnhaus, Anfang 1680 — [565] Tschirnhaus-Leibniz, 10. IV. 781— [566] Leibniz-Tschirnhaus, Anfang V 78 — [567] Leibniz-Tschirnhaus, II 78 — [568] Tschirnhaus-Leibniz, 10. IV. 78 — [569] Leibniz-Tschirnhaus, Ende V 78 — [570] Tschirnhaus-Leibniz, Ende 1678 — [571] Leibniz-Tschirnhaus, Ende V 78 — [572] Tschirnhaus-Leibniz, Sommer 1677 — [573] Leibniz-Tschirnhaus, Anfang V 78 — [574] Tschirnhaus-Leibniz 10. IV. 78.

gelegt hatte[575]: Er arbeitet zwar mit Indivisibeln, glaubte aber die Einführung unendlich schmaler Rechtecke (die Leibniz für unumgänglich hielt) nicht nötig zu haben. Durch Weiterbildung des Cavalierischen Verfahrens und Ausführung Cartesischer Gedankengänge ist er zum Ziel gekommen. Modern ausgedrückt, beruht Tschirnhaus' Methode auf der folgenden geometrischen Überlegung: Der zwischen den drei Koordinatenebenen und den Zylindern über den Flächen $\int_0^a y \cdot dx$ und $\int_0^a z \cdot dx$ stehende Körper $\int_0^a yz \cdot dx$ ist auch gleich $\oint z \cdot dx \cdot dy$. Tschirnhaus benutzt dies und die daraus folgende partielle Integration zur Auswertung der Integrale $\int_0^1 y^m \cdot dx$, wobei $y^n = x$; $\int_0^1 x^p y^q \cdot dx$, wobei $x + y = 1$; und $\int_0^1 x^{pq-1} y \cdot dx$, wobei $y^2 = 1 - x^p$, führt jedoch nur die einfachsten ganzzahligen Fälle vor und überläßt das Weitere der vom Leser vorzunehmenden Erweiterung der Einzelrechnungen. Außerdem führt er $\int_0^{2a} xy \cdot dx$, worin $\left(\dfrac{y}{a}\right)^n = \dfrac{2a - x}{x}$, durch partielle Integration über in $\int_0^\infty \dfrac{2a^{2n+2}\, dy}{(a^n + y^n)^2}$ auch hier wiederum nur die Fälle $n = 1, 2, 3, 4$ betrachtend. In seiner Antwort[576] betont Leibniz die Verwandtschaft dieser Gedankengänge mit jenen von Gregorius a S. Vincentio, Pascal und Fabri und glaubt, auf ähnliche Weise könne man wohl die Sätze aus der *Arithmetica infinitorum* von Wallis beweisen und vielleicht auch verallgemeinern; freilich sehe er keinerlei Beziehung zu Descartes. Tschirnhaus erklärt daraufhin[577], das Verfahren des Gregorius und das Pascals sei durchaus nicht so allgemein wie seines. Auf Fabris Buch sei er erst durch Leibniz hingewiesen worden. Dort sei — wie er jetzt festgestellt habe — alles viel umständlicher und unvollkommener ausgedrückt. Er selbst schätze im wesentlichen drei verschiedene Quadraturmethoden: die Kurvenausstreckung von Heuraet nebst den von Barrow (in den *Lectiones geometricae*) hinzugefügten Anwendungen, die Leibnizsche Transmutationsmethode und das von ihm selbst gegebene Verfahren. Jetzt hebt Leibniz nochmals die Bedeutung seiner Allgemeinmethode vor[578]: er bedauere es außerordentlich, daß sich Tschirnhaus in seinem Vorurteil gegen Symbole so wenig für die neue Analysis interessiert habe.

Wir sind kurz auf diese schon ein wenig später liegenden Einzelheiten eingegangen, weil sie uns zeigen, daß Tschirnhaus die eigentlichen mathematischen Kernprobleme nicht durchschaut hatte. Er blieb an der Oberfläche und im Algorithmischen stecken; den Wert einer dem Gegenstand wirklich angemessenen Symbolik hat er nicht erkannt. Obendrein war er infolge seiner eigentümlichen psychischen Struktur überhaupt nicht in der Lage, Anregungen von

[575] Das erste Beispiel (Parabelquadratur) ist mündlich an Leibniz gegangen: Cat. crit. 2' Nr. 1090 (26. X. 75); weitere Anspielungen in Tschirnhaus-Leibniz, Anfang V 77; ausführliche Darlegung in Tschirnhaus-Leibniz. 27 I. 78. Vgl. Hofmann, Opus geometricum. S. 55-69 — [576] Leibniz-Tschirnhaus, II 78 — [577] Tschirnhaus-Leibniz, 10. IV. 78 — [578] Leibniz-Tschirnhaus. Ende V 78

außen her rasch und erfolgreich aufzunehmen und ihre Bedeutung zu überblicken. Daher wäre er niemals imstande gewesen, Entscheidendes von den
Methoden der Engländer an Leibniz weiterzugeben; *selbst dann nicht, wenn
er von diesen wirklich Näheres erfahren hätte.* Leibniz konnte im Umgang
mit ihm lernen, aber nur deshalb, weil er in ihm einen Studiengenossen von
außerordentlich starkem mathematischem und auch literarischem Interesse
gewonnen hatte; mit dem sich alsbald ein herzliches Einverständnis heraus-
bildete; *von Tschirnhaus zu lernen, war für Leibniz nach Lage der Dinge
ausgeschlossen.*

13. DIE ERFINDUNG DES CALCULUS

Über infinitesimale Probleme hören wir in den mit Oldenburg gewechselten
Briefen seit jener großen Sendung aus London vom 22. IV. 75 nur wenig.
Interessant ist eine erneute Anfrage von Leibniz wegen der Rektifikation der
Ellipse und Hyperbel[579], auf die er zur Antwort erhielt, in England könne man
diese nicht etwa „geometrisch" (d. h. in algebraisch geschlossener Form),
sondern nur durch Annäherung (d.h. durch Reihen) leisten[580]. Damals glaubte
Leibniz noch immer, er vermöge beide Ausstreckungen auf die Quadratur des
Kreises und der Hyperbel zurückzuführen[581], und teilte dieses Ergebnis als
eine seiner bedeutendsten jüngsten Entdeckungen an Galloys mit[582]. Noch in
einem wesentlich späteren Brief an Oldenburg findet sich eine ähnliche Bemerkung[583]. Der Irrtum Leibniz' beruht auf einem Rechenfehler und ist nicht
etwa prinzipieller Natur. Nun wird die Gleichheit des Hyperbelstreifens
$\int_{x_1}^{x_2} \frac{a\,b\,dx}{x}$ mit dem zugehörigen Hyperbelsektor festgestellt[584] — das ist ein alter
Satz, der sich schon im *Opus geometricum* des Gregorius a S. Vincentio findet
— und die entstehende Fläche durch Logarithmen gemessen[585]; Leibniz studiert ähnliche und parallele (d. h. evolutengleiche) Kurven[586] und überlegt
sich, in welche Bestandteile die *ars inveniendi* zerfällt[587]. Der „kombinato-
rische" enthalte die allgemeine Methode, der „analytische" gebe die Lösung
im Einzelfall.

Jetzt werden die früheren Untersuchungen über allgemeine Schwerpunktbestimmungen[588] wieder aufgenommen und in vertiefter Form weitergeführt[589].

An die Spitze tritt die Umformung[590] $\int_0^a xy\cdot dx = \frac{a^2 b}{2} - \int_0^b \frac{x^2\,dy}{2}$, wobei $\int_0^a x\cdot y\,dx$

als Drehmoment der Fläche $\int_0^b y\,d\,x$, $\int_0^b \frac{x}{2}\cdot xdy$ als Drehmoment der Fläche $\int_0^b xdy$

um die y-Achse gedeutet wird. Als Bezeichnung für die Integration wird im

---

[579] Leibniz-Oldenburg, 12. VII. 75 — [580] Oldenburg-Leibniz, 10. X. 75 — [581] *Cat. crit.* 2,
Nr. 1085 (24. X. 75), Nr. 1089 (25. X. 75), Nr. 1091 (26. X. 76), Nr. 1165-66 (22. XII. 75),
Nr. 1277 (I 76), Nr. 1458 (28. VI. 76) und Nr. 1459 (29. VI. 76) — [582] Leibniz-Galloys,
2. XI. 75, Fassung B — [583] Leibniz-Oldenburg, 22. VII. 77 — [584] *Cat. crit.* 2, Nr. 1076 (19. X.
75) — [585] *Cat. crit.* 2, Nr. 1087 (24. X. 75) — [586] *Cat. crit.* 2, Nr. 1071-73 (15. X. 75). Vgl. auch
Nr. 831 (XII 74) — [587] *Cat. crit.* 2, Nr. 1078-79 (20. X. 75) und Nr. 1097-98 (31. X. 75) — [588] *Cat.
crit.* 2, Nr. 547, 551 und 564 (V 73) — [589] *Cat. crit.* 2, Nr. 1086 (24. X. 75) — [590] *Cat. crit.* 2,
Nr. 1089 (25. X. 75) = *LBG*, S. 147-49.

Anschluß an Cavalieri/Fabri die Abkürzung *omn.* [*es*] verwendet; so z. B.

omn. $\overline{xy\,ad\,x}$ statt $\int_0^a xy \cdot dx$; der Querstrich deutet die Zusammengehörigkeit

(entsprechend unsern Klammern) an. Jetzt setzt Leibniz $xy = z$ und $x^2 = 2t$.

Dann ist $\int_0^a z \cdot dx = \int_0^b t \cdot dy$. Ist eine bestimmte Ausgangsgleichung $f(x,y) = 0$

gegeben, so kann sie einerseits als $U(x,z) = 0$, andrerseits als $V(t,y) = 0$ geschrieben werden. Die angeführte Integralbeziehung lehrt uns, daß die entsprechend auf beiden Kurven abgeschnittenen Flächenstreifen einander gleich sind. Das Beispiel eines Kegelschnitts $f(x,y) = 0$ wird genauer besprochen.

Es ist aus geometrischen Gründen klar, daß der Schwerpunkt bestimmt ist, sobald man die Fläche und die Drehmomente hinsichtlich zweier sich schneidender Achsen kennt. Sind nur die Momente hinsichtlich zweier paralleler Achsen bekannt, so ist zwar die Fläche, aber nicht der Schwerpunkt bestimm-

bar (dies folgt aus $a \int_0^c y \cdot dx = \int_0^c (a+x) y \cdot dx - \int_0^c xy \cdot dx$); kennt man aber

die Momente hinsichtlich dreier ein Dreieck bildender Achsen, so läßt sich sowohl die Fläche wie auch die Lage des Schwerpunktes ermitteln. Dies kann man, so fährt Leibniz fort[591], auch auf Kurvenbögen ausdehnen. Ganz allgemein

ist $\int_0^a xy \cdot dx = a \int_0^a y \cdot dx - \int_0^a dx \int_0^x y \cdot dx$. Die von uns als a bezeichnete Schluß-

abszisse heißt bei Leibniz *ult.* [*ima*] x; das Doppelintegral wird als *omn.* $\overline{omn.\,y}$ bezeichnet. Hieraus wird die weitere Integralumformung entwickelt:

$$\int_0^a y\,dx = a\int_0^a \frac{y}{x}\,dx - \int_0^a dx \int_0^x \frac{y}{x}\,dx = a^2\int_0^a \frac{y}{x^2}\,dx - a\int_0^a dx \int_0^x \frac{y}{x^2}\,dx - \int_0^a dx \left\{ x\int_0^x \frac{y}{x^2}\,dx - \int_0^x dx \int_0^x \frac{y}{x^2}\,dx \right\}$$

usw. Leibniz weiß, daß man auf diesem Wege $\int_0^a \ln x \cdot dx$ bestimmen kann

(nämlich aus $a = \int_0^a x \cdot \frac{dx}{x} = a \cdot \ln a - \int_0^a \ln x \cdot dx$), und daß man mittels

$$c z = \int_0^a y \cdot dx$$

zum Bogen

$$s = \int_0^a \sqrt{1 + \left(\frac{dz}{dx}\right)^2} \cdot dx = \int_0^a \sqrt{1 + \left(\frac{y}{c}\right)^2} \cdot dx$$

der Quadratrix $z = z(x)$ kommt. Jetzt soll das Moment einer Fläche $\int_0^a y \cdot dx$

hinsichtlich einer beliebigen Geraden bestimmt werden[592], die Leibniz aus

---

[591] *Cat. crit.* 2, Nr. 1090 (26. X. 75) = *LBG*, S. 149-51 — [592] *Cat. crit.* 2, Nr. 1106[1] (1. XI. 75) = *LBG*, S. 157-60.

dem Abschnitt e auf der x-Achse, dem Abstand f der Geraden vom Ursprung und der Strecke g gibt, die e und f zu einem rechtwinkligen Dreieck ergänzt. Das bedeutet in unsern Bezeichnungen, daß die Gerade die Normalform $\frac{f\,x + g\,y - e\,f}{e} = 0$ hat. Das Flächenelement $y \cdot dx$ besitzt den Schwer-

punkt $\left(x, \frac{y}{2}\right)$; folglich ist das Moment der Fläche $\int_0^a y \cdot dx$ bezüglich der Ge-

raden gleich $\int_0^a \frac{f(x - e) + {}^1\!/_2\,g\,y}{e}\,y \cdot dx$. Ferner hat das Bogenelement ds

den Schwerpunkt x, y; also ist das Moment des Bogens $\int_0^c ds$ bezüglich der

Geraden gleich $\int_0^c \frac{f(x - e) + g\,y}{e} \cdot ds$. Leibniz findet diese Ergebnisse durch

eine unmittelbar geometrische Umrechnung, die dem modernen Übergang zur Normalform entspricht; er beherrscht den Übergang zu einer neuen Bezugsachse vollständig[593] und ist sich über die Allgemeinheit und die Bedeutung des Ergebnisses durchaus im klaren: Auf diese Weise seien zahlreiche Einzelsätze bei Cavalieri, Gregorius a S. Vincentio, Wallis, Gregory und Barrow einheitlich dargestellt. Verwandt mit diesen Überlegungen sei die

schon von Gregorius gegebene Integrationsmethode für die Körper $\int_0^a uv \cdot dx$

zwischen den Koordinatenebenen und den Zylindern $\int_0^a u \cdot dx$ und $\int_0^a v \cdot dx$, der

sog. *ductus*. Ist z. B. $uv = ay = a\sqrt{a^2 - x^2}$, so handelt es sich um die Quadratur des Kreises, die vermittels des *ductus* der beiden „subalternen" Parabeln $u^2 = a\,(a + x)$, $v^2 = a\,(a - x)$ geleistet werden kann[594].
Später hat Leibniz den Guldinschen Schwerpunktsatz näher untersucht[595] und gefunden, daß die bei Abwicklung eines Fadens von einer Kurve überstrichene Fläche gleich der Fadenlänge ist, multipliziert mit dem vom Schwerpunkt des Gesamtfadens (ruhender + bewegter Teil) beschriebenen Bogen[596]. Auch den Zusammenhang mit der Oberflächen- und Inhaltsbestimmung von Drehkörpern und Mouluren hat er hervorgehoben. Das hat Tschirnhaus von Leibniz noch in Paris erfahren[597]. Während seines Aufenthaltes in Lyon hat Tschirnhaus hierüber mit Regnauld gesprochen, der ihm die in Commandinos Übersetzung wegen der Lückenhaftigkeit des benutzten griechischen Kodex nur schwer erkennbare Stelle zeigte[598], aus der hervorgeht, daß schon Pappus den ursprünglichen Guldinschen Satz kannte[599].
Für Leibniz dreht es sich beim Quadraturproblem vor allem um die Frage, wann eine aus einem Polynom $f(x, y) = 0$ definierte algebraische Kurve ein

---

[593] Im einzelnen wird die Berechnung am Kreis (*Cat. crit.* 2, Nr. 1106¹ vom 1. XI. 75), später auch an andern Kegelschnitten vorgeführt: Nr. 1165-67 (22. XII. 75) — [594] hieraus hatte Gregorius im *Opus geometricum X* durch eine fehlerhafte Integration seine mißlungene Kreisquadratur entwickelt. Vgl. Hofmann, *Opus geometricum*, S. 69-72. Siehe ferner Leibniz-La Roque, Ende 1675, Fassung C — [595] *Cat. crit.* 2, Nr. 1286 (I 76) und Nr. 1419-21 (18. V. 76) — [596] Leibniz, *De novo usu centri gravitatis*, AE 1695 — [597] Tschirnhaus-Leibniz, Sommer 77 — [598] Pappus, *Collectiones*, Ende der Einleitung zu Buch VII — [599] Tschirnhaus-Leibniz, 17. IV. 77 und Leibniz-Johann Bernoulli, 28. VII. 1705; dort versehentlich Regnier statt Regnauld.

„analytisches" Integral $z = \frac{1}{a} \int_0^x y\,dx$ besitzt, d. h. eines, das selbst aus

einem Polynom $F(x, z) = 0$ dargestellt werden kann. Die Angelegenheit hat ihn lange beschäftigt[600]; jetzt endlich glaubt er zum Ziel gekommen zu sein[601]. Um den fraglichen Zusammenhang festzustellen, bestimmt Leibniz rein rechnerisch gemäß der Sluseschen Tangentenregel die Subtangente t des laufenden Punktes x, z vermittels $t F_x + z F_z = 0$ und entfernt t vermittels der Beziehung $z : t = y : a$, hat also $a F_x + y F_z = 0$. Aus dieser Gleichung und $F(x, z) = 0$ denkt er sich z beseitigt und dann durch Koeffizientenvergleich geprüft, ob der Ansatz zur Darstellung des Integrals tauglich gemacht werden kann oder nicht. Sei der Ansatz unbrauchbar (über den Grad der heranzuziehenden Gleichung $F(x, z) = 0$ könne man keine endgültige Aussage machen), so müsse man zur Ausgangsgleichung gewisse Glieder hinzufügen, durch die sie nur unmerklich abgeändert, jedoch zu einer analytisch quadrierbaren Figur gemacht werde[602] — also ein Analogon zur rationalen Darstellung irrationaler

Größen. Auf den Kernpunkt der modernen Theorie, daß nämlich $\int_0^x y \cdot dx$ als

$R(x, y) + T(x)$ dargestellt werden kann, worin $R(x, y)$ ein Polynom in x, y und T eine Transzendente ist, die sich als Summe gewisser kennzeichnender Integrale 1., 2. und 3. Gattung darstellen läßt, ist Leibniz noch nicht verfallen. Der Ansatz, den er auch Tschirnhaus vorgeführt hatte[603], hat ihn jahrelang beschäftigt. Aus ihm hat er (durch Kombination mit seiner rationalisierenden Transformation) alle Probleme zu kennzeichnen gelernt, die nur von der Quadratur des Kreises oder der Hyperbel abhängen[604].

Auch Tschirnhaus hat sich mit der analytischen Ausführbarkeit von Quadraturen abgegeben[605] und glaubte die Möglichkeit oder Unmöglichkeit entscheiden zu können[606], was Leibniz höchlichst interessierte, da er in dieser Frage noch keine endgültige Klarheit gewonnen hatte[607]. Tschirnhaus betonte die Schwierigkeit der nun endlich geglückten Untersuchung[608] und erhielt daraufhin Leibniz' ausführlichen Ansatz[609]. Seine eigene Methode brachte er im Herbst 1683 an

die Öffentlichkeit[610]. Er wählt den Ansatz $z = \frac{1}{x} \int_0^x y\,dx$ und behandelt das

Problem im übrigen ganz gemäß den Leibnizschen Überlegungen weiter; nur ist er unvorsichtig genug zu behaupten, daß eine analytische Quadratrix $F(x, z) = 0$, wenn vorhanden, vom Grad n sein müsse; obendrein sei eine in allgemeiner Form analytisch nicht quadrierbare Fläche auch in keinem ihrer Teile analytisch quadrierbar. Er führt als Beispiel das Problem der allgemeinen Kegelschnittquadratur vor[611], behandelt einen kubischen Fall mit analytischer

[600] *Cat. crit.* 2, Nr 820 (XII 74), Nr. 882 (1674), Nr 895–97 und 906 (I 75) — [601] *Cat. crit.* 2, Nr. 1090 (26 X 75) = *LBG*, S. 149–51 — [602] hierzu vgl. auch *Cat crit.* 2, Nr 1074 (Mitte X 75) — [603] Leibniz-Tschirnhaus, Anfang 1680 — [604] über frühere Beispiele vgl *Cat. crit.* 2, Nr. 560–61 (Sommer 1673) und Nr 823 (XII 74), über spätere Nr. 1237–38, 1242 und 1244 (Anfang 1676), Nr. 1482 (VII 76) und Nr. 1519 (VIII? 76), außerdem Leibniz-La Roque, Ende 1675, Fassung A und B — [605] Tschirnhaus-Oldenburg, 1. IX 76 — [606] Tschirnhaus-Leibniz, 30. IV. 78 — [607] Leibniz-Tschirnhaus, Ende V 78 — [608] Tschirnhaus-Leibniz, Ende 1678 — [609] Leibniz-Tschirnhaus, Anfang 1680 — [610] Tschirnhaus, *Methodus datae figurae . . . aut quadraturam aut impossibilitatem . . determinandi*, *AE* X 83 — [611] Einzelheiten in Hofmann-Wieleitner, *Integrationen algebraischer Funktionen*, S. 282–85.

Quadratrix und zeigt, daß sich für den Kreis $y^2 = x\,(2\,a - x)$ auf diesem Wege keine Quadratrix ermitteln läßt. Daraus schließt er, daß der Kreis weder allgemein noch in Teilen analytisch quadriert werden könne; Entsprechendes gelte auch für die Hyperbel.

Leibniz war sehr ungehalten über diese und die andern gleichzeitigen Veröffentlichungen von Tschirnhaus[612], worin das Wichtigste über seine analytischen Einzelentdeckungen in Paris dargeboten worden war, und dies obendrein ohne seine Zustimmung und in anfechtbarer und unrichtiger Form. Auch im vorliegenden Fall hatte Tschirnhaus in Wahrheit den Ansatz von Leibniz benutzt und nur unwesentlich verändert, jedoch den Autor nur nebenbei erwähnt. Mit gutem Grund mißtraute Leibniz den allgemeinen Behauptungen von Tschirnhaus; daß eine Kurve im allgemeinen Fall nicht quadrierbar sein und trotzdem ein rational quadrierbares Stück besitzen kann[613], hat er in feiner Form an dem Beispiel $4\,x^2 y^2 + y^4 - 6\,c^2 y^2 + c^4 = 0$ gezeigt, bei dem $\int_0^r y \cdot dx = {}^1\!/_2\,c^2$ ist[614]:

es ist entstanden aus der *lunula quadrantalis* des Hippokrates (Abb. 1), wie sich unmittelbar aus der Darstellung $y = \sqrt{2\,c^2 - x^2} - \sqrt{c^2 - x^2}$ ergibt[615], die auf Grund einer Anspielung Leibniz'[616] sogleich von Huygens wiedergefunden wurde[617]. Die Unrichtigkeit der Tschirnhausschen Angabe über den Grad von $F\,(x, z) = 0$ wurde von Craig in seinem Buch über Quadraturen von 1685 hervorgehoben; dieser glaubte irrtümlich, die beiden Aufsätze in den AE vom Oktober 1683 und vom Mai 1684 gingen auf Leibniz zurück, und griff diesen wegen der von Tschirnhaus verschuldeten irrigen Äußerungen an: wir stehen am Beginn des Prioritätsstreites.

Nach dieser Abschweifung kehren wir wieder zurück zu den seinerzeitigen Studien vom Oktober 1675[618]. Sie setzen sich weiterhin die Behandlung eines wichtigen Problems zum Ziel, das Leibniz schon lange umworben hatte, nämlich die Lösung „inverser Tangentenaufgaben". Im Herbst 1674 hatte er die Bestimmung von Kurven aus gegebener Subnormale leisten können; im Frühjahr 1675 war er im wesentlichen nicht viel weiter vorangeschritten[619]. Jetzt wird die nämliche Frage erneut aufgenommen: Leibniz geht aus von der Beziehung $\int_y^x p \cdot dx = \int_0^y y \cdot dy = {}^1\!/_2 \cdot y^2$, denkt sich aber y in Integralform als $\int_0^y dy$ geschrieben. Dann ist also $^1\!/_2\,(\int_0^y dy)^2$ nicht gleich dem Doppelintegral $\int_0^y dy \cdot \int_0^y dy$, d. h. der Wert des Doppelintegrals ist verschieden vom Wert des Produktes der beiden Integrale. Mitten in dieser Untersuchung ersetzt Leibniz die Abkürzung *omn.* durch das Zeichen $\int$, d. h. durch ein langes s, den Anfangs-

[612] Es handelt sich um die Tangentenmethode (AE, XII 82), die Extremwertmethode (AE, III 83) und die Quadraturmethode (AE, X 83) — [613] das Problem wird schon in Leibniz-Tschirnhaus, Anfang 1680 erwähnt — [614] Leibniz, *De dimensionibus inveniendis*, AE, V 84 — [615] erwähnt in einem seiner Zeit ungedruckt gebliebenen *Responsum* (Leibniz für Mencke, Ende 1687) auf die erneuten Einwände von Tschirnhaus im *Additamentum*, AE, IX 87 — [616] Leibniz-Huygens, 19. II. 92 — [617] *HO* X, S. 262 — [618] *Cat. crit.* 2, Nr. 1092 (29. X. 75) = LBG, S. 151-56 — [619] *Cat. crit.* 2, Nr. 903-06 (I 75).

buchstaben des Wortes *summa*, für das es eintritt. Zunächst wird $\int y$ ge-
schrieben, wo wir $\int_0^x y \cdot dx$ setzen müßten; es sind zwar immer bestimmte
Integrale gemeint, aber die Grenzen werden nicht eigens vermerkt. Daß die
Operation $\int$ die Dimension um einen Grad erhöht, wird ausdrücklich vorgehoben. Ist $\int y = z$, so setzt Leibniz $y = z/d$. Wieder wird betont, daß die
d-Operation die Dimension um einen Grad erniedrigt. Sogleich erscheinen
einige einfache Beispiele. Aus ihnen geht hervor, daß Leibniz einen konstanten
Faktor vor das Integralzeichen zieht und die Summe von Integralen als Integral
der Summe behandelt. Abschließend folgt die Bemerkung, falls man die
Tangente des Kurvenpunktes $P(x, y)$ mit der y-Achse im Punkt $T\left(0, y - x\dfrac{dy}{dx}\right)$
schneide und auf der Ausgangsordinate die Strecke $^1\!/_2 \cdot OT$ abtrage, so
daß der Punkt $Q\left(x, \dfrac{y\,dx - x\,dy}{2\,dx}\right)$ entstehe, so sei das *ordinatim* aus PQ
erzeugte Flächenstück $\int_0^x \left(y - \dfrac{y\,dx - x\,dy}{2\,dx}\right) \cdot dx$ gleich dem Dreieck $xy/2$. Dies
wird unmittelbar aus der sich ergebenden Beziehung $\int_0^x \dfrac{x\,dy + y\,dx}{2\,dx} \cdot dx$ ab-
gelesen. So ist der allgemeine Transmutationssatz sogleich in das sich ent-
wickelnde Gefüge der neuen Analysis eingebaut.

Einige Tage später[620] wird die Untersuchung auf Kurven mit vorgegebener
Subnormale angewendet. Aus $y \cdot \dfrac{y\,dy}{dx} = a^2$ findet Leibniz $a^2 x = ^1\!/_3 \cdot y^3$.
Daß noch eine Integrationskonstante hinzuzufügen wäre, bleibt unbemerkt,
da Leibniz die Integralkurve grundsätzlich im Ursprung beginnen läßt. Anschließend folgt die Probe vermittels der Sluseschen Tangentenregel. Ist
$x \cdot \dfrac{y\,dy}{dx} = a^2$, so ist $^1\!/_2 \cdot y^2 = a^2 \displaystyle\int \dfrac{dx}{x}$; die entstehende Kurve sei transzendent
und könne vermittels der logarithmischen Linie konstruiert werden. Hätte
Leibniz hier die Einzelheiten näher verfolgt, so wäre er notgedrungen zu
einer Untersuchung über die Grenzen gekommen. Ist $x + \dfrac{y\,dy}{dx} = a^2 : y$, so ist
$x^2 + y^2 = 2\,a^2 \displaystyle\int \dfrac{dx}{y}$. Die Integralfunktion rechts sieht Leibniz versehentlich
als einen Logarithmus an, weil er nicht auf die Integrationsveränderliche
geachtet hat. Während der Rechnung verändert er die Bezeichnung und
ersetzt x/d durch das ihm nunmehr zweckmäßiger erscheinende dx, an dem er
für alle Zukunft festhält: schon tritt eine „unbestimmte" Integration wie
$\int y\,dy = ^1\!/_2 \cdot y^2$ in völlig moderner Schreibweise auf. Leibniz muß sich an
seine Neueinführung erst gewöhnen und begeht anfangs noch zahlreiche
Flüchtigkeits- und Auffassungsfehler, aber er ist auf dem rechten Wege. Mit

[620] *Cat. crit.* 2, Nr. 1120 (11. XI. 75) = *LBG*, S. 161-67.

dem Beispiel $x + \dfrac{y\,dy}{dx} = a^2 : x$ wird er leicht fertig. Er setzte $a^2 \displaystyle\int \dfrac{dx}{x} = \log z$ und hat $x^2 + y^2 = 2 \cdot \log z$.

Als letztes Beispiel erscheint $\sqrt{x^2 + y^2} = \dfrac{y\,dy}{dx}$. Jetzt ist $y^2/2 = \displaystyle\int_0^x \sqrt{x^2 + y^2} \cdot dx$.

Daß dies nur ein Ansatz, noch keine Lösung ist, fühlt Leibniz deutlich heraus. Daher versucht er es mit einer schrittweisen Näherungslösung, indem er vom Punkt 0 (0,0) aus um die (infinitesimale) Einheit $x = 1$ fortschreitet, das zugehörige y aus $1 + y^2 = y^4$ bestimmt usw. Gemeint ist hier die Konstruktion eines Näherungspolygons, dessen Stücke zwischen die aufeinanderfolgenden äquidistanten Achsenlote $x_k = kh$ ($h =$ infinitesimale Einheit) eingepaßt werden und jeweils der Richtung $y'\,(x_k, y_k)$ am linken Ende des Geradenstückes folgen. Diesen Gedanken hatte Leibniz schon mehr als zwei Jahre früher verwendet, als er versucht hatte, die Differentialgleichung $\dfrac{dy}{dx} = \dfrac{y}{2\,x}$ aufzulösen[621]. Daraus eine wirklich brauchbare Methode zu machen, mittels deren man durch Grenzübergang zu einer Lösung der Differentialgleichung kommen könnte, war das ihm vorschwebende, aber weder damals noch jetzt erreichte Ziel.

Nun kehrt Leibniz nochmals zur methodischen Untersuchung seiner neu eingeführten Bezeichnungen zurück. Er gibt $x = f(t)$, $y = g(t)$ und bemerkt, daß weder $\dfrac{dx}{dt} \cdot \dfrac{dy}{dt}$ gleich $\dfrac{dxy}{dt}$, noch $\dfrac{d}{dt}\left(\dfrac{x}{y}\right)$ gleich $\dfrac{dy}{dx}$ ist. Was er gemeint hat, läßt sich nur mühsam aus einer großen Anzahl flüchtig hingeworfener und mangelhaft bezeichneter Notizen schließen, bei denen Richtiges mit groben Fehlern untermischt ist. Zum Schluß wird y aus der Kegelschnittgleichung $f(x,y) = 0$ als Funktion von x und $\dfrac{dy}{dx}$ berechnet. Kennzeichnenderweise muß sich Leibniz zunächst die Subtangente t gemäß der Sluseschen Regel verschaffen und dann mittels $t = \dfrac{y\,dx}{dy}$ entfernen. So lassen sich alle ähnlich geformten Ausdrücke quadrieren, sagt Leibniz, damit die Auflösung linearer Differentialgleichungen der Form $y' = -\dfrac{a\,x + b\,y + d}{b\,x + c\,y + e}$ ins Auge fassend.

Dies sind die berühmten Aufzeichnungen, bei deren Niederschrift Leibniz im Ringen um ein möglichst einfaches und durchsichtiges Darstellungsmittel zur Erfindung des Calculus vorgedrungen ist. Zunächst handelt es sich keineswegs um eine bewußte Neuschöpfung, sondern nur um eine zweckmäßige Abkürzung, durch die sich einzelne Integralumformungen leichter ausdrücken lassen. Sie führt bei Behandlung gewisser inverser Tangentenaufgaben zu einer formalen Verkürzung, vor allem aber zur Beseitigung der langatmigen Verbaldarstellung, die so undurchsichtig war und überwunden werden mußte, ehe man

[621] *Cat. crit.* 2, Nr. 575 (VIII 73). Vgl. M a h n k e , *Einblicke*, S. 55-56 und H o f m a n n - W i e l e i t n e r - M a h n k e , S. 587-88.

an schwierigere Fragen herantreten konnte. Der erste, der entscheidende Schritt zur „Algebraisierung" der infinitesimalen Probleme war getan — und der neue Gesichtspunkt war einem wohlerfahrenen Mann aufgegangen, der gewohnt war, das Allgemeine und Kennzeichnende aus einer Fülle von gleichartigen Tatsachen herauszufinden. Noch fehlte manches, was erst eine spätere Zeit hinzugefügt hat, wie etwa die Unterscheidung zwischen dem bestimmten und dem unbestimmten Integral oder die Überwindung der als Rechenregel brauchbaren, als Formalismus unzweckmäßigen Sluseschen Regel, aber der Schöpfer des neuen und wahrhaft genialen Hilfsmittels war ein Mann, überreich an lebenskräftigen Ideen und willig, sie zu gestalten. Was ihm noch mangelte, fühlte er deutlich; er wußte jedoch, daß sich das Fehlende ebenso werde ergänzen lassen wie bei der Rechenmaschine, und daß der Weg in neues Land offen stand. In dieser Stimmung, dieser Gewißheit schreibt er an Galloys[622], er wolle die ihm bereits zugefallenen und in Aussicht stehenden mathematischen Entdeckungen in Briefen an bekannte Persönlichkeiten von Ruf und Ansehen an die Öffentlichkeit bringen; und an Oldenburg[623], er werde zu gegebener Zeit eine Schilderung seines algebraischen Instruments zur Gleichungslösung, seine schon vor mehr als 2 Jahren an die Pariser Freunde gegangene arithmetische Kreisquadratur und darüber hinaus seine Untersuchungen über ein anderes geometrisches Problem mitteilen, an dessen Auflösung man bisher schier verzweifelt sei. Aller Wahrscheinlichkeit nach hat er damit die Studien über das inverse Tangentenproblem gemeint, die inzwischen unter Weiterbildung des Calculus wesentlich gefördert worden waren[624]. Interessanterweise wird im CE aus diesem Brief nur der schon oben wiedergegebene Hinweis auf Tschirnhaus, ferner der auf das algebraische Instrument und auf die arithmetische Kreisquadratur erwähnt, nicht aber die Schlußbemerkung über die weiteren Erfolge, die billigerweise als entscheidend zu Leibniz' Gunsten sprechend hätten angeführt werden müssen.

Was Leibniz damals ohne langes Nachdenken leisten konnte, zeigt uns eine Notiz über das Zusammentreffen mit Dechales, der 1673 als Nachfolger von Pardies aus Lyon nach Paris gekommen war und als Verfasser eines vielgerühmten *Cursus mathematicus*[625] großes Ansehen genoß. Dechales stellte Leibniz die Aufgabe, das Stück eines Kreiskegels zwischen der Grundebene und einer zur Achse parallelen Ebene zu ermitteln. Noch am nämlichen Abend fand Leibniz die Lösung und stellte fest, daß sie von der Quadratur des Kreises und der Hyperbel abhänge[626], was durch Zerlegung in zwei Kegelstücke unmittelbar einleuchtet.

Interessanter ist die Behandlung der sog. Bertetschen Kurve, auf die Leibniz schon vor mehreren Jahren durch Ozanam hingewiesen worden war[627]. Es handelt sich um jene Kurve, die aus dem Kreis vom Halbmesser a durch Ansetzen des Bogens s (gerechnet von einem gewissen Umfangspunkt ab) an den zugehörenden Fahrstrahl entsteht. Die Gleichung in Polarkoordinaten ist also

[622] Leibniz-Galloys, 2. XI. 75 — [623] Leibniz-Oldenburg, 28. XII. 75 — [624] Cat. crit. 2, Nr. 1131 (27. XI. 75) und Nr. 1165-66 (22. XII. 75) — [625] vgl. Leibniz-Oldenburg, 24. V. 73 und die Besprechungen im JS vom 14. I. 75 und PT 9, Nr. 110 vom 4. II. 75, S. 229-33 — [626] Cat. crit. 2, Nr. 1063 (10. X. 75) — [627] Leibniz-Bertet, 3 ? XI. 75.

$r = a + s$. Zur Tangentenbestimmung legt Leibniz im Endpunkt des erzeugenden Kreisbogens die nach rückwärts zu nehmende Strecke rs/a auf die zugehörige Kreistangente und verbindet den erhaltenen Endpunkt mit dem laufenden Kurvenpunkt; die Fläche zwischen dem Ausgangshalbmesser des Kreises, dem Fahrstrahl r und dem Kurvenbogen wird durch $rs/2 + s^3/6\,a$ ausgedrückt[628]; die Bestimmung jenes Kurvenpunktes, dessen Tangente zum Ausgangsradius senkrecht steht, sieht Leibniz als ein einfaches Problem an. Dies trifft jedoch nur für den Ansatz $\dfrac{a+s}{a} \cdot \mathrm{tg}\,\dfrac{s}{a} = 1$, nicht für die Ausrechnung zu. Leibniz weist sogleich auf die Verallgemeinerung (*curvae protensae*) hin, die sich ergibt, wenn der Kreis durch eine beliebige Ausgangskurve ersetzt wird. In einer zugehörigen Aufzeichnung[629] wird die Kurve sehr geschickt aus einer Fadenkonstruktion erzeugt. Später hat sich Ozanam (im *Dictionaire mathematique*, S. 97/98) die Kreisprotense und ihre Tangentenkonstruktion angeeignet, ohne Bertet oder Leibniz zu erwähnen. Daß die Kurve am einfachsten durch die Konstanz der Polarsubnormale gekennzeichnet werden könnte, hat damals niemand bemerkt.

Um diese Zeit hat Leibniz auch an einer neuen Zusammenfassung seiner arithmetischen Kreisquadratur gearbeitet, die für das *JS* bestimmt war[630]. Es handelt sich um ein französisches Konzept (Fassung A), seine Umarbeitung und Veränderung (Fassung B) und um zusätzliche lateinische Nebenbemerkungen (Fassung C). Die Darstellung ist wesentlich flüssiger als die seinerzeitige Formulierung für Huygens[631], aber durch überraschende Gedächtnisfehler und andere Irrtümer entstellt, die uns zeigen, daß Leibniz diese schließlich doch nicht weitergegebene Abhandlung in erheblicher Eile niedergeschrieben hat. Aus der ursprünglich vorgesehenen, dann wieder gestrichenen Erwähnung der Kissoidenquadratur Gregorys ergibt sich eine ziemlich enge Beziehung zu dem von Huygens durchgesehenen Schriftstück; bemerkenswert ist der Hinweis, man könne mittels der allgemeinen Transmutation die von Wallis durch Induktion plausibel gemachte Quadratur der Parabeln und Hyperbeln aus der Tangenteneigenschaft streng erweisen und das rationale Zykloidensegment bestimmen. In der Fassung C wird angedeutet, wie man die Quadratur der gleichseitigen Hyperbel auf rationalem Wege finden kann: Leibniz verbindet den laufenden Punkt (x, y) der Kurve $y^2 = x\,(2\,a + x)$ mit dem Gegenscheitel $(-2\,a, 0)$ und erhält auf der Nebenachse den Abschnitt $z = \dfrac{a\,y}{2\,a + x} = \dfrac{a\,x}{y} = a\sqrt{\dfrac{x}{2\,a + x}}$.

Daraus entnehmen wir sogleich, daß $\displaystyle\int\limits_0^x y\,dx = \int\limits_0^z \dfrac{8\,a^5\,z^2\,dz}{(a^2 - z^2)^3}$ wird usw.

Der Gegenstand findet eine erneute Weiterbildung in einem französischen Konzept, das vermutlich für Galloys bestimmt war[632]. Aus der Einleitung heben wir die Allgemeinbemerkungen über das Wesen der arithmetischen Quadratur hervor: die Reihe $1/1 - 1/3 + 1/5 - \dots$ stelle eine Größe dar, die man sich

[628] Infinitesimaler Beweis in *Cat. crit.* 2, Nr. 1110 und 1112 (3. XI. 75) — [629] *Cat. crit.* 2, Nr. 1112 (3. XI. 75) — [630] Leibniz-La Roque, Ende 1675 — [631] Leibniz für Huygens, X 74 — [632] Leibniz-Galloys? Ende 1675.

unter Zuhilfenahme des Kreises besser vorstellen könne, genau so, wie man zur Versinnlichung der Reihensumme $1 + \frac{1}{2} - \frac{1}{4 \cdot 3} - \frac{1}{8 \cdot 3 \cdot 17} - \cdots = \sqrt{2}$ die Diagonale des Quadrats heranziehen müsse. Hier ist ein entscheidender Auffassungswechsel eingetreten: jetzt wird eine Größe durch eine konvergente unendliche Reihe definiert: Die neue analytische Betrachtungsweise hat eine mächtige Förderung erfahren. Die Arithmetisierung höherer geometrischer Probleme sei ein grundsätzlicher Fortschritt, der weit über Viète/Descartes einerseits und über Cavalieri, Fermat und Wallis andrerseits hinausführe. Das größte Hemmnis bei der älteren Betrachtungsweise sei die ausschließliche Verwendung der infinitesimalen Rechtecke gewesen; durch die Benutzung infinitesimaler Dreiecke im Anschluß an Desargues/Pascal werde der Gesichtskreis in ungeahnter Weise erweitert. In zwei gesonderten Aufzeichnungen wird der Transmutationssatz und die mit seiner Hilfe durchführbare Quadratur der höheren Parabeln und Hyperbeln in dem seinerzeit schon dargelegten Sinn ausführlich behandelt.

Über seine Parabel- und Hyperbelquadratur scheint Leibniz im Frühjahr 1676 mit Bertet gesprochen und alsdann nähere Einzelheiten über das von diesem verwandte Quadraturprinzip mittels geometrischer Reihen erhalten zu haben[633]. Uns liegt nur eine Abbildung vor, in der ein Parabelsegment, ein Dreieck und ein Hyperbelstreifen von gleicher Höhe nebeneinanderliegen; jedesmal ist die Höhe von der Grundlinie ab durch fortgesetzte Halbierung nach oben hin nach einer geometrischen Reihe unterteilt und das System der zugehörigen einbeschriebenen Rechtecke gezeichnet. An einer weiteren Figur ist das Nämliche für einen an der Asymptote gespiegelten Hyperbelbogen durchgeführt. Diese letzte Figur bezieht sich vermutlich auf den Drehkörper einer gewöhnlichen gleichseitigen Hyperbel um die Asymptote. Ein Begleittext ist nicht vorhanden; wahrscheinlich hat Bertet die zugehörigen Rechnungen auf einem gesonderten Blatt vorgeführt, das gegenwärtig verschollen ist.

Dem Kenner ist klar, daß es sich um die Fermatsche Methode zur Quadratur der höheren Parabeln und Hyperbeln handelt, die in der damals noch ungedruckten Abhandlung *De aequationum localium transmutatione* entwickelt ist. Der erste Teil dieser Schrift, enthaltend die Quadratur der höheren Parabeln, war schon um 1629 an die Freunde Fermats gegangen, auf jeden Fall an d'Éspagnet, Carcavy und Beaugrand. Weitere Abschriften wurden durch Mersenne im Winter 1644/45 nach Italien verbracht; eine erhielt Santini in Genua, eine andere Torricelli[634], der das Beweisverfahren höchlich bewunderte: Er selbst habe bis dahin nur die Quadratur der Parabeln $y/b = (x/a)^n$ für ganze positive n leisten können[635], während Fermat allgemeiner auch für gebrochene n zum Ziel gekommen sei[636]. Unabhängig hiervon hatte Torricelli schon mehrere Jahre früher den Drehkörper $\int_a^\infty y^2 \pi\, dx$ der bis ins Unendliche erstreckten

[633] Bertet für Leibniz, 9? II. 76 — [634] Ricci-Torricelli, 28. I. 45 und Mersenne-Torricelli, 4. II. 45 — [635] Torricelli-Ricci, 27. VIII. 44 und Ricci-Torricelli, 10. IX. 44 — [636] Torricelli-Ricci, 6. II. 45.

Hyperbelfläche $\int\limits_{a}^{\infty} y \cdot dx$, wobei $xy = ab$, durch partielle Integration bestimmt[637]

und ist auf dem von Fermat beschrittenen Wege zur Quadratur der höheren Hyperbeln $(x/a)^m \, (y/b)^n = 1$ vorgedrungen[638] — ein Ergebnis, das Fermat auch seinerseits besaß und nebst Beweis an Torricelli geleitet zu haben scheint[639]. In Frankreich oder Italien mag Bertet etwas von der Methode der geometrischen Reihe gehört haben, aber entweder nur in sehr entstellter Form oder allein in allgemeinen Worten. Dies scheint daraus hervorzugehen, daß er nicht einmal den Urheber des ganzen Verfahrens nennt und die Methode in unpassender Weise anzuwenden versucht.

Fermats Gedanke läßt sich z. B. an den Parabeln $(y/b)^n = (x/a)^m$ (m, n ganz, positiv und teilerfremd) so wiedergeben: Wird $0 < t < 1$ gewählt, so läßt sich auf der x-Achse die Punktfolge $x_k = a \cdot t^{kn}$ geben, der die Ordinatenfolge $y_k = b \cdot t^{km}$ entspricht. Dem Parabelstreifen $\int\limits_{x_k}^{x_{k-1}} y \cdot dx$ ist das Rechteck $(x_{k-1} - x_k) \, y_k = ab \, (1 - t^n) \, t^m \, t^{(k-1) \, (m+n)}$ einbeschrieben, also der Parabelfläche $\int\limits_{0}^{a} y \cdot dx$ die Treppenfigur $\dfrac{a \, b \, (1 - t^n) \, t^m}{1 - t^{m+n}} = ab \cdot \dfrac{(1 + t + \ldots + t^{n-1}) \, t^m}{1 + t + \ldots + t^{m+n-1}}$.

Mit $t \to 1$ strebt die Treppenfigur gegen die Parabelfläche; daraus folgt $\int\limits_{0}^{a} y \cdot dx = \dfrac{a \, b \, n}{m + n}$. Fermat hat ursprünglich nur den Fall $m = 1$, erst später den allgemeinen Fall gemeistert. Bei den Hyperbeln ist er nicht von den einbeschriebenen Rechtecken ausgegangen, wie bei Bertet angedeutet wird, sondern von den umbeschriebenen. Auch sonst sind gewisse Abweichungen vorhanden; so begnügt sich Bertet nicht mit der Fläche $\int\limits_{0}^{a} y \cdot dx$, sondern fügt das Spiegelbild an der x-Achse mit hinzu. In seiner Figur ist — wie schon oben bemerkt — nur der Fall $t = {}^1/_2$ angedeutet; den Rest muß sich der Leser selber ergänzen. Daß er die Methode nicht voll verstanden (und wahrscheinlich auch nicht selbst erfunden) hat, zeigt uns ein mißlungener Versuch, das Verfahren auf die Ausstreckung der Parabel $ay = x^2$ anzuwenden. Er denkt sich $x_k = a t^k$, $y_k = a t^{2k}$ gesetzt und bildet

$$\sqrt{(x_{k-1} - x_k)^2 + (y_{k-1} - y_k)^2} = a \, (1 - t) \, t^{k-1} \cdot \sqrt{1 + \{(1 + t) \, t^{k-1}\}^2},$$

aber die behauptete Proportionalität mit den Ordinaten einer Hyperbel ist weder allgemein, noch in dem von ihm allein angedeuteten Beispiel $t = {}^1/_2$ richtig.

Leider ist uns keine Äußerung von Leibniz über das Fermatsche Verfahren bekannt. Er hätte es sehr wohl auch infinitesimal wenden können. Der dazu nötige Ansatz $(x/a)^m = (y/b)^n = e^{mnt}$ war ihm freilich noch nicht zugänglich,

[637] Cavalieri-Torricelli, 17. XII. 41 und Torricelli-Nicéron, VI? 43 — [638] Torricelli-Ricci, 6. II. 45; Torricelli-Cavalieri, 28. IV. und 5. V. 46; Torricelli-Ricci, 28. V. 46; Torricelli-Roberval, 7. VII. 46; Torricelli-Mersenne, 7. VII. 46; Torricelli-Carcavy, 8. VII. 46 — [639] Fermat-Torricelli, Ende 1646.

aber dies hätte sich durch den Übergang zu einer logarithmischen Maßeinteilung mittels $dx/x = n \cdot dt$, also $dy/y = m \cdot dt$ ersetzen lassen. Nun ist $d(xy) = (m+n)\,xy \cdot dt$, also

$$\int_0^a y\,dx = n \int_0^1 xy\,dt = \frac{n}{m+n} \int_0^{ab} d(xy) = \frac{abn}{m+n}.$$

Torricellis etwas spätere Methode in den seinerzeit ungedruckt gebliebenen Abhandlungen über die Parabeln und Hyperbeln läßt sich in ganz ähnlicher Weise infinitesimal beschreiben: an den Parabeln folgt z. B. aus der Tangenteneigenschaft

$$\frac{1}{n} \int_\alpha^a y\,dx = \frac{1}{m} \int_\beta^b x\,dy = \frac{1}{m+n} \int_{\alpha\beta}^{ab} d(xy).$$

Nur auf einem Gebiet ist Leibniz damals noch Anfänger geblieben, nämlich hinsichtlich zahlentheoretischer Gegenstände. Gewiß, er beschäftigte sich auch mit ihnen, aber es gelingt ihm nicht, zu entscheidenden Methoden vorzustoßen. Gelegentlich eines Zusammenseins mit Arnauld wird die Frage aufgeworfen, wie man alle ganzzahligen rechtwinkligen Dreiecke in sinnvoller Weise aufzählen oder durch eine allgemeine Formel darstellen könne. Arnauld, der seinen Euklid genau kannte, wußte natürlich auch, daß in X, 28, *Lemma* 1 die Lösung $x = \frac{1}{2}(u^2 - v^2)\,w$, $y = uvw$, $z = \frac{1}{2}(u^2 + v^2)\,w$ für die Gleichung $x^2 + y^2 = z^2$ steht. Seine Problemstellung zielte wahrscheinlich darauf ab, eine ausnahmslos gültige Regel für die primitiven Dreiecke zu gewinnen. Leibniz macht sich sogleich daran, die in der Form $r = p^2 + q^2$ darstellbaren Zahlen zu tabulieren und alsdann die sich ergebenden Quadrate auszusondern[640]. Er glaubt erweisen zu können, daß die Hypotenuse eines jeden derartigen Dreiecks als Summe aufeinanderfolgender Quadrate oder als die Hälfte einer um 1 vermehrten ungeraden Quadratzahl angesehen werden müsse, bemerkt jedoch unmittelbar nach Übergabe eines diesbezüglichen Schriftstücks an Arnauld seinen Irrtum und beeilt sich nunmehr[641], die Euklidische Regel, die er anscheinend nicht kannte und auf Grund von Teilbarkeitsbetrachtungen selbständig hergeleitet hatte, nachzutragen. Ergänzend stellt er fest, daß 2 niemals Seite eines rechtwinklig-ganzzahligen Dreiecks sein kann, daß weiterhin höchstens eine der beiden Katheten Primzahl ist und in einem primitiven Dreieck die Summe der Hypotenuse und einer Kathete entweder Quadratzahl oder das Doppelte davon wird. Auch mit der Frage, ob die Fläche eines rationalen rechtwinkligen Dreiecks Quadratzahl oder ein Doppeltes davon werden kann, hat er sich abgegeben und einen Unmöglichkeitsbeweis entwickelt[642], der später nochmals überarbeitet worden ist[643]. Mit dieser Problemstellung wurde er näher in Berührung gebracht durch Mariotte, der die Herausgabe des Frenicleschen *Triangle arithmétique* übernommen hatte und sich mit Leibniz über Einzelheiten besprach. Im Verlauf dieser Unterredung[644] gibt

[640] Leibniz für Arnauld, 11.-12. XII. 75 — [641] Leibniz für Arnauld, 12? XII. 75 — [642] Cat. crit. 2, Nr. 1150-51 (XII 75); vgl. ferner Leibniz-Oldenburg, 12. V. 76 — [643] Aufzeichnung vom 8. I. 79 = LMG VII, S. 120-25 — [644] Cat. crit. 2, Nr. 1305 (10. II. 76).

Leibniz auf Grund früherer Aufzeichnungen[645] einen neuen Beweis für die
Darstellung der Quadratzahlen von der Form $3n$ oder $3n+1$ und erwähnt
den kleinen Fermatschen Satz; Mariotte teilt sein schrittweises Verfahren zur
Bestimmung aller ganzzahligen rechtwinkligen Dreiecke mit der Katheten-
differenz 1 mit[646]. Hier überrascht der mangelnde Hinweis auf die *Expositio*
des Theon von Smyrna, die Boulliau 1644 herausgegeben hatte: sie enthielt
sowohl den Quadratzahlsatz wie die Konstruktion der fraglichen Dreiecke.
Auch mit Ozanam ist Leibniz wieder zusammengekommen. Die Unterhaltung drehte sich um die Bestimmung zweier Zahlen, deren Quadratdifferenz,
zur kleineren Zahl hinzugefügt oder von der größeren Zahl weggenommen,
auf die nämliche Quadratzahl führen soll[647], um das Sechsquadrateproblem[648]
und die damit zusammenhängende Ermittlung von Quadratzahlen in Ausdrücken höheren Grades[649].

14. AUSEINANDERSETZUNG UM DIE CARTESISCHE METHODE

Wir haben schon oben erwähnt, daß Tschirnhaus Anfang Mai 1676 einen Brief
an Oldenburg gerichtet hatte, worin die seinerzeit im Gespräch mit Collins
vorgebrachte Behauptung wiederholt wurde, Descartes sei der eigentliche
Neubegründer der mathematischen Methode; was seine Nachfolger und Konkurrenten hinzugefügt hätten, sei im Grunde nur die Fortsetzung und Ausgestaltung Cartesischer Ideen. Dieses Schriftstück wurde von Collins weitergegeben, der sogleich eine weitläufige Entgegnung aufsetzte[650]. Wir kennen nur
den englischen Entwurf, nicht die lateinische Abfertigung Oldenburgs, worin
bestimmt zahlreiche Veränderungen und Kürzungen vorgenommen wurden.
Hierüber können wir uns wenigstens andeutungsweise aus der Antwort von
Tschirnhaus unterrichten[651]; leider ist sie nur in einem durch Lesefehler entstellten Auszug von Schreiberhand bekannt. Die Diskussion über die Cartesische Methode ist einerseits wegen der engen Beziehung zu·den in dieser Zeit
zwischen Collins, Newton, Oldenburg und Leibniz gewechselten Schriftstücken
von großer Wichtigkeit, andrerseits darf sie um der überraschenden Beleuch-
tung mancher bisher in dieser Form noch nicht bekannten Einzelheit willen
auch selbständiges Interesse beanspruchen. Sie leidet freilich unter der mangelnden Gliederung — kennzeichnend für Collins' Darstellungsweise — und der all-·
zugroßen Flüchtigkeit, mit der Tschirnhaus seine Antwort aufgesetzt hat.

Die Ansichten über die mathematischen Leistungen der Gegenwart, so beginnt
Collins, sind geteilt. Am weitesten gehe wohl Isaac Vossius (der seit 1670
in London weilte und 1673 ein Canonicat in Windsor erhalten hatte), nach dem
die Leistungen der Alten noch lange nicht erreicht seien; andere schreiben den
Heutigen und vor allem Descartes mehr zu als er billigerweise beanspruchen
könne. Gewiß, seine Ovale seien raffiniert ausgeklügelt, aber so fein, daß einer
der vorzüglichsten Geometer (Barrow?) vergeblich den Grundgedanken seiner

[645] *Cat. crit.* 2, Nr. 1253 (3. I. 76), Nr. 727 und 1282 (I 76). Vgl. ferner Leibniz-Oldenburg.
12. V. 76 — [646] Mariotte für Leibniz, II? 76 — [647] *Cat. crit.* 2, Nr. 1201 (IV 76) — [648] *Cat.
crit.* 2, Nr. 1368 (1. IV. 76), ferner Nr. 1201, 1211, 1376 und 1382 (IV 76) — [649] *Cat. crit.* 2.
Nr. 1385 (IV 76) — [650] Collins-Oldenburg für Tschirnhaus, Ende V 76 — [651] Tschirnhaus-Oldenburg für Collins, Mitte VI 76.

Methode zu ermitteln versucht habe. Hier wird angespielt auf die Ovale als
Trennlinien zweier homogener Medien, so daß sich die von einer punktförmigen
Lichtquelle im einen Medium ausgehenden Strahlen im andern Medium wieder
in einem Punkt vereinigen. Es handelt sich um die Lösung einer Differentialgleichung, die durch Einführung bipolarer Koordinaten sehr geschickt behandelt wird. Die Einzelheiten werden allerdings nur ganz verschleiert angedeutet.

Jetzt nimmt Collins die *Geometria* vor: Im ganzen sei das Werk sicher sehr verdienstvoll, aber man dürfe nicht vergessen, daß mancherlei aus andern Quellen
entnommen sei. Die Behandlung der quadratischen Gleichung sei eine über-
flüssige Selbstverständlichkeit; die der Örter zu 3 oder mehr Linien (modern
in Linearformen $g_i : g_1 g_2 = g_3 g_4$ und dergleichen mehr) sei wohlgelungen, aber
Newtons Erzeugung der Kegelschnitte vermittels der beiden um ihre Scheitel
drehbaren starren Winkel sei vorzuziehen. Die Trennung geometrischer Probleme von den mechanischen sei wohlbegründet; inzwischen sei es allerdings
gelungen, hinsichtlich mechanischer Fragestellungen vermittels der Reihenlehre
entscheidende Fortschritte zu erzielen, wie etwa bei Teilung der Halbellipse in
beliebigem Verhältnis (Keplersche Aufgabe), wofür die Zykloide sehr geeignet
sei: Gregory habe dies erfolgreich behandelt[652] (hiervon Näheres unten). Unbefriedigend sei die Bestimmung mehrerer geometrischer Mittel vermöge der
Konstruktion mit beweglichen Winkeln; Gregorys rechnerische Lösung (gemeint ist die Behandlung mit dem binomischen Lehrsatz)[653], entstanden aus der
Untersuchung der speziellen Loxodrome für 45^0 ($r = a \cdot e^\varphi$), sei wertvoller als
alles, was man hierüber bei Descartes finde. Über die Behandlung körperlicher
Probleme, die von Descartes mittels einer festen Parabel und eines Kreises
durchgeführt wird, sei nicht nur in Werners und Barozzis Kegelschnittlehre,
sondern sogar schon im Kommentar des Eutokios zu Archimedes etwas zu
finden; Sluse habe die Methode (im *Mesolabum*) wesentlich verbessert und in
der freundschaftlichen Auseinandersetzung mit Huygens um das Alhazensche
Problem[654] (auf einem Kreis die Punkte extremer Abstandssumme von zwei gegebenen zu ermitteln) weiter verfeinert. Hinsichtlich ungünstig ausführbarer
Konstruktionen (schleifender Schnitt) hätten sich Barrow, Newton und
Gregory vortreffliche graphische Näherungen ausgedacht; sie hätten auch allgemein den Gleichungsgrad ermittelt, der sich bei Benutzung verschiedener
Kurven ergibt. So könne man mittels der schon erwähnten Kegelschnittkon-
struktion Newtons jeden Kurvenpunkt finden, ohne die Kurve selbst zu
zeichnen, und unter Benutzung der stereographischen und der gnomonischen
Projektion lasse sich jeder Kegelschnitt in einen Kugelkleinkreis transformieren.
Für höhere Probleme benötige Descartes jedesmal eine andere Kurve; hier sei
bestimmt eine graphische Darstellung vorzuziehen. Newton löse alle höheren

---

[652] Gregory-Collins, 19. IV. 72 — [653] Gregory-Collins, 3. XII. 70 — [654] im Druck war damals zugänglich: Huygens für Oldenburg, 26. VI. 69; Sluse-Oldenburg, 22. XI. 70;
Huygens-Oldenburg, 7. XI. 71; Sluse-Oldenburg, 27. XII. 71: *PT* 8, Nr. 97 vom
16. X. 73; Huygens-Oldenburg, 9. IV. 72; Sluse-Oldenburg, 8. VI., 10. VI. und 22. VI.
72; Huygens-Oldenburg, 1. VII. 72 und Sluse-Oldenburg, 30. VIII. 72: *PT* 8, Nr. 98
vom 27. XI. 73.

Gleichungen 5. bis 8. Grades mittels einer festen kubischen Parabel und eines Kegelschnitts, für die Gleichung 9. Grades benötige er zwei kubische Parabeln oder eine Parabel 4. Grades und einen Kegelschnitt. Ganz unnötigerweise habe Descartes bei Einschiebung einer Strecke durch eine Ecke eines Quadrats zwischen seine beiden andern Seiten eine Gleichung 4. Grades angesetzt; das Problem sei eben (d. h. quadratisch), wie Pell schon längst bemerkt habe.

Der Dramatiker Joyner habe berichtet, Descartes sei von Roberval in öffentlicher Versammlung beschuldigt worden, entscheidende Anregungen zu seiner Algebra aus Harriot[655] und hinsichtlich seiner Tangentenmethode aus Hérigones *Cursus mathematicus* von 1631 empfangen zu haben; und unzweifelhaft spiele Ricci im Vorwort zu seinen *Exercitationes geometricae*, worin er eine in Vorbereitung befindliche Darstellung hinsichtlich einiger von berühmten Persönlichkeiten begangener Fehler ankündigt, auf Descartes an. Die hier von Collins vorgebrachten Behauptungen sind keineswegs stichhaltig. Es ist weder erwiesen noch wahrscheinlich, daß Descartes von Harriot abhängt; die Angelegenheit mit der Tangentenregel ist auf jeden Fall unrichtig, da die Kurzdarstellung der Fermatschen Methode erst in Band VI des *Cursus mathematicus* von 1642 gegeben wurde, also jahrelang nach Erscheinen der *Géométrie*. Riccis algebraisches Manuskript ist bisher noch unveröffentlicht; ob es sich wirklich auf Descartes bezieht, ist völlig ungewiß. Was Collins weiterhin gegen die Cartesische Algebra an einzelnen angeblich unrichtigen Sätzen vorbringt, ist entweder belanglos oder Selbsttäuschung.

Weit besser begründet ist die (auch in *CE* wiedergegebene) Bemerkung, Descartes habe sich mit der Behauptung, von allen ausdenkbaren Tangentenmethoden sei die seine die beste[656], ganz ungerechtfertigt gebrüstet. Daß Sluses Tangentenmethode aus Descartes gezogen sei (wie Tschirnhaus offenkundig angedeutet hatte), treffe nicht zu. Auf diesem Gebiet hätten Gregory und Newton wesentliche Fortschritte erzielt. Letzterer habe durch Collins erfahren[657], daß Sluse und Gregory auf neue Tangentenmethoden verfallen seien, und daß Barrows *Lectiones geometricae*, worin sich ebenfalls etwas über diesen Gegenstand befand, bei allen Gelehrten in hohem Ansehen stehe. Dies habe ihn zur Wiedergabe seiner eigenen Methode veranlaßt. Nun folgt der Wortlaut des Newtonschen Tangentenbriefes[658], aber nicht direkt im Text, sondern mit Einschaltezeichen an viel späterer Stelle. Wahrscheinlich ist nicht diese ausführliche Fassung, sondern nur eine kurze Bemerkung über den Nutzen des neuen Verfahrens an Tschirnhaus gegangen, und das Nämliche gilt wohl auch für die nachfolgenden Auszüge aus Gregorys Briefen, worin der Barrowschen Methode mit höchster Anerkennung gedacht[659] und übrigens eine Bemerkung über die Behandlung der *spiralis arcuum rectificatrix*[660] ($r^2 - 2\,ar\cos\varphi + a^2 = a^2\,\varphi^2$) eingeschoben wird. Den Abschluß dieses Absatzes bildet die schon oben erwähnte Bemerkung Gregorys über die seiner Ansicht nach unhaltbare Über-

---

[655] Vgl. auch Wallis, *Algebra*, cap. 30 = Wo II, S. 136 und die daraus entnommene Stelle in Leibniz, *Notata quaedam circa vitam et doctrinam Cartesii*, LD V. S. 394 — [656] Descartes-Mersenne, 18 ? I. 38 — [657] Collins-Newton, Mitte XII 72. Zum Gegenstand vgl. Hofmann, *Studien*, S. 83-87, 90-94 — [658] Newton-Collins, 20. XII. 72 — [659] Gregory-Collins, 8. II., 15. IX. und 3. XII. 70 — [660] enthalten in Gregory für Collins, 3. XII. 70.

schätzung der Cartesischen Methoden durch Tschirnhaus[661] — sie war auf keinen Fall zur unmittelbaren Weitergabe geeignet.

Nun folgt eine Übersicht über die von Newton vermittels der Reihenmethode erhaltenen Ergebnisse[662]: Ausstreckung und Quadratur von Kurven, Inhalte und Oberflächen von Drehkörpern und ihrer Teile, zugehörige Schwerpunktbestimmungen; außerdem Auflösung sämtlicher Gleichungen. Wenn man wolle, fährt Collins fort, so könne man wohl sagen, Newton verdanke dies Descartes: ebensogut könne man auch Platon nennen. In Wirklichkeit habe Descartes die geometrische Ausstreckung einer geometrischen Kurve strikt geleugnet. Barrow jedoch habe zahlreiche Beispiele dafür gegeben und noch früher Neil, der die Parabelausstreckung auf die Hyperbelquadratur, und Wren, der die Zykloidenrektifikation auf die Kreisquadratur zurückgeführt habe. Wir sehen: Collins gibt hier eine gänzlich unzutreffende Darstellung des Rektifikationsstreites. Statt Platon sollte Aristoteles/Averroës stehen, mit Neil die Rektifikation der semikubischen Parabel verbunden werden, und die Ausstreckung der Zykloide hat überhaupt nichts mit der Kreisquadratur zu tun. Diesen Abschnitt hat Oldenburg, der nach den vorgefallenen bitteren Auseinandersetzungen um die ganze Affäre mit Huygens und den Mitgliedern der RS auf äußerste Zurückhaltung bedacht war, vollständig umgearbeitet. Z. B. geht aus Tschirnhaus' Anwort hervor, daß auch Heuraet mit großer Anerkennung genannt wurde. Später hat Wallis den englischen Entwurf von Collins gesehen[663] und in freundschaftlichen Worten auf die Unrichtigkeit dieser Darstellung hingewiesen[664].

Anschließend erscheint eine Übersicht über die Erfolge Newtons bei Behandlung der trigonometrischen Funktionen: er könne aus dem tg den Bogen und aus dem Bogen den ln sin, ln tg, ln sec und die zugehörigen Umkehrungen bestimmen[665], ferner nicht nur Zahlengleichungen, sondern auch Funktionsgleichungen allgemein in Buchstaben auflösen — dies sei durch Umbildung aus Viètes Methode hervorgegangen und ganz gewiß vollständig ohne Bezug auf Descartes. Mit einem kurzen Hinweis auf eine Bemerkung in den *Specimina* von Dulaurens, wie wenig dieser Abschnitt der Algebra bisher noch behandelt worden sei, schließt jener Teil des Entwurfs, auf den Tschirnhaus in seiner Antwort einging.

Das übrige sind recht flüchtige Notizen, aus denen ein langer Brief von Wallis über Gleichungen 3. Grades[666], ein Hinweis auf Pells und Gregorys Studien über Wurzelschranken, wovon ebenfalls bei Descartes noch nichts gesagt sei, und ein Einschaltezeichen erwähnt sei, das besagt, hier solle etwas über Pells Methoden eingefügt werden. Diese Ergänzung fehlt — wir werden nachher sehen, warum. Bemerkenswert ist ferner die Benennung Bombellis im Zusammenhang mit der Gleichung 3. Grades. Das ist die früheste diesbezügliche Erwähnung des italienischen Mathematikers durch Collins, und sie ist höchstwahrscheinlich eine Erinnerung an das von Leibniz hierüber Empfangene[667] —

[661] Gregory-Collins, 30. VIII. 75 — [662] am nächsten verwandt mit diesem Text ist Collins-Vernon, 5. I. 72. Vgl. Hofmann, *Studien*. S. 17-47 — [663] Collins-Wallis, 30. IX. 77 — [664] Wallis-Collins, 18. X. 77 — [665] vgl. die ähnlichen Darstellungen in Collins-Borelli, XII 71 und Collins-Vernon, 5. I. 72 — [666] Wallis-Collins, 1676? — [667] Leibniz-Oldenburg, 12. VII. 75.

eine erneute Bestätigung dafür, daß das vorliegende Schreiben nicht im Mai 1675, sondern erst im Mai 1676 verfaßt ist. Anschließend hat sich Collins einiges aus der seinerzeitigen Besprechung mit Tschirnhaus vom 9. VIII. 75 (Behandlung der Gleichungen 4. Grades im Fall $s = r^2 : p^2$) notiert und eine Zusammenstellung über noch ungelöste Probleme und andere Desiderata gemacht; hier steht an erster Stelle das bereits erwähnte Davenantsche Problem, dann eine möglichst weitgehende Tafel der Logarithmen, der 2. und 3. Wurzeln und Kreissegmente, wofür Newton bereits gute Vorarbeiten geleistet habe[668], ferner die Bestimmung eines geometrischen Ortes aus einer größeren Anzahl äquidistanter Ordinaten, die Behandlung von Ausdrücken der Form $\sqrt[3]{a + \sqrt{b}} + \sqrt[3]{a - \sqrt{b}}$ und schließlich die Ermittlung einer für die Gleichung 4. Grades hinreichenden Reduzibilitätsbedingung. Aus dieser Aufzählung erscheint uns insbesondere die Nennung des Interpolationsproblems merkwürdig: denn gerade hierüber hatte Collins längst alles nur Wünschenswerte von Gregory erhalten[669], *aber er hatte den Kernpunkt der Sache nicht erfaßt.*

Dieses Schriftstück ist allerdings nicht sehr bedeutend; die Kritik an Descartes ist kleinlich und geht an der Hauptsache vorbei, und was über weiterreichende neue Ergebnisse gesagt wird, ist ausschließlich auf den engsten Freundeskreis von Collins beschränkt. Wir sind nur deshalb ausführlicher auf die Einzelheiten eingegangen, weil sie zeigen, daß Collins auch Tschirnhaus gegenüber nur Belanglosigkeiten oder undurchsichtige Andeutungen allgemeiner Natur vorzubringen hatte, aus denen sich nichts Greifbares über die benutzten Methoden hätte entnehmen lassen. Wäre Tschirnhaus eine großzügigere Persönlichkeit gewesen, so hätte er mit Collins leichtes Spiel gehabt — aber freilich war er noch sehr jung, hielt sich allen Ernstes in der ganzen Angelegenheit für urteilsfähig, wovon gar keine Rede sein konnte, und versteifte sich darauf, seinen Helden Descartes auch andern gegenüber als unübertroffenes Vorbild hinzustellen.

In seiner Antwort[670] beginnt er mit einer langen Aufzählung der mathematischen Leistungen, die unbestrittenes Eigentum von Descartes seien, wie etwa die Zusammenfassung der Ortsaufgaben der Alten in der Gleichung $y = a x + b + \sqrt{c x^2 + dx + e}$ und die Ausdehnung auf höhere Kurven, oder die einfachstmögliche instrumentale Erzeugung höherer Kurven durch bewegliche Gerade, oder die Methoden zur Gleichungserniedrigung und graphischen Lösung, die von Hudde und Kinckhuysen weitergebildet worden seien, oder schließlich das Prinzip der Koeffizientenvergleichung. Die Ausführung der bis dahin bekannten Quadraturen, Kubaturen und Schwerpunktbestimmungen auf Grund eines einheitlichen Prinzips sei Descartes derart leicht erschienen, daß er auf eine ausführlichere Wiedergabe verzichtet habe[671]; den Bereich der Elementargeometrie, der bis dahin auf die Verwendung von Zirkel und Lineal beschränkt war, habe er durch die Miteinbeziehung aller algebraischen Kurven

[668] Newton-John Smith, 18. V., 3. VIII. und 6. IX. 75 — [669] Gregory-Collins, 3. XII. 70 — [670] Tschirnhaus-Oldenburg für Collins, Mitte VI 76 — [671] Descartes-Mersenne, 29. VI. und 13. VII. 38.

in ungeahnter Weise erweitert und schließlich — wie Tschirnhaus erweisen könne — die bestmögliche Tangentenmethode für geometrische Kurven aus-gesonnen, die sich natürlich noch in vielfacher Weise variieren lasse. Nicht einmal Fermat, der um dieser Angelegenheit willen in eine literarische Fehde mit Descartes verwickelt worden sei, habe dessen Originalität bestritten, die gegenteilige Behauptung von Collins beruhe wohl auf einem Irrtum

Daß Descartes dies und das auch bei älteren Autoren hätte vorfinden können, so vor allem algebraische Einzelheiten, sei durchaus zuzugestehen, aber man wisse wohl, daß er kaum ein mathematisches Buch studiert und fast alles aus eigener Kraft ersonnen habe. Stets sei es ihm um den allgemeinsten Gesichts-punkt gegangen, selbst dort, wo er sich auch einmal zu einem Zahlenbeispiel bereitgefunden habe. Erst die Beschränkung der Mathematik auf den Umkreis der algebraischen Probleme habe die unbedingt notwendige Klärung gebracht, um zwischen wahrhaft mathematischen und einer vollen Lösung zugänglichen Fragen und reinen Annäherungen entscheiden zu können; demgemäß sei es das Hauptverdienst von Männern wie Sluse, Wallis, Huygens, Gregory, Hudde oder Barrow, die bisherigen Methoden ausgebaut und verfeinert zu haben, zumal Descartes selbst bewußt nur Andeutungen gegeben und die näheren Ausführungen willig andern überlassen habe. Hinsichtlich einer einzigen An-gelegenheit, nämlich der geometrischen Rektifikation geometrischer Kurven, habe sich Descartes in einem Irrtum befunden, aber Heuraet, der dies Problem so glücklich und allgemein gelöst habe, gestehe zu, dies sei ihm nur auf Grund der Cartesischen Prinzipien möglich gewesen. Gewiß, Newtons mechanische Kegelschnittskonstruktion sei sehr interessant, jedoch nicht mehr als eine geometrische Einzelheit, und die von Collins erwähnte Behandlung der Glei-chungen 7. und 8. Grades vermittels einer kubischen Parabel und eines Kegel-schnitts oder zweier kubischer Parabeln beziehe sich wohl nicht auf die all-gemeinsten Gleichungen dieser Art, sondern auf spezielle. Allerdings habe sich Descartes hinsichtlich der Einschiebungsaufgabe nur ganz kurz geäußert, aber Tschirnhaus habe die Angelegenheit inzwischen aufgeklärt: Es handle sich um die von Collins an Gregory weitergegebene[672] Auflösung der Gleichung $x^4 - 2 a x^3 + (2 a^2 - c^2) x^2 - 2 a x^3 + a^4 = 0$. Was aber die weiteren An-deutungen über die Ergebnisse von Newton und Gregory betreffe, so sei dies alles bestimmt höchst verdienstvoll, bezöge sich jedoch nicht auf geometrische, sondern auf mechanische Probleme und Methoden und gehöre daher nicht in den Bereich der Cartesischen Mathematik. Übrigens habe sich Tschirnhaus bei seinen Ausführungen bewußt nur auf gedruckt Zugängliches gestützt und kenne die näheren Einzelheiten hinsichtlich der neuesten noch unveröffentlichten Untersuchungen der Engländer nicht.

Diese Äußerungen von Tschirnhaus sind aufschlußreich genug: Sie zeigen uns deutlich, daß ihn nur die algebraisch faßbaren Probleme interessierten, auf die er seine ganze Kraft konzentrierte; alles, was ihm über andere Fragestellungen zufloß, hielt er für mehr oder minder unwichtige Näherungsmethoden. Aus

diesem Grunde hörte er den Ausführungen von Leibniz über dessen Ent-
deckungen auf infinitesimalem Gebiet nur mit halber Aufmerksamkeit zu —
das gehörte seiner Ansicht nach nicht mehr zur reinen Mathematik. Ob Leibniz
Einzelheiten aus den gewechselten Briefen kennengelernt hat, ist ungewiß.
Es gibt nur eine einzige Aufzeichnung, die mit dem Schreiben Oldenburgs in
Verbindung gebracht werden könnte[673]: dort wird die Diskussion zwischen
Huygens und Sluse über das Alhazensche Problem erwähnt und auf die instrumentale Lösung in Barrows *Lectiones opticae*, Vorlesung IX angespielt.
Von einer erkennbaren Abhängigkeit ist keine Rede: Leibniz konnte auch durch
andere Anlässe auf die behandelte Frage geführt worden sein. Den Schluß-
gedanken von Tschirnhaus hätte Leibniz auf keinen Fall gebilligt: Er hat
immer und immer wieder darauf hingewiesen, daß sich Descartes durch die
Beschränkung der Mathematik auf rein algebraische Probleme in unnatür-
licher Weise das Blickfeld verbaut und damit die Einsicht in die tieferen
Zusammenhänge unmöglich gemacht habe. Tschirnhaus kannte Leibniz' diesbezügliche Auffassung ganz genau, wollte sie jedoch nicht zur Kenntnis nehmen.
Bedeutungsvoll ist das Selbstzeugnis Tschirnhaus', er sei nicht hinreichend
über die neuesten Studien der Engländer unterrichtet. Wenn dem so war,
kann er an Leibniz nichts Wesentliches weitergegeben haben. Diese Bemerkung gewährt uns im Zusammenhang mit der Stelle über die Cartesische
Tangentenmethode die Gewißheit, daß Tschirnhaus von Oldenburg keinesfalls
den vollen Wortlaut des Newtonschen Tangentenbriefes erhalten hat. Die Diskussion um die Cartesische Methode zeigt uns also, daß sich Collins sorgfältig
gehütet hatte, genauere Einzelheiten preiszugeben; er fühlte sich zu einem
derartigen Schritt ohne die Einwilligung und Mitbeteiligung Newtons nicht
berechtigt: Nicht ihm, sondern Newton selbst, dem Entdecker der neuen
Methoden, stand es zu, nach freiem Entschluß so viel darüber mitzuteilen,
als ihm gutdünkte.

15. BERICHT ÜBER GREGORYS ERGEBNISSE UND PELLS METHODEN

Anscheinend ist Leibniz erst im Frühjahr 1676 persönlich mit Mohr bekannt
geworden[674], der London bereits im Spätherbst 1675 verlassen hatte[675]. Der
junge Däne hatte von Collins die Reihen für sin und arc sin erhalten und gab
beides an Leibniz weiter. Dieser war insbesondere von der Eleganz der sin-Reihe
überrascht und schrieb an Oldenburg, Collins möge doch den zugehörigen Beweis senden[676]. Er selbst sei gerade dabei, den Beweis für seine arithmetische
Kreisquadratur auszufeilen, deren Ergebnis er schon vor Jahren den Pariser
Freunden gezeigt habe. Das Ganze solle den Engländern als Gegengabe für
die Übermittlung des erbetenen Beweises zugehen. Daß Leibniz die nämlichen
Reihen schon im Frühjahr 1675 erhalten hatte[677], wird mit keinem Wort erwähnt; mit Recht sind die Herausgeber des *CE*, worin die fragliche Stelle

---

[673] *Cat. crit.* 2, Nr. 1451 (Sommer 1676) — [674] in Leibniz-Oldenburg, 28. XII. 75 wird auf
Mohr noch als auf eine unbekannte Persönlichkeit angespielt — [675] Oldenburg-Leibniz,
10. X. 75 und Collins-Gregory, 29. X. 75 — [676] Leibniz-Oldenburg, 12. V. 76 — [677] Oldenburg-Leibniz, 22. IV. 75.

wiedergegeben wird, über dieses Versäumnis überrascht. In einem Brief Newtons vom Frühjahr 1716, als der Prioritätsstreit bereits seinen Höhepunkt
erreicht hatte, wird die Angelegenheit aufgegriffen und Leibniz vorgeworfen[678],
aus seiner Anfrage sei deutlich erkennbar, daß er die Reihe damals nicht gekannt habe; jetzt sei allerdings klar, warum er auf die erste Übermittlung nur
mit leeren Worten geantwortet habe[679]. Leibniz hatte nun den Engländern
gegenüber den Schein gegen sich; seine Entschuldigung, es handle sich um pure
Vergeßlichkeit im Drange der Pariser Geschäfte[680], und zudem sei es ihm nicht
auf das Ergebnis oder das Bildungsgesetz, sondern auf den Beweis angekommen (so auch als Randnote im *CE*), wurde von der Gegenseite als Aus-
flucht gewertet, obwohl sie den Tatsachen entsprach: Wir dürfen nicht übersehen, daß Leibniz vor der schwierigen Entscheidung stand, dem Wunsch
seines neuen Herrn zu folgen oder nicht, der auf sofortigen Dienstantritt
drängte und Leibniz' Aufenthalt höchstens bis Pfingsten (24. V. 76) verlängert
wissen wollte[681]. Von diesen Dingen wußten die Engländer nichts; Leibniz
hat sich stets sorgfältig gehütet, die Einzelheiten seiner Rückreise preiszugeben.
Eilig ist auch der übrige Inhalt des Briefes vom 12. V. 76 niedergeschrieben,
den wir größtenteils schon erwähnt haben. Mit drei Worten wird der Berufung
Eberts auf den Raméeschen Lehrstuhl gedacht, der jüngsten Studien von
Tschirnhaus über Winkelteilung und regelmäßige Vielecke Erwähnung getan[682]
und Hardys Anfrage wegen der arabischen Apollonius-Ms. weitergegeben.
Frenicles *Triangle arithmétique* sei nun erschienen und sicher auch in London
eingegangen; für fast alle Einzelsätze habe Leibniz neue Beweise und erhebliche Erweiterungen zu geben vermocht, nur nicht für den vorzüglichen Beweis, daß ein ganzzahliges rechtwinkliges Dreieck keine Quadratzahl zur
Fläche haben könne. Oldenburg hat sich auf der Rückseite des Leibnizschen
Briefes notiert, dies habe schon Wallis bewiesen[683]. Gegen Ende des Briefes
bittet Leibniz, für die Erhaltung der Papiere Gregorys, insbesondere seiner wertvollen zahlentheoretischen Studien Sorge zu tragen. Er interessiere sich außerdem für die Bestimmung von Gleichungslösungen durch unendliche Reihen
und die Anwendung der Sinus- und Logarithmentafeln auf unreine Gleichungen;
denn auf diesem Gebiet sei er mit seinen eigenen Ergebnissen[684] noch nicht zufrieden. Wohl habe Pardies die Auflösung unreiner Gleichungen vermittels der
logarithmischen Kurve versprochen (diesbezügliche Aufzeichnungen sind nicht
erhalten), doch halte dies Leibniz für unwahrscheinlich. Er könne zwar alle
Wurzeln aus Zahlen und Binomen entweder direkt ausziehen oder wenigstens
annähern, jedoch nur auf umständlichem Wege[685]; unzweifelhaft seien die
Engländer auf diesem Gebiet weiter vorangeschritten.
Ein Teil des Leibnizschen Schreibens wurde in der RS verlesen[686], die sich damals eingehend mit den Einwänden von Linus und Gascoigne gegen Newtons
Farbenlehre befaßte. Die Diskussion, deren Einzelheiten wir hier nicht näher

[678] Newton-Conti, 8. III. 1716 — [679] Leibniz-Oldenburg, 20. V. 75 — [680] Leibniz-Conti,
9. IV. 1716 — [681] Kahm-Leibniz, 12. IV. 76 — [682] vgl. *Cat. crit.* 2, Nr. 1361-62 (28. III. 76),
Nr. 1411 und 1413 (2. V. 76) — [683] Wallis-Digby, 30. VI. 58. Es handelt sich um einen
Scheinbeweis — [684] *Cat. crit.* 2, Nr. 985-90 (VI 75) und Nr. 1119 (3 ? XI. 75) — [685] *Cat. crit.* 2,
Nr. 1030 (VII 75) — [686] Sitzung der RS vom 28. V. 76.

verfolgen wollen[687], hatte sich immer mehr verschärft; von Herbst 1675 bis zum Sommer 1676 wurde Newton durch die sich jagenden Schriftstücke in fortwährender nervenzermürbender Spannung gehalten. Einen dramatischen Höhepunkt hatte die Auseinandersetzung in der Sitzung der RS vom 26. XII. 75 erreicht, als Hooke bei Verlesung eines hochbedeutsamen Schriftstückes aus Cambridge[688] allen Ernstes erklärte, das Wesentliche dieser Ausführungen sei seiner *Micrographia* entnommen. Wohl brachte die Vorführung der Newtonschen Experimente[689] einen großen Erfolg, aber keinen Abschluß, da nunmehr Lucas als neuer, Gegner in die Schranken trat, hartnäckig und unbelehrbar an den Einwänden seines verstorbenen Amtsvorgängers Linus in Lüttich und seinen eigenen festhielt, die Veröffentlichung aller von ihm beigebrachten Argumente forderte[690] und Newton schließlich zum Abbruch der als völlig aussichtslos erkannten Unterhaltung nötigte[691].

Oldenburg beabsichtigte dem Wunsch von Leibniz zu entsprechen und ihm das Wichtigste aus der Korrespondenz Gregorys und so viel von Newtons neuesten Ergebnissen zu übermitteln, als diesem gut scheinen mochte. Er hatte sich zunächst für seine Antwort auf der Rückseite des Leibnizschen Briefes einige vorbereitende Notizen gemacht, die gelegentlich einer Unterhaltung mit Collins zustande gekommen sind, war jedoch hiervon nicht befriedigt und erbat von Collins eingehendere Unterlagen. Dieser faßte nunmehr alles ihm einigermaßen wichtig Dünkende aus den mit Gregory gewechselten Briefen zusammen — manches davon war schon in dem an Oldenburg gegangenen Entwurf für die Antwort an Tschirnhaus enthalten gewesen — und gedachte auch einen Bericht über Pells Studien beizufügen. Oldenburg hatte einen Auszug aus Leibniz' Brief an Newton gesandt[692] und um einen Beitrag zu der beabsichtigten Sendung nach Paris gebeten. Dieser wollte sich zunächst zurückhalten und gab an Collins nur eine etwas veränderte Abschrift des seinerzeitigen Tangentenbriefs[693], die mit in Collins' Zusammenstellungen aufgenommen wurde. Womöglich ist hieraus zu schließen, daß Newton — wie das auch sonst seine Art war — in Zusammenhang mit der Diskussion um die Slusesche Tangentenmethode das Original seines Briefes vom 20. XII. 72 zurückerbeten hatte: damit bekundend, er habe nichts dagegen, daß Collins von der Sache unterrichtet sei und sich persönlich darüber Notizen gemacht habe — aber eine offizielle Weitergabe des Wortlautes sei ohne seine ausdrückliche Einwilligung nicht erwünscht.

Das von Collins niedergeschriebene umfängliche Schriftstück — die sog. *Historiola*[694] — war nach Oldenburgs Ansicht viel zu weitschweifig und eingehend. Er wünschte eine kürzere Übersicht; besonderen Wert legte er auf einen Beitrag von Newton selbst, zumal sich nach Eingang des Briefes von Tschirnhaus[695] eine neue Lage herausgebildet hatte. Galt es doch, nunmehr genauere Belege dafür beizubringen, daß die Engländer auf mathematischem Gebiet in jeder Richtung weit über die Ergebnisse von Descartes hinausgekommen waren. Collins hatte

[687] Vgl. Rosenfeld, *Théorie des couleurs de Newton* — [688] Newton-Oldenburg, 17? XII 75 — [689] Sitzung der RS vom 7. V. 76 — [690] Lucas-Oldenburg, 2. II. 77 — [691] Oldenburg-Leibniz, 12. V. 77 — [692] Oldenburg-Newton, 25. V. 76 — [693] Newton-Collins, 6. VI. 76 — [694] Collins-Oldenburg, V/VI 76 — [695] Tschirnhaus-Oldenburg, Mitte VI 76, wahrscheinlich auszugsweise weitergeleitet mit Oldenburg-Newton, 18? VI. 76.

inzwischen den ursprünglich als Anhang zum Brief an Tschirnhaus, dann als Beilage zur *Historiola* vorgesehenen Bericht über Pell fertiggestellt und zusammen mit dem Auszug aus der *Historiola* (dem sog. *Abridgement*) an Oldenburg gegeben[696], der es für richtig hielt, Newtons Ansicht über das *Abridgement* wegen der darin über ihn enthaltenen Bemerkungen einzuholen. Dies geschah[697] in Beantwortung des großen Briefes, den Newton zur Weitergabe an Leibniz und Tschirnhaus bestimmt[698] und den Oldenburg offiziell in der RS verlesen hatte[699], während Collins einen Bericht über das *Abridgement* und einen Hinweis auf die Übersicht über Pells Methoden und den Brief Newtons an Baker sandte[700]. Aus noch ungeklärten Gründen verzögerte sich Newtons Antwort, so daß Oldenburg zunächst einmal mit der Übersetzung des Berichtes über Pell begann (wie sich aus seinem vielfach abgeänderten ersten Konzept ergibt) und dann erst das *Abridgement* vornahm. Newton bat um Abänderung zweier Stellen im *Abridgement*[701], von denen die eine in Collins' Handschrift ausgeführt, die andere bei der Übersetzung berücksichtigt wurde. Bei der Wichtigkeit des Gegenstandes hielt es Oldenburg für angemessen, Newtons eigenhändigen Brief und seine eigenhändige Übersetzung des Collinsschen Entwurfes zurückzubehalten und an Leibniz die Abschriften seines Sekretärs zu leiten[702]. Er selbst hat nur einige Korrekturen vorgenommen, Gruß und Datum und eine Nachschrift zu Newtons Brief hinzugefügt, worin die Heranziehung des Schreibers mit außerordentlicher Arbeitsüberlastung entschuldigt wird; Oldenburg habe nicht einmal Zeit genug gehabt, um den ganzen Text nochmals hinreichend sorgfältig zu überprüfen und fürchte, da und dort seien wohl auch sinnstörende Fehler stehengeblieben, aber Leibniz sei ja hinreichend erfahren, um das Verdorbene selbst ausbessern zu können. Die beiden Briefe seien ausdrücklich für Leibniz und Tschirnhaus gemeinsam bestimmt; man erwarte von jedem der beiden Empfänger eine Antwort. Leibniz möge doch recht bald schreiben und sein Versprechen wegen der Rechenmaschine einlösen.

Wir gehen zunächst näher auf Oldenburgs Brief ein — nicht auf die *Historiola*, auf die wir noch in anderen Zusammenhang zurückkommen müssen, und auch nur streifend auf das *Abridgement*, das bis auf unwesentliche Verkürzungen und Umstellungen unverändert in die Übersetzung mit aufgenommen wurde. In den einleitenden Worten bekundet Oldenburg seine Freude darüber, daß Leibniz nach längerem Schweigen wieder geschrieben habe. Collins und Newton seien stark beschäftigt; daher habe die Antwort so lange gedauert.

Collins teilt als Bildungsgesetz für die Koeffizienten $1/6$, $3/40$, $5/112$ usw. der arc sin-Reihe mit:

$$\frac{1}{6} = \frac{1}{2} \cdot \frac{1}{3}, \quad \frac{3}{40} = \frac{1}{6} \cdot \frac{3}{4} \cdot \frac{3}{5}, \quad \frac{5}{112} = \frac{3}{40} \cdot \frac{5}{6} \cdot \frac{5}{7} \text{ usw.;}$$

das sei nicht weniger elegant als das von Leibniz gerühmte für die Koeffizienten der sin-Reihe. Man interessiere sich aufs lebhafteste für die von

[696] Collins-Oldenburg für Leibniz und Tschirnhaus, 24. VI. 76 — [697] Oldenburg-Newton, 27. VI. 76 — [698] Newton-Oldenburg für Leibniz und Tschirnhaus, 23. VI. 76 — [699] Sitzung der RS vom 25. VI. 76 — [700] Collins-Baker, 2. VII. 76; feststellbar aus der Antwort: Baker-Collins, 30. VII. 76 — [701] Newton-Oldenburg, Ende VII 76, erkennbar aus Newton-Collins, 15. IX. 76 — [702] Oldenburg-Leibniz, 5. VIII. 76.

Leibniz angekündigten Ergebnisse, zumal dieser andeute, daß sie von ganz anderer Natur seien; mittels der Reihenlehre scheine sich jede Schwierigkeit überwinden zu lassen, so daß Gregory geäußert habe, die Wirksamkeit der bisherigen Methoden verhalte sich zu jener der Reihen wie die Morgenröte zum Glanz der Mittagssonne[703] — und das, obwohl er sich vorher eines andern vorzüglichen Verfahrens für den Kreis bedient habe, wie aus folgendem Beispiel erhelle[704]:

Sei $AB = s_0$ die Sehne, $A P_1 B = S$ der Kreisbogen (kleiner als der Halbkreis), $A T_0 = t_0$ die Tangente bis zum Schnitt mit dem Lot $B T_0$ zur Sehne, so sei offenkundig

$$s_0 < S < t_0.$$

Werde nun der Bogen AB in P_1 halbiert, $A P_1$ bis zum Schnitt Q_1 mit $B T_0$ verlängert und $A T_0$ mit dem Lot zu AQ_1 durch Q_1 in T_1 geschnitten, so sei entsprechend

$$s_1 = AQ_1 < S < A T_1 = t_1.$$

Werde weiterhin der Bogen $A P_1$ in P_2 halbiert und konstruiert wie oben, so sei

$$s_2 = AQ_2 < S < A T_2 = t_2 \text{ usw.}$$

Es ist leicht zu sehen, daß diese Konstruktion nichts anderes bietet als die unmittelbare Ausstreckung der nach dem Archimedischen Verfahren durch fortgesetztes Winkelhalbieren erzeugten regelmäßigen Sehnen- und Tangentenzüge.

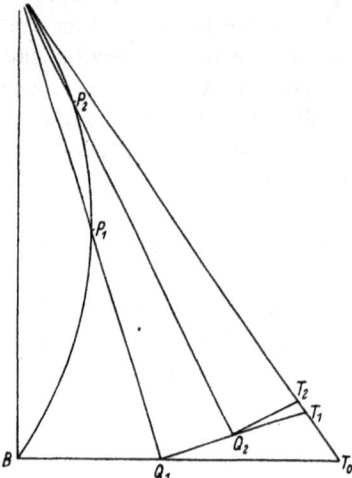

Abb. 24.

Weiterhin, fährt Collins fort, habe Gregory festgestellt, daß

$$\frac{-22 s_0 + t_0 + 96 s_1}{75} > \frac{-3 s_0 + 16 s_1 + 2 t_1}{15} > S$$

und

$$\frac{-56 s_0 - t_0 + 320 s_1 + 52 t_1}{315} < S,$$

außerdem

$$\frac{64 s_2 - 20 s_1 + s_0}{45} < \frac{4096 s_3 - 1344 s_2 + 84 s_1 - s_0}{2835}$$

$$< \frac{1048576 s_4 - 348160 s_3 + 22848 s_2 - 340 s_1 + s_0}{722925} < S.$$

Vom Zustandekommen dieser Näherungen, die sich, als Flächensätze ausgesprochen, auch in Gregorys *Exercitationes geometricae* vorfinden, haben wir schon oben (S. 40) gehandelt. Bessere rationale Näherungen, so fährt Collins fort, könne man für den Kreisbogen schwerlich ausfindig machen; zudem habe Gregory das Verfahren auch auf die Ausstreckung anderer Kurvenbögen ausgedehnt. Leider sind uns die diesbezüglichen Einzelheiten nicht überliefert;

---

[703] Anscheinend eine Bemerkung aus einem noch nicht wieder aufgefundenen Brief Gregorys — [704] Gregory-Collins, 25. II. 69.

daher läßt sich nicht entscheiden, ob Gregory wirklich die Erweiterungen seiner Annäherungen besessen hat, die sich ergeben, wenn man von einem glatten wendepunktfreien Bogen ausgeht und an Stelle der Halbierung den Übergang zu jenen Punkten setzt, deren Tangenten zu den jeweiligen Sehnen parallel sind. Von dieser Art ist z. B. die vorzügliche viergliedrige Näherung

$$16 \cdot \frac{\dfrac{2\,s_1 + l_1}{3} - \dfrac{2\,s_0 + l_0}{3}}{15}$$

An dieser Stelle befand sich im *Abridgement* ein Hinweis auf Newton, der wunschgemäß von Oldenburg bei Anfertigung der Übersetzung getilgt wurde. Leibniz, der die angeführten Näherungen schon aus den *Exercitationes geometricae* kannte, hat in seiner Antwort[705] betont, wie wichtig ihm ein Beweis dieser Näherungen wäre; er selbst glaube noch einfachere Näherungen für den Kreisbogen zu besitzen, und das ohne Bogenhalbierung. Worauf er anspielt, ist nicht ganz klar.

Als weiteres Beispiel für die Wirksamkeit der Methoden Gregorys führt Collins die Behandlung der Keplerschen Aufgabe vor[706]. Collins hatte das zur Aufnahme in das *Abridgement* gehörige Blatt verlegt, so daß also dieses Stück nicht mit an Newton gegangen ist. Es handelt sich um das Problem am Ende des 60. Kapitels der *Astronomia nova*: Aus einem gegebenen Punkt P des Durchmessers AB eine Strecke PQ zum Kreisumfang hin zu ziehen, so daß die Kreisfläche in einem gegebenen Verhältnis $p : q$ geteilt wird. Zur geometrischen Auflösung hatte Wallis in seiner Zykloiden-Abhandlung im Anschluß an eine von Wren benutzte Methode eine verlängerte Zykloide herangezogen: Ist r der Kreishalbmesser und $OP = d$ der Mittelpunktabstand des Teilpunktes P, so werde $R = r^2 : d$ konstruiert. Nehmen wir nunmehr an, daß die Kreisscheibe vom Radius R auf der senkrecht zur Grundlinie durch den Punkt D gezogenen Geraden abrollt, so beschreibt der Punkt A die Zykloide. Ihre Ordinate ist $z = r \cdot \sin \varphi + R \cdot \varphi$. Andrerseits ist

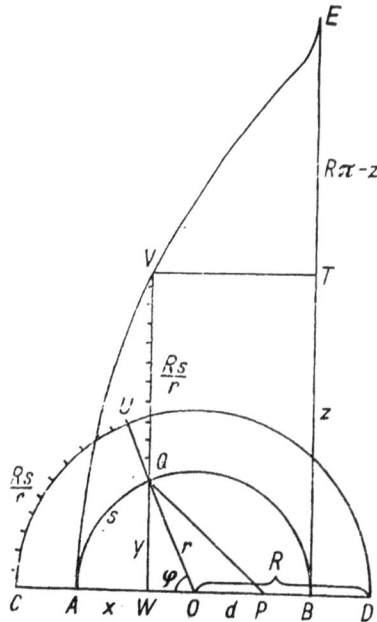

Abb. 25.

$$\text{Fläche } APQ = \frac{d\,y}{2} + \frac{r^2 \varphi}{2} = \frac{r^2}{2R} \cdot (r \sin \varphi + R \varphi) = \frac{r^2}{2R} \cdot z$$

$$\text{und Fläche } BPQ = \frac{r^2 \pi}{2} - \frac{r^2}{2R} z = \frac{r^2}{2R}(R \pi - z),$$

[705] Leibniz-Oldenburg, 27. VIII. 76 — [706] Gregory-Collins, 19. IV. 72.

also teilt T die Strecke $BE = R\pi$ von B ab im Verhältnis der Flächen $APQ : BPQ$. Diese Angelegenheit hatte Gregory schon in *prop.* 35 der *Vera quadratura* aufgenommen; daß er eine Lösung durch Reihenentwicklung geben könne, schreibt er Ende 1670[707], und zwar bereits vor Enträtselung der Newtonschen Kreiszonenreihe. Aus wieder aufgefundenen Notizen[708] wird klar, wie er vorgegangen ist: Gregory kommt von der am Kreis $y^2 = x (2r - x)$ geltenden Beziehung

$$\frac{dx}{y} = \frac{dy}{r - x} = \frac{ds}{r}$$

und setzt $t = s + y$ (Ordinate der gemeinen Zykloide). Dann ist

$$\frac{dx}{dt} = \frac{y}{2r - x} = \frac{x}{y}, \quad \frac{dy}{dt} = \frac{r - x}{2r - x} = \frac{rx - x^2}{y^2},$$

also ergibt sich durch systematisches Differentiieren

$$\frac{d^2 x}{dt^2} = \frac{rx^2}{y^4}, \quad \frac{d^3 x}{dt^3} = \frac{2rx^4}{y^7}, \quad \frac{d^4 x}{dt^4} = \frac{2r^2 x^5 + 6rx^6}{y^{10}}, \quad \frac{d^5 x}{dt^5} = \frac{22 r^2 x^7 + 24 rx^8}{y^{13}} \quad \text{usw.}$$

Wird hier $x_0 = r$, also $y_0 = r$ gesetzt, so ergibt sich nach der Taylor-Entwicklung:

$$-x = \frac{t}{r} \cdot x_0' - \frac{t^2}{r^2} \cdot \frac{x_0''}{2!} + \frac{t^3}{r^3} \cdot \frac{x_0'''}{3!} - \cdots = t - \frac{t^2}{2r} + \frac{t^3}{3r^2} - \frac{t^4}{3r^3} + \frac{23 t^5}{60 r^4} - \cdots$$

Jetzt schreitet Gregory mittels $z = \dfrac{Rs}{r} + y$ zur gedehnten Zykloide fort und findet durch entsprechende Überlegungen

$$\frac{dx}{dz} = \frac{y}{R + r - x}, \quad \frac{dy}{dz} = \frac{r - x}{R + r - x}, \quad \frac{d^2 x}{dz^2} = \frac{r^2 + (r - x) R}{(R + r - x)^3}, \quad \cdots$$

Für $x_0 = r$, $y_0 = r$ ergibt sich nunmehr

$$r - x = \frac{rz}{R} - \frac{r^2 z^2}{2! R^3} + \frac{r z^3 (3 r^2 - R^2)}{3! R^5} -$$

$$- \frac{r^2 z^4 (15 r^2 - 7 R^2)}{4! R^7} + \frac{r z^5 (105 r^4 - 60 r^2 R^2 + R^4)}{5! R^9} - \cdots$$

In der an Collins gegangenen Darstellung[709] findet sich nur das Ergebnis. Liege P nahe an B, sei also $R \approx r$, so sei die obige Entwicklung günstig; sei dies nicht der Fall, so benutze man (unter Verwendung von $R + r = e$) besser die folgende Darstellung (die sich aus $x_0 = 0$, $y_0 = 0$ ergibt):

$$x = \frac{rz^2}{2! e^2} + \frac{rz^4 (4r - e)}{4! e^5} + \frac{rz^6 (70 r^2 - 26 er + e^2)}{6! e^8} + \cdots$$

Jetzt habe man nur noch $z = pR\pi / (p + q)$ zu setzen. Als Beispiel führt Gregory die mittels $r^2 : R = r : 9$, also $e = 10 r$ herauskommende sehr rasch konvergierende Reihe an. — Die von Gregory gegebene Entwicklung war, nur als Rezept übermittelt, für Collins überraschend und unbefriedigend, da das allgemeine Bildungsgesetz fehlte. So kam es, daß der ursprünglich vorgesehene Druck unterblieb[710], worüber sich Gregory später mit Recht beklagt hat[711]. Nach Gregorys Tod hat sein älterer Bruder David eine Abschrift des Stückes

---

[707] Gregory-Collins, 3. XII. 70 — [708] *GT*, S. 360-61 und 363 — [709] Gregory-Collins, 19. IV. 72 — [710] Collins-Gregory, 7. VI. 72 und 5. I. 73 — [711] Gregory-Collins, 21. IX. 75; Collins-Gregory, 1. X. 75; Gregory-Collins, 12. X. 75.

erbeten[712] und erhalten[713]; die damals erneut in Erwägung gezogene Veröffentlichung[714] kam wiederum nicht zustande. Leibniz hat sich über das Problem eine Aufzeichnung gemacht[715], ist aber unseres Wissens später nicht mehr auf den Gegenstand zurückgekommen.

Anschließend an die Darstellung des Kepler-Problems bemerkt Collins[716], die Reihenmethode sei auch bei Behandlung von Gleichungen höchst wirksam, aber wegen der großen Anzahl der unbestimmten Größen langwierig; in speziellen Fällen sei alles ganz einfach. Er schließt in Ergänzung seiner früheren diesbezüglichen Mitteilungen[717] die Reihen[718]

$$r \cdot \operatorname{tg} \frac{s}{r} = s + \frac{s^3}{3\,r^2} + \frac{2\,s^5}{15\,r^4} + \cdots$$

und

$$r \cdot \ln \operatorname{tg}\left(\frac{\pi}{4} + \frac{s}{2\,r}\right) \doteq s + \frac{s^3}{6\,r^2} + \frac{5\,s^5}{24\,r^4} + \cdots$$

an, auf deren Zustandekommen durch fortgesetzte Differentiation wir bereits hingewiesen haben. Auf diese Methode, so fährt Collins fort, sei Gregory verfallen, nachdem ihm die Kreiszonenreihe übermittelt worden war[719]; diese sei jedoch nichts anderes als ein Sonderfall der binomischen Entwicklung Gregorys[720]. Wir haben oben gesehen, daß Gregory auf seine Allgemeinmethode anscheinend schon etwas früher verfallen ist; aber die Einzelheiten konnte Collins damals nicht so genau überblicken. Er fährt fort, nach Gregorys Tod habe er umfangreiche Auszüge aus den gewechselten Briefen zusammengestellt (nämlich die *Historiola*), worin auch die Entwicklungsgeschichte der Reihenlehre dargestellt sei. Bei dieser Gelegenheit erwähnt Collins die Newtonsche Tangentenmethode (ursprünglich hatte er die Absicht, überhaupt nichts über diesen Gegenstand mitzuteilen), die dieser vor 5 Jahren erfunden habe; auf Newtons Veranlassung hin gab er statt dessen das Datum des Tangentenbriefes[721], hütete sich jedoch, das Erläuterungsbeispiel anzuführen, ohne das die eingeschlagene Methode natürlich nicht erkennbar war: wiedergegeben ist nur die allgemeine Schlußbemerkung aus Newtons Brief, wonach das neue Verfahren nur als Korollar einer allgemeineren Methode gelten könne, mittels deren man ohne besondere Mühe die Tangenten an alle geometrischen und mechanischen Kurven bestimmen und manche andere hierher gehörige Frage behandeln könne, wie etwa über Krümmung, Quadraturen, Rektifikationen, Schwerpunktsbestimmungen usw.; sie sei nicht etwa auf wurzelfreie Gleichungen beschränkt wie die Extremwertmethode von Hudde oder die neue Tangentenmethode von Sluse. Newton habe sie mit seinen Reihenentwicklungen in Verbindung gebracht und Barrow davon etwas angedeutet, als dieser mit der Herausgabe der *Lectiones geometricae* beschäftigt war (1670), aber dann die genauere Mitteilung wegen anderweitiger Abhaltungen unterlassen. Dies ist wohl nur eine höfliche Umschreibung dafür, daß es Newton taktlos gefunden hätte, seine eigene Methode gerade in dem Augenblick an Barrow zu geben, als dieser die seine in den *Lectiones* entwickelte.

[712] D. Gregory-Collins, 20. VI. 76 — [713] Collins-D. Gregory, 21. VIII. 76 — [714] Collins-Wallis, 24. II. 77 — [715] *Cat. crit.* 2, Nr. 1454 (VIII 76) — [716] Gregory-Collins, 19. IV. 72 — [717] Oldenburg-Leibniz, 22. IV. 75 — [718] Gregory-Collins, 25. II. 71 — [719] Collins-Gregory, 3. IV. 70 — [720] Gregory-Collins, 29. XII. 70 — [721] Newton-Collins, 20. XII. 72.

Im Zusammenhang mit der Lektüre Barrows[722] sei auch Gregory zu einer allgemeinen Tangentenmethode vorgestoßen, die er in verwickelten Fällen, wie etwa bei der *spiralis arcuum rectificatrix*, anzuwenden vermöge[723]. Auch eine Neuauflage seiner *Vera quadratura* sei beinahe abgeschlossen[724]. Um den Beschwerden der Reihenentwicklung zu entgehen[725], sei Gregory zu einer Art symbolischer Methode übergegangen, mittels deren er unter Erhöhung des Gleichungsgrades die sämtlichen Zwischenglieder beseitigen könne[726]; er glaube nicht, daß Tschirnhaus' spezielle Methoden mit seiner eigenen allgemeinen etwas zu tun hätten[727]. Das schon mehrere Male erwähnte böse Urteil über Tschirnhaus wegen der Überschätzung der Cartesischen Methode war natürlich weggeblieben. Übrigens, fährt Collins fort[728], könne Gregory jede Gleichung, bei der sich alle Lösungen rational aus einer einzigen gewinnen lassen, auf eine lineare zurückführen; seien die übrigen Lösungen rational von zweien abhängig, so benötige man eine quadratische Gleichung usw. Er verwende bei seinem Allgemeinverfahren eine Darstellung durch Radikale in Verbindung mit Zeichenwechseln[729]. Außerdem habe Gregory in mehreren Briefen von neuen Erfolgen bei Behandlung Diophantischer Probleme berichtet[730], und Pell äußere sich in ähnlichem Sinne. Weiterhin habe Gregory über die graphische Auflösung von Gleichungen gearbeitet[731] und sich am Davenantschen Problem versucht: er benötige eine Gleichung 30. Grades[732], Collins glaube jedoch, man könne mit Gleichungen viel niedrigeren Grades auskommen.

Soweit das *Abridgement*, das an Hand einiger geschickt ausgewählter Beispiele einen imponierenden Eindruck hinsichtlich der Leistungen Gregorys auf dem Gebiet der Potenzreihen und der Algebra vermittelt. Beweise werden freilich keine gegeben, doch ist dies nicht Collins' Schuld; er hatte selbst von Gregory nicht mehr als bestimmte Einzelergebnisse und Hinweise auf deren Bedeutung erhalten, aber niemals Genaueres über die eingeschlagenen Methoden. Dieser erste Teil des Briefes sollte Leibniz' Neugier befriedigen und ihm und Tschirnhaus zeigen, welch hochbedeutsame Errungenschaften man dem genialen Schotten verdankte; würde Tschirnhaus auch jetzt noch behaupten wollen, dies sei nichts anderes als die Ausführung Cartesischer Ideen, und die Cartesische Tangentenmethode sei die bestmögliche?

Im zweiten Teil seines Schreibens nimmt Collins die von Leibniz geäußerte Bemerkung über Tschirnhaus' Studien zur Winkelteilung und zu den regelmäßigen Vielecken auf. Er berichtet über einen diesbezüglichen Einzelsatz aus Gregorys *Geometriae pars universalis* (*prop.* 69) und seine viel weitergehende Fassung in Wallis' *Sectiones angulares*, deren Ms. er in London in Verwahrung habe, und geht näher auf Pells Beiträge zur Algebra ein. Dieser habe schon 1651 in seinen *Ideae mathematicae* geschrieben, man müsse alles, was frühere Mathematiker — nicht gerade sehr systematisch, sondern des öftern mehr durch Zufall — gefunden hätten, in klarer und übersichtlicher Anordnung ein-

[722] Gregory-Collins, 15. IX. 70 — [723] Gregory für Collins. 3. XII. 70 — [724] Gregory-Collins, 3. XII. 70 — [725] es wurden Äußerungen aus Gregory-Collins. 27. V. 71 und 27. I. 72 wiedergegeben — [726] Gregory-Collins. 27. I. 72 und 5. VI. 75 — [727] Gregory-Collins, 30. VIII. 75 — [728] Gregory-Collins, 21. IX. 75 — [729] Gregory-Collins, 12. X. 75 — [730] vgl. Gregory-Collins, 25. IX. und 22. X. 74 — [731] ein Beispiel ist erhalten in Collins-Oldenburg. V. VI 75 — [732] Gregory-Collins. 5. VI. 75.

heitlich und organisch zusammenfassen, so daß alle faßbaren Probleme klassi-
fiziert und die zu ihrer Lösung notwendigen Hilfsmittel gekennzeichnet oder
gegebenenfalls die Unmöglichkeit der Auflösung dargetan werde. Das sei etwa
der Inhalt des *Cribrum Eratosthenis*, über das bereits Boyle eine Übersicht
gegeben habe (wo, wissen wir nicht). Von Descartes habe Pell keine allzuhohe
Meinung; er behaupte häufig, die bisherigen Algebraiker hätten nicht hinreichend sorgfältig gearbeitet und den Nachfolgern noch viele reife Früchte
zu ernten überlassen (dieser Satz fehlt in Oldenburgs Übersetzung). Descartes
habe sich brieflich abfällig über Pell geäußert; Haak besitze eine Abschrift,
wolle sie aber, um seinen Freund Pell nicht vor den Kopf zu stoßen, nicht
herausgeben (auch diese Stelle hat Oldenburg unterdrückt). Vielleicht habe
Clerselier etwas hierüber im Nachlaß von Descartes gefunden und könne es
zur Verfügung stellen?
Gelegentlich lasse Pell eine lange Schriftrolle sehen, worin seine Aufzeichnungen über die Gleichungen 6. Grades und die Behandlung von 400 nach der
Größe der Koeffizienten geordneten Beispielen nebst ihrer Auflösung vermittels
der Sinus-Tafeln enthalten sei. Er vermeide das so sehr umständliche Viètesche
Näherungsverfahren und benötige auch keinerlei Hilfssätze über die Winkelschnitte, nur sehr genaue Tafeln; zuerst stelle er den tatsächlichen Mindestgrad
eines vorgelegten Problems fest und löse es dann unter schrittweiser Benutzung
von Wurzelschranken, deren Theorie bisher nur unvollkommen entwickelt sei.
Die Einzelheiten seien in seinem *Canon mathematicus* niedergelegt. Mit der
Reihenmethode habe er sich offenkundig nicht sehr eingehend beschäftigt; er
erkenne ihre Wirksamkeit durchaus an, halte aber seine eigenen Ansätze für
besser. Bisher sei er nicht zur Preisgabe seiner Entdeckungen zu bewegen: er
wolle sie erst dann mitteilen, wenn die Gregorys und Newtons an die Öffentlichkeit gekommen und in ihrer Tragweite übersehbar seien. Newton habe über
seine Methoden und über Algebra Vorlesungen gehalten, die in der Universität
hinterlegt seien. Damit drückt Collins aus, was der uneingeweihte Leser nach
dieser Andeutung nicht ahnen konnte: daß Newton nicht einmal seine Vorlesungen über die *Arithmetica universalis* zum Druck geben wollte[733], die sich
vom Oktober 1673 bis zum Frühjahr 1683 erstreckten und infinitesimale
Probleme überhaupt nicht berührten; die diesbezügliche Bemerkung Collins'
beruht auf einem Irrtum. Nach der Stiftungs-Urkunde der Lucas-Professur,
die Newton in Cambridge innehatte, mußte er allwöchentlich während des
Semesters eine $^3/_4$ stündige Vorlesung halten und in 2 zweistündigen Sprech-
stunden zur Verfügung stehen. Es war ihm freigestellt, entweder seine Vorlesungen drucken zu lassen oder den Gegenstand von 8 bis 9 Vorlesungen
je Jahr in der Bibliothek zur Einsichtnahme zu hinterlegen[734]. Newton
hat während seiner ganzen akademischen Wirksamkeit immer das Zweite
gewählt.
Collins hofft abschließend, die Pariser Mathematiker durch seine Ausführungen
zufriedengestellt zu haben, und erbittet nun seinerseits einen Bericht über ihre
Absichten und Ergebnisse. Im englischen Konzept wird angekündigt, Leibniz

---

[733] *CU, Dd* 9, 68 — [734] Collins-Gregory, 3. I. 71.

könne demnächst den Besuch eines englischen Musikers namens J. Smith erwarten, der sich auf der Rückreise von Rom befinde und neue Bücher mitbringe, bei deren Besorgung ihm Borelli an die Hand gegangen sei; man bitte, ihn beim Erwerb des *Triangle arithmétique* Frenicles und des neuesten Kegelschnittwerkes von La Hire zu unterstützen. In Oldenburgs Übersetzung fehlt dieser Absatz — die Übersendung des Briefes hatte sich um Wochen hinausgezögert und der Auftrag war wohl überflüssig geworden.

16. NEWTONS ERSTER BRIEF FÜR LEIBNIZ

Wir haben schon oben auf die mit stärksten Spannungen geladene Atmosphäre hingewiesen, in der sich nunmehr die entscheidende Auseinandersetzung zwischen Leibniz und Newton vollziehen sollte. Mancherlei hatte dazu beigetragen, um die Engländer mißtrauisch werden zu lassen. Leibniz hatte sich während seines ersten Londoner Aufenthaltes schwere Blößen gegeben, die auf der Gegenseite unvergessen geblieben waren. Er hatte viel versprochen und wenig gehalten: was steckte hinter seinen Worten, seinen Andeutungen? War er wirklich zu neuen Erkenntnissen vorgedrungen oder gab er sich nur den Anschein des Wissenden, um sich die besten Ergebnisse der Engländer anzueignen? Was veranlaßte ihn, auf die schon einmal erhaltenen Reihen für sin und arc sin nochmals zurückzukommen? Glaubte er denn wirklich, Newton werde seine Methode, die sorgfältig zurückgehaltene, ängstlich gehütete, preisgeben? Ungeschickt war er nicht, dieser Deutsche; wer so kluge Worte über das Wesen der neuen Wissenschaft zu sagen wußte, dem war es wohl zuzutrauen, daß er auf anderm Wege zu Gleichwertigem oder — wer mochte das entscheiden? — sogar zu Besserem vorgedrungen sei. Nun wohl, der Einsatz mußte gewagt werden: Oldenburg, der treue Mittler in den schwierigen Auseinandersetzungen um die Farbenlehre, mochte seinen Willen haben und eine Übersicht über die wichtigsten Ergebnisse erhalten. Wohlgemerkt, nur über diese, nicht über die Methoden und nicht über die Beweise, zumal sich Newton selbst über die beste und zweckmäßigste Form der Darstellung noch nicht recht schlüssig war. Die *Analysis*, von der Collins seinerzeit eine Abschrift genommen hatte, befriedigte nunmehr keineswegs, und die weitausgreifende *Methodus* war immer noch unvollendet. Aber selbst bei ausschließlicher Übermittlung von Einzelheiten war größte Vorsicht geboten. Ein Charlatan würde damit nicht viel anfangen können; einem halb Ahnenden, halb Wissenden gegenüber konnte die kleinste Unbedachtsamkeit zuviel verraten. Andrerseits bestand nur wenig Hoffnung, eine zusammenhängende Darstellung in absehbarer Zeit zum Druck zu bringen: ein sorgfältig ausgedachter Brief bot die Möglichkeit, sich hinsichtlich der wichtigsten Ergebnisse und der nur verschleiert und für den Partner in unauflösbarer Form angedeuteten Allgemeingesichtspunkte die Priorität zu sichern. Äußerste Zurückhaltung tat not; hatte sich nicht Descartes allzuvoreilig der besten und wirksamsten Methoden gerühmt und war nun durch Newtons Studien weit überholt worden? Und Leibniz war kein Tschirnhaus, kein blinder und leichtgläubiger Nachbeter der

Cartesianer, sondern ein selbständiger und gründlicher Denker. Das war schon aus dem wenigen zu ersehen, was Newton bisher durch Oldenburgs und Collins' Vermittlung aus seinen Briefen erfahren hatte. So wurden die Papiere von ehedem wieder vorgenommen, und mancher neue und interessante Gesichtspunkt ergab sich bei der Durcharbeit der alten Aufzeichnungen.

Schon zu Anfang betont Newton, er wolle nur eine Auswahl aus den Studien zur Reihenlehre geben; wahrscheinlich habe Leibniz ein entsprechendes Verfahren ausgesonnen und vermutlich ähnliche, wenn nicht bessere Einzelergebnisse erzielt. Bei Brüchen verwende man zum Zweck der Reihenentwicklung die Division, bei der Auflösung von Gleichungen das in Buchstaben umgesetzte wohlbekannte numerische Verfahren Viètes (*Resolutio numerosa*) und Oughtreds (*Clavis*), jedoch in verkürzter und verbesserter Form. Für gewöhnliche Radikale sei die Formel

$$(P + PQ)^{\frac{m}{n}} = P^{\frac{m}{n}} + \underbrace{\frac{m}{n} AQ}_{A} + \underbrace{\frac{m-n}{2n} BQ}_{B} + \underbrace{\frac{m-2n}{3n} CQ}_{C} + \cdots$$
$\quad\quad\quad\quad\quad\quad\quad\quad_{A}\quad\quad_{B}\quad\quad\quad_{C}\quad\quad\quad_{D}$

von großem Wert; dabei dürfe m/n irgendeine positive oder negative Zahl sein. Auch Divisionen könne man auf diese Weise behandeln. Anschließend folgen einige Beispiele verschiedenen Schwierigkeitsgrades.

Nun wird das Rechenschema zur Auflösung der Gleichung $x^3 - 2x - 5 = 0$ in Zahlen bzw. von $y^3 + axy + a^2y - x^3 - 2a^3 = 0$ in Buchstaben wiedergegeben, jedoch völlig unzureichend erklärt[735]. Dann folgen als Anwendungsbeispiele die Reihen für sin und arc sin, hierauf $y = \sin nt$ als Funktion von $x = \sin t$. Wahrscheinlich hat Newton zunächst $t = \mathrm{arc}\sin x = \frac{1}{n}\mathrm{arc}\sin y$ bestimmt

und alsdann nach y entwickelt. Das Kepler-Problem wird an der Ellipse $\left(\frac{y}{b}\right)^2 = \frac{x(2a-x)}{a^2}$ behandelt. Newton gibt den Abstand c des Teilpunktes P vom Ursprung und drückt y als Funktion von

$$z = 2\cdot\text{Fläche } APQ = 2\cdot\int_0^x y\cdot dx + (c-x)y = cy + \int_0^y y^2\cdot d\left(\frac{x}{y}\right)$$

aus. Zur Nachprüfung muß $x = \frac{a}{y}\left[1 - \sqrt{1 - \left(\frac{y}{b}\right)^2}\right]$ entwickelt, eingesetzt

und dann nach z aufgelöst werden. Für die Bogenlänge $\int_0^x\sqrt{1 + y'^2}\cdot dx$ der

Ellipse benutzt Newton die Ausgangsgleichungen[736] $y^2 = b^2 - kx^2$ bzw. $y^2 = px - kx^2$; er gibt das allgemeine Bildungsgesetz ausführlich wieder, bestimmt den Ellipsenumfang durch Hälften der großen Halbachse und x als Funktion von s. Schließlich deutet er an, durch Wechsel des Zeichens von k könne man leicht zur Hyperbel übergehen. Zur Flächenbestimmung an der

Hyperbel setze man $xy = ab$ und $\int_0^x y\cdot dx = \int_0^x\frac{ab\,dt}{a+t}$ und könne durch Um-

---

[735] Formal entnommen aus der *Methodus* — [736] der erste Ansatz steht in der *Analysis*.

kehren der erhaltenen Reihe vom Logarithmus zum Numerus kommen[737]. An der Quadratrix $\dfrac{x}{y} = \operatorname{tg}\dfrac{x}{a}$ wird die Entwicklung von y, von $\displaystyle\int_0^x y\cdot dx$, von $\displaystyle\int_0^x \sqrt{1 + y'^2}\cdot dx$ und von $y - xy'$ (Tangentenabschnitt auf der y-Achse) gegeben[738]. Abschließend wird der Inhalt des „zweiten Segments" des Drehellipsoids $x^2/a^2 + (y^2 + z^2)/b^2 = 1$, d. h. $\displaystyle\int_0^a\int_0^b b\sqrt{1 - \left(\dfrac{x}{a}\right)^2 - \left(\dfrac{x}{b}\right)^2}\cdot dx\cdot dy$, in Reihenform dargestellt.

Nehmen wir nun die einzelnen hier vorgeführten Sätze und Beispiele vor, so ergibt sich, daß Newton absichtlich nur solche Ergebnisse mitgeteilt hat, die schon in irgendeiner Form bekannt waren. Die Fußnote zum binomischen Lehrsatz im *CE*, worin auf eine Stelle in der *Analysis* verwiesen wird, beruht auf einem Irrtum. Newton hatte sich weder in der *Analysis* noch in der *Methodus* des allgemeinen Satzes bedient, vielmehr beide Male nur die Entwicklung für ganze positive Exponenten gegeben, die damals bereits allgemein bekannt war, außerdem das Beispiel $\sqrt{1 + x}$ durch direktes Wurzelziehen bestimmt und z. B. $1 : \sqrt{1 + x}$ durch Division aus $\sqrt{1 + x} : (1 + x)$ berechnet. Das erste weiterführende Beispiel erscheint im Jahr 1674, wo $\sqrt[3]{a^3 + v^3}$ durch direktes Wurzelziehen entwickelt wird[739]. Das allgemeine Theorem gehört in Wahrheit G r e g o r y, der es — wie oben erwähnt — schon 1668 besaß und zur Enträtselung der Kreiszonenreihe verwendet hatte; ihm verdankt man auch die erste Darstellung von $\sin nt/\sin t$ als Funktion von $1 - \cos t$. Die Reihen für sin und arc sin und einiges über die Quadratrix gingen (bestimmt mit Newtons Einverständnis) an Gregory[740], der seinerseits (auf Grund von Hinweisen durch Collins) die Ausstreckung der Ellipse und Hyperbel[741] und die Bestimmung der 2. Segmente des Drehellipsoids[742] vollzog. Zur Lösung des Kepler-Problems ist Gregory völlig unabhängig von Newton gekommen. Dieser hatte zwar keines der auf Gregory zurückgehenden Ergebnisse ausdrücklich für sich in Anspruch genommen, aber er hatte es nicht für nötig befunden, den Schotten zu nennen — und so glaubte man noch vor ganz kurzer Zeit, es handle sich um eigene Entdeckungen Newtons. Wir haben allerdings keine Ursache, ihn wegen dieser Angelegenheit bewußter Täuschung zu zeihen; denn einerseits hatte sich Gregory ausdrücklich aller Prioritätsansprüche an diesen Ergebnissen entschlagen[743], andrerseits Newton als den Erstentdecker der Reihenmethode anerkannt und die Absicht geäußert, seine eigenen Studien srst dann an die Öffentlichkeit zu bringen, wenn Newtons zu erwartende Darstellung erschienen sei[744], und schließlich glaubte sich Newton bei seiner Handlungsweise völlig im Recht, da seiner Ansicht nach nur die Erstentdecker, nicht auch die späteren Nachfolger irgendwelche Anrechte an einer Erfindung

---

[737] Vgl. *Analysis* und *Methodus* — [738] vgl. *Analysis* und *Methodus* — [739] Newton-Collins, 30. VI. 74 — [740] Collins-Gregory, 3. I. 71 — [741] Gregory-Collins, 25. II. 71 — [742] Gregory-Collins, 27. V. 71 — [743] Collins-Gregory, 3. I. 71 und Gregory-Collins, 25. II. 71 — [744] Collins-Strode, 5. VIII. 72.

besaßen[745]. Außerdem wußte Newton bei Abfassung seines Briefes an Oldenburg noch nichts Genaues über den Inhalt des *Abridgement*; ihm war nur bekannt. daß Leibniz Auszüge aus den zwischen Gregory und Collins gewechselten Briefen erhalten solle. Es war denkbar, daß darin die sämtlichen von ihm erwähnten Einzelgegenstände zur Übermittlung vorgesehen gewesen wären, und tatsächlich war dies auch — abgesehen von der Erklärung des Bildungsgesetzes der arc sin-Reihe — bei einem gleichzeitig und unabhängig von Newton und Gregory behandelten Problem der Fall, nämlich bei der Keplerschen Aufgabe. Daß ausgerechnet dieses Stück fehlte, als das *Abridgement* an Newton gesandt wurde, ist ein merkwürdiger Zufall. Es steht nicht einmal mit Sicherheit fest. ob Newton durch Collins einen Hinweis auf die Reihe für $\sin nt/\sin t$ erhalten hatte; das Problem der Winkelteilung gehörte damals völlig in den Kreis der Tagesfragen. Nur hinsichtlich der Entdeckung des Binomialtheorems ist Newtons Handlungsweise nicht ganz einwandfrei; denn wir müssen mit Gewißheit annehmen, daß er von Gregorys Bemerkung unterrichtet war, worin dieser schreibt, die Kreiszonenreihe lasse sich als Sonderfall des allgemeinen Satzes über die Einschiebung beliebig vieler Mittel zwischen zwei feste Größen konstruieren[746]; daß er den Originalbrief Gregorys gesehen hat, ist wohl kaum anzunehmen. Aber selbst hier würde er entschuldigt werden können, falls sich unter seinen bisher noch ungedruckten Papieren aus der Frühzeit doch eine vor 1669 liegende Darstellung des Theorems vorfinden sollte.

Was freilich die Methode betrifft, so steht fest, daß Newton sich eines schrittweisen Näherungsverfahrens zur Reihenentwicklung bedient hat, Gregory der fortgesetzten Differentiation unter Einführung geschickt gewählter rationalisierender Parameter. Dieses Verfahren hatte er im Anschluß an die *Geometriae pars universalis* im Sommer oder Herbst 1668 entwickelt und mit seiner aus der nämlichen Zeit stammenden Interpolationsmethode kombiniert. Er war vollständig unabhängig von Newton zu seinen Ergebnissen vorgestoßen und hatte den umfassenderen Standpunkt herausgearbeitet. Collins hatte sogar ausdrücklich bestätigt[747], daß man mittels Newtons Reihenmethode und Gregorys Interpolationsmethode den nämlichen Gegenstand auf verschiedene Weise, aber anscheinend mit dem nämlichen Erfolg zu behandeln vermöge. Es geht nicht an, Gregory als den durch Newton beeinflußten Zweitentdecker anzusprechen: *er war beinahe gleichzeitig und völlig unabhängig* von Newton zu seinen entscheidenden Ergebnissen gekommen. Der analytische Standpunkt findet sich bei Newton schon von Anfang an vor, nicht aber bei Gregory. Noch in der *Geometriae pars universalis* ist alles rein verbal in geometrischem Gewand dargestellt, und nur mühsam konnte sich Gregory von der ihm vertrauten Darstellungsweise losringen. Von diesen Einzelheiten, die sich erst heute richtig überblicken lassen, hat Newton nichts gewußt; sonst hätte er seinen Prioritätsanspruch schwerlich erhoben.

Im Schlußteil seiner Ausführungen wendet Newton die Reihenmethode zur näherungsweisen Konstruktion transzendenter Probleme an. Im Anschluß an

---

[745] Vgl. Newtons Bemerkungen vom 29. V. 1716 zu Leibniz-Conti, 9. IV. 1716 — [746] Gregory-Collins, 29. XII. 70 — [747] Collins-Gregory, 3. I. 71.

Huygens' Ergebnisse in den *Inventa de circuli magnitudine* gibt er die Beziehungen $\varphi = \dfrac{16 \cdot \sin \varphi/4 - 2 \cdot \sin \varphi/2}{3} + \dfrac{\varphi^5}{16 \cdot 5!} + \ldots$ (*prop.* 12) und $\dfrac{\varphi(1 - \cos \varphi)}{\varphi - \sin \varphi} = 3 - \dfrac{1 - \cos \varphi}{5} - \dfrac{6(1 - \cos \varphi)^2}{175} - \ldots$ (*prop.* 16) und entwickelt aus $y^2 = 2\,px + kx^2$ Näherungen für das Kreissegment und den Kegelschnittbogen. Hier werden Ansätze aus der *Methodus* weitergeführt, aber überall bleibt Newton sorgfältig im Bereich der schon zu Anfang seines Briefes gegebenen Reihen. So war Oldenburgs Wunsch erfüllt und doch alles getan worden, um ein mißbräuchliches Eindringen von Leibniz in die Gedankenwelt Newtons zu verhüten: preisgegeben waren nur einige bereits anderweitig bekannt gewordene Reihen, gelegentlich nebst beigefügtem Bildungsgesetz, aber nichts von den Kernproblemen; nichts von der *methodus fluxionum* und nichts über Differentialgleichungen, über deren Auflösung durch Potenzreihen Newton bereits weitgehende Einzelheiten in Händen hatte.

Um zu verhüten, daß die eigenhändige Abfertigung an Leibniz weitergegeben werden könne, hat Newton auf der letzten Seite seines Briefes noch einige Mitteilungen über die Einwände von Lucas gegen seine Farbenlehre hinzugefügt. Er erwartete, daß Oldenburg den empfangenen Brief möglichst bald und in einer sorgfältigen Abschrift nach Paris senden werde, und gab zur Erleichterung für den Kopisten am Ende seines Briefes mehrere durch vorgenommene Verbesserungen schlecht lesbar gewordene Stellen erneut wieder. Später hat er das Original von Oldenburg zurückerbeten und eine leicht veränderte Abschrift angefertigt, die als Vorlage für den Abdruck in den *WO* III mitverwendet wurde. Eine von Collins besorgte Abschrift des Originals ging an Baker[748], eine andere von Oldenburg veranlaßte an Wallis[749], der einzelne Stücke daraus in seine englisch geschriebene *Algebra* übernahm[750] und später den vollen Wortlaut des Briefes abdruckte; von hier aus ist der Text in das *CE* übergegangen. Newtons Brief lief am 23. VI. 76 bei Oldenburg ein, wurde am 25. VI. 76 in der RS verlesen, am 27. VI. 76 beantwortet und am 5. VIII. 76 an Leibniz weitergeleitet[751]. Infolge eines (in den *Errata* mißverständlich berichtigten) Druckfehlers wird die Weitergabe in *WO* III auf den 26. VI. (6. VII.) 76 datiert; diese Angabe erscheint auch im *CE* und den Nachdrucken und zeigt uns, daß man damals das Original nicht mehr angesehen hat. Sie wurde von Newton in der englischen Anzeige des *CE* aufgegriffen[752] und später des öftern wiederholt[753]; erst seit Wiederauffinden der seinerzeitigen Abfertigung ist sie endgültig widerlegt. Unbegreiflich bleibt, daß sich Newton im Jahr 1712 nicht veranlaßt fühlte, das bei ihm befindliche Original nochmals anzusehen, und ebensowenig bei Wiederherausgabe des *CE* im Jahr 1722. Die Verfasser des *CE* glaubten anscheinend, am 6. VII. 76 sei Newtons Brief zusammen mit dem *Abridgement*, am 5. VIII. 76 sei die *Historiola* an Leibniz gesandt worden. Sie

---

[748] Vgl. Collins-Baker, 1. X. 76 und Baker-Collins, 6. I. 77 — [749] vgl. *WO* II, S. 368 — [750] englische Handschrift von 1676, Druck 1685, lateinische Wiedergabe mit Ergänzungen in *WO* II — [751] Eingangs-, Antwort- und Weitergabevermerk auf der eigenhändigen Abfertigung — [752] *PT* 29, Nr. 342 für I-II 1715, lateinische etwas veränderte Wiedergabe in der *Recensio libri, CE* 1722 (1725) — [753] vgl. Newtons Bemerkungen vom 29. V. 1716 zu Leibniz-Conti, 9. IV. 1716, ferner die von Newton im *CE* 1722 (1725) zu Newton-Collins, 20. XII. 72 (Tangentenbrief) und Collins-Oldenburg, V/VI 76 (*Historiola*) zugesetzten Anmerkungen.

wurden in ihrer Auffassung bestärkt durch einen Vermerk auf dem ersten Blatt
der *Historiola*, dieses Schriftstück solle von L e i b n i z nach vollzogener Durchsicht wieder zurückgegeben werden. Sie haben sich jedoch getäuscht. Die
Historiola wurde niemals an Leibniz übersandt, vielmehr von diesem während
seines zweiten Aufenthaltes in London eingesehen, und der erwähnte Eintrag
bezieht sich auf diese Angelegenheit. Wir werden später in anderm Zusammenhang erneut auf die ganze Sache zurückkommen und alsdann die
näheren Beweise dafür vorlegen, daß Leibniz die *Historiola* nicht früher
gesehen haben kann.

17. DIE ANTWORT LEIBNIZ'

Um ganz sicher zu gehen, wollte Oldenburg die Sendung vom 5. VIII. 76
nicht der Post anvertrauen; vielmehr hat er sie einem jungen Deutschen, dem
Breslauer Mathematiker K ö n i g, mitgegeben, der gerade nach Paris abreisen
wollte. Die Folge war eine ungebührliche Verzögerung, wie sie sich häufig bei
persönlich übermittelten Nachrichten ergeben hat[754]. König hatte Leibniz
in seiner Wohnung nicht angetroffen und hinterlegte daher das Paket bei dem
deutschen Apotheker, von dem es Leibniz bei einem zufälligen Besuch am
24. VIII. 76 erhielt. Leibniz hat dies in der Abfertigung kurz mitgeteilt, aber
die fragliche Stelle wurde von Oldenburg als unwesentlich für die Wiedergabe im *Letterbook* gestrichen und fehlt daher in sämtlichen bisherigen Drucken,
die sich alle auf den Erstdruck im *WO* III stützen. Die Tatsache des verspäteten
Eingangs der Oldenburgschen Sendung ist erst nach Wiederauffindung der
eigenhändigen Abfertigung vom 27. VIII[755] und Entzifferung des ursprünglichen Konzepts vom 24. VIII. ans Tageslicht gekommen. In der Abfertigung
schreibt Leibniz ebenso wie in seinem zweiten Konzept, er habe die Sendung
gestern, am 26. VIII., erhalten; im ursprünglichen Konzept steht richtiger,
sie sei ihm am Montag (24. VIII.) ausgehändigt worden und er wolle sie sogleich
beantworten, um seinen Brief noch der regulären Post am Mittwoch (26. VIII.)
mitgeben zu können. Die beiden Konzepte sind hastig niedergeschrieben,
ebenso auch die Abfertigung. Der Text ist nur zu Teilen sorgfältig durchdacht, etwas flüchtig entworfen und allzurasch zu Papier gegeben.

L e i b n i z war sich schon beim ersten Überfliegen des Inhalts darüber klar, daß
es sich um Mitteilungen von außerordentlicher Tragweite handelte, und daß
bei Verzögerung seiner Antwort auf ihn ein dunkler Verdacht fallen könne und
müsse. Dies und Oldenburgs Aufforderung, möglichst rasch zu schreiben,
veranlaßte ihn dazu, aus dem Stegreif zu antworten, um nicht in den Verdacht
zu geraten, er habe die Sendung zuvor eingehend studiert. Das erste Konzept
vom 24. VIII. sollte wahrscheinlich am 25. VIII. ins Reine geschrieben werden,
befriedigte aber keineswegs und wurde daher umgebildet und stark erweitert.
Mit der Bemerkung, er habe Oldenburgs Sendung gestern (*heri*) erhalten, will
Leibniz vielleicht zum Ausdruck bringen, daß der Text um einer möglichst

---

[754] So wurde der von Tschirnhaus besorgte Brief Oldenburg-Huygens, 9. VIII. 75 erst
Ende IX 75 zugestellt — [755] vgl. M a h n k e, *Keimesgeschichte*, S. 52-53.

raschen Entgegnung willen sehr eilig niedergeschrieben ist, und die nicht immer leicht lesbare Schrift und die ihm selbst deutlich fühlbare unausgeglichene Darstellungsform entschuldigen. Dazu hatte er alle Ursache; in den übermittelten Formeln sind Schreibfehler stehen geblieben, und der englische Kopist kam mit der Vorlage schlecht zustande; seine Abschrift enthält eine Reihe von schweren Fehlern, auf die wir noch zurückkommen werden.

Die später von Newton vorgebrachte Behauptung[756], Leibniz habe sich nach Erhalt der Sendung Oldenburgs (irrtümliches Datum der Abfertigung: 6. VII.) bis zu seiner Antwort vom 27. VIII. mehr als sechs Wochen Zeit gelassen, sich inzwischen das Entscheidende aus dem Empfangenen angeeignet und es alsdann in umgebildeter Form als seine eigene Entdeckung mitgeteilt. ist eine völlig unzutreffende Unterstellung. Zu ihr ist Newton nur durch die allzuflüchtige und überdies voreingenommene Lektüre der ihm vorliegenden gedruckten Auszüge verführt worden; hätte er sich die (ihm leicht zugänglichen!) Originale angesehen, so hätte er das Haltlose seiner Behauptung sofort erkennen müssen. Die Sendung Oldenburgs ist postwendend beantwortet worden, wenn auch nicht am nächsten Tag, wie Leibniz vorgibt. In einem Tag hätte Leibniz die beiden Konzepte, die umfangreiche Reinschrift und die Besprechung mit Tschirnhaus, der die Antwort gesehen und seine eigene[757] darauf abgestimmt hat, gar nicht erledigen können. In Wirklichkeit liegen zwischen dem Eingang der Sendung und der Antwort drei Tage. In dieser Zeit hätte selbst der genialste Mathematiker die arithmetische Kreisquadratur nicht nachentdecken können, wenn er sie nicht schon gehabt hätte. Zudem befand sich die entscheidende Reihe für $\int_0^x \frac{dt}{1 \pm t^2}$ keineswegs mit unter den empfangenen Ergebnissen; die Allgemeinmethode Newtons zur Reihenentwicklung war nur an einem speziellen Beispiel und in schwer verständlicher Form dargeboten worden, und die Zahlenkoeffizenten der einzelnen übermittelten Reihen waren dank der Unaufmerksamkeit des Abschreibers durch zahlreiche sinnstörende Fehler entstellt. Leibniz hat die Sendung Oldenburgs vor der Niederschrift seiner Antwort, wie er selbst sagt, nur verhältnismäßig oberflächlich angesehen und sich sogleich unter Rückgriff auf seine eigenen Aufzeichnungen an die Arbeit gemacht.

In der Abfertigung hebt Leibniz hervor, Oldenburgs Sendung enthalte mehr über die neue Analysis als die bisher über diesen Gegenstand an die Öffentlichkeit gebrachten dickleibigen Bände. Die im ersten Konzept angefügte Bemerkung, es wäre freilich wünschenswert gewesen, daß alles eingehender erklärt worden wäre, aber das sei wohl auf engem Raum unmöglich, ist unterdrückt; ebenso der an späterer Stelle im zweiten Konzept befindliche Satz. hoffentlich werde Collins, der einzige wirklich dazu Berufene, ein Buch über die höhere Analysis schreiben; in Paris könne dies nach Huygens' Abgang bestimmt niemand mehr. Nun wird in der Abfertigung Newtons allgemeine

---

[756] *PT* 29, Nr. 342 vom 1/II 1715 = *Recensio libri, CE* 1722 (1725) -- [757] Tschirnhaus-Oldenburg, 1. IX. 76.

Reihenlehre rühmend hervorgehoben: Das sei des Autors der Farbenlehre[758] und des Erfinders des Spiegelteleskops[759] durchaus würdig. Die Methode zur Gleichungslösung und Quadratur vermittels unendlicher Reihen sei ganz anders geartet als die von Leibniz; erstaunlich genug, daß man auf so verschiedenen Wegen trotzdem zum nämlichen Ergebnis gelangen könne. Mercator habe rationale Funktionen 'durch Division in Reihen entwickelt und dann quadriert. Newton habe andere Reihen durch Wurzelausziehen hergestellt. Leibniz' Methode sei aus seiner allgemeinen Theorie erwachsen, mittels deren er eine auszuführende Quadratur durch rationale Transformationen stets auf die Integration einer Funktion zurückführen könne, die höchstens vom dritten Grad in y sei (!). Im ersten Konzept hatte Leibniz stärker betont, wie viel er Mercator verdankte, und hinzugefügt: nachdem dieser einmal einen Funktionsbruch in eine unendliche Reihe entwickelt habe, sei es recht wahrscheinlich gewesen, daß man Ähnliches auch an Radikalen und an rationalen Funktionen durchzuführen vermöge. Newton habe das Wurzelverfahren, Leibniz die Rückführung auf rationale Funktionen weiter ausgebaut, wie etwa die Rationalisierung der Quadratur von Kreis, Ellipse u. dgl. m. Diese Fassung mochte bei der Umarbeitung als zu anmaßend erschienen sein.

Weiterhin betont Leibniz, er habe sich bemüht, aus der Unzahl der möglichen Transformationen immer die für den vorliegenden Fall zweckmäßigste auszuwählen, so daß die neue Ordinate als rationale Funktion der neuen Abszisse dargestellt werde und Mercators Reihendivision angewendet werden könne. Die allgemeine Transformationstheorie scheine ihm von höchster Bedeutung für die Analysis zu sein; denn sie verhelfe keineswegs immer nur zur Entwicklung in unendliche Reihen und zu Näherungen, sondern auch zu exakten geometrischen Lösungen. Dies schreibe er frei und offen, hoffend, man werde ihm daraufhin die entscheidenden Methoden der Engländer nicht versagen. Es handle sich im wesentlichen darum, eine zu quadrierende Fläche in die Gesamtheit irgendwie geformter infinitesimaler Bestandteile zu zerlegen, die sich passend in andere flächengleiche Bestandteile einer gleichwertigen, aber einfacher zu behandelnden Figur verwandeln lassen (Wesen der Integration durch Substitution), so z. B., indem man die aus Rechtecken bestehenden ein- und umbeschriebenen Treppenfiguren in ebensolche aus Dreiecken zusammengesetzte überführe. Auf diese Weise sei es möglich, alle bisher gefundenen Quadraturen durch ein einheitliches und umfassendes Verfahren auszuführen (Anspielung auf die Transmutation).

---

[758] Leibniz kannte nur die Darstellungen Newtons und die äußerst geschickt geführten Auseinandersetzungen mit den einzelnen Gegnern in den *PT* 6, Nr. 80 vom 29. II. 72; *PT* 7, Nr. 83 vom 30. V. 72, Nr. 84 vom 27. VI. 72, Nr. 85 vom 25. VII. 72 und Nr. 88 vom 28. XI. 72; *PT* 8, Nr. 96 vom 31. VII. 73 und Nr. 97 vom 16. X. 73; *PT* 9, Nr. 110 vom 4. II. 75; *PT* 10, Nr. 121 vom 3. II. 76 und *PT* 11, Nr. 123 vom 4. IV. 76. Im einzelnen handelt es sich um die folgenden dortselbst abgedruckten Briefe: Newton-Oldenburg, 16. II. 72; Pardies-Oldenburg, 9. IV. 72; Moray für Newton, 15? IV. 72; Newton-Oldenburg, 23. IV. 72 (zwei Briefe), Pardies-Oldenburg, 21. V. 72; Newton für Oldenburg, 21. VI. 72 (zwei Stücke). Pardies-Oldenburg, 9. VII. 72; Newton-Oldenburg, 16. VII. 72; Huygens-Oldenburg, 14. I. 73; Newton-Oldenburg, 13. IV. 73; Huygens-Oldenburg, 10. VI. 73; Newton-Oldenburg für Huygens, 3. VII. 73; Linus-Oldenburg. 6. X. 74; Oldenburg-Linus, 27. XII. 74; Linus-Oldenburg, 25. II. 75; Newton-Oldenburg, 23. XI. 75, 20. I. und 10. III. 76 — [759] Leibniz kannte die Schilderung in Newton für Oldenburg, 16. I. 72 (*PT* 7, Nr. 81 vom 4. IV. 72) und die weiteren Erklärungen in Newton-Oldenburg, 5. IV. und 9. IV. 72 (*PT* 7, Nr. 82 vom 2. V. 72) sowie vom 14. V. 72 (*PT* 7, Nr. 83 vom 30. V. 72).

Im *CE* wird erklärt, das alles sei nichts Neues; L e i b n i z' Methode sei von der nämlichen Art wie die von G r e g o r y (*Geometriae pars universalis*) und B a r r o w (*Lectiones geometricae*) angewendete, mittels deren man die Kegelschnitt-quadratur rationalisieren könne. Diese sei jedoch nicht allgemein; vielmehr werde, abgesehen von gewissen Sonderfällen, mittels einer Transformation dieser Art der Gleichungsgrad nicht verändert. Man sieht, daß die Herausgeber des *CE* den Sachverhalt nicht durchschaut hatten: sie glaubten wohl, es handle sich um den Übergang zu einem neuen rechtwinkligen Koordinatensystem (daher die Erhaltung der Gradzahl) oder zu Polarkoordinaten. Aber in Wirklichkeit denkt Leibniz an Transformationen ganz allgemeiner Art; auch seine spezielle Transmutation ist ihrem Wesen nach nicht metrisch, sondern affin.

Nun führt Leibniz unter Umbildung des bisherigen Gedankens eine rationale Kreisquadratur vor, ausgehend von der Gleichungsform $y^2 = 2\,ax - x^2$. Er setzt $ay = xz$ und erhält $x = 2\,a^3 : (a^2 + z^2)$, $y = 2\,a^2 z : (a^2 + z^2)$ und $y \cdot dx = [-] \dfrac{8\,a^5 z^2}{(a^2 + z^2)^3} \cdot d z = [-] \dfrac{x\,y^2}{a^2} \cdot dz$. Jetzt kann er also entwickeln und quadrieren[760]. Daß z gleichzeitig als Kreistangente angesehen werden kann, hat Leibniz klug verschwiegen, um seinen allgemeinen Transmutationssatz nicht preisgeben zu müssen, und es ist ihm wirklich gelungen, direkt zu einer gleichwertigen rationalen Integraltransformation vorzudringen. Die Engländer haben den tieferen Sinn des Verfahrens nicht herausgebracht. Im *CE* findet sich die nicht sehr glückliche Notiz, Leibniz habe das Verfahren in ungewöhnlicher Breite dargestellt, obwohl alles mit wenigen Worten zu sagen gewesen wäre, *und deshalb könne er damals die neue Analysis noch nicht gefunden haben.* Diese gänzlich unhaltbare Bemerkung weist Leibniz in einer Randnote zurück: er habe ja für andere geschrieben, denen die Methode noch nicht bekannt gewesen sein konnte. Hingegen muß darauf hingewiesen werden, daß Leibniz ursprünglich (erstes Konzept) $a = 1$ setzte und $8\,z^2 : (1 + z^2)^3$ in der Form $8\,z^2 : [1 + 3\,z^2 + 3\,z^4 + z^6]$ gemäß der Mercator-Regel entwickelte. Später hat er erkannt, daß der binomische Satz eine wesentlich kürzere Darstellung gestattet[761].

Diese Methode, fährt Leibniz fort, sei keineswegs auf Kurven 2. Grades beschränkt, sondern lasse sich ebensogut auf Kurven anwenden, in deren Gleichung y bis zum dritten Grad ansteige[762] — ausgeführt hat er wohl nur das Beispiel $y^3 = x^2\,(2\,a - x)$, wo die nämliche Transformation $ay = xz$ zum Ziel führt. An einem Mittelpunktkegelschnitt $(y/b)^2 = x\,(2\,a \pm x)/a^2$ lasse sich der Sektor ausdrücken in der Form $t/1 \pm t^3/3 + t^5/5 \pm t^7/7 + \ldots$, woselbst $z = b\,t$ der Abschnitt auf der y-Achse sei, den die Tangente im Endpunkt des Bogens erzeuge, falls $a\,b = 1$ gesetzt werde. Insbesondere sei also am Kreis das Verhältnis der Fläche zum umbeschriebenen Quadrat, das wiederum gleich 1 gesetzt werde, gleich $(1 - {}^1/_3 + {}^1/_5 - \ldots) : 1$ — ein Ergebnis, das Leibniz schon vor drei Jahren seinen Freunden mitgeteilt habe. Im *CE* wird hierzu auf die arc tg-Reihe Gregorys[763] und ihre Weitergabe an Leibniz[764] verwiesen, aber

[760] Vgl. auch *Cat. crit.* 2, Nr. 1438 (8. VI. 76) und Nr. 1458 (28. VI. 76) — [761] Leibniz, Randbemerkungen zum ersten Brief Newtons (VIII 76) — [762] vgl. auch *Cat. crit.* 2, Nr. 1468 (VI 76) — [763] Gregory-Collins, 25. II. 71 — [764] Oldenburg-Leibniz, 22. IV. 75.

übersehen, daß es hierbei wesentlich auf die Methode angekommen wäre. Die allgemeine Darstellung der Sektorfläche ist der nunmehr abgeschlossenen *Quadratura arithmetica circuli, ellipseos et hyperbolae* entnommen[765], deren Hauptergebnis später in der *Quadratura arithmetica communis* veröffentlicht wurde[766]. Anschließend folgt im Brief L e i b n i z' die uns schon vertraute Darstellung der Reihensumme $\sum_{k=2}^{\infty} \dfrac{1}{k^2-1} = \dfrac{3}{4}$ und der aus ihr durch Überspringen je eines bzw. je dreier Glieder entstehenden Teilreihen. Hierzu verweist das *CE* auf die Wiedergabe in der *Vera quadratura circuli*[767].

Andrerseits, erklärt L e i b n i z, habe er an der Hyperbel folgendes bemerkt: Werde der hyperbolische Logarithmus von $1 - y$ gleich x gesetzt (d. h. $x = \ln \dfrac{1}{1-y}$), so sei $y = x - \dfrac{x^2}{2!} + \dfrac{x^3}{3!} - \dots$; wenn aber der hyperbolische Logarithmus von $1 + y$ gleich x sei [d. h. $x = \ln (1+y)$], so gelte $y = x + \dfrac{x^2}{2!} + \dfrac{x^3}{3!} + \dots$, wie es auch Newton mitteile. Übrigens nähere die erste Reihe besser an als die zweite, und die zweite könne durch Übergang von $1 + y$ zu $1/(1-y)$ auf die erste zurückgeführt werden. Im *CE* wird zu diesem Absatz bemerkt, Leibniz habe in Wirklichkeit alles aus N e w t o n; er sei von der zweiten Reihe zur ersten durch Zeichenwechsel von x und y gelangt; N e w t o n selbst führt in seiner Antwort aus, weshalb die Reihe für e^{-x} besser konvergieren solle als die für e^{+x}, vermöge er nicht einzusehen[768]. Leider hat sich Leibniz an dieser Stelle allzu unklar ausgedrückt, da er das Geheimnis seiner Überlegung wahren wollte. Der methodische Unterschied gegenüber Newton, der zu seinem Ergebnis durch Umkehren der logarithmischen Reihe gekommen war, läßt sich so nicht erkennen. Aus dem ersten Konzept wird Leibniz' Vorgehen deutlicher. Er hatte aus $y = x + \dfrac{x^2}{2!} + \dfrac{x^3}{3!} + \dots$ durch die Integration $\int_0^x y \cdot dx = \dfrac{x^2}{2!} + \dfrac{x^3}{3!} + \dots = y - x$ gefunden und wußte, daß sich die zugehörige Differentialgleichung nur durch die logarithmische Funktion $x = \log (1+y)$ erfüllen läßt[769]. Die Bemerkung, die Reihe für e^{-x} nähere besser an als jene für e^{+x}, ist so zu verstehen: Für festes positives x ist der Fehler bei Abbrechen der Reihe mit einem bestimmten Glied im Fall e^{-x} kleiner als im Fall e^{+x}; als *numeri* sind die reziproken Zahlen $e^{\pm v}$ für Leibniz völlig gleichwertig.

Hinsichtlich der Bestimmung der trigonometrischen Funktionen aus dem Bogen, berichtet Leibniz weiterhin, sei ihm zunächst die cos-Reihe zugefallen; hintennach habe er bemerkt, daß sich hieraus durch Integration die sin-Reihe und die Fläche des doppelten Kreissegments (aus $x - \sin x$) bestimmen lasse. Indem man die cos-Reihe mit dem 3. Glied abbreche, erhalte man die Näherung $x = \sqrt{6 - \sqrt{12 + 24 \cdot \cos x}}$, wobei der begangene Fehler in der Ausgangsgleichung den Wert $x^6 : 720$ nicht erreiche. Im *CE* wird wiederum gesagt, dies

[765] *Cat. crit.* 2, Nr. 1233 (Sommer 1676) — [766] *AE*, IV 91 — [767] *AE*, II 82 — [768] N e w t o n - O l d e n - burg für L e i b n i z, 3. XI. 76 — [769] vgl. *Cat. crit.* 2, Nr. 1428 (27. V. 76), Nr. 1430 (V 76), Nr. 1456, 1461-62 und 1475 (VI 76) und Nr. 1485 (VII 76).

alles sei durch billige Umformungen aus den Newtonschen Reihen erhältlich. Leibniz fügt hinzu: *damals habe er bereits eine andere Methode besessen.* In der Tat deutet er in seinem ersten Konzept an, hinsichtlich der durch M o h r übermittelten Reihe sei er kurz nach Abfertigung seines Briefes vom 12. V. 76 durch wiederholte Integration zum Ziel gekommen. Wie vorhin läßt sich nämlich aus

$$y = \cos x \text{ die Beziehung } y = 1 - \int_0^x dx \cdot \int_0^x y \cdot dx \text{ bilden und dann schrittweise}$$

integrieren[770]. Im Gegensatz hierzu hatte N e w t o n zuerst die arc sin-Reihe aus $\int_0^x \frac{dt}{\sqrt{1-t^2}}$, dann die sin-Reihe durch Umkehren des Ergebnisses gewonnen.

Hier könne man unzählig viele andere Dinge hinzufügen, meint L e i b n i z ergänzend, doch komme es ihm im wesentlichen nur auf die Allgemeinmethode an, und er überlasse die Anwendung willig andern. Auf Wunsch sei er bereit, alles eingehender darzulegen, wie etwa die Auflösung unreiner Gleichungen durch Reihen (die er, wie im ersten Konzept angegeben wird, als erster durch Umbildung der Vièteschen Methode entwickelt zu haben glaubte)[771], doch erbitte er genauere Erklärungen Newtons hinsichtlich des Ursprungs (*origo*) des binomischen Satzes[772] und der Entwicklung der Lösungen unreiner Gleichungen[773], ferner das Verfahren zur Reihenumkehrung, wie etwa beim Übergang von der logarithmischen Reihe zur Exponentialreihe. Er habe Newtons Brief bisher nur flüchtig durchgelesen, nicht etwa eingehend studiert; ob er alles bei sorgfältiger Lektüre herausbringen werde, dessen sei er nicht ganz sicher, und so halte er es für richtig, wenn Newton selbst die erbetenen Ergänzungen gebe.

Damit wendet sich Leibniz zu den von C o l l i n s übersandten Mitteilungen. Es wäre zu wünschen, daß den Näherungen G r e g o r y s für den Kreisbogen auch ein Beweis beigefügt wäre[774]; er selbst glaube eine einfachere Methode ohne Winkelhalbierung zu besitzen, bei der man allerdings ebenfalls ins Unendliche fortschreiten müsse. Hoffentlich werde Gregorys Nachlaß sorgfältig aufbewahrt; denn wenn auch sein Beweis für die Unmöglichkeit der analytischen Quadratur des Kreises und der Hyperbel nicht befriedigen könne, so sei er doch ein hervorragender Förderer der analytischen Methode gewesen. Schon im Frühjahr 1675 habe L e i b n i z eine Methode zur Behandlung verallgemeinerter Cardanischer Gleichungen gegeben[775], jedoch sei diese nur für die Gleichungen 3. Grades allgemein. Die Einzeluntersuchung habe er T s c h i r n h a u s überlassen, dessen diesbezügliche Studien tiefer drängen als die seinen. Im übrigen sei es für ihn und Tschirnhaus unschwer möglich, das Wesen der Methode Gregorys aus den von Collins gegebenen · Anspielungen wiederherzustellen. Das Imaginäre könne man freilich auch bei reellen Wurzelwerten

[770] Vgl. *Cat. crit.* 2, Nr. 1240-41 (Anfang 1676), Nr. 1460 (29. VI. 76), Nr. 1486 und 1517 (VIII 76) — [771] vgl. *Cat. crit.* 2, Nr. 1467-68 (VI 76) — [772] vgl. Leibniz, Randbemerkungen zum ersten Brief Newtons (VIII 76), Ergänzungen zum Konzept B und *Cat. crit.* 2, Nr. 1528 (IX 76) — [773] vgl. *Cat. crit.* 2, Nr. 1528 (IX 76) — [774] in den Randnoten zum ersten Brief Newtons (VIII 76) ist Leibniz auf Grund der Reihenentwicklung des Sinus ganz dicht an einen Beweis herangekommen, hat sich aber im einzelnen verrechnet — [775] in den Randnoten zum *CE* verweist Leibniz auf Moivre. Gemeint ist die *Aequationum reductio analytica*, *PT* 25, Nr. 309 (1707).

nicht wohl vermeiden; als Beispiel wolle er $\sqrt{1+\sqrt{-3}}+\sqrt{1-\sqrt{-3}}=\sqrt{6}$ anführen, woselbst keines der beiden Binome radiziert werden könne, und so sei es auch bei den Gleichungen dritten Grades. Descartes und einige andere hätten sich geirrt, wenn sie meinten, die Cardanischen Formeln seien nur spezieller Natur; das Imaginäre lasse sich ebensowenig vermeiden wie etwa bei dem Versuch, die Quadratur des Kreises ($\int_0^x \sqrt{1-t^2}\cdot dt$) aus jener der Hyperbel ($\int_0^x \sqrt{1+t^2}\cdot dt$) herzuleiten[776]. Übrigens vermöge Leibniz die allgemeinen Gleichungen 8. bis 10. Grades auf die 7. Grades zurückzuführen, aber die Rechenarbeit sei ungeheuer, obwohl man manches durch kluge Rechnungsführung abzukürzen vermöge; er sei bereit, sein Allgemeinverfahren mitzuteilen, falls sich jemand die Mühe der Ausführung machen wolle. Im wesentlichen benötige man eine tabellarische Zusammenstellung aller analytischen Funktionen — das sei nicht weniger wichtig und nützlich wie die Berechnung einer Sinus-Tafel. Descartes, der Ähnliches geplant habe, sei nicht zum Erfolg gekommen[777]. Eine wohlausgedachte Begriffsschrift und vor allem eine sorgfältige Analyse der Axiome sei unerläßlich[778]. Hoffentlich werde Pell seine Allgemeinüberlegungen, insbesondere das im *Cribrum Eratosthenis* Zusammengefaßte, nicht mehr länger zurückhalten; denn wenn er auch nicht alle seine Versprechungen eingelöst haben sollte, so wäre es doch bedauerlich, wenn seine Ergebnisse unwirksam verkommen müßten. Gleiches gelte auch von seiner Theorie der Wurzelschranken und der Anwendung der Sinus-Tafeln zur Gleichungsauflösung. Der Schlußsatz, Leibniz wundere sich, daß Pell in so langer Zeit nicht mehr hierüber mitgeteilt habe, ist von Oldenburg für die Abschrift ins *Letterbook* als auszulassend gekennzeichnet; denn man kannte Pells Empfindlichkeit und wollte ihn nicht unnötig kränken.

Der Auffassung Newtons, durch die Reihenlehre seien die Hauptschwierigkeiten bis etwa auf die Behandlung Diophantischer Probleme überwunden, könne Leibniz nicht beistimmen. Es gebe viele wunderbare und verwickelte Fragen, die weder von Gleichungen noch von Quadraturen abhingen, wie etwa die umgekehrten Tangentenaufgaben, die auch Descartes nach eigenem Zeugnis noch nicht beherrscht habe. Das *CE* bemerkt hierzu, offenkundig habe Leibniz damals das Wesen der Differentialgleichungen noch nicht erfaßt; sonst hätte er nicht behauptet, daß inverse Tangentenaufgaben nicht von Gleichungen abhängig seien. Leibniz fügt am Rande bei, er habe die Bezeichnung „Gleichung" im landläufigen Sinne gemeint; auch Newton habe sich dieses Wortes so bedient.

Daß Leibniz wirklich zu echten Differentialgleichungen vorgestoßen war, geht sogleich hervor aus dem Beispiel, das er anführt: Er erwähnt einen Brief von Descartes[779], worin unter anderm auch die Debeaunesche Aufgabe behan-

---

[776] Vgl. *Cat. crit.* 2, Nr. 1134 (29. XI. 75) — [777] vgl. Leibniz-Tschirnhaus, II u. Ende V 78; Tschirnhaus-Leibniz, Ende 1678, Leibniz-Tschirnhaus, Anfang 1680 — [778] vgl. *Cat. crit.* 2, Nr. 1311 (12. II. 76); Nr. 1360 (26. III. 76); Nr. 1372 (III 76); Nr. 1380 (15. IV. 76) und Nr. 1431 (V 76) — [779] Descartes-Debeaune, 20. II. 39 und Descartes-x, VI 45.

delt wird[780]: eine Kurve mit konstanter Subtangente zu ermitteln. Der Text hat
curva huius naturae. Daraus hat der Kopist *ludus naturae* gemacht, und so ist
die Stelle in *WO* III, von hier aus ins *CE* und die Nachdrucke übergegangen.
Sie gab Veranlassung zu einem Angriff Newtons gegen Leibniz[781] und
wurde natürlich auch von den Herausgebern des *CE* aufgegriffen[782]; vergeblich
wies Leibniz auf den richtigen Wortlaut hin[783]: bei der Neuherausgabe des *CE*
wurde die falsche Lesung und die an sie geknüpfte Kritik unverändert übernommen. Im Brief an Oldenburg führt Leibniz die Lösung keineswegs
vor; er sagt nur, er habe sie in kürzester Zeit gefunden, sei jedoch noch nicht
ganz damit zufrieden. Wir wissen[784], daß Leibniz durch Huygens auf die
Cartesische *Methodus tangentium inversa* hingewiesen worden war. Huygens glaubte anfänglich, Descartes besitze ein nicht preisgegebenes Verfahren, das nicht einmal der gewandte Hudde ausfindig zu machen vermocht
habe; später hat er seine Meinung hierüber geändert. Leibniz war im
Zusammenhang mit dem Studium der Cartesischen Ovale zu dessen diesbezüglichen Untersuchungen vorgestoßen[785], hat den infinitesimalen Charakter
der Problemstellung richtig erkannt[786] und sich später auch die zugehörigen
Stücke im Briefwechsel von Descartes über die Debeauneschen Auf-
gaben angesehen[787]; er führt z. B. $c\dfrac{dy}{dx} = y - x$ zurück auf $cy = \displaystyle\int_0^x y\,dx - {}^1/_2\,x^2$
(die aus diesem Ansatz leicht mögliche Reihenentwicklung wird nicht voll-
zogen). Die Differentialgleichung $\dfrac{dy}{dx} = \dfrac{c}{x}$ wird reduziert auf die logarithmische Kurve, wobei ein Parallelkoordinatensystem mit einem Achsenwinkel
von 45° zugrunde gelegt ist.

Anschließend bittet Leibniz um nähere Nachrichten über die chemischen und
physikalischen Studien der Engländer; hoffentlich werde Boyle seine Entdeckungen freimütig bekannt machen und nicht wieder, wie bisher, das Beste
zurückhalten. Diese Fassung hätte Leibniz niemals durchgehen lassen, wenn
er nicht in höchster Eile gewesen wäre. Erwartungsgemäß fehlt sie in der Abschrift im *Letterbook*. Aufgenommen ist nur mehr eine Übersicht über die Gegenstände, die Leibniz bei nächster Gelegenheit eingehender darstellen will, sobald er die dazu nötige Zeit hat: nämlich die Rückführung der Mechanik auf
die Geometrie[788], Untersuchungen über die Elastizität[789], die Flüssigkeits-
bewegung[790], das Pendel[791], die Wurfbewegung[792], den Widerstand fester
Körper[793], die Reibung[794] und die Bewegungsgesetze[795]. Das alles gehe aus
einem einzigen metaphysischen Axiom hervor, das für physikalische Betrachtungen nicht weniger bedeutungsvoll sei wie etwa jenes vom Ganzen und vom
Teil für die Größenlehre. Eine Randnote im *CE* verrät uns, daß Leibniz

---

[780] Debeaune-Descartes, IX 38 — [781] Newton-Oldenburg für Leibniz, 3. XI. 76 und
öfter — [782] Anmerkungen zu Leibniz-Oldenburg, 1. VII. 77 (*CE*, S. 93) — [783] Leibniz-
Conti, 9. IV. 1716 — [784] *Cat. crit.* 2, Nr. 844 (1674) — [785] *Cat. crit.* 2, Nr. 832-33 (XII 74) —
[786] *Cat. crit.* 2, Nr. 845 (1674) — [787] *Cat. crit.* 2, Nr. 1483 (VII 76) = *LBG*, S. 201-03 — [788] *Cat.
crit.* 2, Nr. 1503-04 (Sommer 1676) — [789] *Cat. crit.* 2, Nr. 973 (V 75) — [790] *Cat. crit.* 2, Nr. 1133
(28. XI. 75) und Nr. 1141-42 (XI 75) — [791] *Cat. crit.* 2, Nr. 975 (V 75) — [792] *Cat. crit.* 2, Nr. 976
(V 75) — [793] *Cat. crit.* 2, Nr. 967-68 (V 75) — [794] *Cat. crit.* 2, Nr. 945-48 (IV 75), Nr. 965 (V 75)
und Nr. 1189 (1675) — [795] *Cat. crit.* 2, Nr. 943-44 (IV 75) und Nr. 969 (V 75).

damit das Prinzip von der Erhaltung der Energie meinte[796]. Schließlich wird auf die neuesten Schwerpunktbetrachtungen hingewiesen[797] und Tschirnhausens Antwort mit der nächsten Post angekündigt[798].

Der Leser von heute, dem das weitreichende Ergänzungsmaterial zur Verfügung steht, von dem die Zeitgenossen keine Ahnung hatten, findet in diesem großen Brief Leibniz' ein interessantes Zeugnis dafür, mit welchem Erfolg der nunmehr 30jährige nach Schaffung einer angemessenen Zeichensprache die Kernprobleme der höheren Analysis anzugreifen wußte. Aus den bisher noch ungedruckten Aufzeichnungen ergeben sich weitere Einzelheiten. Die Mantelbestimmung am schrägen Kreiskegel, die durch eine Unterhaltung mit Roberval veranlaßt worden war, erwähne ich nur nebenher[799]. Am wichtigsten waren die Vorarbeiten für die endgültige Fassung der arithmetischen Kreisquadratur, die zu immer wieder erneuten und doch stets erfolglosen Bemühungen um den Unmöglichkeitsbeweis führten[800], und das damit zusammenhängende Studium der älteren Ansätze zur Bezwingung der Kreisquadratur. Hierher gehört die Auseinandersetzung mit der Wallisschen Interpolationsmethode aus der *Arithmetica infinitorum*[801] und die Feststellung, daß auch in Mengolis Werk über die Kreisquadratur das unendliche Produkt für $4/\pi$ auftritt[802]. Mit der Frage, wie man das Interpolationsproblem im Fall äquidistanter Ordinaten von der Länge 1, 6, 30, 140, 630 usw. behandeln solle (Aufgabe von Wallis), hat sich Leibniz längere Zeit vergeblich abgemüht[803]. Die Fragestellung[804] hat er der *Arithmetica infinitorum* (*prop.* 133) und dem von Wallis herausgegebenen Briefband über die zahlentheoretische Auseinandersetzung mit Fermat entnommen[805]. Er stimmt im wesentlichen dem ablehnenden Urteil Fermats bei. Interessanterweise hält er das Problem wegen allzugroßer Unbestimmtheit für unlösbar, obwohl er das Bildungsgesetz $6 = 1 \cdot \frac{6}{1}$, $30 = 6 \cdot \frac{10}{2}$, $140 = 30 \cdot \frac{14}{3}$, $630 = 140 \cdot \frac{18}{4}$ usw. kannte: Die Beziehung zur Kreisquadratur ist für uns sogleich vermittels $f(n) = 1 : \int_0^1 y^{2n} dx$ herstellbar, falls $y^2 = \dot{x}(1 - x)$ gesetzt wird; denn $f(n) = \frac{2(2n+1)}{n} f(n-1) = \frac{6 + 4(n-1)}{n} f(n-1)$.

Abgeschlossen war die *Quadratura arithmetica circuli, ellipseos et hyperbolae*[806] wohl schon seit Juli oder August 1676; die Vorarbeiten zum letzten eingefügten Stück, der *Trigonometria sine tabulis*, sind Ende Juni entstanden[807], das *Scholium* zu *prop.* 29, worin auf die Reihenmethode Newtons aus dem ersten Brief für Leibniz hingewiesen wird, ist erst nachträglich eingefügt[808]. Die Abhandlung vereinigt die gesamten älteren Studien Leibniz'; insbesondere enthält sie

[796] Hinweis auf diese Stelle in der gemeinsam mit Pfautz verfaßten Besprechung von *WO* III in den *AE*, V 1700 — [797] *Cat. crit.* 2, Nr. 1419-21 (18. V. 76) und Nr. 1474 (VI 76) — [798] Tschirnhaus-Oldenburg, 1. IX. 67 — [799] *Cat. crit.* 2, Nr. 1095 (30. X. 75), Nr. 1426 (24. V. 76), Leibniz-Varignon, 18. I. 1713 und *Misc. Berol.* II², Nr. 19 (*LD* III, S. 505-06) — [800] *Cat. crit.* 2, Nr. 1245-46 (Anfang 1676) — [801] *Cat. crit.* 2, Nr. 1164 (21. XII. 75) und Nr. 1202 (XII 75) — [802] *Cat. crit.* 2, Nr. 1383-84 (IV 76). Vgl. ferner Collins-Gregory, 7. VI. 72 — [803] *Cat. crit.* 2, Nr. 1200 (1675) — [804] erstmals formuliert in Wallis-Schooten, Herbst 1652 und von Huygens und Schooten vergeblich umworben — [805] Fermat für Digby, 15. VIII. 57 und Wallis-Digby, 1. XII. 57 — [806] *Cat. crit.* 2, Nr. 1233 (Sommer 1676) — [807] *Cat. crit.* 2, Nr. 1460-62 (29. VI. 76) — [808] vgl. Hofmann-Wieleitner-Mahnke, S. 596.

einen völlig strengen und einwandfreien Beweis für die allgemeine Transmutationsmethode. Bei dieser Gelegenheit werden die früheren Aufzeichnungen wieder vorgenommen und nicht unwesentlich verbessert und verkürzt; besonders deutlich ist das zu erkennen an den Zusammenfassungen über die Quadratrix[809] und über die Zykloide[810]. Hierbei ist der schöne Allgemeinsatz über die in der Figur (Abb. 26) angedeutete Beziehung zwischen der Ausgangskurve $P(x, y)$, einer zugeordneten Evolvente $Q\left(x - s\dfrac{dx}{ds},\ y - s\dfrac{dy}{ds}\right)$ und der entsprechenden Zykloide $R(x, y + s)$ herausgekommen, der sich als die genialische Weiter-

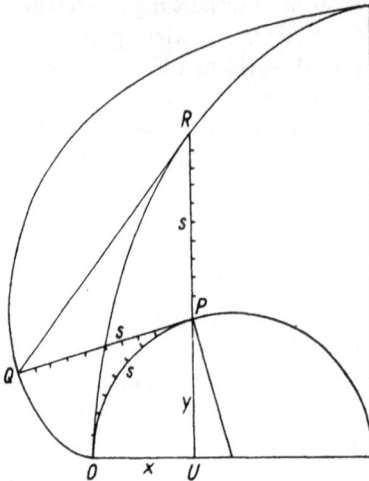

Abb. 26.

führung der *prop.* 8 aus Gregorys *Geometriae pars universalis* erweist. Ozanam hat sich (im *Dictionaire mathematiqu*·, S. 96) des Ergebnisses für den Halbkreisbogen bemächtigt, das wir in der Figur andeuten, natürlich wiederum ohne Nennung des Autors. Auf die zahlreichen weiteren differentialgeometrischen Studien der damaligen Zeit kann nur mehr verwiesen werden[811], ebenso auf die (zum Teil schon von Gerhardt in der *Entdekkung der Differentialrechnung* auszugsweise wiedergegebenen) Stücke über die Anwendung des neu-geschaffenen Calculus[812] und auf die durch den Herzog von Roannez veranlaßten Studien über die Sterblichkeit[813] und über das Würfelspiel[814].

Schließlich haben wir noch kurz das Zusammentreffen mit Römer zu erwähnen, der seit 1672 Mitglied der *Ac. sc.* war. Römers Studien über die Kreisepizykloiden und ihre Verwendung zur Konstruktion von Zahnrädern werden schon 1674 von Huygens erwähnt[815]. In der *Ac. sc.* hat Römer im Sommer 1675 über mechanische Gegenstände[816] und im Frühjahr 1676 über die Zahnräder vorgetragen[817], konnte sich jedoch nicht zur Veröffentlichung seiner Aufzeichnungen entschließen, die wahrscheinlich 1728 in Kopenhagen bei einem Brand verloren gegangen sind. Leibniz erfuhr von Römers Arbeiten durch Huygens[818] und erhielt den zweiten Teil der Schrift, deren wichtigsten Inhalt er auszugsweise festgehalten hat[819]. 1694 hat La Hire, der sich schon seit 20 Jahren mit dem nämlichen Gegenstand beschäftigt haben will, eine umfangreichere Arbeit hierüber veröffentlicht, ohne jedoch Römer zu nennen. Dieser war trotz diesbezüglicher Hinweise von Leibniz weder zur Geltendmachung

[809] *Cat. crit.* 2, Nr. 1386 (IV 76) und Nr. 1464 (VI 76) — [810] *Cat. crit.* 2, Nr. 1103 (X′75), Nr. 1144 (8. XII. 75) und Nr. 1465 (VI 76) — [811] vgl. z. B. *Cat. crit.* 2, Nr. 1125 (22. XI. 75), Nr. 1131 (27. XI. 75), Nr. 1157 (14. XII. 75), Nr. 1208 (1675), Nr. 1277 (I 76), Nr. 1469-70 und 1475 (VI 75) — [812] *Cat. crit.* 2, Nr. 1125 (22. XI. 75), Nr. 1131 (27. XI. 75), Nr. 1157 (14. XII. 75), Nr. 1176 (28. XII. 75), Nr. 1242 und 1244 (Anfang 1676), Nr. 1280 (I 76), Nr. 1412 (3. V. 76), Nr. 1452 (26. VI. 76), Nr. 1475 (VI 76) und Nr. 1482 (VII 76) — [813] *Cat. crit.* 2, Nr. 1197 (XII 75) — [814] *Cat. crit.* 2, Nr. 1259 (7. I. 76) und Nr. 1281 (I 76) — [815] *HO* XVIII, S. 607 — [816] Sitzung der Ac. sc. vom 6. VII. 75 — [817] Sitzungen der Ac. sc. vom 11. I., 1. II., 8. II., 15. II., 22. II. und 7. III. 76 — [818] Leibniz-Johann Bernoulli, 28. I. 98; Leibniz-Römer, 31. I. 1700 und Leibniz-Johann Bernoulli, 24. VI. 1707 — [819] *Cat. crit.* 2, Nr. 1187-88 (XII 75).

seiner Prioritätsansprüche noch auch zur Veröffentlichung des seinerzeitigen Ms. zu bewegen, obwohl Leibniz betonte, daß La Hires Untersuchungen wesentlich weniger tief gingen als die Römers[820]. Die Art, wie sich Leibniz für den genialen Entdecker der Lichtgeschwindigkeit einsetzt, verrät uns, welch hohe Achtung er in Paris von Römers Fähigkeiten gewonnen hat; dies läßt sich auch durch eine interessante Stelle in den *AE* von 1700 belegen[821]. Römer hat seinerzeit auch über seine von Archimedes abweichende Begründung des Hebelgesetzes gesprochen[822] (die von Archimedes in *De aequiponderantibus* gegebene ist bekanntlich unrichtig) und im Zusammenhang mit der Einschaltung von Zahnrädern über seine Methode zur besten Annäherung von Brüchen in großen Zahlen durch solche in kleinen berichtet — damit vielleicht einige der von Huygens in der Beschreibung seines Planetariums zusammengestellten Ergebnisse über Kettenbrüche vorwegnehmend.

So sehen wir Leibniz seit dem Herbst 1675, da ihm mit der Erfindung des Calculus die entscheidende mathematische Tat gelungen ist, unablässig mit der Zusammenfassung, Vertiefung und Ausweitung seiner eigenen Studien beschäftigt — aber nicht in stiller Zurückgezogenheit lebend, sondern im lebhaften Umgang mit allen, die sich für naturwissenschaftliche Fragen interessierten, und aufgeschlossenen Sinnes jede ihm zufließende Anregung aufnehmend. Mit besserem Recht als früher fühlt er sich den Pariser Mathematikern überlegen, vermag die für jeden einzelnen charakteristische Problemstellung und Behandlungsweise zu durchschauen und zu beurteilen und erkennt, daß ihnen allen das Entscheidende fehlt, was nur er selbst besitzt: der Gesamtüberblick von höherer Warte aus. Im Umgang mit ihnen ist er gereift; jetzt wird er nicht mehr viel Neues von ihnen lernen können. Von der älteren Schule, als deren noch lebende Hauptvertreter Hardy, Carcavy, Roberval, Bouilliau, Frenicle und Billy gelten durften, hat er im persönlichen Umgang keinerlei bedeutende Anregung empfangen; weit mehr von den im besten Mannesalter stehenden Persönlichkeiten, vor allem von Mariotte (auf physikalischem Gebiet) und von Huygens (hinsichtlich der Mathematik). In diesem, dem wohlmeinenden Förderer seiner frühesten mathematischen Studien und unvoreingenommenen Kritiker seiner ersten selbständigen Untersuchungen, hat Leibniz einen Mann von bestrickendem Wesen und wahrhaft genialer Schöpferkraft kennen, schätzen, bewundern und verehren gelernt. Freilich, die gegenseitigen Beziehungen hatten sich im Herbst 1675 abgekühlt, aber sie waren keineswegs gelöst, nur etwas gelockert. Da wurde Huygens erneut von schwerer Krankheit heimgesucht, die ihn zwang, auf Monate hinaus jeder geistigen Anstrengung zu entsagen und schließlich in der Heimat Ruhe und Erholung zu suchen. So mußte Leibniz darauf verzichten, dem Manne seine neuesten Erfindungen vorzutragen, der allein imstande gewesen wäre, sie richtig zu erfassen und zu würdigen. Ob ihm damals gelungen wäre, was später nicht mehr möglich war, nämlich mehr als liebenswürdige Beistimmung zu erringen, steht dahin.

---

[820] Vgl. Leibniz-Johann Bernoulli, 28. II. 98; Leibniz-Römer, 3. VII. 1703 und 1. X. 1705; Leibniz-Johann Bernoulli, 1. I. und 24. VI. 1707; Leibniz-Römer, 23. VII. 1710; Leibniz-Korthold, 1. II. 1715 — [821] *Responsio ad Dn. N. Fatii Duillerii imputationes, AE,* V 1700 — [822] *Cat. crit.* 2, Nr. 1555 (XII 75); vgl. Leibniz-Huygens. 6. II. 91.

Zum erstenmal fühlt Leibniz, daß er auf seinem weiteren wissenschaftlichen Weg allein sein wird; daß ihm aus dem Kreis der Altersgenossen, wie Ozanam, La Hire, Mohr, Foucher und Römer keiner würde folgen wollen und können, ja nicht einmal Tschirnhaus. Mit Huygens' Weggang aus Paris kommt in den Briefwechsel mit Oldenburg eine neue Note: sollte in England möglich werden, was in Frankreich aussichtslos geworden war?

18. TSCHIRNHAUS' STELLUNGNAHME

Baldmöglichst hat auch Tschirnhaus die Sendung Oldenburgs zu sehen bekommen. Er hat sie bei Leibniz überflogen, dessen Antwort durchgelesen[823] und im ersten Teil der seinen Zeugnis für Leibniz abgelegt. Wahrscheinlich hat es Tschirnhaus nicht für nötig gehalten, sein Schreiben von Leibniz durchsehen zu lassen. Wir schließen dies aus mehreren nicht sehr glücklichen Wendungen, die Leibniz niemals gebilligt hätte und die sofort von der Gegenseite aufgegriffen und später gegen Leibniz ins Feld geführt wurden. Im *CE* ist der Anfang des Tschirnhaus-Briefes auf Grund einer von Collins besorgten Abschrift, die keineswegs fehlerfrei ist, wiedergegeben. Der algebraische Teil des Schreibens hat Collins ganz besonders interessiert, aber er ist sehr schlecht mit Tschirnhaus' Schrift zurechtgekommen und hat nicht einmal die Formeln richtig zu entziffern vermocht. Aus diesem Grunde wurde die Abschrift an Wallis weitergegeben[824], der einige der von Collins begangenen Lesefehler berichtigt hat[825].

Einleitend betont Tschirnhaus, mit größter Ungeduld erwarte er schon seit Monaten die Antwort auf seinen letzten Brief[826], habe jedoch mit keinem Wort eine Andeutung darüber erhalten, ob das Schreiben eingelaufen sei. Er fühle sich durch die ihm gewährte Teilnahme an der Auseinandersetzung der Engländer mit Leibniz außerordentlich geschmeichelt, habe die eingegangene Sendung sogleich überflogen und vor allem festgestellt, daß die von Leibniz gegebene Reihe zur Quadratur des Kegelschnittsektors nicht darin enthalten sei. Ein einfacheres Verfahren als das Leibnizsche habe er bisher noch nicht zu Gesicht bekommen. Im *CE* wird dazu bemerkt, es sei unbegreiflich, daß Tschirnhaus die fragliche Reihe Gregorys (die arc tg-Reihe) nicht gesehen habe[827]. Dieser Hinweis ist jedoch völlig ungerechtfertigt; im *Abridgement* wird nur die tg-Reihe, nicht die arc tg-Reihe gegeben, und in der *Historiola*, von der die Engländer damals glaubten, sie sei ebenfalls übersandt worden, fehlt die ganze Stelle. Allzudeutlich zeigt uns diese Angelegenheit, mit welch unvorstellbarer Flüchtigkeit der Plagiatvorwurf gegen Leibniz zu begründen versucht wurde[828].

Über Newtons Reihenlehre äußert sich Tschirnhaus sehr rühmend; allerdings glaube er, es gebe eine Universalmethode zur Darstellung aller Arten von Größen, ohne daß man sich der Reihen bedienen müsse, die ihm nur als Zutat (*per accidens*) erscheinen wollen; und entsprechendes gelte wohl auch von

[823] Leibniz-Tschirnhaus, IX 84 — [824] Collins-Wallis, 19. IX. 76 — [825] Wallis-Collins, 21. IX. 76 — [826] Tschirnhaus-Oldenburg, Mitte VI 76 — [827] Gregory-Collins, 25. II. 71 — [828] nähere Einzelheiten in Mahnke, *Keimesgeschichte*.

Gregorys Studien. Wahrscheinlich hielt Tschirnhaus seinen Ansatz mit Radikalschachteln für allgemein. Diese Ansicht wäre von Leibniz auf keinen Fall gebilligt worden, und noch viel weniger die Form, in der sie vorgebracht wurde.
Die vorauszusehende Folge war eine scharfe Entgegnung Newtons; sie ging
jedoch nicht auf Rechnung Tschirnhaus', den Newton nur als vorgeschobenen
Strohmann ansah, sondern wurde an Leibniz selbst gerichtet.

Zur Beseitigung der Zwischenglieder einer Gleichung übergehend, bemerkt
Tschirnhaus, dies sei ganz einfach. So lasse sich z. B. in der Gleichung $x^3 - px^2$
$+ qx - r = 0$ das 2. und 3. Glied gemeinsam beseitigen, falls $q = {}^1/_3 \, p^2$; in
der Gleichung $x^4 - px^3 + qx^2 - rx + s = 0$ das 2. und 3. Glied, falls
$q = {}^3/_8 \, p^2$, und das 2. und 4. Glied, falls $q = {}^1/_4 \, p^2 + {}^2/_9 \, r$. Sei keine Beziehung zwischen den Koeffizienten vorhanden, so sei das Problem genau so
schwierig wie die Bestimmung der Gleichungslösung selbst, erfordere jedoch
keine Erhöhung des Gleichungsgrades (!). Die im Brief Gregorys vom 21. IX. 75
gemachte Andeutung über die Reduktion des Gleichungsgrades bei Annahme
rationaler Abhängigkeit der übrigen Wurzeln von einigen ausgezeichneten sei
richtig und leicht erkennbar, wenn man die fraglichen Beziehungen zwischen
den Wurzeln vorgebe. Man könne noch weiter gehen als Gregory und ermitteln,
welche Bedingungen den Gleichungskoeffizienten auferlegt werden müßten,
damit eine rationale Abhängigkeit der Wurzeln auftrete. Sei z. B. bei der Gleichung 3. Grades $q = 3 \, \dfrac{r}{p} + {}^2/_9 \, p^2$, so seien die Lösungen aufeinanderfolgende
Glieder einer arithmetischen Reihe. Die allgemeine Wurzelbestimmung höherer
Gleichungen sei sehr mühsam; bisher habe Tschirnhaus nur Sonderfälle der
Gleichung 5. Grades gemeistert und kenne auch Regeln für die allgemeine;
augenblicklich habe er diese Studien beiseite gelegt, hoffe aber später erfolgreich voranschreiten zu können.

Nun wird auf die seinerzeit an Collins gegangene Methode zur Auflösung
höherer Gleichungen zurückverwiesen, deren Wurzeln aufeinanderfolgende
Glieder einer arithmetischen Reihe sind, und alsdann die Aufzählung der einfachsten Fälle der verallgemeinerten Cardanischen Gleichungen nebst den zugehörigen in Radikalform dargestellten Lösungen. Tschirnhaus erwähnt auch
Leibniz' diesbezügliche Studien, aus denen sich die Bestätigung der von ihm
selbst für die Koeffizienten aufgestellten Nebenbedingungen ergeben habe. Er
verwende — genau so wie Leibniz, der dies schon lange tue — auch imaginäre
Größen und benutze z. B. Umformungen wie die folgende:

$$\sqrt{\frac{p}{4} + \sqrt{\frac{-q}{4}}} + \sqrt{\frac{p}{4} - \sqrt{\frac{-q}{4}}} = \sqrt{\frac{p}{2} + \sqrt{\frac{1}{4} \, p^2 + q}}.$$

Außerdem besitze er ein schrittweises Verfahren zur Herstellung und Auflösung der allgemeinen Winkelteilungsgleichung durch Radikale; er interessiere sich sehr für die einschlägigen Studien von Wallis. Im Zusammenhang
mit diesen Untersuchungen sei er am Kreis zu interessanten Sätzen vorgedrungen, die viel weitergehend seien als das in Gregorys *Geometriae pars
universalis* (*prop.* 69) Enthaltene. Werde z. B. der Kreis in n gleiche Teile

11*

geteilt und seien die Verbindungslinien einer Ecke mit allen andern der Reihe nach mit $s_1, s_2, s_3, \ldots, s_{n-1}$ bezeichnet, so sei $\sum s_{2k}^2 = \sum s_{2k+1}^2 = n \cdot r^2$. Überdies besitze er ein einfaches Instrument zur Winkelteilung. Vielleicht handelt es sich um einen Mechanismus, mittels dessen die Kurve $x = a \cdot \cos t$, $y = 2 \, a t / \pi$ gezeichnet werden kann. Ähnliches wird nämlich (unter ausdrücklicher Benennung von Tschirnhaus) in Ozanams *Dictionaire mathematique* (S. 99/100) angedeutet.

Auf Pells Ergebnisse geht Tschirnhaus nur flüchtig ein: Die *Ideae mathematicae* kenne er nicht. Es interessiere ihn ganz besonders, ob aus Pells Methode ein Entscheid über die Möglichkeit oder Unmöglichkeit der Kreisquadratur oder die Ausdrückbarkeit der Lösungen allgemeiner Gleichungen n-ten Grades durch Radikale gefällt werden könne; an der Behandlung derartiger Probleme werde sich die Tragweite des Verfahrens sogleich erkennen lassen. Clerselier wisse nichts von einer brieflichen Äußerung von Descartes über Pells *Ideae*. Leider seien alle Bemühungen um die *Leçons de tenebres* von Desargues vergeblich gewesen: das Buch sei nicht aufzutreiben. Tschirnhaus schließt mit der Bemerkung, er werde in etwa 5 Wochen nach Italien reisen[829] und sei gern erbötig, irgendwelche Aufträge dorthin mitzubesorgen.

Für Collins war Tschirnhaus' Brief viel wichtiger als der Leibniz'. Er hat eine Abschrift durch Oldenburg an Newton leiten lassen[830] und eine andere an Wallis gesandt[831], mit der Bitte, den ihm nicht ganz verständlichen Text durchzusehen und nach Möglichkeit aufzuklären. Das war keine besondere Zumutung, da Collins wußte, daß Wallis damals an seiner *Algebra* arbeitete und sich bestimmt für Tschirnhaus' Brief interessieren würde. Dies war auch so. In der Antwort[832] werden die nötigen Berichtigungen vollzogen. Dort finden wir einleitend einen Hinweis auf den Besuch, den Tschirnhaus im Jahr 1675 bei Wallis gemacht hatte, und eine humorvolle „etymologische" Herleitung des Namens „Tschirnhaus" von *Churn-house*. Der Winkelsatz, fährt Wallis fort, könne wohl aus einer *prop.* der *Sectiones angulares* von 1648 hergeleitet werden, die ja schon seit Jahr und Tag bei Collins lägen und ihm selber weitgehend aus dem Gedächtnis entschwunden seien. Der Satz heiße so: Werden aus einem beliebigen Punkt des Umkreises zu den Ecken eines regelmäßigen n-Ecks die Verbindungsstrecken gezogen, so seien diese die (teils positiv, teils negativ zu rechnenden) Lösungen einer Gleichung n-ten Grades, und ihre Summe sei gleich Null.

Was nun die Kreisquadratur betreffe, so habe Wallis schon längst im *Scholium* zu *prop.* 190 der *Arithmetica infinitorum* gezeigt, daß der Kreis analytisch nicht quadriert werden könne (es handelt sich in Wahrheit um einen Scheinbeweis); dies sei ebensowenig möglich wie etwa die ganzzahlige Halbierung einer ungeraden Zahl oder die Bestimmung von Gleichungen gebrochener Gradzahl, die also mehr als n und weniger als $n+1$ Lösungen hätten, und dergl. mehr.

[829] Tschirnhaus ist erst am 21. XI. 76 abgereist. Vgl. Tschirnhaus-Leibniz, 17. IV. 77 — [830] Beilage zu Oldenburg-Newton, 18? IX. 76, festgestellt aus der noch ungedruckten Abfertigung Collins-Newton, 19. IX. 76 (im gedruckten Konzept nicht enthalten) — [831] Beilage zu Collins-Wallis, 19. IX. 76 — [832] Wallis-Collins, 21. IX. 76; nicht sogleich, sondern erst als Beilage zu Wallis-Collins, 26. IX. 76 weitergegeben.

Allerdings müsse man zu neuen Begriffen fortschreiten, so zur Definition „hypergeometrischer" Reihen wie 1, $\frac{6}{1}$, $\frac{6}{1} \cdot \frac{10}{2}$, $\frac{6}{1} \cdot \frac{10}{2} \cdot \frac{14}{3}$ usw. oder 1, $\frac{3}{2}$, $\frac{3}{2} \cdot \frac{5}{3}$, $\frac{3}{2} \cdot \frac{5}{3} \cdot \frac{7}{4}$ usw.; dann sei der „Mittelwert" zwischen den ersten beiden Gliedern bei der ersten Reihe gleich $\pi/8$, bei der zweiten Reihe gleich $4/\pi$, und das unendliche Produkt und der unendliche Kettenbruch für $4/\pi$ könne auf mannigfache Weise in eine Reihe entwickelt werden; er glaube, die neue Reihenlehre habe von hier aus einen nicht ganz unwesentlichen Anstoß empfangen, wenn auch vielleicht nur indirekt.

Nach Erhalt des Briefes aus Oxford war Collins schon weit besser in der Lage die Mitteilungen Tschirnhaus' zu verstehen und zu würdigen. Nunmehr beeilte er sich, die von Oldenburg für die Antwort erbetenen Unterlagen zusammenzustellen; er fühlte sich außerordentlich geschmeichelt durch die unerwartete Wendung der Dinge, die ihn als den einzigen fachkundigen Vermittler zwischen die ersten Mathematiker Europas gestellt hatte, und bemühte sich nach Kräften, die Korrespondenz in Gang zu halten. — Wir kennen augenblicklich nur den englischen Urtext[833], der von Oldenburg ins Lateinische übersetzt und an Tschirnhaus weitergeleitet wurde[834]. Die Abfertigung ist leider bisher noch nicht aufgefunden worden. Versehentlich trägt Collins' Konzept das Datum 30. IX. (10. X.) 75; der Inhalt erweist jedoch, daß statt 1675 das Jahr 1676 stehen muß.

Gleich zu Anfang hebt Collins die ganz vorzügliche Transformationsmethode von Leibniz und dessen Reihe für den Kegelschnittsektor hervor, *die sich tatsächlich nicht unter den von Newton mitgeteilten Ergebnissen befinde*, allerdings konvergiere die Reihe für den Vollkreis sehr schlecht. Diese Bemerkung übernimmt Collins aus einem späteren Brief von Wallis[835], auf den wir noch zurückkommen werden. Newtons Methode sei auch auf arithmetische Probleme anwendbar, z. B. auf das von Davenant, auf das Tschirnhaus schon bei der seinerzeitigen Unterredung (vom 9. VIII. 75) hingewiesen worden sei. Mit diesem Gegenstand habe sich insbesondere Baker eingehend und erfolgreich beschäftigt[836]; das wäre der rechte Mann, um die von Tschirnhaus angedeutete Allgemeinmethode in die Rechnung umzusetzen. Es genüge, wenn ihm die Anweisung zuginge; selbstverständlich müsse sie zuvor ins *Registerbook* der RS eingetragen werden.

Nun folgt eine längere Übersicht über die verschiedenen bisher verwendeten Ansätze zur Behandlung des Davenantschen Problems, das die Bestimmung von vier aufeinanderfolgenden Gliedern einer geometrischen Reihe (a, b, c, d) aus der Summe ihrer Quadrate (Q) und ihrer Kuben (C) fordert. Die Fragestellung war schon im Frühjahr 1675 an Leibniz gegangen[837] und hatte diesen zu einer Notiz veranlaßt[838], aus der wir entnehmen, das Problem sei auf eine Gleichung 9. Grades zurückführbar und werde bei Beschränkung auf nur drei Glieder wesentlich einfacher. Wir wissen, daß Strode einen Ansatz versucht hat, bei dem zunächst nur Q berücksichtigt werden sollte[839]; hierauf hatte

[833] Collins-Oldenburg für Tschirnhaus, 10. X. 76 — [834] Oldenburg-Tschirnhaus 20? X. 76 — [835] Wallis-Collins, 26. IX. 76 — [836] Baker-Collins, 30. VII. 76 — [837] Oldenburg-Leibniz, 22. IV. 75 — [838] *Cat. crit.* 2, Nr. 928-29 (V75) — [839] Strode-Collins, 7. VIII. 75

Collins weitergebaut[840]. Gregory hatte geglaubt, das Problem erfordere eine irreduzible Gleichung 30. Grades[841], aber Dary konnte vermittels des Ansatzes $b = at$, $c = at^2$, $d = at^3$, $Q = a^2 (1 + t^2 + t^4 + t^6)$, $C = a^3 (1 + t^3 + t^6 + t^9)$ zu $a^6 = Q^3 : (1 + t^2 + t^4 + t^6)^3 = C^2 : (1 + t^3 + t^6 + t^9)^2$ übergehen und Collins hoffte auf weitere Vereinfachungsmöglichkeiten[842]. Newton löste die letzte Gleichung durch Reihenentwicklung[843] und äußerte sich anerkennend über Bakers Methode[844]. Niemand hatte bemerkt, daß sich noch mit $(1 + t^2)^2$ hätte kürzen lassen, so daß eine symmetrische Gleichung 14. Grades herauskommt, die sich auf eine Gleichung 7. Grades zurückführen läßt.

Die Beseitigung von Zwischengliedern, fährt Collins fort, habe schon Harriot in Angriff genommen[845]; Kinckhuysen habe das Verfahren in verschiedenartiger Weise benutzt. Ob Gregory mit seiner Behauptung im Recht sei, man könne die Zwischenglieder einer Gleichung nur durch Erhöhung des Gleichungsgrades beseitigen, oder Tschirnhaus mit seiner Gegenbehauptung, zu einer Erhöhung des Gleichungsgrades bestehe keinerlei Veranlassung, vermöge Collins nicht zu entscheiden; er halte es in diesem Fall mit Viète und begnüge sich mit einer näherungsweisen Auflösung. Pell habe immer wieder versichert, aus den Wurzelschranken könne man die Logarithmen der Gleichungslösungen finden; allerdings benötige man dazu sehr genaue Tafeln der Logarithmen und der Antilogarithmen, um deren Berechnung sich Pell große Verdienste erworben habe. Solle etwa $y = f(x)$ aufgelöst werden und kenne man die passend gelegenen Kurvenpunkte (x_1, y_1) und (x_2, y_2), so lasse sich die *regula falsi* anwenden. Dies führe zu $\log y/y_1 : \log y_2/y_1 = \log x/x_1 : \log x_2/x_1$. Sei die vorgelegte Gleichung zufällig von der Form $(y/b)^n = (x/a)^m$, so sei das Ergebnis auf diese Weise exakt ermittelbar; andernfalls müsse man sich auf Kurvenzweige beschränken, die durch Parabelbögen dieser Art einigermaßen angenähert werden könnten, und mit Sehnen und Tangenten arbeiten.

Der Winkelteilungssatz sei nach Collins' Meinung neu und nicht in Wallis' *Sectiones angulares* enthalten, um deren Druck sich der Autor nicht allzusehr bemüht habe. Übrigens helfe die Winkelteilung nicht viel zur Berechnung der Sinus-Tafeln, aber trotzdem dürfe man den Gegenstand keineswegs vernachlässigen. In England kenne man zum Zweck der praktischen Winkelteilung nur den altbekannten Transporteur mit beweglicher Strichskala zum Ablesen: Tschirnhaus' Instrument beruhe wohl auf rein geometrischer Grundlage, Einzelheiten seien sehr erwünscht. Hingegen könne man Fragen der Zinseszinsrechnung und der Winkelteilung mittels der logarithmischen Spirale (Fachausdruck: *serpentine*) lösen, die sich durch Projektion aus der Äquatorebene von einem Pol aus auf die Kugel in die Loxodrome überführen lasse. Die Ausstreckung dieser Spirale sei möglich, sobald man die Spiralentangente kenne — eine Angelegenheit, die nach Barrow (*Lectiones geometricae*) von der Hyperbelquadratur abhänge.

Collins sei sehr dankbar, wenn ihm Tschirnhaus bei Besorgung der Kegelschnitte La Hires, der körperlichen Örter Vivianis und der Archimedes-Ausgabe

[840] Oldenburg-Leibniz, 5. VIII. 76 —[841] Gregory-Collins, 5. VI. 75 —[842] Collins-Gregory, 29. X. 75 —[843] vielleicht in Newton-Collins, 6. VI. 76 —[844] Newton-Collins, 15. IX. 76 —[845] einem Hinweis aus Wallis-Collins, 21. IX. 76 entnommen.

Borellis an die Hand gehen wolle; natürlich interessiere er sich auch für andere
neue mathematische Bücher. Er bitte, die Verzögerung der Antwort und das
Fehlen der von Newton zu erwartenden zu entschuldigen.

Mit diesem Brief endet die Korrespondenz zwischen Tschirnhaus und Oldenburg; die Abfertigung ist zwar rechtzeitig in Paris angekommen, war aber
im April 1677 noch unbeantwortet[846] und sollte es bleiben; denn in Rom fand
Tschirnhaus nicht die nötige Muße, um die von ihm vorgesehene Abhandlung
über die Transformation der Gleichung $f(x) = 0$ vom n-ten Grade vermittels
$y = x^{n-1} + p_2 x^{n-2} + \ldots + p_n$ auszufeilen, die in den PT eingerückt
werden sollte, und im Herbst 1677 starb Oldenburg. Ob Tschirnhaus später
erneut mit den englischen Mathematikern der RS in engere persönliche Berührung getreten ist, wie er es anscheinend beabsichtigte[847], entzieht sich gegenwärtig unserer Kenntnis. Vom mathematikgeschichtlichen Standpunkt aus
gesehen, ist die Diskussion mit Oldenburg ziemlich unfruchtbar geblieben; sie
geht nirgends über die Behandlung damals alltäglicher Gedanken und Vorstellungen hinaus und hat keinerlei weitere Folgen gehabt. Für die Fragen der
Leibniz-Forschung ist sie von größter Bedeutung, weil sie uns eine kennzeichnende Milieuschilderung vermittelt und Auskunft darüber gibt, daß Leibniz
durch Tschirnhaus nichts Wesentliches über die Ergebnisse der englischen
Mathematiker erfahren hat. Der letzte Brief Oldenburgs gibt uns das erste noch
unvoreingenommene Urteil von Collins über die Leibnizsche Kreisquadratur
und über die rationalisierende Integraltransformation: es ist positiv und enthält das bemerkenswerte Geständnis, daß sich die fragliche Reihe unter den
von Newton übermittelten n i c h t befunden hatte. Eben diese Stelle hat sich
Leibniz in lateinischer Fassung notiert[848]. Wir gehen kaum fehl mit der Annahme, daß er sich diesen Auszug während seines zweiten Aufenthaltes in London gemacht hat; Oldenburg mochte ihm wohl die lateinische Erstfassung des
inzwischen abgegangenen Schreibens gezeigt haben. Über die meisten in diesem
Brief behandelten Gegenstände war Leibniz bereits bestens unterrichtet; ihn
interessierte nur der Ansatz zur Auflösung des Davenantschen Problems, zu
dem er einige weitergehende Rechnungen hinzugefügt hat. Neues ist dabei
nicht herausgekommen. Bei späterer Durchsicht seiner Papiere hat Leibniz
diesen Auszug mit dem Datum: *November* 1676 versehen. Das ist eine bedeutungslose Gedächtnistäuschung.

19. NEWTONS ZWEITER BRIEF FÜR LEIBNIZ

Wir wissen nicht genau, wann der Brief Leibniz' vom 27. VIII. 76 in London
eingegangen ist; er wird erstmals erwähnt in der Schlußbemerkung eines
Schreibens, das Collins am 10. IX. 76 an Newton gerichtet hat: Es sei eine
umfängliche Antwort Leibniz' von größter Bedeutung eingetroffen; Collins
habe sie noch nicht ausgehändigt erhalten, hoffe sie aber in der nächsten Woche
abschreiben zu können. In seiner Antwort[849] teilt Newton mit, er habe es für

---

[846] Vgl. Tschirnhaus-Leibniz, 17. IV. 77 und Oldenburg-Leibniz, 12. V. 77 — [847] Tschirnhaus-Leibniz, 27. I. 78 — [848] Leibniz, Auszug vom 18.-29. X. 76 aus Oldenburg-
Tschirnhaus, 20? X. 76 — [849] Newton-Collins, 15. IX. 76.

richtig gehalten, im *Abridgement* zwei auf ihn bezügliche Stellen zu ändern.
Gregorys Reihenmethode unterscheide sich kaum von seiner eigenen, doch
wolle er einer Veröffentlichung der Ergebnisse Gregorys keineswegs hindernd
entgegenstehen. Er wisse nicht, ob eine Möglichkeit bestehe, die seinerzeitigen
Zusammenstellungen über die Reihenlehre (die *Analysis*) zu veröffentlichen.
Sollte sie zum Druck kommen, so bitte er um Benachrichtigung, um gegebenenfalls noch gewisse Änderungen vornehmen zu können. Es sei bestimmt nicht
nötig, daß Collins den ganzen Brief von Leibniz kopiere, zumal es sich anscheinend um ein sehr langes Schriftstück handle; ein kurzer Auszug unter
Wiedergabe der Stellen, die sich auf Newton bezögen, genüge vollständig.

Inzwischen war auch Tschirnhaus' Schreiben eingetroffen. Collins gab wunschgemäß Auszüge aus beiden Briefen an Newton weiter[850] und sandte alsbald die
Berichtigung eines von Leibniz begangenen Schreibfehlers gelegentlich der
Umrechnung zur rationalen Kreisquadratur[851]; ein weiterer Auszug aus dem
Leibniz-Brief ging an Wallis[852], der umgehend antwortete[853], mit den unendlichen Reihen habe er sich schon seit 20 Jahren nicht mehr näher befaßt und er
wisse nicht, was andere neuerdings darüber geschrieben hätten. Die Hyperbelquadratur Mercators, über die er selbst seinerzeit berichtet habe[854], kenne er
ganz genau; die von Gregory gegebenen Ergänzungen (in den *Exercitationes
geometricae*) habe er zwar gelesen, könne sich jedoch kaum mehr an sie erinnern.
Von Newtons Studien habe er nichts gesehen, und daß sich auch Leibniz mit
dem nämlichen Gegenstand befaßt habe, sei ihm völlig neu. Er müsse die ganze
einschlägige Literatur ansehen, ehe er Endgültiges sagen könne; die sämtlichen
Beteiligten seien bedeutende Persönlichkeiten, über die man sich ein leicht-
fertiges Urteil nicht erlauben dürfe.

Von der Leibnizschen Reihe für die arithmetische Kreisquadratur habe Wallis
früher nie etwas gehört; sie sei bedeutsam und völlig verschieden von der
Darstellung durch das unendliche Produkt (!). Die Reihe strebe dem Wert
$\pi/4 = 0,785\,398$ alternierend zu, aber sehr langsam. Gehe man bis zu $-1/91$,
so erhalte man $0,779\,964$; breche man erst mit $+1/93$ ab, so stehe $0,790\,716$
da. Die Nachprüfung der Rechnung sei also mühsam, aber es sei kein Grund
vorhanden, an der Richtigkeit des Ergebnisses zu zweifeln. Welche Methode
Leibniz zur Herleitung eingeschlagen habe, könne sich Wallis durchaus nicht
vorstellen.

Was nun $\sqrt{1 + \sqrt{-3}} + \sqrt{1 - \sqrt{-3}}$ betreffe, so sei allerdings das Quadrat dieses Ausdrucks gleich 6, aber die Angelegenheit sei etwas mysteriös; ob
es nicht richtiger wäre, das Ergebnis gleich $-\sqrt{-6}$ zu setzen (!)? Hinsichtlich
der Rückführung höherer Gleichungen auf solche niedrigeren Grades stehe
einiges bei Descartes, aber das sei ein mühevolles Geschäft, an dem sich Wallis
nicht zu beteiligen gedenke. Er erbitte baldmöglichst eine Abschrift des ersten
Newton-Briefes für Leibniz und wolle am liebsten alles bald im Druck sehen;
ähnlich denke er über die aus Frankreich empfangenen Briefe. Den von Collins

[850] Beilage zu Oldenburg-Newton, 18? IX. 76 — [851] Collins-Newton, 19. IX. 76 —
[852] Beilage zu Collins-Wallis, 24. IX. 76 — [853] Wallis-Collins, 26. IX. 76 — [854] Wallis-
Brouncker, 18. VII. und 15. VIII. 68; Abdruck in *PT* 3, Nr. 38 vom 27. VIII. 68.

bemerkten Rechenfehler im Brief von Leibniz habe er noch nicht nachgeprüft. Er schätze Newton nach allem, was er bisher von ihm gesehen habe, außerordentlich hoch; leider kenne er ihn noch nicht persönlich.

Dieser Brief aus Oxford bestätigt uns, was schon aus dem gleichzeitig übersandten Schreiben über Tschirnhaus hervorging[855]: Collins stand den aus Paris übermittelten Ergebnissen, soweit er sie nicht handgreiflich zu fassen vermochte, anfangs sehr mißtrauisch gegenüber. Er war durchaus nicht sicher, ob die Leibniz-Reihe überhaupt richtig sei. Daraus folgt, daß er den Zusammenhang mit der arc tg-Reihe Gregorys keineswegs bemerkt hatte und nicht im geringsten an der Selbständigkeit der Ergebnisse von Leibniz zweifelte. Die beiden Briefe von Wallis klärten ihn darüber auf, daß seine Bedenken schwerlich berechtigt waren. Alles hing nun davon ab, was Newton entgegnen würde, aber dieser schwieg.

Inzwischen gab Collins Auszüge aus den Briefen Newtons, Leibniz' und Tschirnhaus' auch an Baker weiter[856] und berichtete diesem über Newtons Behandlung des Davenantschen Problems durch eine unendliche Reihe, erhielt jedoch keineswegs die erhoffte rasche Antwort, sondern mußte sich monatelang gedulden[857], und Newton schwieg. Unglücklicherweise zog sich Collins im Herbst 1676 eine Blutvergiftung zu, die zu erheblichen Beschwerden und einer heftigen Schwellung und Entzündung des rechten Armes führten, so daß er in seiner Aufnahmefähigkeit beschränkt und für längere Zeit beim Schreiben außerordentlich behindert war[858]. In diese Zeit fällt das persönliche Zusammentreffen mit Leibniz, auf das wir unten genauer einzugehen haben. Collins gewann den besten Eindruck von dem jungen Deutschen, der auf jede Frage eine kluge Antwort zu geben wußte und das Gespräch ganz nach seinem Willen zu lenken verstanden hatte — und Newton schwieg noch immer.

Was war vorgegangen? Newton hatte die ihm zugegangenen Auszüge sorgfältig durchgearbeitet und sogleich herausgefunden, daß Tschirnhaus als Partner überhaupt nicht ernst zu nehmen sei. Hinsichtlich Leibniz' war er zu der Überzeugung gekommen, daß sich dieser in außerordentlich geschickten Worten allgemein über die Reihenlehre geäußert und mit seiner rationalisierenden Integraltransformation einen interessanten Gedanken beigesteuert, aber im wesentlichen nichts Neues vorgebracht habe, weder an Allgemeingesichtspunkten noch auch an Einzelergebnissen. Die Sache roch nach Plagiat. Nach eingehendem wochenlangem Studium — so stellte sich Newton die Sache vor — konnte Leibniz aus den ihm zugegangenen Einzelheiten durchaus den analytischen Inhalt seines Briefes zusammensetzen. Daß es sich nicht um eine selbständige Entdeckung oder auch nur um eine Nacherfindung, sondern um ein Plagiat handle, wurde ihm zur Gewißheit auf Grund der Bitte von Leibniz, ihm die entscheidenden Dinge, nämlich die Methode der Reihenentwicklung und Reihenumkehrung, nochmals ausführlicher zu explizieren. Wäre Leibniz — so argumentierte Newton — bereits im Besitz dieser Dinge, so hätte er keine Ursache, sich nach weiteren Einzelheiten zu erkundigen: folglich kann er sie

[855] Wallis-Collins, 21. IX. 76 — [856] Beilagen zu Collins-Baker, 1. X. 76 — [857] Baker-Collins, 6. I. 77 — [858] Collins-Strode, 3. XI. 76 und 18. II. 77; Collins-Wallis, 24. II. 77.

nicht gehabt haben. Dazu kam die Stelle mit dem *ludus naturae,* die einen für
Newton unliebsamen metaphysischen Beigeschmack hatte, und die Bemerkung
von Tschirnhaus über die akzidentielle Bedeutung der Reihenlehre: sollte
der etwas voreilige deutsche Edelmann mit dieser Bemerkung mehr verraten
haben, als Leibniz lieb sein konnte? Wenn dem so war, lag offen zutage, daß
der Partner nicht zu den Kerngedanken der neuen Analysis vorgedrungen war.
Newton gedachte keineswegs, ihm die Fortsetzung des bisherigen Spiels zu
gestatten, und beabsichtigte die Diskussion mit einem unwürdigen Gegner
durch eine in liebenswürdigster Form gegebene — das verstand sich von selbst —,
aber unmißverständliche Antwort zu beenden. Soviel über die allgemeine
Tendenz, die dem zweiten Brief Newtons an Leibniz zugrundelag.

In der Einleitung äußert sich Newton in glatten und nichtssagenden Worten
über Leibniz' Reihenmethode. Er selbst kenne drei Wege zur Reihenentwicklung und hätte kaum erwartet, daß es noch einen weiteren gebe. Ursprünglich
stand hier das wichtige Zugeständnis, von der Leibniz-Reihe habe er früher
nichts gewußt; in der für Oldenburg bestimmten Abfertigung ist diese Stelle
dick durchstrichen und völlig unkenntlich gemacht, aber aus der zurück-
behaltenen Abschrift noch feststellbar. Leider sind wir über die Einzelheiten
dieser entscheidenden Korrektur nicht unterrichtet. — Nun zählt Newton die
drei Methoden auf: die eine sei die bereits im ersten Brief für Leibniz geschil-
derte durch schrittweises Einsetzen, die andere die von ihm zu Anfang verwendete und jetzt aufgegebene gemäß einer numerischen Induktion, die dritte
die Reihenumkehrung durch schrittweises Potenzieren.

Eingehend wird geschildert, wie Newton auf seine zweite Methode beim
Studium der *Arithmetica infinitorum* von Wallis (*prop.* 113, *prop.* 121
und *prop.* 169) verfallen sei und aus der Entwicklung von $\int\limits_0^x (1 - t^2)^n \cdot dt$
für ganze positive n durch Interpolation die Entwicklung von $\int\limits_0^x \sqrt{1 - t^2} \cdot dt$ und
entsprechend auch die von $\int\limits_0^x \sqrt{1 + t^2} \cdot dt$ gewonnen habe. Von hier aus sei
er dann zur Entwicklung von $\sqrt{1 - x^2}$ übergegangen, habe ihre Richtigkeit
durch Quadrieren festgestellt und von da ab die Interpolationsmethode (die
ihm als nicht ganz zuverlässig erscheinen mochte) zugunsten des auf Buchstaben ausgedehnten rein formalen Wurzelziehens aufgegeben. Jetzt sei ihm
auch die viel einfachere Reihendivision und die Ausdehnung des Verfahrens
auf höhere Gleichungen zugefallen. An diese Einzelheiten, aus denen der allgemeine binomische Lehrsatz hervorgegangen sei, habe er sich kaum mehr
zu entsinnen vermocht, und erst bei der vor einigen Wochen vorgenommenen
Durchsicht seiner frühesten Aufzeichnungen (im Zusammenhang mit der Abfassung des ersten Briefes für Leibniz) seien sie ihm wieder lebendig geworden.
Wahrscheinlich hat der reife Forscher des Jahres 1676 manches in die seinerzeitigen Papiere hineingelesen, was ursprünglich nicht in dieser Form darin enthalten war[859]. Entsprechendes gilt wohl auch für die anschließende Schilderung

---

[859] Über die näheren Einzelheiten vgl. Hofmann, *Studien,* S. 100-05.

der systematischen Logarithmenberechnung, die Newton im Anschluß an
cap. IX der *Methodus* unter Rückführung auf die Hyperbelquadratur in Form

der Entwicklungen für $\ln \dfrac{1+x}{1-x} = \int\limits_0^x \dfrac{2\,dt}{1-t^2}$ und $\ln \dfrac{1}{1-x^2} = \int\limits_0^x \dfrac{2\,t\,dt}{1-t^2}$ gibt.

Dies sei alles schon vor Erscheinen der *Logarithn.otechnia* Mercators entstanden; damals habe Newton durch Vermittlung Barrows seine *Analysis*
an Collins gegeben, der ihn seitdem fortwährend zur Veröffentlichung seiner
Studien gedrängt habe. Tatsächlich habe Newton vor etwa 5 Jahren eine
erweiterte Fassung (die *Methodus*) niedergeschrieben, die er zusammen mit
seiner Optik herausgeben wollte; unbedachterweise habe er sich jedoch im
Zusammenhang mit der Schilderung des Spiegelteleskops[860] dazu verleiten
lassen, eine Darstellung seiner Farbenlehre zu übermitteln[861] und zum Druck
zu geben[862]. Die hieraus entstandenen Diskussionen hätten ihn von seiner
ursprünglichen Absicht abgebracht; er müsse sich der Unklugheit zeihen, daß
er um eines Phantoms willen seine Ruhe, im Grunde eine doch viel wichtigere
Sache, gefährdet habe.

Damals habe Gregory auf Grund einer einzigen ihm von Collins übermittelten
Reihe nach langem Studium, wie er bekannte, die nämliche Methode nacherfunden und in einer nachgelassenen Abhandlung zusammengefaßt, die hoffentlich von seinen Freunden veröffentlicht werde. Er habe von sich aus viel Wertvolles hinzugefügt, dessen Verlust bedauerlich wäre. — Diese Schilderung ist
nicht ganz zutreffend; in Wahrheit hatte Gregory bereits 1668 von sich aus
den binomischen Satz und die Reihenmethode auf Grund von Entwicklungen
nach dem Taylorschen Lehrsatz entdeckt, nicht etwa nacherfunden. Das lange
Studium bezog sich, wie oben ausgeführt worden ist, nur auf die Struktur der
Kreiszonenreihe, die Gregory anfangs durch Kombination seiner Interpolationsreihen für den Kreis konstruieren wollte, bis er schließlich merkte, daß
sie mit der binomischen Entwicklung zusammenhing. Von einer nachgelassenen
Gesamtdarstellung der Studien Gregorys zur Reihenlehre ist uns nichts bekannt; wahrscheinlich spielt Newton auf die *Historiola* an, die von Collins für
den Druck vorgesehen war.

Die *Methodus*, fährt Newton fort, habe er unvollendet liegen lassen, nachdem
er die Absicht aufgegeben habe, sie zu veröffentlichen. Es fehle noch ein
Kapitel, worin er von jenen Problemen handeln wollte, die nicht auf Quadraturen zurückgeführt werden können (Differentialgleichungen?), und worüber
er nur einiges Grundsätzliche gesagt habe. Auch anderes von nicht geringem
Umfang sei beigefügt, darunter die Tangentenmethode, die Sluse vor 2 oder
3 Jahren an Oldenburg gegeben[863] und von diesem zur Antwort erhalten habe[864],
Newton besitze die nämliche Regel[865]. Beide seien auf verschiedenen Wegen zu
ihr gelangt; das Verfahren Newtons entbehre keineswegs des Beweises[866]. Wenn

[860] Newton für Oldenburg, 16. I. 72 — [861] Newton-Oldenburg, 16. II. 72 — [862] *PT* 6,
Nr. 80 vom 29. II. 72 — [863] Sluse-Oldenburg, 17. I. 73 — [864] Oldenburg-Sluse, 8. II. 73 —
[865] Anspielung auf Newton-Collins, 20. XII. 72 (Tangentenbrief) — [866] Anspielung darauf,
daß in Sluse-Oldenburg, 3. V. 73 (*PT* 8, Nr. 95 vom 3. VII. 73) kein Beweis, sondern nur
ein Hinweis allgemeiner Natur gegeben war.

man von seiner Überlegung ausgehe, könne man Tangenten auf keine andere
Weise bestimmen, ohne absichtlich vom rechten Wege abzuweichen. Die Regel
umfasse auch irrationale Ausdrücke, deren vorhergehende Beseitigung völlig
überflüssig sei; ähnlich stehe es mit Extremwertfragen und andern Gegenständen, auf die Newton nicht näher eingehen wolle. Das Grundprinzip wird
in Form eines Anagramms beigefügt, das von Newton selbst in späteren Briefen
an Wallis aufgelöst wurde[867]: *Aus einer Gleichung, worin Fluenten enthalten
seien, die Fluxionen zu finden und umgekehrt.*

Ohne auf die Einzelheiten allzusehr einzugehen, sei hier nur kurz bemerkt,
daß es um die Tangentenmethode eine von Newton verschuldete Auseinandersetzung gegeben hatte, die ihm keine Ehre macht[868]. Newton hatte die Vermutung geäußert[869], Sluses Methode sei wohl im Zusammenhang mit den durch
Oldenburg übermittelten Nachrichten über seine eigene[870] entstanden, was von
Sluse sehr höflich, aber mit aller Deutlichkeit zurückgewiesen worden war[871].
Die Angelegenheit scheint im Ausschuß der RS verhandelt worden zu sein[872]
und wurde durch eine offizielle Ehrenerklärung Newtons[873] beendet, worin gesagt wird, nach Oldenburgs Ansicht habe Sluse seine Regel schon mehrere Jahre
vor Erscheinen seines *Mesolabum* (1668) besessen; hätte er sie seinen Freunden
mitgeteilt, so hätte er den vollen Prioritätsanspruch darauf. Die Vorschrift
stimme genau mit der Newtons überein, sei aber wohl aus einem andern Grundgedanken erwachsen. Newton wisse nicht, ob der Sluses ebenso weittragend
sei wie der seine, der es ihm erlaube, das Verfahren ohne weiteres auch auf
Irrationalitäten innerhalb einer Gleichung anzuwenden, ohne diese zuvor beseitigen zu müssen. Sluse war großzügig genug, diese im wesentlichen unbefriedigende Erklärung anzunehmen[874]; daß Newton die in ihr enthaltene
reservatio mentalis niemals aufgegeben hat, lehrt die zum Auszug eines Gregory-
Briefes[875] von ihm persönlich bei der 2. Ausgabe des *CE* hinzugefügte Bemerkung, Sluses Tangentenmethode sei von seiner eigenen abhängig[876].

Nun geht Newton zur Darstellung des binomischen Integrals $J_\vartheta = \int z^\vartheta (e + f z^\eta)^\lambda dz$
in Form der Reihe

$$\frac{z^{\vartheta+1-\eta}}{(\vartheta+1)f} \cdot (e + f z^\eta)^{\lambda+1} \cdot \left\{ \underbrace{\frac{r}{s}}_{A} - \underbrace{\frac{r-1}{s-1} \cdot \frac{e\,A}{f\,z^\eta}}_{B} + \underbrace{\frac{r-2}{s-2} \cdot \frac{e\,B}{f\,z^\eta}}_{C} + \cdots \right\}$$

über, worin $r = (\vartheta + 1)/\eta$, $s = (\vartheta + 1)/\eta + \lambda$ ist. Eine Erklärung ist nicht
beigefügt; Leibniz gibt in einer Randnote folgende Überlegung: Er setzt
$e + f z^\eta = w$ und formt mittels partieller Integration um. Modern dargestellt,

---

[867] Newton-Wallis, 6. IX. und 27. IX. 92. Die gewöhnlich geäußerte Behauptung, die Auflösung sei erst beim Abdruck des zweiten Newton-Briefes für Leibniz in WO III, S. 636
gegeben und stamme von Wallis, beruht auf einem Irrtum — [868] vgl. die näheren Ausführungen
in Hofmann, *Studien*, S. 26-31, 70-75, 84-87, 90-94 — [869] Newton-Collins, 20. XII. 72,
Beilage zu Oldenburg-Sluse, 8. II. 73 und (da dieser Brief nicht ankam), wohl auch zu
Oldenburg-Sluse, 23. IV. 73 — [870] in Oldenburg-Sluse, 26. XII. 72 hatte Oldenburg
eine Andeutung über Newtons Tangentenmethode gemacht; Sluse hatte postwendend am
17. I. 73 geantwortet — [871] Sluse-Oldenburg, 3. V. 73 — [872] Sitzung der RS vom 28. VI. 73.
Wahrscheinlich hängt damit das offizielle Schreiben Collins-Newton, 28. VI. 73 zusammen
— [873] Newton-Oldenburg, 3. VII. 73, weitergegeben in Oldenburg-Sluse, 20. VII. 73 —
[874] Sluse-Oldenburg, 5. VIII. 73 — [875] Gregory-Collins, 15. IX. 70 — [876] an der nämlichen
Stelle wird Gleiches auch von der Tangentenmethode Gregorys behauptet, die wir nicht
genau kennen. Vgl. Hofmann, *Studien*, S. 29-30.

würde sein Verfahren (in dem ein unwesentlicher Schreibfehler enthalten ist) auf die Reduktionsformel

$$J_\vartheta = \frac{1}{\eta f s} \cdot z^{\vartheta+1-\eta} \cdot w^{\lambda+1} - \frac{r-1}{s} \cdot \frac{e}{f} \cdot J_{\vartheta-\eta}$$

führen, aus der alles weitere klar ist. Für ganze positive r bzw. s, fährt Newton fort, bricht diese Entwicklung schon nach einer endlichen Anzahl von Gliedern ab; für andere Werte schreitet sie wirklich bis ins Unendliche fort. Das Ganze ist die Weiterbildung von *cap.* X der *Methodus*[877]; daß auf ähnliche Formeln schon in der *Analysis* angespielt wird, wie in einer Anmerkung des *CE* steht, ist aus den dortigen Allgemeinbemerkungen nicht ersichtlich; ebensowenig aus dem ähnlichen Wortlaut eines Briefes an Strode[878], auf den in der zweiten Ausgabe des *CE* von Newton selbst hingewiesen wird. Beide Male wird nur gesagt, Newton könne mittels seiner Methode jede Fläche quadrieren, und zwar entweder genau (d. h. in geschlossener Form) oder doch wenigstens so, daß sich der Fehler beliebig klein machen lasse. — Als Beispiele führt Newton die Integrale

$$\int \sqrt{u\,z} \cdot dz, \quad \int a\,z^{m/n} \cdot dz, \quad \int \frac{a^4\,z\,dz}{(c^2-z^2)^2}, \quad \int \frac{a^5}{z^3} \cdot \sqrt{b^2+z^2} \cdot dz \quad \text{und} \quad \int \frac{b\,z^{1/3}\cdot dz}{\sqrt[5]{c-a\,z^n}}$$

vor. In allen diesen Fällen lasse sich die Quadratur in geschlossener Form geben, weil r zu einer ganzen positiven Zahl werde; sei aber s eine ganze positive Zahl, so müsse man die umgekehrte Entwicklung benutzen. Lasse sich die vorgelegte Fläche nicht geometrisch quadrieren, weil weder r noch s ganz und positiv sei oder dazu gemacht werden könne, so sei doch wenigstens die Rückführung auf die Quadratur der Kegelschnitte oder anderer einfachster Kurven möglich. Ähnlich könne man auch trinomische Integrale behandeln. Diese letzten beiden Bemerkungen beziehen sich auf Einzelheiten aus *cap.* X der *Methodus* und vor allem auf das in der *Quadratura curvarum*, *cap.* VI bis VIII Gegebene, die wohl im Herbst 1676 abgeschlossen war. Auf letztere wird in einer zusätzlichen Fußnote des *CE* von 1722 hingewiesen. Als Beispiel für eine derartige Reduktion erwähnt Newton die Rektifikation der Kissoide $xy^2 = (a-x)^3$: Man solle die Hyperbel $y^2 = a^2 + 3\,x^2$ konstruieren und auf ihr die Punkte C $(a,\,2\,a)$ und Q (Abszisse: $\sqrt{a\,x}$) bestimmen, in denen die Tangenten CD und QT anzulegen seien. Dann sei

$a \cdot$ Kissoidenbogen $BP = 6 \cdot$ Fläche $TQCD.$

In der *Methodus* (*cap.* XII), der das Beispiel entnommen ist, wird $2\,x^2 \sqrt{1 + y^{1\prime}} = a \sqrt{a\,x + 3\,x^2}$ bestimmt und vermittels des

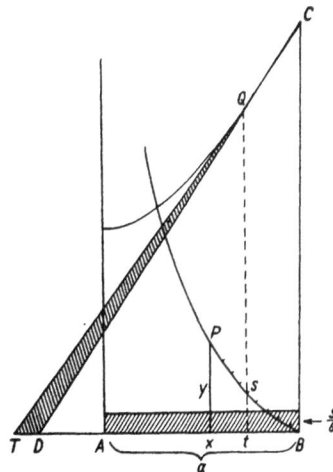

Abb. 27.

---

[877] Die Formel ist auch wiedergegeben in *WO* II, S. 390-91; sie fehlt in der *Algebra* von 1685 — [878] Collins-Strode, 5. VIII. 72.

Ansatzes $x = t^2 : a$ weiterbehandelt, aus dem sich $\int\limits_t^a ds = \int\limits_t^a \frac{a}{t^2}\, \sqrt{a^2 + 3t^2} \cdot dt$

ergibt, usw.

Newton glaube kaum, daß Tschirnhaus begründetermaßen eine einfachere oder allgemeinere Darstellung von Größen erhoffen könne als die durch Reihen. Diese seien keineswegs *per accidens* zur Lösung herangezogen worden, sondern gäben genau den allgemeinen Charakter der Lösung wieder; der Übergang von der gewöhnlichen Algebra zur Reihenlehre sei dem von der Arithmetik zur Algebra vergleichbar. Überdies könne man auch nach Reihen von mehreren Unbekannten entwickeln und ebensogut ein Verfahren einschlagen, das dem von Gregory am Kreis und an der Hyperbel benutzten durch Funktionsiteration entspreche; aber das erfordere mühevolle Rechnungen, auf die sich Newton nicht gern einlassen wolle.

Es gebe freilich auch Probleme, zu deren Behandlung die Reihen nicht das einfachste Hilfsmittel seien, so z. B. die Bestimmung einer algebraischen Kurve durch eine gewisse Anzahl von Punkten, wie etwa der Kegelschnitte durch 5 Punkte und der Kurven 3. Ordnung durch 8 Punkte. Ursprünglich hatte Newton beigefügt, für letzteres Problem besitze er auch eine Konstruktion, wünschte jedoch später diese Stelle getilgt zu wissen[879]. Inzwischen war der Brief Newtons für Leibniz bereits (am 14. XI. 76) kopiert worden; die Berichtigung unterblieb in der Abschrift, wurde jedoch im Original vorgenommen (wahrscheinlich nach der Rücksendung und durch Newton selbst). Der Text erscheint im Abdruck in den *WO* III und im *CE* in Klammern; jetzt ist 8 durch 7 ersetzt. Zweifelsohne ist die Bestimmung einer Kurve dritter Ordnung aus einem Doppelpunkt und 6 weiteren Punkten gemeint, wie dies in *cap.* VIII der *Enumeratio linearum tertii ordinis* dargelegt wird. Dort finden wir auch den Grund für die Änderung angedeutet: die Konstruktion einer doppelpunktfreien Kurve dritter Ordnung sei ein schwieriges Problem.

Verwandt mit der Leibniz-Reihe für den Kegelschnittsektor seien einige Sätze, vermittels deren man die Rückführung der folgenden Quadraturen auf die der Kegelschnitte vollziehen könne:

$$\int \frac{x^{kn-1} \cdot dx}{e + fx^n + g\,x^{2n}},\ \int \frac{x^{kn-1} \cdot \sqrt{x} \cdot dx}{e + fx^n + g\,x^{2n}},\ \int x^{kn-1} \cdot \sqrt{e + fx^n + g\,x^{2n}} \cdot dx,$$

$$\int \frac{x^{kn-1} \cdot dx}{\sqrt{e + fx^n + g\,x^{2n}}},\ \int \frac{x^{kn-1}\sqrt{e + fx^n} \cdot dx}{g + hx^n},\ \int \frac{x^{kn-1} \cdot dx}{\sqrt{e + fx^n} \cdot (g + hx^n)},$$

$$\int x^{kn-1} \cdot \sqrt{\frac{e + fx^n}{g + hx^n}} \cdot dx.$$

Einige dieser Integrale seien auf eine einzige Kegelschnittquadratur zurückführbar, andere aus mehreren zusammengesetzt. Die Sache sei reichlich kompliziert: Newton könne sich nicht gut vorstellen, daß man hier nur mit Hilfe der Transformationen Gregorys und anderer (gemeint ist Leibniz) zu Erfolg kommen könne. Er habe das neulich (*dudum*) zusammengestellt. Der Gegen-

---

[879] Newton-Oldenburg. 24. XI. 76.

stand wird in der *Quadratura curvarum* (*prop.* X, *scholium*) in Tabellenform abgehandelt. Im *CE* erscheint ein Rückverweis hierauf mit der Bemerkung. aus dieser Andeutung folge, daß die fraglichen Sätze schon lange (*diu*) vor 1676 gefunden worden seien.

Insbesondere, schreibt Newton, ergebe sich aus $\int_0^1 \dfrac{dx}{1+x^2}$ die Leibniz-Reihe, ferner aus $\int \dfrac{c\,dx}{x^2 + x\sqrt{2} + 1}$ die etwas besser konvergierende Reihe

$$\frac{\pi}{4}\sqrt{2} = 1 + \tfrac{1}{3} - \tfrac{1}{5} - \tfrac{1}{7} + \tfrac{1}{9} + \tfrac{1}{11} \cdots \ldots$$ Gemeint ist die Entwicklung vermöge

$$\int_0^x \frac{dt}{1 + (t\sqrt{2}+1)^2} + \int_0^x \frac{dt}{1 + (t\sqrt{2}-1)^2} = \int_0^x \frac{1+t^2}{1+t^4}\cdot dt = \frac{1}{\sqrt{2}}\cdot \operatorname{arc\,tg}\frac{x\sqrt{2}}{1-x^2}.$$

Oldenburg bezweifelte die Aufeinanderfolge der Zeichen[880], wurde aber von Newton darüber aufgeklärt. daß die Sache ihre Richtigkeit habe[881]. Im *CE* wird angemerkt, als erster habe Brouncker die Hyperbel durch die Reihe

$$\frac{1}{1\cdot 2} + \frac{1}{3\cdot 4} + \ldots = \frac{1}{1} - \frac{1}{2} + \frac{1}{3} - \frac{1}{4} + \ldots$$ quadriert; Mercator habe einen

neuen Beweis hinzugefügt, Gregory die Kreisreihe $\dfrac{\pi}{4} = 1 - \dfrac{1}{3} + \dfrac{1}{5} - \dfrac{1}{7} + \ldots$ Newton die Reihe $\tfrac{1}{4}\pi\sqrt{2} = 1 + \tfrac{1}{3} - \tfrac{1}{5} - \tfrac{1}{7} + \tfrac{1}{9} + \ldots$ Hinsichtlich Brouncker und Mercator ist bereits das Nötige gesagt: in Wirklichkeit besteht kein Zusammenhang zwischen den beiden Methoden. Gregory hatte zwar die allgemeine arc tg-Reihe gegeben[882], nicht aber die spezielle Leibniz-Reihe.

Methoden, so fährt Newton fort, pflege er nach ihrem Nutzen zu beurteilen, und da sei seine Sinus-Entwicklung entschieden vorzuziehen. Um etwa 20 Stellen von $\tfrac{1}{4}\pi\sqrt{2}$ zu bestimmen, müsse man rund $5\,000\,000\,000$ Glieder der Reihe $1 + \tfrac{1}{3} - \tfrac{1}{5} - \tfrac{1}{7} + \ldots$ summieren, während die Berechnung aus

$$\int_0^{1/\sqrt{2}} \frac{dx}{\sqrt{1-x^2}} = \frac{\pi}{4} = \frac{1}{\sqrt{2}}\{1 + \tfrac{1}{12} + \tfrac{3}{160} + \ldots\}$$ nicht mehr als 55 bis 60 Glie-

der erfordere, und für π sei die Berechnung aus $\int_0^{1/2} \dfrac{dx}{\sqrt{1-x^2}}$ ganz einfach[883].

Die Bestimmung des halben Kegelschnittsegments ergebe sich am besten für kleine x aus $\int_0^x \sqrt{t \pm t^2}\cdot dt$; z. B. reiche es bei $x = \tfrac{1}{4}$ hin, für 16 Dezimalen insgesamt 20 Glieder zu nehmen[884]. Auch die Leibniz-Reihe lasse sich für die praktische Rechnung brauchbar machen, z. B. durch Kombination mit der Newton-

---

[880] Oldenburg-Newton, 20. XI. 76 — [881] Newton-Oldenburg, 24. XI. 76 — [882] Gregory-Collins, 25. II. 71 — [883] darauf war Leibniz schon in Oldenburg-Leibniz, 22. IV. 75 hingewiesen worden — [884] die von Newton benutzte Reihe befindet sich in der *Analysis.* Sie ist unabhängig hiervon auch enthalten in Gregory-Collins, 27. V. 71 und Gregory für Dary, 19. IV. 72 und steht in Oldenburg-Leibniz. 22. IV. 75. Die von Newton vorgeführte Zahlenrechnung ist der *Methodus, cap.* IX entnommen.

schen in der Form $\frac{1}{8}\pi\,(1+\sqrt{2})=1-\frac{1}{7}+\frac{1}{9}-\frac{1}{15}+\frac{1}{17}-\frac{1}{23}+\frac{1}{25}$

oder aus[885] $\frac{1}{6}\pi=\displaystyle\int_{0}^{1/\sqrt{3}}\frac{dt}{\sqrt{1-t^{2}}}$. Noch günstiger sei allerdings die Darstellung

von $\frac{1}{4}\pi$ durch Zusammensetzen der vorhergehenden Reihen:

$$\frac{\pi}{4}=\left\{\frac{x}{1}-\frac{x^{3}}{3}+\frac{x^{5}}{5}-\frac{x^{7}}{7}+\cdots\right\}+\left\{\frac{x^{2}}{1}+\frac{x^{5}}{3}-\frac{x^{8}}{5}-\frac{x^{11}}{7}+\cdots\right\}+\left\{\frac{x^{4}}{1}-\frac{x^{10}}{3}+\frac{x^{13}}{5}-\frac{x^{22}}{7}+\cdots\right\}$$

für $x=1/2$. Modern umgeschrieben, ist das die Darstellung durch

$$\tfrac{1}{4}\pi=\operatorname{arc\,tg}\tfrac{1}{2}+\tfrac{1}{2}\cdot\operatorname{arc\,tg}\tfrac{4}{7}+\tfrac{1}{2}\cdot\operatorname{arc\,tg}\tfrac{1}{8}:$$

es ist die erste Zerlegung dieser Art und nicht weniger vortrefflich wie die ähnlich gebauten modernen.

Nun wendet sich Newton zu Leibniz' Exponentialreihen, von denen die eine durch Zeichenwechsel aus der andern hervorgehe und jede durch entsprechende Addition und Subtraktion der Reihen $x+\dfrac{x^{3}}{3!}+\dfrac{x^{5}}{5!}+\cdots$ und

$\dfrac{x^{2}}{2!}+\dfrac{x^{4}}{4!}+\dfrac{x^{3}}{6!}+\cdots$ hergestellt werden könne; die Bemerkung über die bessere Konvergenz der Reihe für e^{-x} gegenüber jener für e^{+x} verstehe er nicht. Um die Logarithmen der ersten Primzahlen zu berechnen, sei es zweck-

mäßig, $2=\sqrt[10]{\dfrac{9984\cdot1020}{9945}}$, $3=\sqrt[4]{\dfrac{8\cdot9963}{984}}$ usw. zu setzen. Was jedoch die

Näherung $x\approx\sqrt{6-\sqrt{12+24\cdot\cos x}}$ betreffe, so sei sie nicht sehr befriedigend. Setze man $1-\cos x=y$, so sei die Abweichung vom richtigen Wert

etwa[886] gleich $y^{3}/90+y^{4}/194$: genauer sei $x\approx\sqrt{2\,y}\cdot\dfrac{120-17\,y}{120-27\,y}$, wo-

selbst der Fehler mit $61\,y^{3}\sqrt{2\,y}/44\,800$ gehe. Für die Segmentbestimmung sei es wohl einfacher, mittels der Tafel zu rechnen; hier könne die Reihenentwicklung (aus $x-\sin x$) nicht recht zufriedenstellen. Zur Konstruktion einer Sinus-Tafel verschaffe sich man am einfachsten den Sinus und Cosinus eines hinreichend kleinen Winkels aus den Reihen; das übrige gehe zweckmäßig mittels der Funktionen der Winkelvielfachen vor sich.

Von diesen speziellen Rechnungen geht Newton zu einem uns weit stärker interessierenden Gegenstand über, nämlich zu dem berühmten nach ihm benannten Parallelogramm, mittels dessen man die ersten Näherungen bei Auflösung einer algebraischen Gleichung in zwei Unbekannten nach der einen bestimmt. Er führt den Gedanken und das erste Beispiel unter Verwendung der Darstellung aus der *Methodus* vor[887], sich grundsätzlich auf die Entwicklung eines einzigen Zweiges beschränkend. Die Rechnung lasse sich nicht immer glatt durchführen, aber Leibniz könne sich das leicht selbst ergänzen. Damit ist der Anschluß an den ursprünglichen Ausgangspunkt wiederhergestellt, nämlich an die Frage nach den formalen Entwicklungsmethoden, deren sich Newton

---

[885] Vgl. auch *HO* XX, S. 395-97 — [886] ursprünglich hatte Newton $y^{2}/90+y^{4}/140$; der Irrtum ist verbessert in Newton-Oldenburg, 5. XI. 76 und in der Kopie für Leibniz richtig übertragen. 1/194 ist Näherungswert für 13/2520 — [887] wiedergegeben in Wallis, *Algebra*. S. 339-40 = *WO* II, S. 382-83.

bediente. Jetzt endlich wird das dritte Verfahren, das der Reihenumkehrung durch schrittweises Potenzieren, an einem Beispiel erläutert. Sei etwa gegeben:

$$y = x + \frac{x^2}{2} + \frac{x^3}{3} + \frac{x^4}{4} + \cdots,$$

so müsse man der Reihe nach bilden

$$\left.\begin{aligned} y^2 &= x^2 + x^3 + \frac{4\,x^4}{24} + \cdots \\ y^3 &= \phantom{x^2 +{}} x^3 + \frac{3\,x^4}{2} + \cdots \\ y^4 &= \phantom{x^2 + x^3 +{}} x^4 + \cdots \end{aligned}\right.$$

Durch schrittweise Entfernung immer der nächsthöheren Potenz von x erhalte man $x = y - \dfrac{y^2}{2} + \dfrac{y^3}{6} - \dfrac{y^4}{24} + \cdots$ Auf die nämliche Weise könne man von einer Unbekannten zu einer andern übergehen, so z. B. von der arc sin-Reihe zu der für arc tg, indem man $s = r \arcsin \dfrac{x}{r} = x + \dfrac{x^3}{6\,r^2} + \dfrac{3\,x^5}{40\,r^4} + \cdots$ mit $t = r \operatorname{tg} \dfrac{s}{r} = \dfrac{r\,x}{\sqrt{r^2 - x^2}} = x + \dfrac{x^3}{2\,r^2} + \dfrac{x^5}{8\,r^4} + \cdots$ kombiniere. Natürlich sei die direkte Ableitung vorzuziehen, und die Angelegenheit werde nur aus methodischen Gründen erwähnt. Abschließend gibt Newton ganz allgemein die Umkehrung der Reihen $y = ax + bx^2 + cx^3 + dx^4 + \ldots$ bzw. $y = ax + bx^3 + cx^5 + \ldots$ und führt als Beispiel die Umkehrung der logarithmischen und der arc sin-Reihe vor. Es gebe allerdings noch eine weitere Möglichkeit, um von den Flächen zu den kennzeichnenden Strecken überzugehen (nämlich die mittels der Fluxionsrechnung), aber dies wolle er nicht preisgeben.

Unter Rückbeziehung auf seine Bemerkung über den Umkreis der durch die Reihen erfaßbaren Probleme ergänzt Newton, er habe damit vorzugsweise jene Fragestellungen im Auge gehabt, mit denen sich die Mathematiker zu beschäftigen pflegten und in denen typisch mathematische Schlußweisen zur Anwendung kämen; unzweifelhaft sei es leicht möglich, so verwickelte Ausgangsbedingungen zu schaffen, daß die bisherigen Hilfsmittel nicht mehr hinreichend seien. Er glaube jedoch nicht zu viel zu sagen, wenn er behaupte, daß er das umgekehrte Tangentenproblem und noch viel Schwierigeres bewältigen könne. Dazu bediene er sich zweier Methoden, einer speziellen und einer allgemeinen, jedoch wolle er dies nur in einem Anagramm andeuten. Wir kennen die Auflösung aus *WO* III: Die erste Methode bezieht sich auf die Bestimmung der Fluente aus einer die Fluxion enthaltenden Gleichung (d. h. auf die allgemeine Integration von Differentialgleichungen durch Quadraturen), die andere auf den Ansatz mittels einer Reihe in unbestimmten Koeffizienten. Beides wird in *cap.* IV der *Methodus* entwickelt. Zur Ermittlung der Kurven konstanter Tangente z. B. sei keines von beiden nötig; das Problem werde durch eine mechanische Kurve (die Traktrix) gelöst, die von der Hyperbelquadratur abhänge. Von der nämlichen Art sei die Aufgabe, die Kurve zu bestimmen, deren Subtangente eine gegebene Funktion von x sei, aber Newton pflege derartiges nicht als einen *ludus naturae* zu bezeichnen. Sei die Beziehung zwischen zwei beliebigen Seiten des aus der Tangente, der Subtangente und der

Ordinate gebildeten Dreiecks durch eine Gleichung ausdrückbar, so sei das Problem auch ohne Anwendung der Allgemeinmethode lösbar (d. h. es hängt nur von Quadraturen, nicht von einer Differentialgleichung im strengen Sinne des Wortes ab); anders stehe es, wenn die Subtangente in zusammengesetzten Ausdrücken auftrete. Im übrigen interessiere sich Newton außerordentlich für Leibniz' Allgemeinmethode zur Auflösung von Gleichungen, und vor allem dafür, wie sich dieser bei Gleichungen mit Bruchpotenzen oder irrationalen Hochzahlen verhalte.

Ursprünglich hatte Newton abschließend einen Gruß an Leibniz und Tschirnhaus beigefügt, der jedoch in der Abfertigung gestrichen ist — offenbar deshalb, weil inzwischen mitgeteilt worden war, daß Oldenburg bereits an Tschirnhaus geschrieben hatte, und weil Newton die Unterhaltung mit Leibniz nicht fortzusetzen wünschte. Letzteres geht aus einem kurzen Begleitschreiben an Oldenburg hervor[888]; um nicht allzusehr zur Last zu fallen, sei manches nur kurz gestreift, anderes überhaupt weggelassen worden; Newton dächte, Leibniz werde zufrieden sein. Er selbst interessiere sich im Augenblick stärker für andere Gegenstände.

Unschwer ist zu erkennen, daß Newton zu Beginn seines Briefes durchaus keinen ungünstigen Eindruck von Leibniz' Antwort gewonnen hatte. Das Urteil über die arithmetische Kreisquadratur war zurückhaltend, aber wohlwollend; man spürt, wie er sich bei Abfassung des Berichtes über seine frühesten Entdeckungen wieder in die frohe und glückliche Stimmung vor mehr als 10 Jahren zurückversetzt, da ihm ein schönes Ergebnis nach dem andern zugefallen war. Erst im zweiten Teil, wo die Kritik an den Einzelheiten aus Leibniz' Brief einsetzt, überwiegt eine andere Empfindung: zunächst vielleicht nur der Ärger, daß die Leibniz-Reihe so schlecht konvergiert. Dann rückt die praktische Seite des Problems in den Vordergrund; sie fesselt, aber sie ermüdet auch. Jetzt ist Newton gereizt; die Angelegenheit mit den trigonometrischen und logarithmischen Funktionen nimmt er übel und erteilt dem Schreiber eine unmißverständliche Lektion. Man möchte meinen, er habe nunmehr die Einleitungssätze seines Briefes nochmals gelesen und bei dieser Gelegenheit das ursprünglich zustimmende Urteil über die arithmetische Kreisquadratur gestrichen: denn jetzt ist es ihm zur Gewißheit geworden, daß Leibniz nicht selbständig gearbeitet, sondern fremde Gedanken als die seinen ausgegeben hat. Nur widerwillig wird der Ansatz für die Entwicklung der Zweige mittels des Parallelogramms und die dritte Methode gegeben, die sich allein auf die Reihenumkehrung anwenden läßt. Der unglückliche Lesefehler mit dem *ludus naturae* bringt für Newton in die Diskussion eine ihm erneut unsympathische Wendung hinein; diese Art der Betrachtung weist er kühl zurück. Der Partner soll wissen, daß er nur mit einigen einfacheren Randproblemen bekannt gemacht worden ist, nicht mit den Kerngedanken, die hinter unlösbaren Anagrammen verborgen waren — unlösbar, weil sie die Kunstwörter *fluens* und *fluxio* enthalten, mit denen Leibniz selbst dann nichts hätte anfangen können, wenn er den Text vor sich gehabt hätte, da er die Bedeutung der neuen Fach-

---

[888] Newton-Oldenburg, 3. XI. 76.

wörter nicht kennen konnte. So ist dieser Brief ein seltsames Gemisch aus einem eigenartigen, noch durchfühlbaren Stimmungsumschlag und blendend dargestellten wissenschaftlichen Ergebnissen — er läßt uns mehr als manches andere Dokument einen Blick in das Herz jenes rätselvollen Mannes tun, der einerseits so zart und weich, andrerseits so spröde und abweisend sein konnte. Wir sehen einen armen, gequälten Menschen vor uns, der nach Zuneigung, nach Verständnis hungert, aber durch seine eigenartige seelische Struktur schon mit 30 Jahren zum Einsiedler geworden ist und nur mehr durch seinen Geist bezaubern, nicht mehr als Persönlichkeit mit andern außer seinen engsten Vertrauten in Berührung zu treten vermag — das Schicksal des genialen, aber einseitigen Forschers hat sich früh an ihm erfüllt: *er ist zur tragischen Gestalt geworden, ohne es zu wissen.*

Und tragisch ist es auch, daß andere Mißverständnisse den Weg zu einer ruhigen Beurteilung der ganzen Angelegenheit noch weiter verbauen sollten. Newton wußte, daß sich Leibniz im Herbst 1676 für einige Tage in London aufgehalten, mit Collins eine Unterredung gehabt und diesem einige Schriftstücke algebraischen Inhaltes ausgehändigt hatte[889], kannte Einzelheiten aus einem Brief von Leibniz[890] über die Bestimmung einer Gleichung zwischen x und y' allein, falls $f(x, y) = 0$ als Gleichung einer Kurve n-ter Ordnung gegeben ist, und erfuhr bei dieser Gelegenheit, daß Hudde die Tangentenregel Sluses in verbesserter Form schon lange kannte[891], ebenso die Hyperbelquadratur Mercators bereits seit 1662[892]. Die genauen Daten des Londoner Aufenthaltes wußte er nicht, aber er konnte annehmen, daß sein zweiter Brief für Leibniz gegen Ende März 1677 durch eine zuverlässige Persönlichkeit mit nach Hannover gebracht worden sei[893]; daß das Schreiben erst Mitte Mai abgesandt worden war[894] und nicht vor Ende Juni 1677 in Hannover eintraf, ahnte er nicht. In Leibniz' Antwort[895] fand er die allgemeine Tangentenbestimmung für eine in Reihenform $f(x, y) = 0$ dargestellte Kurve unter Verzicht auf die Slusesche Regel durch Anwendung der Differentialrechnung, und die Ausdehnung des Verfahrens auf irrationale Größen unter Verwendung der Kettenregel. Er konnte auch erkennen, daß Leibniz zumindest jetzt im vollen Besitz der Reihenlehre war — aus einem zusätzlichen Schreiben geht das noch deutlicher hervor[896] — und daß der erste Brief von Leibniz unmittelbar nach Erhalt der großen Sendung niedergeschrieben sein mußte. Weder er noch Collins gedachten in absehbarer Zeit eine Antwort zu geben[897]. Oldenburgs Tod hat die Korrespondenz in einer für Newton bestimmt nicht unerwünschten Weise endgültig beendet.

Aus den empfangenen Mitteilungen konnte sich Newton kein klares Bild über die mathematischen Fähigkeiten und Leistungen von Leibniz machen. Über den eigentlich entscheidenden Punkt, nämlich die Erfindung des Calculus, war er nur ganz oberflächlich unterrichtet worden. Zudem legte er im Gegensatz zu Leibniz den anzuwendenden und festzuhaltenden Symbolen kein besonderes Gewicht bei[898]. So blieb für ihn nur die Summe der Einzelergebnisse übrig, und

---

[889] Collins-Newton, 15. III. 77 — [890] Leibniz-Oldenburg, 28. XI. 76 — [891] vgl. Hudde-Schooten, 21. XI. 59 — [892] Hudde-van Duyck, 1662 — [893] Collins-Newton, 15. III. 77 — [894] als Beilage zu Oldenburg-Leibniz, 12. V. 77 — [895] Leibniz-Oldenburg, 1. VII. 77 — [896] Leibniz-Oldenburg, 22. VII. 77 — [897] Oldenburg-Leibniz, 19. VIII. 77 — [898] *Recensio libri*, *CE* 1722, S. 37-38 und *Annotatio*, *CE* 1722, S. 247.

bei dieser Art des Vergleiches mußte Leibniz notwendig sehr schlecht ab-
schneiden. Zudem war auch der Unterschied in der methodischen Behandlung
der zur Diskussion stehenden Probleme nicht hinreichend erkennbar. Es ist
daher begreiflich, wenn auch nicht zu billigen, daß sich Newton nur nach dem
äußeren Augenschein richtete und den Tatsachen nicht näher auf den Grund
ging; doppelt verständlich, wenn wir bedenken, daß er von vorne herein mißtrauisch war und sich durch die letzten Mitteilungen von Leibniz in der Auffassung bestärkt sah, dieser habe zum ganzen Problemkreis nichts wesentlich
Neues beigesteuert.

Die Fußnote im *CE* zur Darstellung der Leibnizschen Tangentenmethode[899],
worin in Erwägung gezogen wird, womöglich (*fortean*) habe Leibniz aus weiteren Papieren Newtons, die er in London gesehen habe, Nutzen gezogen,
drückt die durch dunklen Verdacht vergiftete Stimmung aus, von der die
Herausgeber des *CE* beseelt waren. In der Anzeige des *CE* in den *P T*[900] schreibt
Newton noch, sein zweiter Brief sei gegen Winterende oder Frühlingsanfang
1677 in Leibniz' Hand gelangt, aber in der *Recensio libri* (*CE* von 1722) wird
zugesetzt, Leibniz habe dieses Schreiben schon zu Anfang November 1676
während seines zweiten Aufenthaltes in London eingesehen. Diese — erst nach
Leibniz' Tod erfolgte — Verschärfung hatte ihren guten Grund, und Leibniz
hatte selbst zu ihr Veranlassung gegeben. Er hatte nämlich in einem Brief an
Conti darauf hingewiesen[901], er habe in London durch Collins' Vermittlung
einiges aus dem Briefwechsel mit Newton eingesehen und bei dieser Gelegenheit
eine Stelle gefunden, worin zugestanden werde, daß Newton hinsichtlich der
Rektifikationen, abgesehen von der Ausstreckung der Kissoide, nichts Wesentliches gefunden habe. Diese Stelle, so entgegnet Newton[902], findet sich im
zweiten Brief für Leibniz — also muß dieser mit unter den damals in London
eingesehenen Papieren gewesen sein. Ein schwerer Vorwurf — wenn er zu
Recht bestände!

Wir wissen jedoch, daß Leibniz London bereits am 29. X. 76 verlassen hatte
— also noch vor Abfertigung des Newtonschen Briefes — ja wir haben sogar
einen von Collins geschriebenen Brief[903], in dem zu lesen steht, Leibniz sei letzte
Woche in London gewesen und habe Collins besucht. Dieser Brief ist am Diens-
tag, den 3. XI. 76 verfaßt — am gleichen Tag, da Newton seinen zweiten Brief
an Leibniz abfertigte; die Zusammenkunft mit Collins kann also nur in die
„letzte Woche", nämlich in die Zeit vom 25./29. X. 76 gefallen sein. Der Brief
an Strode befindet sich heute in der *Collection Macclesfield*, in der noch viele
andere *Newtoniana* — auch unveröffentlichte — aufbewahrt werden. Er war
Newton aller Wahrscheinlichkeit nach zugänglich und hätte ihm sofort gezeigt,
daß Leibniz den zweiten Brief nicht bei Collins eingesehen haben konnte. Die
Bemerkung von Leibniz über die Rektifikation bezieht sich vermutlich auf die
von Newton selbst erwähnte Stelle und beruht wohl auf einer Gedächtnistäuschung, die nach einem Zeitraum von beinahe 40 Jahren nicht weiter verwunderlich ist. Sie scheint nicht auf eine auszugsweise festgehaltene Stelle

[899] Leibniz-Oldenburg, 1. VII. 77 — [900] PT 29, Nr. 342, I/II 1715 — [901] Leibniz-Conti.
6. XII. 1715 — [902] Newton-Conti, 8. III. 1716 — [903] Collins-Strode, 3. XI. 76.

zurückzugehen; denn wir kennen zahlreiche Aufzeichnungen, die sich Leibniz in London bei Collins gemacht hatte, und hierunter befindet sich die fragliche Bemerkung nicht. Allerdings läßt sich der endgültige Entscheid über diese Frage erst dann fällen, wenn die sämtlichen Papiere Newtons herausgegeben sind; denn es ist ja durchaus möglich, wenn auch nicht wahrscheinlich, daß weitere Auszüge Leibniz' verlorengegangen sind.

20. DER ZWEITE AUFENTHALT IN LONDON

Am 4. X. 76 hat Leibniz Paris verlassen; am 13. X. 76 ist er in London eingetroffen. Natürlich hat er zunächst einmal seine Aufwartung bei Oldenburg gemacht. Die RS befand sich gerade in den Sommerferien; wir wissen — abgesehen von der Unterredung mit Collins — nichts Näheres über Zusammenkünfte von Leibniz mit den übrigen Mitgliedern der RS. Wahrscheinlich fällt jenes oft genannte Konzept Leibniz' über seine Universalsprache[904] in die Zeit dieses zweiten Londoner Aufenthaltes: in der vorliegenden Form ist es bestimmt nicht weitergegeben; nirgends wird es in der sonstigen Korrespondenz mit den Engländern erwähnt, obwohl der Gegenstand zumindest bei Pell auf Interesse gestoßen wäre. Die letzten Bemerkungen Oldenburgs über Pells *Ideae mathematicae* und Leibniz' zugehörige Antwort mögen den Anlaß zur Fixierung einiger Gedanken über die *Characteristica universalis* geboten haben. Leibniz freut sich darüber, daß man jetzt der Universalsprache größeres Interesse zuwende. Sie sei von außerordentlicher Bedeutung, müsse aber anders betrieben werden als bisher; nicht einmal Wilkins, der darin weit vorangeschritten sei, habe das Rechte gefunden: Das Entscheidende sei die zweckmäßigste Auswahl der Bezeichnungen; die Möglichkeit einer internationalen Verständigung sei nur Nebenaufgabe. Viel wichtiger sei der Aufbau einer alle Vieldeutigkeiten unmöglich machenden Begriffsschrift, die auf einen sichern Weg zum richtigen Denken und damit zur Wahrheit führe, und deren Grammatik einen Irrtum unmöglich mache. Hier wird sozusagen *in nuce* dargelegt, was Leibniz mit der Erfindung des Calculus beabsichtigt und tatsächlich geleistet hatte.

Bei irgendeiner Gelegenheit hat Oldenburg auch Leibniz' Rechenmaschine gesehen und von ihm einige mathematische Papiere erhalten. Die näheren Einzelheiten sind uns unbekannt; es ist uns jedoch gelungen, zwei der in Frage stehenden Stücke, die Oldenburg schon seit längerer Zeit in Aussicht gestellt worden waren[905], eindeutig auszumitteln. Das eine handelt von der Auflösung der kubischen Gleichung[906], wird englischerseits mehrere Male erwähnt[907] und ist uns in einer eigenhändigen Niederschrift bekannt, auf der vermerkt ist, sie solle wieder an Leibniz zurückgehen. Eine von Collins besorgte Abschrift dieses Ms., worin die Allgemeingültigkeit der Cardanischen Formeln hervorgehoben wird, ging an Newton und befindet sich heute in Cambridge[908]. Das zweite Stück enthält Ansätze wie

$$x = \alpha \sqrt[5]{u^4 v} + \beta \sqrt[5]{u^3 v^2} + \gamma \sqrt[5]{u^2 v^3} + \delta \sqrt[5]{u v^4} + \varepsilon$$

[904] Leibniz Oldenburg, 18.-29. X. 76 — [905] Leibniz-Oldenburg, 28. XII. 75 — [906] *Cat. crit.* 2, Nr. 1032 (VII 75) — [907] Collins-Strode, 3. XI. 76, Collins-Wallis, 24. II. 77 und Collins-Newton, 15. III. 77 — [908] CU, MS add. 3971 B.

zur Behandlung von Gleichungen 5. Grades, ferner die Aufzählung der durch *bisectio laterum* ($x = u + v$) lösbaren verallgemeinerten Cardanischen Gleichungen und einen Hinweis auf Leibniz' Instrument zur Gleichungsauflösung. Es ist in einer Abschrift Oldenburgs erhalten, wird von Collins genannt[909] und ging übrigens ebenfalls abschriftlich an Newton[910]. Keines der beiden Ms. ist mathematisch von Bedeutung. Abhandlungen von solcher Art mochten vielleicht auf Oldenburg und Collins Eindruck machen; für Newton wurden sie nur zu einem weiteren Beweisstück, aus dem erneut erhärtet wurde, daß Leibniz bestenfalls ein Dilettant war, auf keinen Fall ein wahrhaft Wissender.

Andrerseits hat Leibniz durch Collins Einsicht in Papiere Newtons und Gregorys erhalten. Seine diesbezüglichen Auszüge sind für die richtige Beurteilung der Gesamtlage von entscheidender Bedeutung. Ich beginne mit den Exzerpten aus Newtons *Analysis*[911]. Hier werden die Quadraturen

$$\int^{\cdot} a\, x^{m/n} \cdot dx = \frac{a\, n\, x^{(m+n)/n}}{m+n} \quad \text{und} \quad \int_0^x \frac{dt}{1+t^2} = x - \frac{x^3}{3} + \frac{x^5}{5} - \frac{x^7}{7} + \dots$$

(„für hinreichend kleines x") bzw.

$$\int_\infty^x \frac{dt}{1+t^2} = -\frac{x^{-1}}{1} + \frac{x^{-3}}{3} - \frac{x^{-5}}{5} + \frac{x^{-7}}{7} - \dots$$

(„für hinreichend großes x") ausgeschrieben, dann das Rechenschema zur Entwicklung von $\sqrt{a^2 + x^2} = a + \frac{x^2}{2a} - \frac{x^4}{8a^3} + \dots$ und $\sqrt{\frac{1 + a\, x^2}{1 - b\, x^2}}$ durch Division der beiden Reihen angegeben nebst dem Hinweis, es sei vorteilhafter, vor Ausführung der Rechnung mit $\sqrt{1 - b\, x^2}$ zu erweitern. Leibniz setzt hinzu, dabei käme wohl das nämliche heraus. Die Darlegung der Methode zur Reihenentwicklung wird im numerischen Beispiel $x^3 - 2x - 5 = 0$ nebst allen Nebenbemerkungen abgeschrieben; im Buchstabenbeispiel fehlt das Rechenschema, weil sich Leibniz daran erinnert, dies schon im ersten Brief Newtons erhalten zu haben. Aufgezeichnet ist ferner die Darstellung der Hyperbelfläche aus $y = \int_0^x \frac{dt}{1+t} = x - \frac{x^2}{2} + \frac{x^3}{3} - \dots$ und die ausführlich vorgerechnete Umkehrung dieser Reihe, dazu die Umkehrung der arc sin-Reihe und die Bestimmung der cos-Reihe aus der sin-Reihe, die Quadratur der Quadratrix und schließlich der (sehr summarische und noch unvollkommene) Beweis Newtons für das Näherungsverfahren. *Leibniz' Auszüge beschränken sich ausschließlich auf Reihenentwicklungen und die dazugehörigen Allgemeinbemerkungen.* Der infinitesimale Inhalt der *Analysis* bleibt völlig unberücksichtigt — offenbar deshalb, weil er für Leibniz nichts Neues zu bieten hatte.

---

[909] Collins-Bernard, 27. XI. 76 und Collins-Strode, 18. II. 77 — [910] *CU, MS add.* 3971 B — [911] *LH* 35, VIII, 19, Bl. 1-2. Über den Inhalt der *Analysis* vgl. etwa Hofmann, *Studien*, S. 5-17.

Im unmittelbaren Anschluß an die *Analysis* hat Leibniz jenen Brief Newtons ausgezogen, worin dieser die Anwendung der logarithmischen Skalen zur vorbereitenden Gleichungslösung schildert[912] — ein Diskussionsgegenstand des Sommers 1675[913]. Bei dieser Gelegenheit wird auch die Bemerkung Newtons festgehalten, er habe die von Gregory gegebene Reihe für die zweiten Segmente des Drehellipsoids[914] geprüft und könne keine bessere mitteilen[915]. Die Art und Weise, wie dieser Briefauszug an die Exzerpte aus der *Analysis* angeschlossen ist, läßt keinen Zweifel darüber aufkommen, daß beide in unmittelbarer Aufeinanderfolge angefertigt worden sind.

Noch weit wichtiger sind die Auszüge, die sich Leibniz aus der *Historiola* gemacht hat[916]. Sie liefern uns den endgültigen Nachweis dafür, daß die *Historiola* nicht früher an Leibniz gegangen ist. Der in enger Schrift sehr hastig angefertigte Text gibt die zumeist englischen Stücke der Vorlage teils englisch, teils in eiliger lateinischer Übertragung wieder und enthält zahlreiche Verschreibungen, Lese-, Übersetzungs- und Auffassungsfehler. Leibniz beginnt seine Exzerpte mit der Einleitung und den ersten Stücken, ist dabei auf Fragen der Interpolationstheorie gestoßen, deren Einzelheiten nicht in der *Historiola*, sondern im Brief Gregorys vom 3. XII. 70 stehen, hat Auszüge aus diesem Schriftstück eingeschaltet, alsdann spätere Stücke aus der *Historiola* kopiert und schließlich bei erneuter Durchsicht seines Auszugs und der Vorlage weitere Einzelstücke aus der *Historiola* und aus andern Briefen Gregorys (darunter heute verschollenen) hinzugefügt. Hätte Leibniz die *Historiola* schon gekannt, so hätte es genügt, nur die Briefstellen heranzuziehen, die nicht in der *Historiola* enthalten sind. Die Vorlagen hierzu befanden sich bei Collins; daher können diese Exzerpte nur während des 2. Londoner Aufenthaltes gemacht worden sein. Die Art, wie die Einzelstücke in die andern Auszüge aus der *Historiola* hineinverflochten sind, schließt vollends die Möglichkeit einer getrennten Anfertigung dieser Exzerpte aus. Die Bemerkung auf dem Deckblatt der *Historiola*: Leibniz werde gebeten, das Ms. nach Durchsicht wieder zurückzustellen, bezieht sich also keinesfalls auf eine Übersendung an Leibniz, sondern auf die Einsichtnahme in London. Im *CE* wird der Anfang des Widmungsbriefes an Oldenburg im englischen Wortlaut und in lateinischer Übersetzung wiedergegeben; dann wird aus dem Inhalt die „arithmetische Kreisquadratur" Gregorys im Brief an Collins vom 25. II. 71 und der Tangentenbrief Newtons an Collins vom 20. XII. 72 hervorgehoben, worin Newton an einem Beispiel seine Tangentenmethode erläutere und darauf hinweise, daß er ein Allgemeinverfahren zur Bestimmung von Tangenten, Quadraturen von Kurven usw. besitze: *diese Methode habe Leibniz später als die differentielle bezeichnet.* In seinem Handstück hat Leibniz die Stelle unterstrichen und am Rande bemerkt, das sei albern (*ineptum*); die angedeutete Methode sei keineswegs die differentielle, sondern bei Gott (*toto coelo*) etwas völlig anderes. Bei der Neuherausgabe des

---

[912] Newton-Collins, 30. VIII. 72; Auszug in *LH* 35, VIII, 19, Bl. 2 — [913] vgl. Oldenburg-Leibniz, 4. VII. 75 und Leibniz-Oldenburg, 12. VII. 75 — [914] Gregory-Collins, 27. V. 71 — [915] das Ergebnis in der Anordnung Gregorys befindet sich in der *Historiola*, das in der Anordnung Newtons im ersten Brief für Leibniz — [916] *LH* 35, VIII, 23, Bl. 1-2; dazu *LBr* 695, Bl. 63.

CE (1722) hat Newton auch noch auf den in der *Historiola* enthaltenen Brief Gregorys vom 15. IX. 70 hingewiesen, ferner die Behauptung hinzugefügt, die *Historiola* sei am 5. VII. 76 an Leibniz gegangen.

Ich wende mich nunmehr zu einer gedrängten Übersicht über die in Frage stehenden Auszüge von Leibniz. Zunächst ist aus der Einleitung festgehalten, daß Gregory während seines Aufenthalts in Padua bei dem (schottischen) Philosophieprofessor Caddenhead gewohnt und sich vergeblich bemüht habe, für Collins einige von diesem erbetene seltene Bücher zu beschaffen, darunter die Apollonius-Ausgabe des Maurolico. In diesem Zusammenhang wird auf Barrows jüngste Bearbeitung der 4 Bücher *Conica* und auf die verschiedenen arabischen Ms. der drei weiteren eingegangen, die wir gelegentlich schon erwähnt haben.

Mengoli habe[917] (in den *Novae quadraturae arithmeticae*) auf die Summierung der abgebrochenen harmonischen Reihe hingewiesen, die über seine Kräfte ginge. Daß die Summe der ganzen Reihe unendlich sei, habe er vermittels der Beziehung $\dfrac{1}{n-1}+\dfrac{1}{n}+\dfrac{1}{n+1}>\dfrac{3}{n}$ so bewiesen: die ersten drei Glieder $^1/_2+{}^1/_3+{}^1/_4$ der harmonischen Reihe seien zusammen größer als 1, ebenso die nächstfolgenden 9, die darauffolgenden 27 usw. Dieses Verfahren hat Leibniz durch ein zugesetztes „geistreich" hervorgehoben. Andrerseits habe Mengoli in der *Geometria speciosa* auf den Zusammenhang zwischen den Logarithmen und den Teilreihen der harmonischen Reihe hingewiesen, der sich unter Verwendung ein- und umbeschriebener Treppenfiguren an der Hyperbel aus $\dfrac{1}{n+1}+\ldots+\dfrac{1}{kn}<\ln k<\dfrac{1}{n}+\ldots+\dfrac{1}{kn-1}$ entnehmen lasse. Dies hänge zusammen mit der Bestimmung des Barwertes einer Rente unter Beschränkung auf einfachen Zins, wie z. B. bei einer Rente von 100 Pfund, die zu 6% berechnet werde[918]. Übrigens erwähne Guldin in den *Centrobaryca*, Soverus habe schon 1630 eine Hyperbelquadratur versprochen (in der *Curvi ac recti proportio*); vermutlich seien dabei einbeschriebene Dreiecke im Spiel. Ähnlich gehe Strode in einem druckfertigen Ms. über Kegelschnitte vor. Leibniz hat die Stelle durch das Randzeichen $+$ gekennzeichnet.

Nach Erscheinen der *Logarithmotechnia* habe Gregory anerkannt, daß Mercators Hyperbelquadratur besser sei als seine, aber an der dunkeln Ausdrucksweise für die „Zusammensetzung von Proportionen" Anstoß genommen. Collins habe Gregory dazu angeregt, die Bestimmung von

$$\int\limits_{-x}^{+x}\frac{dt}{1+t}=\ln\frac{1+x}{1-x}=2\left\{x+\frac{x^3}{3}+\ldots\right\},\ \int\limits_0^x\frac{dt}{\cos t}=\ln\mathrm{tg}\left(\frac{\pi}{4}+\frac{x}{2}\right),\ \int\limits_0^x\mathrm{tg}\,t\,dt=\ln\frac{1}{\cos x}$$

in den *Exercitationes geometricae* durchzuführen. Aber am Ende des Werkchens, schreibe Gregory[919], habe er bei der Näherungsberechnung dieser Funktionen

[917] Es handelt sich wahrscheinlich um eine Stelle aus dem nur auszugsweise bekannten Brief Collins-Gregory, 20? III. 68 — [918] vgl. auch Oldenburg-Leibniz, 16. IV. 73 — [919] Gregory-Collins, 3. XII. 70, nicht in der *Historiola* enthalten.

gefehlt; eine Funktion aus äquidistanten Ordinaten des Abstandes c müsse wie folgt interpoliert und quadriert werden:

$$f(x) = \frac{x}{c} \cdot f(0) + \frac{x}{c} \cdot \frac{x-c}{2c} \cdot \varDelta f(0) + \frac{x}{c} \cdot \frac{x-c}{2c} \cdot \frac{x-2c}{3c} \cdot \varDelta^2 f(0) + \cdots$$

bzw.

$$\int_0^c f(x) \cdot dx = c \cdot \{ {}^1/_2 \cdot f(0) - {}^1/_{12} \cdot \varDelta f(0) + {}^1/_{24} \cdot \varDelta^2 f(0) + \cdots \}.$$

Mercators Hyperbelquadratur ergebe sich als unmittelbare Folge dieser Überlegung. Gregorys Interpolation sei einfacher und allgemeiner als die spezielle von Briggs (*Trigonometria Britannica*). Den allgemeinen Ansatz hat Leibniz wiederum durch ein Randzeichen hervorgehoben. — Die Beziehung zu Mercators Hyperbelquadratur ergibt sich mittels $f(x) = a^2/(a+x)$ aus dem zugehörigen Differenzenschema. Wir erhalten

$$f(x) = a - \frac{ax}{a+c} + \frac{ax(x-c)}{(a+c)(a+2c)} - \frac{ax(x-c)(x-2c)}{(a+c)(a+2c)(a+3c)} + \cdots$$

und mit $c \to 0$ die gewöhnliche Divisionsreihe usw.

Hieraus, fährt Gregory fort[920], lasse sich der Numerus eines gegebenen Logarithmus ermitteln. Sei nämlich $\log a = e$, $\log(a+x) = e+g$, $\log y = e+p$, so sei $y = a\left(1 + \frac{x}{a}\right)^{p/q} = a + \frac{p}{q} x + \cdots$ der Numerus von $e+p$. Dies ist der allgemeine binomische Lehrsatz. Gregory hat ihn offenbar aus seinem allgemeinen Ansatz unter Benutzung von $f(k) = a\left(1 + \frac{x}{a}\right)^k$, also $\varDelta^k f(0) = a\left(\frac{x}{a}\right)^k$ gewonnen. Anschließend folgt das Beispiel $(1 + {}^6/_{100})^{1/365}$, das den Tageszins bei 6% Jahreszins wiedergibt, sowie die Bestimmung von 23^3 aus dem Differenzenschema von $10^3, 15^3, 20^3, 25^3, 30^3$. Hierher gehört außerdem die Wiedergabe einer in der *Historiola* fehlenden Stelle, worin Gregory sagt, man könne das Interpolationsproblem mittels der (für eine schwach veränderliche Funktion vortrefflichen) Näherungen

$$f(n) \approx 2 \cdot f(n-1) - f(n-2) \approx 3 \cdot f(n-1) - 3 \cdot f(n-2) + f(n-3) \text{ usw.}$$

sehr einfach behandeln und auf diese Weise die Berechnung einer Zahlentafel wesentlich verkürzen und den Genauigkeitsgrad steigern[921].

Jetzt kehrt Leibniz zur *Historiola* zurück und zeichnet sich einiges über die Beziehungen Gregorys zu Barrow auf: Zunächst ein lobendes Allgemeinurteil über die *Lectiones opticae*[922] und dann die Stelle[923], worin Barrows Tangentenmethode gerühmt und gesagt wird, Gregory habe daraus in Verbindung mit seiner eigenen Tangentenmethode (*Geometriae pars universalis*, prop. 7) eine umfassende geometrische entwickelt, die keiner Rechnung bedürfe und nur aus 12 Sätzen bestehe. Die von Barrow angeschnittene Frage, wie eine Kurve aus der als Funktion der Abszisse bekannten Normalen bestimmt werden könne (*Lectiones geometricae*) — d.h. die Auflösung der Gleichung $y^2(1 + y'^2) = f^2(x)$,

[920] Gregory für Collins, 3. XII. 70; nicht in der *Historiola* enthalten — [921] Gregory-Collins, 2. VIII. 75 — [922] Gregory-Collins, 8. II. 70 — [923] Gregory-Collins, 15. IX. 70; in Oldenburg-Leibniz, 5. VIII. 76 war nur der Anfang des fraglichen Auszuges wiedergegeben.

sei unerhört schwierig; ihre Erledigung würde eine wertvolle Förderung der Geometrie bedeuten; denn dann habe man die Möglichkeit, eine Drehfläche von gegebener Oberfläche zu bestimmen (mittels $\int 2\pi y \cdot ds = \int 2\pi f(x) \cdot dx$). Später habe Gregory angefragt[924], was Barrow nunmehr zu seinem Problem zu sagen habe, und folgende Antwort erhalten[925]: Angenommen, es seien drei Kurven $y_k = f_k(x)$ gegeben, dergestalt, daß $y_1^2 + y_2^2 = y_3^2$, so gelte für die zugehörigen Subnormalen $n_k = y_k y_k'$ die Beziehung $n_1 + n_2 = n_3$; umgekehrt folge aus $n_1 + n_2 = n_3$ die Beziehung $y_1^2 + y_2^2 = y_3^2 + c$. Sei an einer Kurve $n + y = z$ gegeben (sodaß also $(z - y)\,dx = y\,dy$), so könne man bei konstantem z aus $(z - y)t = yz$ eine Hyperbel (t, y) bestimmen und mit ihrer Hilfe $xz = \int\limits_0^y t \cdot dy$ finden. Sei aber $z = f(x)$ wirklich von x abhängig, so müsse man mit einem System von Hyperbeln arbeiten (!). In der Eile hat Leibniz Gregorys Kritik an der letzten Bemerkung Barrows[926] mit in diesen Text hineingezogen; die ganze Stelle ist durch Schriftverlust am Rande des Ms. stark entstellt.

Anschließend wird in der *Historiola* die Tangentenmethode Newtons wiedergegeben[927]. Leibniz entnimmt nur das Beispiel

$$\underset{3}{\underbrace{\overset{0}{x^3}}} - 2\,\underset{2}{\underbrace{\overset{1}{x^2}}}\,y + b\,\underset{2}{\underbrace{\overset{0}{x^2}}} - b\,\underset{1}{\underbrace{\overset{0}{x}}} + b\,\underset{0}{\underbrace{\overset{2}{y^2}}} - \underset{0}{\underbrace{\overset{3}{y^3}}} = 0,$$

also Subtangente

$$\left[t = \frac{y \cdot dx}{dy} = -\right]\frac{-2\,x^2 y + 2\,b\,y^2 - 3\,y^3}{3\,x^2 - 4\,x\,y + 2\,b\,x - b^2},$$

und fügt die ihm bereits durch Oldenburg übermittelte Allgemeinbemerkung an[928]. Dies zeigt uns, welch nebensächliche Bedeutung er gerade diesem Stück beigelegt hatte, das Newton für eines der wichtigsten hielt! Auch auf Gregorys feinsinnige Untersuchung über die logarithmische Spirale[929] wird nur streifend eingegangen; erwähnt ist einzig die Definition: Wenn die Winkel in arithmetischer Reihe fortschreiten, stehen die Fahrstrahlen in geometrischer Reihe. Ferner ist die Beziehung zwischen der Kugelloxodrome durch Projektion aus dem einen Pol aus der Spirale in der Äquatorebene festgehalten.

Das nun folgende sind nur lose zusammenhängende Einzelheiten, wie etwa[930] die Herleitung von Euklid III, 36 (Sekanten-Tangentensatz) aus III, 35 (Sehnensatz am Kreis) und eine Notiz über die nunmehr endlich gelungene Ableitung der Kreiszonenreihe Newtons[931], dann die Annäherung von $\ln\sqrt{(1+x):(1-x)}$ durch eine Minorante[932], wobei die übrigen Glieder bei Abbrechen der Reihe durch Summieren einer geometrischen Reihe abgeschätzt werden $\left(\text{gegeben ist das Beispiel } x + \frac{x^3}{3} + \frac{x^5}{5} + \frac{9\,x^7}{63 - 49\,x^2}\right)$, ferner die teil-

[924] Gregory-Collins, 3. XII. 70 — [925] Barrow-Collins. 20? XII. 70 — [926] Gregory-Collins, 25. II. 71 — [927] Newton-Collins, 20. XII. 72 — [928] Oldenburg-Leibniz, 5. VIII. 76 — [929] Gregory für Collins, 30. IV. 70 — [930] Gregory-Collins, 2. VIII. 75 — [931] Gregory-Collins, 29. XII. 70, bereits mitgeteilt in Oldenburg-Leibniz, 5. VIII. 76 — [932] Gregory für Dary, 19. IV. 72.

weise schon erhaltenen[933] und übrigens in der *Historiola* fehlenden Reihen für arc tg, tg, 1 : cos, ln tg, ln (1 : cos) und ihre Umkehrungen[934], schließlich die Reihe Gregorys für die zweiten Segmente des Drehellipsoids[935] und ihre Ausdehnbarkeit auf das Drehhyperboloid und die Ausstreckung der Ellipse[936]. Erwähnt wird ferner die in der *Historiola* fehlende Ausstreckung der logarithmischen Kurve[937] $y = b \ln (x : a)$ unter Rückführung auf die Hyperbel-

quadratur $\left(\text{aus} \int_a^x \sqrt{1 + \left(\frac{v}{t}\right)^2} \cdot dt \text{ vermittels der Substitution } x = \frac{2 l^2 u}{l^2 - u^2} \right)$;

auch die aus dem ursprünglichen Ansatz für $x > b$ und aus dem modifizierten

$$\int_a^x \ldots = b \cdot \int_a^x \frac{dt}{t} + \int_a^x (\sqrt{l^2 + l^2} - b) \frac{dt}{t}$$

für $x < b$ folgenden Reihen sind aufgezeichnet. Dazu tritt die Bemerkung[938], aus Barrows *Lectiones geometricae* lasse sich folgern, daß zwischen entsprechen-

den Ellipsen- und Hyperbelzonen $[\int_0^x \sqrt{1 \pm l^2} \cdot dl]$ niemals eine „analytische"

(gemeint ist eine algebraische) Beziehung statthaben könne; dann folgt ein Hinweis auf die Ausdehnbarkeit der Reihenmethode auf mechanische Probleme, wie etwa auf das Keplersche[939]. Weitere Notizen beziehen sich auf die zwischen Cassini und Mercator stattgehabte Diskussion um die Bestimmung der Planetenbahnen[940] und auf die zweckmäßigste Bestimmung von Fixsternparallaxen[941].

Hinsichtlich der Gleichungslehre notiert sich Leibniz einiges über Gregorys Wertschätzung der Methoden Huddes[942], über das Unzutreffende aller Lösungsversuche mittels der sin- und log-Tafeln[943], über seine neue Auflösungsmethode und die bei ihr auftretenden Schwierigkeiten[944] und das ablehnende Urteil über Tschirnhaus[945], ferner die bereits im *Abridgement* wiedergegebene Bemerkung über die Reduktion von Gleichungen, bei denen einige Wurzeln rational von andern abhängen[946]. Er hält Gregorys Bemerkung fest, der rationale Bestandteil der Gleichungswurzeln sei stets $- \frac{1}{n} a_1$, der ihrer Quadrate stets gleich $\frac{1}{n} (a_1^2 - 2 a_2)$ usw.[947], und verbindet sie mit der Bestimmung der Wurzelpotenzen einer Gleichung[948]. Schließlich interessiert er sich für Gregorys schrittweise Behandlung des Annuitätenproblems[949].

Betrachten wir den Umkreis des in diesen Auszügen Erfaßten, so müssen wir gestehen, daß mit scharfem Blick alles Wesentliche über Gregorys Einzelergebnisse festgehalten ist; vor allem alles, was sich auf die Reihen, die Interpolation und die Näherungsmethoden bezieht. Das, was Leibniz in erster Linie

[933] Oldenburg-Leibniz, 22. IV. 75 und 5. VIII. 76 — [934] Gregory-Collins, 25. II. 71 — [935] Gregory-Collins, 27. V. 71 — [936] Gregory-Collins, 25. II. und 27. V. 71 — [937] Gregory-Collins, 29. XII. 70 und 27. V. 71 — [938] Gregory-Collins, 15. IX. 70, fehlt in der *Historiola* — [939] Gregory-Collins, 3. XII. 70 — [940] Gregory-Collins, 15. IX. 70. Vgl. zum Gegenstand den Aufsatz Cassinis im *JS* vom 2. IX. 69 sowie Mercators diesbezügliche Bemerkungen in den Sitzungen der RS vom 30. I. und 6. II. 70 und in den *PT* 5, Nr. 57 vom 4. IV. 70 — [941] Gregory-Oldenburg, 18. VI. 75; fehlt in der *Historiola* — [942] Gregory-Collins, 27. I. 72 — [943] Gregory-Collins, 25. II. 71 — [944] Gregory-Collins, 7. IV., 5. VI., 30. VIII. und 12. X. 75 — [945] Gregory-Collins, 30. VIII. 75 — [946] Gregory-Collins, 21. IX. 75 — [947] Gregory-Collins, 27. I. 72 — [948] Gregory-Collins, 5. VI. 75 — [949] Gregory-Collins, 12. IV. 74, fehlt in der *Historiola*. Vgl. Hofmann, *Studien*, S. 94-95.

gesucht hatte, nämlich eine allgemeine Darlegung der Methoden oder der Beweise, hatte er nicht vorgefunden; so blieb nichts anderes übrig als eine möglichst vollständige Aufzählung der Einzelheiten. Von einer wortgetreuen oder auch nur sinngetreuen Abschrift kann gar keine Rede sein; dazu fehlte wohl die Zeit. Natürlich ist alles weggelassen, was Leibniz entweder schon erhalten hatte (soweit er sich daran erinnerte)[950], oder ihm unwesentlich dünkende Allgemeinbemerkungen, wie jene über Gregorys Ringen um das Zustandekommen der Newtonschen Kreiszonenreihe[951], die Beseitigung des vorletzten Gleichungsgliedes[952] und die Aufstellung von Wurzelschranken an der Gleichung 4. Grades[953]. Kennzeichnend ist das Fehlen der tiefgehenden, aber nicht ohne weiteres durchschaubaren infinitesimalen Untersuchungen Gregorys über hinreichende Bedingungen für Extremwerte[954], über die Beziehungen zwischen der logarithmischen Kurve und der logarithmischen Spirale[955] und über die Tangentenbestimmung an die *spiralis arcuum rectificatrix*[956]: Diese Gegenstände glaubte Leibniz durch seine Allgemeinmethode bereits vollständig in der Hand zu haben und, da offenkundig keine unmittelbar greifbaren neuen Ergebnisse herausgekommen waren, übergehen zu können. Das gilt auch von dem Ms. Gregorys vom Winter 1668, das als Ergänzung zur *Geometriae pars universalis* gedacht war und die Bestimmung des Integrals $\int dt/\cos t$ zum Ziel hatte: die darin gegebenen Umformungen waren für Leibniz vermittels des charakteristischen Dreiecks zur Selbstverständlichkeit geworden. Die Näherung zur Bestimmung des Hyperbelsegments gemäß *prop. 25* der *Vera quadratura*[957] zu erwähnen, war ebenso überflüssig; denn einerseits hatte Gregory selbst bekannt, daß seine Methode durch jene Mercators übertroffen worden sei, andrerseits mochte Leibniz das Büchlein schon damals erworben haben. Die beiden Ms. über die Bestimmung der Schnittpunkte zweier Kegelschnitte und die Hyperbelgleichung waren uninteressant, weil das in keiner Weise über das damals allgemein Bekannte oder zu Erwartende hinausging.

So verbleiben einige Bemerkungen über die Art und den Schwierigkeitsgrad der Reihenentwicklungen zur Auflösung von Gleichungen[958], über die sich Leibniz eingehend mit Collins unterhalten hat[959]. Bei dieser Gelegenheit sagte Leibniz nähere Mitteilungen über seine Allgemeinmethode zur Auflösung von Gleichungen durch Reihen (vermittels des Ansatzes durch unbestimmte Koeffizienten) zu, und Collins empfahl in Baker einen gewissenhaften und wohlunterrichteten Algebraiker, der die Fortführung der Einzelrechnungen erfolgreich vollziehen werde. Für Baker war die Mitteilung von Leibniz[960] über die Ermittlung der Gleichung $F(x, y') = 0$ bestimmt, die sich durch Differentiieren und Entfernen von y aus der Gleichung $f(x, y) = 0$ einer algebraischen Kurve ergibt. Leibniz betrachtet zunächst die Kurven 2., dann die 3. Ordnung und läßt durchblicken, von der Weiterführung der Rechnung habe man großen

---

[950] Dies sind vor allem die Auszüge aus den Briefen Gregory-Collins, 27. V. 71 (enthalten in Oldenburg-Leibniz, 22. IV. 75) und 25. II. 69, 27. I. und 19. IV. 72; 5. VI., 2. VIII. und 30. VIII. 75 (enthalten in Oldenburg-Leibniz, 5. VIII. 76) — [951] Gregory-Collins, 30. IV. und 3. XII. 70 — [952] Gregory-Collins, 2. VIII. 75 — [953] Gregory-Oldenburg, 18. VI. 75 — [954] Gregory-Collins, 25. II. 71 — [955] Gregory für Collins, 30. IV. 70 — [956] Gregory für Collins, 3. XII. 70 — [957] Gregory-Collins, 26. III. 68 —[958] Gregory-Collins, 25. II. und 27. V. 71; 27. I. und 19. IV. 72; 24. IX. 75 — [959] vgl. Collins-Wallis, 24. II. 77 und Collins-Newton, 15. III. 77 — [960] Leibniz-Oldenburg, 28. XI. 76.

Nutzen, auch zur Auffindung der Reihen für die Gleichungslösung. Es scheint, daß er damit auf eine Entwicklung nach Art der Taylor-Reihe hinzielt. Der Brief von Leibniz ging an Baker weiter[961] und wurde von diesem kritisch durchgearbeitet[962], aber Collins hat die Diskussion mit Leibniz über mathematische Gegenstände zunächst nicht mehr fortgesetzt (damit wahrscheinlich einem Wunsch Newtons folgend), und nach Oldenburgs Tod fehlte der Mittelsmann, der an einer ernsthaften Weiterführung der Korrespondenz mit Leibniz das nötige Interesse gehabt hätte.

Gewiß, für kurze Zeit vermochte Leibniz das ihm von Collins entgegengebrachte Mißtrauen zu überwinden; ist es ihm doch sogar gelungen, Einblick in dessen sonst wohlgehütete wissenschaftliche Korrespondenz zu erhalten. Sicher war das die unmittelbare Folge des vortrefflichen Eindrucks, den Collins im weiteren Verlauf des Gesprächs von Leibniz gewonnen hatte. Über gewisse Einzelheiten daraus unterrichtet uns eine gemeinsame Aufzeichnung beider, die Leibniz mitgenommen hat: es handelt sich um ein einfach gefaltetes Blatt in groß-f⁰. auf dem Leibniz vermerkt hat: *Colliniana*. Es enthält auf 4 Seiten Rechnungen und Abbildungen mit kurzen Texten[963]. Da Leibniz zwar englisch lesen, aber wahrscheinlich noch nicht gut sprechen konnte und andrerseits Collins' lateinische Kenntnisse sehr gering waren, hat sich die Unterredung unter Bezug auf diese schriftlichen Fixierungen vollzogen. Trotz der kargen Hinweise, die vor uns liegen, läßt sich der Verlauf der Diskussion ziemlich deutlich erkennen.

Zu Anfang berichtet Collins an Hand von Aufgaben über Zinseszinsrechnungen, wie sie in seiner letzthin gedruckten Einführung in die kaufmännische Rechnungsführung enthalten waren: Wann, so beginnt er, wachsen 100 ₰ bei 6% Verzinsung auf 108 ₰ an? Dabei steht die Rechnung $1{,}3208 \cdot 20 = 26{,}4160$ und die Bemerkung, in 26,416 Jahren wachse der Betrag von 100 ₰ bei 6% Verzinsung zum nämlichen Betrag an wie bei 8% Verzinsung in 20 Jahren. Die erste Aufgabe führt auf die Gleichung $1{,}06^t = 1{,}08$ und wird gelöst durch den Ansatz $t = \log 1{,}08 : \log 1{,}06 = 1{,}3208$. Dieser Wert wird rezeptartig zur Behandlung der zweiten Aufgabe $1{,}06^z = 1{,}08^{20}$ verwendet.
Nun folgt die Rechnung

$$17\,₰ \qquad\qquad 12$$
$$\frac{1{,}0121 \cdot 17}{,06} \qquad \frac{1{,}0121 \cdot 8^{1}/_{2}}{,029563}.$$

Hier handelt es sich wohl um die Bestimmung von Schlußwerten einer Rente, die bei 6% Verzinsung 12 Jahre lang läuft. Der Aufzinsungsfaktor ist also $q = 1{,}06$; $q^{12} = 2{,}0121$. Im ersten Fall wird eine Jahreszahlung von 17 ₰ vorgesehen $(b = r(q^{12} - 1) : (q - 1))$; im zweiten Fall eine Halbjahreszahlung von $8^{1}/_{2}$ ₰ $(b = {}^{1}/_{2}r(q^{12} - 1) : (\sqrt{q} - 1))$; mit ,06 und ,029563 ist $0{,}06 = q - 1$ bzw. $0{,}029563 = \sqrt{q} - 1$ gemeint.

Jetzt wird gefragt, bei welchem Zinsfuß 1 ₰ in 10 Jahren auf 10 ₰ anwachsen würde. Die Fragestellung bleibt unbeantwortet, darunter steht $1 : 1{,}06 =$

[961] Wahrscheinlich als Beilage zu Collins-Baker, 20. II. 77 — [962] Baker-Collins, 25. III. 77 — [963] *LH* 35, XV, 4, Bl. 1-2.

1,06 : 1,1236 = 1,1236 : ..., d. h. das Wachstumsgesetz in der Form $1 : q = q : q^2 = q^2 : \ldots$

Nun wendet sich Collins zu einem andern Lieblingsgegenstand, nämlich zur Gleichungslösung auf Grund einer graphischen Darstellung. Er tabuliert die Funktion $y = x^3 - 27\,x$ für alle ganzzahligen Werte von x zwischen 1 und 12 einschließlich, zeichnet das zugehörige Funktionsbild und erläutert sein Näherungsverfahren zur Bestimmung von x für $y = 700$: Er benutzt die Punkte P (9,486) und Q (10,730) und schneidet die Abszissenparallele $y = 700$ mit der Sehne PQ in U und mit der Kurventangente des Punktes Q in V. Das hat er aus Newtons *Analysis* gelernt und geometrisch gedeutet. Dies ist die erste Stelle, an der das Newtonsche Näherungsverfahren explizit auftritt. Ergänzend notiert Collins die Funktion $y = x^4 - 4\,x^3 - 19\,x^2 + 120\,x$, zeichnet aber ein unrichtiges Schaubild mit drei reellen Extremwerten; in Wirklichkeit ist nur ein Minimum reell vorhanden.

Anschließend wird über die Substitution $z = -x$ gesprochen, mittels deren negative Gleichungslösungen zu positiven gemacht werden können. Collins fügt bei, nach Gloriosi (*Exercitationes mathematicae*) stehe die Regel, daß jede Gleichungswurzel im absoluten Glied enthalten sei, schon bei Nunez (*Algebra*). Sei das absolute Glied noch unbestimmt, so könne man der Gleichung irgendeine Lösung vorschreiben und auf diese Weise das absolute Glied berechnen. Habe man z. B. $x^3 + 7\,x^2 + 5\,x = y$ und solle $x = 4$ Lösung werden, so setze man am zweckmäßigsten $\{(4 + 7) \cdot 4 + 5\} \cdot 4 = 196$. Kenne man eine Gleichungslösung, so lasse sich durch Umkehren dieses Verfahrens sogleich mit der zugehörigen Linearform dividieren. Dies wird am Beispiel

$7\,x^4 - 2\,x^3 + 5\,x^2 - 11\,x = 27\,880$ mit der Lösung $x = 8$ angedeutet:

$\underbrace{7 \cdot 8 - 2}$ Der Quotient ist $x^3 + 54\,x^2 + 437\,x + 3485$, die Methode weicht
$\quad\underbrace{54 \cdot 8 + 5}$ von der heute üblichen formal nur ganz geringfügig ab.
$\qquad\underbrace{437 \cdot 8 - 11}$
$\qquad\quad 3485$

Hinsichtlich der Kreisrechnung verweist Collins auf die „Davenantsche" Methode der Kettendivision zur Bestimmung praktisch brauchbarer Näherungswerte für π[964], ausgedrückt durch das nebenstehende Schema*).

100 000)	3,14159 (3
14 159)	100 000 (7
887)	14 159 (15 --
	16 +

Hintennach folgt die Probe für die bessere der entstehenden Entwicklungen, nämlich für $\pi < 3 + \dfrac{1}{7 + \dfrac{1}{16}} = \dfrac{355}{113}$. Ferner erwähnt Collins die näherungsweisen Kreisquadraturen von Wallis (Unterteilung des Quadranten durch

---

*) Gemeint ist $314\,159 : 100\,000 = 3$, Rest 14 159
$\qquad\quad 100\,000 : 14\,159 = 7$, Rest $\quad 887$
$\qquad\quad 14\,159 : \quad 887 = 15$, [Rest $\quad 854$] oder 16, [Rest -33].
**) Vgl. Oldenburg für Leibniz, 16. IV. 73; Collins-Wallis, 29. VIII. 76; Collins-Baker, 29. VIII. 76; Wallis-Collins, 9. IX. und 11. IX. 76.

äquidistante Ordinaten)[965] und Dary (Unterteilung mittels der Ordinaten durch die Eckpunkte eines regelmäßigen Sehnenzuges)[966] und spricht von den neuen sehr genauen Tafeln der Sinus und Kreissegmente, die John Smith in Arbeit habe[967]. Jetzt endlich erscheinen auch höhere geometrische Gegenstände; leider müssen wir hier nur aus den Figuren schließen, weil jeglicher Begleittext fehlt.

Collins verweist auf die *spiralis arcuum rectificatrix*[968] $r^2 - 2ar \cdot \cos\varphi + a^2 = a^2\varphi^2$, deren Tangentenkonstruktion Gregory erst nach langen Mühen hatte leisten können[969]. Leibniz führt als Beispiel für seine inverse Tangentenmethode die Bestimmung der Kurve konstanter Subtangente vor[970] und legt ihr die spezielle Bedingung auf, daß die Anfangsordinate unter 45° geschnitten werden soll. So erhält er als Lösung die Kurve $x = a \cdot \ln(y:a)$ und geht von hier aus mittels $x = a \cdot \varphi$, $y = r$ zu Polarkoordinaten über; damit findet er die spezielle logarithmische Spirale, welche die Fahrstrahlen unter 45° schneidet. Wahrscheinlich hat hier Collins auf die (wesentlich verwickeltere) Darstellung Gregorys aus der *Historiola*[971] vermittels der die Bogenlänge unverändert lassenden Transformation $dx = r \cdot d\varphi$, $dy = dr$ verwiesen. Dann erscheint die Bertetsche Kurve[972], sicher auch eine Bemerkung über ihre Tangente und Fläche, und schließlich die Kreisevolvente, wobei wohl auch der Beziehung zur Zykloide gedacht wurde[973]. In zwei weiteren Figuren deutet Leibniz an, wie er eine Kurve ins Koordinatensystem zu legen und durch Einteilung in äquidistante Ordinaten zu quadrieren pflege. Damit sind die Aufzeichnungen über die gemeinsame Unterredung wohl im wesentlichen beendet; denn nun folgt nur mehr eine Notiz Leibniz' über die Bestimmung von $\sum\limits_{k=1}^{n} k^2$ vermittels

$$\sum_{k=1}^{n} k = \frac{n(n+1)}{2} \quad \text{und} \quad \sum_{k=1}^{n} \frac{k(k+1)}{2} = \frac{n(n+1)(n+2)}{6},$$

sie ist jedoch in sehr kleiner Schrift in den Zwischenraum zwischen den Figuren und die Erwähnung der Tafeln von Smith hineingezwängt und sticht sehr von den übrigen Texten der Aufzeichnung ab, die groß und deutlich geschrieben sind. In diesen Texten wird ein noch in Paris an Arnauld gegebener Beweis für die Summe der Quadratzahlen[974] verbessert.

Leibniz hatte an Collins noch ein anderes wichtiges Anliegen: Seinerzeit, als er im Frühjahr 1675 gehofft hatte, er werde bald Gelegenheit zu einer zweiten Reise nach England finden, hatte er sich die Sendung Oldenburgs vom 16. IV. 73 sorgfältig ausgezogen und wollte nun über mancherlei Einzelheiten Näheres erfahren, so vor allem über die dort genannten Arbeiten englischer

[965] Wallis-Collins, 6. X. 68; 25 ? I. und 29. I. 69 — [966] Dary-Collins, 1675 ? — [967] Collins-Gregory, 4. IV. 71; 3. XII. 74 und 9. VII. 75; ferner Oldenburg-Leibniz,) 22. IV. 75 — [968] vgl. Collins-Gregory, 14. XII. 69; Oldenburg-Sluse, II ? 70; Collins-Barrow, Mitte III 70; Collins-Gregory, 3. IV. 70; Gregory-Collins, 30. IV. 70; Collins-Gregory, 20. V. 70; Oldenburg-Sluse, 14. VII. 70; Sluse-Oldenburg, 25.-26. VII. 70 — [969] Gregory-Collins, 15. IX. 70 und Gregory für Collins, 3. XII. 70 — [970] Leibniz-Oldenburg, 27. VIII. 76 — [971] Gregory für Collins, 30. IV. 70 — [972] vgl. Leibniz-Bertet, 3. XI. 75 — [973] vgl. *Cat. crit.* 2, Nr. 1103 (X 75); Nr. 1144 (8. XII. 75) und Nr. 1465 (VI 76). — [974] vgl. *Cat. crit.* 2, Nr. 1343 (II 76); ferner Nr. 1406 (IV 76), wo die Regel von Lantin erwähnt wird:
$$\sum_{k=0}^{n} k^2 = \frac{1}{3} \cdot \left\{ n^2 + n^3 + \frac{n(n+1)}{2} \right\}.$$

Mathematiker. Jetzt hörte er, daß Merrys Studien noch ungedruckt waren (und bleiben sollten), daß auch Collins nichts Näheres über Newtons Methode zur Umsetzung von Problemen in Gleichungen (*Arithmetica universalis, cap.* X̃/XII) wußte, daß Strodes *Conica* noch nicht erschienen waren und Collins ein Ms. Barrows und ein anderes umfänglicheres Newtons über Gleichungslösungen vermittels der Kegelschnitte und mechanischer Kurven in Händen hatte. Er wurde ferner auf Darys neueste Arbeit über Zinseszinsrechnung und die logarithmische Gleichungslösung hingewiesen, die damals unter der Presse war[975] und im Frühjahr 1677 ausgegeben wurde[976]. Andrerseits hat Collins von Leibniz eine Abschrift des Briefes an Périer über die Pascalschen Kegelschnitte erhalten, der als Einleitung zu der beabsichtigten Veröffentlichung der *Conica* gedacht war[977], und wahrscheinlich einen noch viel weitergehenden mündlichen Bericht. Im Zusammenhang damit hat sich Leibniz in seinen Auszügen aus Oldenburgs Sendung vom 16. IV. 73 notiert, daß auch Wallis über Kegelschnitte geschrieben habe: anscheinend wußte er noch nichts von diesem Büchlein.

Offenkundig war Collins von der Aussprache mit Leibniz sehr befriedigt. Der persönliche Eindruck war doch ein ganz anderer als der aus den Briefen, vor allem aus jenen des Jahres 1673, worin Leibniz nicht eben günstig abgeschnitten hatte. Das seinerzeitige Urteil war ersichtlich falsch und mußte revidiert werden. Collins, der auch seinerseits durchaus das Beste wollte, fühlte sich zu einem besonderen Entgegenkommen verpflichtet und kam der Bitte von Leibniz, ihm Einsicht in die Papiere Gregorys und Newtons zu gewähren, bereitwillig nach. Dazu mochte ihn wohl auch der Wunsch Oldenburgs bestimmen, der nun, da die Rechenmaschine fertig vor ihm stand — ein gewichtiges Beweisstück gegen die beleidigenden Angriffe Hookes, die ihm gerade wiederum viel zu schaffen machten — seinem Landsmann etwas abzubitten hatte. Hochbefriedigt reiste Leibniz ab; jetzt hatte er einen lebendigen Eindruck von den neuesten mathematischen Studien der Engländer empfangen, und er konnte hoffen, über Oldenburg und Collins stets auf dem laufenden gehalten zu werden. Die Reihenlehre schien die wichtigste Domäne der Engländer zu sein, aber anscheinend besaßen sie nichts, was sich mit seiner eigenen Erfindung, dem Calculus, hätte messen können. Schade, daß es nicht möglich gewesen war, mit Wallis und vor allem mit Newton zusammenzukommen; wie interessant wäre es gewesen, in persönlicher Diskussion mit dem Entdecker der Reihenlehre sich zu messen, von dessen Fähigkeiten Oldenburg und Collins Wunderdinge zu erzählen wußten. Was würde er wohl auf den empfangenen Brief antworten?

Und just in den Tagen, da Leibniz niederländischen Boden betrat, um bei Hudde und Spinoza Besuch zu machen, hatte Newton geantwortet. Eine kurze, aber wichtige Ergänzung zu seinem großen zweiten Brief steht in einer wenig später verfaßten Mitteilung an Collins[978], worin Newton seinen Dank für

---

[975] Collins-Strode, 3. XI. 76 — [976] Collins-Strode, 18. II. 77; Collins-Baker, 20. II. 77. Vgl. ferner Oldenburg-Leibniz, 22. VII. und 19. VIII. 77 — [977] vgl. Collins-Bernard, 27. XI. 76. Die Abschrift haben wir nicht ermitteln können. Womöglich befindet sie sich in den Papieren Newtons — [978] Newton-Collins, 18. XI. 76.

die Auszüge aus den Briefen Tschirnhaus' und Leibniz' ausspricht. Wenn er an die nicht enden wollenden Diskussionen über seine verschiedenen in den PT erschienenen Briefen (zur Farbenlehre) denke, möchte er wünschen, er habe nichts darüber drucken lassen, und daher beabsichtige er seine *Mathematica* bei sich zu behalten. Gewiß, die Darstellung von Wurzeln durch Bruchreihen, von der Leibniz spreche, sei gut, und sicherlich auch das Verfahren zur Bestimmung der Lösungen unreiner Gleichungen, aber diese Reihen seien nicht besser als die Newtons und die Transmutationsmethode im Grunde entbehrlich. In seiner Antwort an Leibniz habe er nur einiges über seine Ergebnisse angedeutet, durchaus nicht alles. Z. B. könne er die Quadratur einer aus $a x^p + b x^q + c y^s = 0$ dargestellten Kurve in wenigen Minuten leisten oder auf die einfachstmöglichen Kurven dieser Art zurückführen, und ähnliches lasse sich auch von entsprechend gebauten viergliedrigen Gleichungen sagen.

Collins Antwort[979] ließ — eine Folge seiner Erkrankung — mehr als ein Vierteljahr auf sich warten; sie enthält den Bericht über Leibniz' Besuch und den Auszug aus dem Amsterdamer Brief[980]. Davon, daß Leibniz bei Collins Einsicht in die Papiere Gregorys und Newtons genommen hatte, wird in dem uns vorliegenden Auszug nichts gesagt. Das alte Mißtrauen war wohl durch den zweiten Brief Newtons für Leibniz erneut angefacht worden und Collins ärgerte sich nun darüber, daß er leichtsinnigerweise ein Zugeständnis gemacht hatte, das auf keinen Fall im Sinne Newtons gewesen sein konnte. Er hatte genau so unvorsichtig gehandelt wie bei der Übermittlung der Kreiszonenreihe an Gregory[981], der nur auf Grund dieses Ergebnisses — so stellte sich Collins die Sache vor — die Reihenmethode nacherfunden hatte. Gregory hatte sich *fair* verhalten und Newton die Ehre und das Recht der Priorität überlassen — nach allem, was man bisher von Leibniz wußte, war von diesem eine ähnliche Handlungsweise nicht zu erwarten. Das mochte Collins später von Newton in aller Deutlichkeit zu hören bekommen haben. Kein Wunder, daß er sich nunmehr äußerste Zurückhaltung auferlegte und den Versuch Leibniz', die Diskussion fortzusetzen, ignorierte.

Die Hoffnung Leibniz', mit den Engländern in Fühlung bleiben zu können, war vergeblich; es gab Experten im Bereich der höheren Mathematik, die nicht weniger gut unterrichtet waren als er selber, aber sie zogen sich betont von ihm zurück. Hannover bedeutete Enge und Einsamkeit; sollte sich als die Stätte unerfüllbarer Wünsche, vergeblichen Sehnens erweisen. Auch Leibniz wurde zum Einsiedler, aber nicht aus innerer Neigung, sondern infolge der ihn umgebenden Gleichgültigkeit, Verständnislosigkeit und Interesselosigkeit. Keiner von seinen weltumspannenden Plänen, die auf die Menschheitsbefreiung und Menschheitsbeglückung hinzielten, sollte sich in die Wirklichkeit umsetzen lassen; an mangelnder Einsicht, an kleinlichem Egoismus und am sturen Festhalten am Althergebrachten ist alles gescheitert, was er unternahm. Es war ein bitteres Empfinden, mit greifbarer Deutlichkeit das sich formende Bild der Welt von morgen in sich tragen zu müssen, ohne es doch gestalten zu dürfen.

[979] Collins-Newton, 15. III. 77 — [980] Leibniz-Oldenburg, 28. XI. 76 — [981] Collins-Gregory, 3. IV. 70.

Ein Künstler hätte es leichter gehabt; ihm wäre der Weg in das Reich der unwirklichen Schöpfungen seiner Phantasie offen gestanden. Dem Denker Leibniz, dem die Tatsachen der Stoff waren, aus dem er formte, war diese Möglichkeit geistiger Selbstbefreiung versagt. Daß er das Leben trotzdem nicht verneint, sondern mit dem hoffnungsfrohen Glauben an die Güte des Schöpfers und der Schöpfung beseelt hat — nicht im blinden Optimismus, sondern im wissenden, das Leid erkennenden und bejahenden — das ist die Großleistung des reifen, sich selbst überwindenden Mannes.

21. ZUSAMMENFASSUNG

Es verbleibt uns noch die Aufgabe, das engmaschige Netz der vielfältigen Verflechtungen, die wir nur in großen Zügen andeuten, keineswegs im einzelnen ausführlich darlegen und durch die Wiedergabe der Originalstellen belegen konnten, rückschauend nochmals zu überblicken. Wenn wir nur verhältnismäßig selten auf die ältere Zweitliteratur hingewiesen haben, die sich auf unsern Gegenstand bezieht, so geschah dies nicht etwa in Unkenntnis dessen, was man bisher schon zu unserem Thema zusammengetragen hat, sondern in dem Bewußtsein, daß das reiche neue Material, auf das wir uns bei der vorliegenden Darstellung zu stützen vermochten, den früheren Forschern nicht zur Verfügung gestanden ist. Es wäre unter diesen Umständen abwegig und taktlos, die aus der Lückenhaftigkeit der Unterlagen stammenden Fehlmeinungen anderer nochmals ans Tageslicht zu zerren; richtiger ist es, die Verdienste dieser Männer dankbar anzuerkennen, aber dem Leser die vielen Umwege zu ersparen, die wir selbst gehen mußten, ehe es uns möglich war, die Zusammenhänge einigermaßen aufzuhellen.

Mit wenigen Worten läßt sich sagen, was uns veranlaßt hat, die Entwicklungsgeschichte der Leibnizschen Mathematik auf die Pariser Zeit zu beschränken. In diesen Jahren sind die entscheidenden Gedanken konzipiert und bis zu jenem Grad der Vollendung gebracht worden, der alles weitere als klar erkennbare Möglichkeit in sich enthält, und in Leibniz' Biographie bildet der Pariser Aufenthalt ein Kapitel für sich, das mit dem Weggang nach Hannover abgeschlossen ist. Die Vielfältigkeit der neuen Aufgaben macht eine Fortsetzung der mathematischen Studien im bisherigen Rahmen und mit der bisherigen Intensität unmöglich; die Mathematik wird zwar keineswegs beiseite gelegt, aber sie wird mehr und mehr Gegenstand geistiger Ablenkung und Erholung und schließlich vom goldenen Glanz des stärksten Jugenderlebnisses umwebt. Immer wieder lesen wir in den späteren Aufsätzen, dieser und jener Gedanke sei bereits in Paris entstanden, und die datierten, die aus Papier, Wasserzeichen, Siegelresten und sonstigen Merkmalen oder aus brieflichen Erwähnungen datierbaren Aufzeichnungen bestätigen dies vollauf. Damals hat sich Leibniz' mathematisch-naturwissenschaftlich fundierte Weltanschauung gebildet; damals sind ihm auch die wichtigsten psychologischen Grundeinsichten aufgegangen. Es war seine intensivste schöpferische Periode, in der er die ihm von allen Seiten zuströmenden Anregungen mit unglaublicher Leichtigkeit aufzunehmen vermochte und ordnend in ein einheitliches, natürlich gewachsenes System einzufügen verstanden hat, worin jede Einzelheit ihren sinnvollen Platz fand und ihre richtige Bedeutung haben sollte.

Der Anfänger des ausgehenden Jahres 1672 kommt von der Arithmetik her und gewinnt an der Kritik des Axioms vom Ganzen und vom Teil den ersten allgemeinen Gesichtspunkt, der ihn zur näheren Betrachtung des Unendlichen lockt. Der Glaube, die Mathematik in oberflächlichem Studium beherrschen und nur aus sich selbst heraus erschaffen zu können, wird durch Huygens erschüttert und gründlich zerstört; Leibniz sieht sich vor der Wahl, entweder zu verzichten oder alles eingehend durchzuarbeiten. Er wird gepackt und gefesselt von dem Gegenstand, mit dem selbst die größten Geister vergeblich gerungen haben. Vom Ehrgeiz getrieben, Besseres zu leisten, und im vollen Bewußtsein seiner geistigen Aufnahmefähigkeit und Gestaltungskraft, wagt er sich an das große Unternehmen, den Ansatzpunkt zu gewinnen, mittels dessen sich die bisherigen Ergebnisse der Infinitesimalmathematik einheitlich erfassen, zusammenschauen und darstellen lassen. In Pascal findet er einen Schriftsteller, dessen leichte Feder selbst den sprödesten Gegenstand in anmutiger und reizvoller Form darzubieten vermag. Unter Leibniz' Hand erblühen Pascals Gedankengänge zu neuem Leben; dort, wo Pascal — sich des Zusammenhanges noch nicht klar bewußt — eine Möglichkeit aufkeimen sieht, schafft Leibniz Wirklichkeit: das charakteristische Dreieck ist entstanden durch Hineinlesen eines allgemeinen Gedankens in eine vortrefflich durchgeführte spezielle Überlegung, die Transmutationsmethode ist die aus einem genialen Einfall erwachsene erste wahrhaft selbständige Leistung, die arithmetische Kreisquadratur zunächst nicht mehr als eine überraschende neue Einzelheit, entstanden durch die Verknüpfung alter Ergebnisse mit einer neuen Methode. Diese ersten Erfolge bieten einen immer stärker werdenden Anreiz, das Gesamtgebiet der infinitesimalen Fragen einheitlich zusammenzufassen. Dazu gehört allerdings, daß man alle bisher versuchten Ansätze zur Kenntnis nimmt, gegenseitig abwägt und methodisch so lange durchdenkt und umgestaltet, bis das gemeinsame *filum meditandi* gefunden ist.

Das unablässige Studium der gesamten erreichbaren Literatur schenkt nicht nur eine Unsumme von Einzelheiten, sondern gibt darüber hinaus jene gefühlsmäßig richtige Einstellung zu den Infinitesimalproblemen, ohne die eine vereinheitlichende Zusammenschau undenkbar gewesen wäre. Durch die intensive Beschäftigung mit algebraischen Fragen wird die algorithmische Gewandtheit gesteigert und der Weg zum Calculus gebahnt: das Entscheidende ist die Einführung zweckmäßiger Symbole, die den algebraischen nachgebildet werden müssen. Jetzt wird das Wesen der *ars inveniendi* vom metaphysischen, vom logischen und vom mathematischen Standpunkt aus neu durchdacht. Bei Behandlung einer speziellen inversen Tangentenaufgabe wird die bis dahin verwendete Bezeichnung *omn.* für die Integration ersetzt durch das $\int$-Zeichen, und nach einigen tastenden Versuchen erscheinen die Symbole $\int y \cdot dx$ und dy/dx, der inverse Charakter dieser beiden Operationen wird erkannt und der zugehörige Formalismus schrittweise ausgebaut. Einfache Differentialgleichungen werden in Integralbeziehungen umgewandelt und alsdann durch schrittweise Integration in Potenzreihen entwickelt; der gesamte Umkreis der bisher betrachteten Infinitesimalprobleme läßt sich vermittels der neu eingeführten Symbole in einfacher und eleganter Form behandeln.

Einer Anregung von Huygens folgend, unternimmt Leibniz den Versuch, das wahre Wesen der Kreisquadratur zu enträtseln. Er unterscheidet mit Descartes zwischen geometrischen (algebraischen) und mechanischen (transzendenten) Problemen und Funktionen, schließt aber die transzendenten keineswegs aus, sondern sucht sie zu behandeln und zu typisieren. Gleich Wallis und Gregory ist er sich dessen gewiß, daß die (von ihm durch Quadraturen gewonnenen) trigonometrischen und logarithmischen Funktionen und ihre Umkehrungen zu den transzendenten zählen; mit noch unvollkommenen Hilfsmitteln, aber in klarer Einsicht vom Wesen der Sache versucht er zu entscheiden, wann eine vorgelegte Funktion algebraischer Natur ist und wann nicht. Die dabei verwendeten Ansätze führen ihn zur Methode der unbestimmten Koeffizienten. Er ist sich des ganzen Gewichtes, aber auch der vollen Schwierigkeit der Problemstellung bewußt und sieht den von Gregory begangenen Fehlschluß, ohne ihn jedoch berichtigen zu können. Schon denkt er daran, die Summe einer konvergierenden unendlichen Reihe definitorisch zur Kennzeichnung einer Größe zu benutzen, und entwickelt auf Grund des Axioms vom Ganzen und vom Teil das Konvergenzkriterium für die alternierende Reihe. In Analogie zur rationalen Approximation irrationaler und transzendenter Zahlen nähert er transszendente Funktionen durch algebraische an, dabei nicht ausschließlich an Potenzentwicklungen denkend. Durch rationale Integraltransformation vermag er die „von der Quadratur des Kreises und der Hyperbel" abhängigen Probleme zu typisieren und findet beim Ausbau seiner Transformation eine für alle Mittelpunktkegelschnitte gemeinsam geltende Methode und Potenzentwicklung zur Kennzeichnung der Sektorfläche. Hingegen scheitert der Versuch, auch den Kegelschnittbogen auf die Kegelschnittquadratur zurückzuführen.

Auf algebraischem Gebiet wird die Allgemeingültigkeit der Cardanischen Formel für eine Lösung der kubischen Gleichung festgestellt, im reduziblen Fall die rationale Abspaltbarkeit eines Linearfaktors behauptet, im irreduziblen Fall die Unvermeidbarkeit des Auftretens imaginärer Bestandteile, die sich in der Schlußformel gegenseitig wegheben — auch dann, wenn dies nicht durch direktes Wurzelziehen erkennbar gemacht werden kann. Das Beispiel $\sqrt{1 + \sqrt{-3}} + \sqrt{1 - \sqrt{-3}} = \sqrt{6}$ soll ganz allgemein andeuten, daß $f(x + iy) + f(x - iy)$ eine reelle Funktion von x, y ist. Zur Behandlung höherer Gleichungen werden Ansätze wie $x = u_1 + u_2 + \ldots$ und $x = \sqrt{v_1} + \sqrt{v_2} + \ldots$ verwendet, aber im Verlauf der Einzeluntersuchung stellt sich heraus, daß nur die verallgemeinerten Cardanischen Gleichungen (worunter sich die allgemeinen Winkelteilungsgleichungen befinden) vermittels $x = u_1 + u_2$ gelöst werden können, und an Beispielen — wie an dem der Gleichung 4. Grades — wird die Gleichwertigkeit des Zerlegungs- und des Radikalansatzes erkannt. Infolge begangener Rechenfehler hält Leibniz zunächst die Rückführbarkeit höherer Gleichungen auf die vom 7. Grad und die Auflösung der Gleichung 5. Grades vermittels einer Gleichung 20. Grades für möglich, bedient sich auch passender Rechenabkürzungen (symmetrische Funktionen und einfache invariante Bildungen), ist aber seiner Sache nicht ganz sicher und unterläßt daher die Mitteilung von Einzelheiten. Er bestimmt die ganzzahligen Lösungen einfacher und simultaner linearer Diophantischer Gleichungen und behandelt die Verwandlung gegebener Ausdrücke in Quadratzahlen durch algebraische Ansätze, vermag jedoch nicht zu entscheidenden zahlentheoretischen Ergebnissen oder gar Methoden vorzustoßen. Immerhin verdankt er die Idee der rationalisierenden Integraltransformation seiner Beschäftigung mit den quadratischen Diophantischen Problemen.

Im ganzen genommen, haben wir es mit dem bewußten Fortschreiten von der alten rein geometrischen Betrachtungsweise zur modernen analytisch-funktionalen zu tun. Die verbale Schreibweise und die ursprüngliche naive Indivisibelnvorstellung (eine Fläche „besteht" aus der Gesamtheit ihrer Ordinaten) ist überwunden und wird durch die verbesserte Indivisibelnvorstellung (mittels des charakteristischen Dreiecks) ersetzt; *die Leibnizsche Symbolik gibt genau diesen Stand der Auffassung wieder.* Damit sind die Voraussetzungen für erfolgreiche differentialgeometrische Studien geschaffen. Der Kreis der behandlungsfähigen Probleme wird durch die Miteinbeziehung von Betrachtungen über Drehmomente und Schwerpunkte wesentlich erweitert. Die Frage, welchen Bedingungen die betrachteten Funktionen genügen müssen, bleibt noch ungeklärt, aber die Wichtigkeit einer völlig strengen methodischen Untersuchung wird erkannt und hervorgehoben; so ist z. B. der allgemeine Beweis für den Transmutationssatz in der Schlußfassung durchaus einwandfrei.

Gewiß, auch Leibniz geht es um praktische Fragen; er ist keineswegs uninteressiert an der Güte einer Konstruktion oder der Konvergenz einer Entwicklung, aber noch wichtiger ist ihm die methodische und theoretische Einsicht. Überall strebt er nach dem für ihn zugänglichen höchsten Standpunkt; er weiß genau, daß sich mathematische Einsichten nicht nur in speziellen Erkenntnissen oder gar Rechnungen erschöpfen, sondern daß es um die begriffliche Durchdringung geht. Diesem Ziel soll die Mechanisierung aller zur reinen Schlußtechnik gehörenden Einzelheiten und die Typisierung der entscheidenden Probleme dienen, um von sauberen Grundlagen mit einem Mindestaufwand an Arbeit zu möglichst allgemeinen Ergebnissen voranschreiten zu können. Auch dort, wo ihm die Einzeldurchführung mißlingt, ist doch die Gesamttendenz verspürbar und veranlaßt uns, die Absicht fürs Werk zu nehmen.

Soviel in großen Zügen über den mathematischen Gehalt der Pariser Studien. Was die Übermittlung der neuen Ergebnisse an andere betrifft, so steht für uns die Beziehung zu Huygens und die Korrespondenz mit Oldenburg im Vordergrund. Huygens hat den Anfänger durch aufmunternden Rat und durch fördernde Kritik unterstützt, hat sich aber von dem Reifenden etwas zurückgezogen. Die Ursache ist wohl darin zu erblicken, daß ihm die neue Tendenz nicht ganz zusagte. Leibniz strebte eine durch zweckmäßige Symbole bis ins letzte vereinfachte und logisierte Darstellungstechnik an, die sich jedoch nicht unmittelbar erfassen läßt, sondern erlernt werden muß. Wer sich dies anzueignen vermag, ist dem Ungeschulten in ungeahntem Maß überlegen, selbst dann, wenn er keine besonders tiefgehenden Einsichten in die Zusammenhänge hat: *der Formalismus denkt für ihn.* Gerade diese Möglichkeit war es, die Huygens für unerwünscht ansah. Er war der letzte und bedeutendste Vertreter der alten Schule, die zu ihren Ergebnissen auf Grund wahrhaft genialer, aber isoliert stehender Einzelüberlegungen gekommen war. Nicht die abstrakte, begriffliche und logisierende Betrachtungsweise lag ihm, sondern die rein geometrische Untersuchung, die von einer finitesimalen Einzelheit ausgeht und durch die Anwendung der indirekten Archimedischen Methode zum infinitesimalen Ergebnis vordringt, und er war in dieser Betrachtungsweise so geschult, daß er den neuen, zunächst noch ein wenig schwerfälligen Calculus nicht benötigte. Daß es auf dem schwierigen, wenn auch höchst interessanten und geistvollen Weg, den er zu gehen pflegte, keine neue methodische Möglichkeit mehr gab, und daß der begrifflich-algorithmischen Methode die Zukunft gehörte, vermochte der Alternde, der von einer ganz andern Art der Schlußtechnik ausgegangen war, nicht mehr zu überblicken. Er sah im Leibnizschen Vorgehen eine mehr oder minder schrullenhafte Spielerei, die das freie Denken zu beschränken drohte und ihm daher unsympathisch war.

Die Beziehungen zu Oldenburg bringen Leibniz mit den englischen Mathematikern in Berührung, über die er zunächst fast ausschließlich auf Grund der von Collins gegebenen Berichte orientiert wird. Das voreilige Versprechen hinsichtlich der Rechenmaschine und die von Pell als Schaumschlägerei und Anmaßung empfundene Behauptung, als erster jede Zahlenreihe interpolieren und summieren zu können, führen während des ersten Londoner Aufenthaltes zu einem schlechten Start, der durch den Formfehler nach der Mitteilung über die Aufnahme in die RS nicht verbessert wird und Oldenburg in peinliche Verlegenheit bringt. Die von Collins übermittelte Zusammenfassung über einige neuere unpublizierte Ergebnisse englischer Mathematiker ist für den Anfänger, der noch keinerlei Literaturstudien getrieben hat, zu nichts nütze. Leibniz sieht sich genötigt, die Korrespondenz für mehr als ein Jahr abzubrechen; in dieser Zeit hat er die Rechenmaschine vollendet, den allgemeinen Transmutationssatz und die arithmetische Kreisquadratur entdeckt, die Standardwerke der damaligen Mathematik durchgearbeitet und sich mit den wichtigsten Grundproblemen der Infinitesimalmathematik vertraut gemacht. Er läßt merken, daß er jetzt über das mathematische Gesamtgebiet wohlunterrichtet ist und neue Ergebnisse gewonnen hat, die von den Fachleuten in Paris anerkannt werden. Die Diskussion führt zu einer in wesentlich vertiefter Form gegebenen Wiederholung der Mitteilungen über die mathematischen Studien der Engländer, die sich durchaus mit den eigenen Ergebnissen Leibniz' vergleichen lassen. Dieser glaubt, bereits über die neuesten Entdeckungen der Engländer unterrichtet zu sein, ist aber in Wahrheit nur über die bereits vor

Jahren erledigten Probleme in Kenntnis gesetzt worden. Vergeblich versucht er Klarheit über die analytischen Methoden Newtons und Gregorys zu erhalten; vor allem bleibt ungewiß, was die Engländer durch Reihen, was durch Ausdrücke in geschlossener Form darzustellen vermögen.

Im Verlauf der Auseinandersetzung treten algebraische Gegenstände stärker in den Vordergrund. Es dreht sich um die Frage, ob und wie man eine allgemeine Gleichung n-ten Grades aufzulösen vermag, vor allem aber um die Allgemeingültigkeit der Cardanischen Formeln, die Vermeidung imaginärer Hilfsmittel, die Anwendbarkeit der logarithmischen und trigonometrischen Tafeln zur Auflösung allgemeiner Gleichungen und die Beseitigung der Zwischenglieder. Leibniz, der absichtsvoll den Quellen nachgegangen war und die einschlägigen italienischen Fachwerke des 16. Jahrhunderts durchgearbeitet hatte, bringt erstmals einen neuen, den historischen Gesichtspunkt in die Betrachtungsweise. Er berichtet schrittweise über seine Auffassung hinsichtlich der berührten Einzelprobleme und erwartet entsprechende Ausführungen über die Ansichten Gregorys, Pells und Wallis'. Um diese Zeit tritt Tschirnhaus in London auf, bringt mit seiner glänzenden Rechenfertigkeit und seinem überschäumenden Temperament alle Einwände gegen seine Methoden, die er nur an speziellen Beispielen durchblicken läßt, zum Schweigen und verspricht die allgemeine Darstellung aller „mathematischen" Zahlengrößen — auch der Gleichungswurzeln — durch einfache und zusammengesetzte Radikale. Als glühender Verehrer von Descartes, dessen einsichtsvolle Beschränkung der Mathematik auf den Umkreis der rein algebraischen und damit exakt erfaßbaren Gegenstände er gar nicht genug rühmen kann, ist er an den Infinitesimalmethoden der Engländer, die er nur als Näherungsverfahren wertet, nicht hinreichend interessiert und wünscht nicht allzuviel davon zu erfahren, um seine eigene Originalität nicht in Frage zu stellen.

Leibniz wird mit Tschirnhaus unmittelbar nach Erfindung des Calculus näher bekannt und freundet sich schnell mit dem liebenswürdigen und allseitig interessierten Landsmann an. Er läßt sich über dessen algebraische Methoden unterrichten, sieht ihn auf Wegen, die er selbst vor wenigen Wochen begangen hatte, erfolgreich am Werk und zieht sich daher von diesem Gegenstand etwas zurück, um der Möglichkeit eines Konfliktes auszuweichen. Er will seinerseits eine Überschau über seine eigenen, sich gerade in reiferer Form gestaltenden Kerngedanken geben, findet jedoch einen unaufmerksamen Zuhörer, der keine Lust hat, sich mit andern als den handgreiflichen algebraischen Algorithmen abzugeben.

Ein glücklicher Zufall hat Leibniz die Möglichkeit eröffnet, Pascals nachgelassene Papiere einzusehen: er tut dies zusammen mit Tschirnhaus und vertieft sich in die *Conica*, hierbei insbesondere durch die Tendenz gefesselt, an Stelle koordinatenbildender Parallelstrahlen ein gewöhnliches Strahlenbüschel zu setzen. Tschirnhaus' übertriebener Cartesianismus stößt ihn ab und veranlaßt ihn dazu, die offenkundigen Schwächen des Cartesischen Systems stärker als bisher aufzuzeigen; andrerseits ist er gern bereit, mit Clerselier in persönliche Verbindung zu treten, um bei diesem als dem liebevollen Heraus-

geber und Verwalter des Nachlasses Einsicht in die noch ungedruckten
Cartesiana zu nehmen. Nur mehr in loser Verbindung mit der Heimat, die ihm
kein lockendes Angebot machen kann, will er den Versuch wagen, ganz in Paris
zu verbleiben und dort eine ihm zusagende Stelle zu kaufen; er denkt an eine
besoldete Tätigkeit in der *Ac. sc.* oder an die Übernahme der nach Robervals
Tod freigewordenen Raméeschen Professur für Mathematik. Die durch
Galloys hergestellte Verbindung zum Herzog von Chevreuse und die Tätigkeit von Tschirnhaus als Mathematiklehrer des jungen Colbert sollen
diesem Zweck dienlich gemacht werden; eine Reihe von geplanten Veröffentlichungen über verschiedene mathematische Einzelentdeckungen, wie die
arithmetische Kreisquadratur, die Bestimmung eines rationalen Zykloidensegments, die Rektifikation des allgemeinen Kegelschnittbogens, die Auflösung der verallgemeinerten Cardanischen Gleichungen, axiomatische Untersuchungen über das Ganze und seine Teile, die damit zusammenhängende
Behandlung des harmonischen Dreiecks, ferner die Vorführung der vollauto-
matischen Rechenmaschine und die Konstruktion eines algebraischen Instru-
mentes, sollen den Blick der wissenschaftlichen Welt auf den neuen Bewerber
lenken.

An einer Unbedachtsamkeit Leibniz', die ihm das Wohlwollen des maßlos
empfindlichen Abbé kostet, scheitert das keineswegs aussichtslose Projekt;
die Hoffnung, durch einen Brief an den nach schwerer Krankheit vor der Abreise in die Heimat stehenden Huygens trotzdem zu Erfolg zu kommen, erweist sich als vergeblich. Leibniz kann in Paris nicht unterkommen, weder
direkt noch auch indirekt als politischer Beauftragter eines deutschen Fürsten.
Er muß das ihn wenig lockende Angebot des Herzogs Johann Friedrich
annehmen, der ihm die Hannoversche Bibliothek anvertraut, aber eine sofortige Übersiedelung an die neue Wirkungsstätte wünscht, die nur mühsam
um einige Wochen hinausgeschoben werden kann.

Inzwischen hat Tschirnhaus im Umgang mit Leibniz erkannt, daß die von
ihm für allgemein gehaltene Transformationsmethode wesentlich weniger
leistet als er ursprünglich erhofft hatte, und daß er daher die in London gemachten Versprechungen nicht einzuhalten vermag. Um den schlechten Eindruck seines mehr als $^3/_4$ jährigen Schweigens zu verwischen, schreibt er einen
umfänglichen Brief über den Wert und die Bedeutung der mathematischen
Methoden von Descartes, dem im wesentlichen die Wiedererweckung der
Mathematik zu verdanken sei: so stark, daß die Leistungen der gegenwärtigen
Mathematiker nur auf die Ausgestaltung und Verfeinerung Cartesischer Gedankengänge hinauskämen. Dies veranlaßt Collins zu einer eingehenden Er-
widerung, worin die weit über Descartes hinausführenden Methoden von
Newton und Gregory in allgemeinen Worten besonders hervorgehoben werden.
Inzwischen hatte auch Leibniz wieder geschrieben; er bietet seine arithmetische
Kreisquadratur gegen die Infinitesimalmethoden der Engländer, erwartet aber
nicht nur Andeutungen oder Einzelheiten, sondern eine wirkliche Darlegung
der Methode nebst Beweis, und will das nämliche entgegengeben. Vor allem

ist es ihm um die Erhaltung der Papiere des inzwischen verstorbenen Gregory
zu tun, der offenkundig als Algebraiker, als Zahlentheoretiker und als Ana-
lytiker mit an führender Stelle gestanden habe.

Collins, der einzige wissenschaftliche Vertraute Gregorys und im Besitz fast
aller seiner Papiere, macht sich ungesäumt an die Arbeit, um die wichtigsten
Ergebnisse seines schottischen Freundes in Form von Auszügen festzuhalten
und ihm die Ehre der Erfindung zu sichern, andern die Möglichkeit zu gewähren, seine Studien in seinem Sinne fortzusetzen. Es gilt, Leibniz' Bitte und
Oldenburgs Wunsch zu erfüllen, andrerseits Tschirnhaus' Fehlmeinung über
die Bedeutungslosigkeit der neuesten Ergebnisse der Engländer zu widerlegen,
woran auch in seinem letzten Brief festgehalten worden war. Als besonders
kennzeichnend sollte Newtons allgemeine Tangentenmethode beigegeben
werden, ferner auf Drängen Oldenburgs hin ein Originalbeitrag Newtons zur
Reihenlehre. Collins' Zusammenstellungen (die *Historiola*) erwiesen sich als zu
eingehend und umfangreich und mußten verkürzt werden. Newtons Brief
enthielt das Binomialtheorem und das Rechenschema zur Auflösung einer
Gleichung mit unzureichender Schilderung des eingeschlagenen Verfahrens,
aber sonst nur Einzelausführungen über die Reihenlehre, die bereits in der
jahrelang zurückliegenden Diskussion mit Gregory verhandelt worden waren,
und eine Übersicht über die praktische Verwendbarkeit zur Konstruktion von
Näherungslösungen. Mehr als Beispiele sind nirgends geboten. Der endgültige
englische Entwurf aus Collins' Feder für die Antwort an Leibniz (das *Abridgement*) wurde zur Rückäußerung an Newton gesandt, der erst nach einiger Zeit
antwortete und gewisse Änderungen erbat.

So vergingen mehrere Wochen, ehe die Antwort an Leibniz und Tschirnhaus
fertig gemacht werden konnte. Bei der Wichtigkeit des Gegenstandes hielt es
Oldenburg für angemessen, die eigenhändigen Abfertigungen in London zurückzubehalten und nur die von seinem Sekretär angefertigten (aber durch
zahlreiche Lese- und Schreibfehler entstellten und nicht hinreichend sorgfältig
mit den Vorlagen verglichenen) Kopien an Leibniz weiterzugeben. Dieser hat
postwendend geantwortet und seine arithmetische Kreisquadratur übersandt,
jedoch nicht in der auf Grund des allgemeinen Transmutationssatzes dargestellten Form, die er zurückzuhalten wünschte, sondern unter Verwendung
einer rationalisierenden Integraltransformation. Leibniz, der die erhaltene
Sendung vor Zusammenstellung seiner Antwort allzukurz überflogen hatte,
gab die von Newton empfangenen Reihen für die logarithmischen und die
trigonometrischen Funktionen nur in leicht veränderter Form wieder, wobei er
zwar den Unterschied in der Herleitung betonte, jedoch die Methode nicht
hinreichend deutlich darlegte und daher in den Verdacht des Plagiats geriet.
Am Ende des Briefes steht eine Übersicht über die mittels des soeben ent-
deckten Prinzips von der Erhaltung der Energie gemachten Entdeckungen
auf dem Gebiet der Physik, ferner ist als Beispiel für die Behandlung inverser
Tangentenaufgaben die Kennzeichnung der Kurven konstanter Subtangente
erwähnt. Wenige Tage später schrieb auch Tschirnhaus, der vor allem

bestätigte, daß die Leibnizsche Kreisreihe unter den empfangenen Ergebnissen nicht enthalten sei. Er halte die ganze Reihenlehre nur für eine akzidentielle Methode, in Wahrheit sei jede Größe durch Radikale oder Radikalausdrücke darstellbar. Anschließend folgen algebraische Einzelheiten von geringerer Bedeutung.

Die empfangenen Briefe gingen in Auszügen an Wallis und Newton. Wallis berichtigte vor allem die von Collins bei der Abschrift des Tschirnhaus-Briefes begangenen Lesefehler und äußerte sich zustimmend über Leibniz' Brief, wenn auch zugestanden werden müsse, daß die Kreisreihe sehr schlecht konvergiere und die übermittelte Identität $\sqrt{1 + \sqrt{-3}} + \sqrt{1 - \sqrt{-3}} = \sqrt{6}$ nicht befriedigen könne; bei der Wichtigkeit der verhandelten Gegenstände möchte er wünschen, daß die empfangenen Schriftstücke möglichst bald gedruckt würden. Newton zögerte seine Antwort ungebührlich hinaus. Er glaubte, Leibniz habe seinen Brief nicht spontan, sondern erst nach wochenlangem Studium seines eigenen niedergeschrieben und war davon überzeugt, einen Plagiator vor sich zu haben. Daher wollte er einen möglichst unangreifbaren Bericht geben, der Oldenburgs Wünschen Rechnung tragen, aber ihm selbst die Fortsetzung der Diskussion ersparen würde. Einleitend schildert er das Zustandekommen seiner ersten Entdeckungen auf dem Gebiet der Reihenlehre, teilt umfassende Einzelsätze aus seinen Quadraturmethoden mit und gibt eine herbe Kritik der von Leibniz übermittelten Ergebnisse: Die Reihe für die arithmetische Kreisquadratur sei wegen ihrer schlechten Konvergenz praktisch fast wertlos; erst durch wesentliche Umgestaltung und im Zusammenhang mit ähnlichen Entwicklungen Newtons lasse sie sich rechnerisch brauchbar machen. Im übrigen seien die von Newton angedeuteten Ergebnisse (worunter die Entwicklung der Zweige einer algebraischen Funktion unter Verwendung des Parallelogramms) nichts anderes als spezielle Beispiele allgemeiner Methoden, die hinter unlösbaren Anagrammen verborgen werden. Newton könne alle Quadraturen typisieren und — soweit sie nicht in geschlossener Form gegeben werden können — entwickeln; ähnlich stehe es mit den inversen Tangentenaufgaben; als Beispiel wird die Traktrix erwähnt. Die in den Anagrammen gemeinte Methode ist die allgemeine der Fluxionen und Fluenten in Verbindung mit den Potenzreihenentwicklungen.

Da Tschirnhaus von seiner demnächst vorgesehenen Abreise nach Italien geschrieben und sich erboten hatte, Aufträge für Collins mitzubesorgen, konnte Newtons Antwort nicht abgewartet werden. Collins bestätigte, daß sich die Leibniz-Reihe nicht unter den von den Engländern empfangenen Ergebnissen befand, ging auf die von Tschirnhaus erhaltenen algebraischen Einzelheiten ein und fügte einiges über die näherungsweise Auflösung von Gleichungen bei. Leibniz hat die von Oldenburg zurückbehaltene Kopie dieses Briefes eingesehen und sich die Anerkenntnis seiner Originalität als besonders wichtig notiert. Gegen Ende Oktober hielt er sich auf der Rückreise nach Deutschland für einige Tage in London auf, übergab dortselbst einige der versprochenen algebraischen Ms. und führte bei Oldenburg seine Rechenmaschine vor. Mit Collins, der gerade infolge einer Blutvergiftung in sehr schlechter Verfassung war, unterhielt er sich über spezielle Fragen der Zinseszinsrechnung und der Methoden zur Gleichungserniedrigung und Gleichungslösung, über verschiedene in England übliche Ansätze zur Kreisberechnung und über Infinitesimalprobleme. Collins erhielt ferner die Abschrift eines Briefes an Périer über die Durchsicht der nach Leibniz' Ansicht druckfertigen *Conica* Pascals. Leibniz wußte das ihm ursprünglich von Collins entgegengebrachte zweifelnde Mißtrauen so geschickt zu zerstreuen, daß ihm nicht nur in die *Histoirola* und Newtons *Analysis*, sondern darüber hinaus auch in weitere Papiere Gregorys und Newtons Einsicht gewährt wurde. Aus Gregory hat er sich viel auf die Methoden zur Gleichungslösung Bezügliches notiert, ferner alles zur Reihenlehre und zur Interpolationstheorie Gehörige, aus der *Analysis* die einzelnen dortselbst gegebenen Reihen nebst den allgemeinen methodischen Anweisungen und vor allem den Beweis. An den bei Gregory und Newton dargebotenen infinitesimalen Einzelheiten ist er achtlos vorübergegangen.

Was, so fragen wir uns abschließend, hat Leibniz zur Anfertigung dieser Auszüge veranlaßt? Auch er hatte eine Reihenmethode, nämlich die (von ihm für allgemein gehaltene) auf Grund vorhergehender rationalisierender Integraltransformation, gekoppelt mit seinem Verfahren der schrittweisen Potenzentwicklung aus einer Integralbeziehung. Warum setzte er sich in dieser Weise dem Verdacht aus, raubgierig nach den geistigen Früchten anderer gegriffen zu haben, um sie sich selbst anzueignen? Handelte es sich doch keineswegs um Publikationen, sondern um Ms., die Collins zu treuen Händen übergeben und von diesem sorglich zurückgehalten worden waren. Daß sich Collins dazu bereit gefunden hatte, Einsicht zu gewähren, konnte an sich schon als ein schwerer Vertrauensbruch angesehen werden, und die Existenz dieser Auszüge droht den von Newton erhobenen Plagiatsvorwurf vollauf zu bestätigen: sie wären ein Beweisstück gewesen, gewichtiger als alle andern im ganzen *CE* zusammengenommen.

Diese Argumentation wäre richtig, wenn Leibniz sich der von ihm gemachten Auszüge auch nur im geringsten mißbräuchlich bedient hätte. Dies ist aber keineswegs geschehen; vielmehr lesen wir immer und immer wieder das Zugeständnis, Leibniz habe von den Engländern hinsichtlich der Reihenlehre sehr viel gelernt, und dies entspricht vollauf den Tatsachen. Er wünschte, die von den Engländern eingeschlagenen Entwicklungsmethoden ganz genau studieren zu können, um sie mit seinen eigenen zu vergleichen und ihre gegenseitige Tragweite abzuschätzen. Hinsichtlich Gregorys fand er überhaupt nur Einzelheiten, keinerlei methodische Anweisungen; daher tappte er völlig im Dunkeln. Welches die Methode des genialen Schotten war, hat sich ja erst jüngst nach Wiederauffindung eines wichtigen Teils seiner Papiere herausgestellt. Hinsichtlich Newtons konnte Leibniz bei sorgfältiger Nacharbeit alles entscheidende aus dem im ersten Brief Übermittelten entnehmen. Er hat durch die gemachten Auszüge nichts Wesentliches gelernt, was er nicht schon früher gewußt hätte. *Somit liegt trotz dieser Exzerpte der Tatbestand des Plagiats nicht vor.*

Es verbleibt jedoch der Verdacht, daß es sozusagen wider Willen zu keinem
Plagiat gekommen sei, daß aber die Absicht bestanden hatte, sich das Wissen
Newtons und Gregorys widerrechtlich anzueignen. Demgegenüber muß darauf
hingewiesen werden, daß sich das nämliche auch von den Auszügen aus den
Papieren von Pascal, Descartes, Roberval und vielen andern hätte sagen lassen.
Es drehte sich keineswegs um die Absicht, Plagiat zu verüben, sondern um die
interessierte Einsichtnahme in Ms., die zur Publikation vorgesehen, aber noch
nicht veröffentlicht waren. Sowohl die *Historiola* wie auch die *Analysis* waren
für den Druck bestimmt; und weil Collins hoffte, sie demnächst herauszubringen, nur deshalb ließ er es zu, daß sie eingesehen wurden. Das von ihm
geübte Verfahren gleicht jenem, daß er ein im Druck befindliches Werk schon
vor der endgültigen Ausgabe bogenweise an seine Freunde sandte, wie etwa die
Algebra Kerseys. Was den von Leibniz eingesehenen Brief Newtons über seine
logarithmische Vorbereitungsmethode zur Gleichungslösung betrifft, so handelt
es sich um eine durchaus unverfängliche Einzelheit, die Collins ganz unabsicht-
lich so dargestellt hatte, daß Leibniz den Kerngedanken nicht verstanden
hatte. Und bei der von Collins auch sonst geübten Vorsicht ist es höchst unwahrscheinlich, daß Leibniz noch weitere *Newtoniana* in der Hand gehabt hat.
Nur hinsichtlich der nicht in der *Historiola* enthaltenen Briefe Gregorys lag die
Sache anders; hier handelte es sich jedoch nach Collins' Meinung um Gegenstände, die nicht zur Publikation geeignet waren, über die er aber gemäß der
ausdrücklich von Gregory erteilten Vollmacht frei verfügen konnte. *Von einem
Vertrauensbruch durch Collins kann also keine Rede sein, ebensowenig von einer
mißbräuchlichen Benutzung durch Leibniz.* Fatal wurde die Sache erst dadurch,
daß sich der vorgesehene Druck immer länger hinauszögerte — die *Historiola*
ist bis heute noch nicht herausgegeben! Aber das war nun wiederum nicht die
Schuld von Leibniz.

Der Plagiatsvorwurf bezieht sich überdies überhaupt nicht auf die Reihenlehre,
die den Engländern niemals streitig gemacht worden ist, sondern einzig und
allein auf die infinitesimalen Methoden, die zum Calculus führen. Daß Leibniz
hier völlig unbeeinflußt aus sich heraus den entscheidenden Gesichtspunkt
gewonnen hatte, steht außer jedem Zweifel. Daß er gerade die infinitesimalen
Teile der eingesehenen Papiere nicht mit ausgezogen hat, bestätigt nur, was
wir bereits wissen, daß er nämlich auf diesem Gebiet von anderen nicht auf
neue Gesichtspunkte hoffte.

Für Leibniz ging es bei Anfertigung dieser und vieler anderer Auszüge um
etwas ganz anderes. Seine bisherige Methode war es gewesen, fremde Ergebnisse auf ihren Allgemeingehalt hin zu untersuchen, ihr Wesen zu durchdringen
und in sich aufzunehmen und aus dem Empfangenen die für ihn methodisch
wertvollen Gesichtspunkte zu entnehmen. Wer je einmal seine scharf umrisse-
nen Berichte über den Inhalt des von ihm Gelesenen gesehen und durchgedacht
hat, der weiß, um was es sich handelt: um die große psychologische Leidenschaft, die das Denken des Einzelnen zum Gegenstand der Betrachtung macht
und das Typische in der Auffassung, Komposition und Darstellung herausheben
will. Ins Mathematische gewendet: Es geht nicht darum, den vollen Wortlaut

des Originals nebst seiner Zeitbedingtheit zu geben, sondern um die kennzeichnende Idee, die in voller Reinheit dargestellt werden soll. In diesem Sinne ist
Leibniz, der mit unwiderstehlicher Leidenschaft alles ihm nur irgendwie zugängliche Wissen in sich eingesaugt und in neuer großartiger Synthese zu-
sammengeschaut hat, der erste wahre Wissenschaftshistoriker, den wir kennen.
Ihm selbst ist die Methode abgelauscht, die in der vorliegenden Darstellung
zur Anwendung gebracht wurde: nämlich aus der möglichst sinngetreuen Dar-
bietung aller wesentlichen Einzelheiten und Zusammenhänge das Werden und
Entstehen der Kerngedanken, ihr Gefüge, ihre Wirksamkeit und ihre Ziel-
setzung kenntlich zu machen — ein mühevolles Unterfangen, weil es nicht
angeht, sich nur auf die groben und allzusehr schematisierten Hauptlinien zu
beschränken, aber lohnend für jeden, der bereit ist, liebevoll auch auf Kleinigkeiten und ihre Bedeutung zu achten.

22. CHRONOLOGISCHES VERZEICHNIS DER BENUTZTEN BRIEFE

Vorbemerkung

Das chronologische Verzeichnis der angezogenen Briefe usw. ist nach dem *Gregorianischen* Kalender geordnet, auf den sich auch die sämtlichen im Text und in den Fußnoten gemachten Angaben beziehen. Hier soll der Leser Auskunft über das Datum, den Absender und Empfänger, den Absendeort, die von mir benutzte Quelle und die Erwähnung im vorliegenden Werk erhalten.

Das Datum wird links oben *gregorianisch* gegeben, unter der Angabe des Absenders und Empfängers erscheint die Originaldatierung, und zwar entweder *gregorianisch* oder *julianisch* (römische Datierungen sind sogleich umgerechnet). Ist das Datum *julianisch*, so wird das zugehörige *gregorianische* Datum in runden Klammern beigefügt. Da sich die vorliegenden Stücke größtenteils auf das 17. Jahrhundert beziehen, ist die 16 der vollen Jahreszahl weggelassen, sofern diese nicht für sich allein steht; also z. B. 7. (17.) V. 74 oder 26. VII. (5. VIII.) 76 oder 29. XII. 70 (8. I. 71). Gelegentlich gibt ein Absender sowohl die *julianische* wie auch die *gregorianische* Datierung an: alsdann erscheint das *gregorianische* Datum hinter einem Schrägstrich, z. B. 7./17. V. 74. Weiterhin ist zu beachten, daß das Jahr damals in England nicht mit dem 1. Januar, sondern mit dem 25. März begann. Daher gibt ein englischer Absender gelegentlich das Jahr in *englischer* und in *gregorianischer* Form. In diesem Falle erscheint die Jahreszahl in Schrägbruchform, also z. B. 29. I. (8. II.) 73/74. Ist ein Stück nur mangelhaft datiert, so wird nur das wirklich gegebene Datum mitgeteilt. Der Absendeort wird in der heutigen und nicht in der alten, häufig latinisierten Bezeichnung wiedergegeben.

Noch nicht veröffentlichte Stücke, deren Fundort bekannt ist, werden unter Angabe des Fundortes behandelt wie die veröffentlichten; bei noch nicht veröffentlichten Stücken unbekannten Fundortes wird unter Vorsetzen eines Verweisungspfeiles die Stelle angegeben, aus der das Vorhandensein des Stückes erschlossen wurde. Fehlt diese Angabe, so bezieht sich die Erschließung des Stückes entweder auf einen handschriftlichen Vermerk, der in einer der Anmerkungen steht, oder auf den Zusammenhang. Bei öfter abgedruckten Stücken wird nach der seinerzeit zugänglichen und der heute als zuverlässigst anzusehenden oder am leichtesten zugänglichen Form zitiert; Vollständigkeit in der Aufzählung derartiger Drucke ist nicht angestrebt. Bei den Leibniz-Stücken, worin durch Rückgang auf die Handschriften entscheidende Textergänzungen vorgenommen wurden, ist auch der Fundort der Handschriften und der für die maßgeblichen Drucke verwendeten Abschriften mitgeteilt; als Stücke im Sinne der nachfolgenden Aufzählungen sind Briefe, Veröffentlichungen in den *PT*, im *JS* und den *AE*, ferner Berichte über die Sitzungen der *Ac. sc.* und RS anzusehen. Die Originalaufzeichnungen von Leibniz sind gesondert aufgeführt.

Verzeichnis der verwendeten Abkürzungen

A. Für Quellenwerke und Zeitschriften

AE = *Acta eruditorum*

BH = Th. Birch, *History of the Royal Society of London* II, III, London
1756, 57

Cat. crit. 2 = *Catalogue critique des manus rits de Leibniz* II, ed. A. Rivaud,
Poitiers 1914—1924

CE = *Commericum epistolicum J. Collins et aliorum de analysi promota*,
London 1712 (1713). Die späteren Ausgaben 1722 bzw. 1725 und
ed. J.-B. Biot-Fr. Lefort, Paris 1856 werden unter Zusatz dieser
Jahreszahlen zitiert

CR = *Correspondence of scientific men of the XVII*[th] *century*, ed. St. J. Ri-
gaud, Oxford 1841, 2 Bände

DC = R. Descartes, *Lettres* ed. Cl. Clerselier, Paris 1657—1667, 3 Bände

DO = R. Descartes, *Œuvres*, ed. Ch. Adam-P. Tannery, Paris 1897
bis 1910, 12 Bände

FO = P. de Fermat, *Œuvres*, ed. P. Tannery-Chr. Henry-C. de Waard,
Paris 1891—1922, 5 Bände

GT = J. Gregory, *Tercentenary Memorial Volume*, ed. H. W. Turnbull,
London 1939

HO = Chr. Huygens, *Œuvres complètes*, La Haye 1888—1944, bisher
21 Bände

JS = *Journal des Sçavans*

LBG = G. W. Leibniz, *Der Briefwechsel mit Mathematikern*, ed. C. I. Gerhardt, Berlin 1899 (I. = einziger Band)

LD = G. W. Leibniz, *Opera omnia*, ed. L. Dutens, Genf 1768, 6 Bände

LMG = G. W. Leibniz, *Mathematische Schriften*, ed. C. I. Gerhardt, Berlin-
Halle 1849—1863, 7 Bände

LPG = G. W. Leibniz, *Die philosophischen Schriften*, ed. C. I. Gerhardt,
Berlin 1875—1890, 7 Bände

LW = G. W. Leibniz, *Sämtliche Schriften und Briefe*, ed. Preuß. Akad. d.
Wiss. Berlin, Darmstadt-Leipzig seit 1924, bisher 6 Bände

NE = *Correspondence of I. Newton and R. Cotes*, ed. J. Edleston, London
1850

NH = I. Newton, *Opera quae exstant omnia*, ed. S. Horsley, London
1779—1785, 5 Bände

PO = Bl. Pascal, *Œuvres* ed. L. Brunschvicg-P. Boutroux, Paris
1904—1914, 14 Bände

PT = *Philosophical Transactions*

SL = C. Le Paige, *Correspondance de R. Fr. de Sluse*, Bolletino di biblio-
grafia di storia delle scienze matematiche e fisiche *17*, Rom 1884

SO = B. de Spinoza, *Opera quotquot reperta sunt* ed. J. van Vloten-
J. P. N. Land, d. Haag 1895, 3 Bände

TO = E. Torricelli, *Opere* ed. G. Loria-G. Vassura, Faenza 1919/44, 4 Bände

WO = J. Wallis, *Opera mathematica*, Oxford 1693—1699, 3 Bände

B. Für Handschriften

BrM = *London, British Museum*
CP = *Catalogue of the Portsmouth Collection*, Cambridge 1888
CU = *Cambridge, University Library*
LH = *Leibniz-Handschriften der Bibliothek Hannover*
LBr = *Leibniz-Briefe der Bibliothek Hannover*
RS = *London, Royal Society*
RS Lb = *London, Royal Society, Letterbook.*

In den nun folgenden Zusammenstellungen sind Rückverweise auf Seitenzahlen durch ein vorgesetztes S., Rückverweise auf Fußnotenzahlen durch ein vorgesetztes F. gegeben.

1638

18? I.	**Descartes-Mersenne** F. 656	*DC* III, Nr. 56; *DO* I, S. 486/93
29. VI.	**Descartes-Mersenne** F. 671	*DC* III, Nr. 62; *DO* I, S. 174/96
13. VII.	**Descartes-Mersenne** F. 671	*DC* II, Nr. 89; *DO* I, S. 197/221
IX	**Debeaune-Descartes** F. 780	→*DO* II, S. 514/19
12. IX.	**Descartes-Mersenne** F. 161	*DC* I, Nr. 74; *DO* II, S. 352/62

1639

20. II.	**Descartes-Debeaune** F. 779	*DC* III, Nr. 71; *DO* II, S. 510/19

1640

1. II.	**Descartes-Wassenaer** F. 375	*DO* III, S. 21/33
6. VIII.	**Descartes-Mersenne** Leiden, 6. VIII. 40 F. 375	*DC* II, Nr. 41; *DO* III, S. 142/49

1641

17. XII.	**Cavalieri-Torricelli** Bologna, 17. XII. 41 F. 637	*TO* III, S. 65/66

1643

VI ?	**Torricelli-Nicéron?** F. 637	*TO* III, S. 124/30

1644

27. VIII.	**Torricelli-Ricci** Florenz, 27. VIII. 44 F. 635	*TO* III, S. 222/23
10. IX.	**Ricci-Torricelli** Rom, 10. IX. 44 F. 635	*TO* III, S. 225/26

1645

17. I.	**Torricelli-Ricci** Florenz, 17. I. 45 F. 162/63	*Archeion* 14, 1932, S. 12/14 *Revue scientifique* 31, 1933, S. 33/38

1645

28. I.	**Ricci-Torricelli** Rom, 28. I. 45 F. 163, 634	*TO* III, S. 258/61
I	**Torricelli für Mersenne** F. 163	*TO* III, S. 262/65
Anfang II	**Torricelli-Carcavy** F. 163	*TO* III, S. 279/81
4. II.	**Mersenne-Torricelli** Rom, 4. II. 45 F. 162, 164, 634	*TO* III, S. 268/70
6. II.	**Torricelli-Ricci** Florenz, 6. II. 45 F. 636, 638	*TO* III, S. 271/72
VI?	**Descartes-x** F. 779	*CD* III, Nr. 79; *DO* IV, S. 227/31

1646

17. III.	**Torricelli-Ricci** Florenz, 17. III. 46 F. 163	*TO* III, S. 360/62
7. IV.	**Torricelli-Ricci** Florenz, 7. IV. 46 F. 166	*TO* III, S. 368/69
28. IV.	**Torricelli-Cavalieri** Florenz, 21. u. 28. IV. 46 F. 638	*TO* III, S. 370/73
5. V.	**Torricelli-Cavalieri** Florenz, 5. V. 41 F. 638	*TO* III, S. 373/74
28. V.	**Torricelli-Ricci** Florenz, 28. V. 46 F. 638	*TO* III, S. 375/78
7. VII.	**Torricelli-Mersenne** F. 638	*TO* III, S. 402/05
7. VII.	**Torricelli-Roberval** Florenz, 7. VII. 46 F. 163, 167, 638	*TO* III, S. 381/92

1 6 4 6		
8. VII.	**Torricelli-Carcavy** Florenz, 8. VII. 46 F. 167, 638	*TO* III, S, 405/07
26. VIII.	**Mersenne-Torricelli** Rom, 26. VIII. 46 F. 165	*TO* III, S. 410/12
Ende	**Fermat-Torricelli** F. 639	→*FO* II, S. 338
1 6 4 7		
15. VIII.	**Torricelli-Cavalieri** Florenz, 15. VIII. 47 F. 163	*TO* III, S. 466/71
24. VIII.	**Torricelli-Ricci** Florenz, 24. VIII. 47 F. 167	*TO* III, S. 473/75
31. VIII.	**Torricelli-Cavalieri** Florenz, 31. VIII. 47 F. 167	*TO* III, S. 475/77
Spätherbst	**Roberval-Torricelli** F. 85	*TO* III, S. 485/508
1 6 5 0		
IX	**Huygens-Schooten** F. 170	*HO* I, S. 133/35
1 6 5 2		
Herbst	**Wallis-Schooten** F. 804	→*HO* I, S. 208/10
1 6 5 4		
29. VII.	**Pascal-Fermat** F. 70	*FO* II, S. 290/98
1 6 5 6		
15. III.	**Huygens-Wallis** 15. III. 56 F. 171	*HO* I, S. 392
III	**Huygens-Roberval** F. 327	*HO* I, S. 395/96
1. VI.	**Huygens-Mylon** F. 358	*HO* I, S. 426/27
23. VI.	**Mylon-Huygens** Paris, 23. VI. 36 F. 172	*HO* I, S. 438/40
6. VII.	**Huygens-Mylon** 6. VII. 56 F. 172	*HO* I, S. 448/49
6. VII.	**Roberval-Huygens** Paris, 6. VII. 56 F. 327	*HO* I, S. 449/52
20. VII.	**Huygens-Roberval** d. Haag, 20. VII. 56 F. 327	*HO* I, S. 457/58
25. VII.	**Huygens-Schooten** F. 327	*HO* I, S. 460/61
27. VII.	**Huygens-Roberval** F. 327	*HO* I, S. 464/66
22. VIII.	**Wallis-Huygens** Oxford, 12. (22.) VIII. 56 F. 80	*HO* I, S. 476/80

1 6 5 6		
VIII	**Huygens-Roberval** F. 327	*HO* I, S. 485/86
20. XI.	**Schooten-Huygens** Leiden, 20. XI. 56 F. 65	*HO* I, S. 512/13
XI	**Mylon-Schooten** F. 173	→*HO* I, S. 524
6. XII.	**Huygens-Schooten** F. 174, 327	*HO* I, S. 519/24
12. XII.	**Schooten-Huygens** Leiden, 12. XII. 56 F. 327	*HO* I, S. 526/27
1 6 5 7		
14. VII.	**Hudde-Schooten** Amsterdam, 14. VII. 57 S. 22, 23, 29, 90, 103/05, 134	*Descartes, Geometria* 1659, S. 407/506
15. VIII.	**Fermat-Digby** Castres, 15. VIII. 57 F. 67	*FO* II, S. 342/46
15. VIII.	**Fermat für Digby** F. 805	*Wallis, Commercium epistolicum* Nr. 13; *FO* II, S. 347/53
13. X.	**Brouncker-Wallis** 3. (13.) X. 57 F. 68	*Wallis, Commercium epistolicum* Nr. 10; *WO* II, S. 768/69
2. XI.	**Huygens-Sluse** 2. XI. 57 F. 176	*HO* II, S. 79/80
Mitte XI	**Sluse-Huygens** F. 176	*HO* II, S. 86/88
23. XI.	**Huygens-Schooten** d. Haag, 23. XI. 57 F. 176	*HO* II, S. 89/91
1. XII.	**Wallis-Digby** Oxford, 21. XI. (1. XII.) 57 F. 145, 805	*Wallis, Commercium epistolicum* Nr. 16; *WO* II, S. 777/86
11. XII.	**Schooten-Huygens** Leiden, 11. XII. 57 F. 176	*HO* II, S. 94/95
20. XII.	**Huygens-Sluse** 20. XII. 57 F. 176	*HO* II, S. 104
22. XII.	**Schooten-Huygens** Leiden, 22. XII. 57 F. 179	*HO* II, S. 105
24. XII.	**Sluse-Huygens** Lüttich, 24. XII. 57 F. 176	*HO* II, S. 106/07
28. XII.	**Huygens-Schooten** d. Haag, 28. XII. 57 F. 176/77	*HO* II, S. 110/13
1 6 5 8		
3. I.	**Huygens-Sluse** I 58 F. 176	*HO* II, S. 114/16
18. I.	**Heuract für Schooten** 18. I. 58 F. 79	*HO* II, S 131

1 6 5 8

26. I. **Hudde-Schooten** **Descartes,** *Geometria*
Amsterdam, 26. I. 58 1659, S. 507/16
S. 22/28, 23, 103/05

20? II. **Frenicle-Digby** **Wallis,** *Commercium*
F. 68 *epistolicum* Nr. 26;
FO III, S. 530/35

24. II. 58 **Heuraet-Huygens** *HO* II, S. 138/39
Leiden, 24. II. 58
F. 178

4. III. **Sluse-Huygens** *HO* II, S. 144/45
Lüttich, 4. III. 58
F. 118

14. III. **Sluse-Huygens** *HO* II, S. 150/52
14. III. 58
F. 119

5. IV. **Huygens-Sluse** *HO* II, S. 163
5. IV. 58
F. 121

28. V. **Huygens-Sluse** *HO* II, S. 178/80
Amsterdam, 28. V. 58
F. 121

Anfang **Fermat-Digby** **Wallis,** *Commercium*
VI F. 355 *epistolicum* Nr. 47;
FO II, S. 402/08

30. VI. **Wallis-Digby** **Wallis,** *Commercium*
Oxford, *epistolicum,* Nr. 44;
20. (30.) VI. 58 *WO* II, S. 855/56
F. 683

VI **Pascal** *PO* VII, S. 343/47 u.
Preisausschreiben *PO* VIII, S. 17/19
betreffs der Zykloide
S. 32, 34. 65

6. IX. **Huygens-Wallis** *HO* II, S. 210/14
6. IX. 58
F. 122, 358

19. IX. **Schooten-Huygens** *HO* II, S. 221/22
Leiden, 19. IX. 58
F. 360

4. X. **Huygens-Schooten** *HO* II, S. 235/36
d. Haag, 4. X. 58
F. 359

11. X. **Sluse-Huygens** *HO* II, S. 248/49
Lüttich, 11. X. 58
F. 147

1 6 5 9

1. I. **Wallis-Huygens** *HO* II, S. 296/308
Oxford, 22. XII. 58
(1. I. 59)
F. 123

6. I. **Pascal-Huygens** *HO* II, S. 309/10
Paris, 6. I. 59
F. 183

13. I. **Heuraet-Schooten** **Descartes,** *Geometria*
Saumur, 13. I. 59 1659, S. 517/20
S. 29, 64, 66, 68, 69;
F. 180

14. I. **Huygens-Sluse** *HO* II, S. 312/13
14. I.
F. 185

16. I. **Huygens-Carcavy** *HO* II, S. 315/17
16. I 58 (!)
F. 186/87

1 6 5 9

31. I. **Huygens-Wallis** *HO* II, S. 329/31
31. I. 59
F. 125

31. I. **Mylon-Huygens** *HO* II, S. 332/35
Paris, 31. I. 59
F. 188, 191

7. II. **Huygens-Schooten** *HO* II, S. 343/45
7. II. 59
F. 187

13. II. **Schooten-Huygens** *HO* II, S. 352/54
Leiden, 13. II. 59
F. 189

28. II. **Wallis-Huygens** *HO* II, S. 357/60
Oxford, 18. (28.) II. 58/59
F. 124

Mitte V **Huygens-Pascal** →*HO* II, S. 412
F. 193

Anfang **Huygens-Sluse** *HO* II, S. 417/18
VI F. 193

10? VII. **Huygens-Sluse** *HO* II, S. 435/36
F. 187

Anfang **Fermat-Carcavy** *HO* III, S. 458/62;
VIII **für Huygens** *FO* II, S. 431/36
F. 357

14. VIII. **Carcavy-Huygens** *HO* II, S. 456/58
Paris, 14. VIII. 59
F. 194

13. IX. **Carcavy-Huygens** *HO* II, S. 534/40
Paris, 13. IX. 59 befördert 26.XII.59
F. 195

22. IX. **Bellair-Huygens** *HO* II, S. 486/87
22. IX. 59
F. 194

30. X. **Huygens-Gregorius** *HO* II, S. 500/02
a S. Vincentio
F. 187

21. XI. **Hudde-Schooten** *Journ. liter. de la Haye*
21. XI. 59 VII/VIII 1713;
F. 891 *CE* 1856, S. 272/74;
LBG S. 234/37

4. XII. **Wallis-Huygens** *HO* II, S. 518/21
Oxford, 24. XI. (4. XII.) 59
F. 190

1 6 6 0

26. II. **Huygens-Carcavy** *HO* III, S. 26/28
26. II. 60
F. 197

27. III. **Huygens-Carcavy** *HO* III, S. 56/57
27. III. 60
F. 128

31. III. **Huygens-Wallis** *HO* III, S. 58
31. III. 60
F. 127

Frühjahr **Fermat-Carcavy** *HO* III, S. 89/90
für Huygens
F. 169

25. VI. **Carcavy-Huygens** *HO* III, S. 85/87
Paris, 25. VI. 60
F. 169

10. IX. **Wallis-Huygens** *HO* III, S. 126/28
London, 31. VIII. (10. IX.) 60
F. 126

14*

1669

14. XII.   **Collins-Gregory**   *GT*, S. 75/76
           London, 4. (14.) XII. 69
           F. 968

1670

30. I.   Sitzung der **RS**   *BH* II, S. 415/16
           20. (30.) I. 69/70
           F. 940

6. II.   Sitzung der **RS**   *BH* II, S. 417
           27. I. (6. II.) 69/70
           F. 940

8. II.   **Gregory-Collins**   *CR* II, S. 190/94;
           St. Andrews,   *GT*, S. 78/82
           29. I. (8. II.) 70
           F. 659, 922

16. II.   **Newton-Collins**   *CR* II, S. 287/88
           Cambridge, 6. (16.) II. 69
           F. 394

II?   **Oldenburg-Siuse**   →*SL*, S. 165
           F. 968

Mitte III **Collins-Barrow**   →*CR* II, S. 22 und
           F. 968   *GT*, S. 88

3. IV.   **Collins-Gregory**   *GT*, S. 88/89
           London, 24. III. (3. IV.) 69/70
           F. 154, 272, 312, 719, 968, 981

4. IV.   *PT 5*, Nr. 57
           25. III. (4. IV.) 70
           F. 940

30. IV.   **Gregory-Collins**   *CE*, S. 22; *GT*, S.89/92
           St. Andrews, 20. (30.) IV. 70
           F. 313, 951, 968

30. IV.   **Gregory für Collins**   *GT*, S. 93/96
           F. 929, 955, 971

20. V.   **Collins-Gregory**   *GT*, S. 100/01
           10. (20.) V. 70
           F. 968

VI   **Collins**   *GT*, S. 113/17 und
           Narrative on Equations   142/46
           F. 397

14. VII.   **Oldenburg-Siuse**   →*SL*, S. 170
           4. (14.) VII. 70
           F. 968

25./26.   **Siuse-Oldenburg**   *SL*, S. 168/71
VII.   Lüttich, 25./26. VII. 70
           F. 968

15. IX.   **Gregory-Collins**   *CE*, S. 22;
           St. Andrews,   *GT*, S. 102/04;
           5. (15.) IX. 70   *CR* II, S. 203
           S. 184; F. 102, 311, 659, 722, 875, 923,
           938, 940, 969

30. IX.   **Oldenburg-Huygens**   *HO* VII, S. 38/39
           London, 20. (30.) IX. 70
           F. 109

15. X.   **Huygens-Oldenburg**   *HO* VII, S. 40/41
           d. Haag, 15. X. 70
           F. 109

31. X.   **Huygens-Oldenburg**   *HO* VII, S. 43/45
           d. Haag, 31. X. 70
           F. 109

11. XI.   **Collins-Gregory**   *GT*, S. 109/12
           1. (11.) XI. 70
           F. 384

1670

22. XI.   **Siuse-Oldenburg**   *SL* S. 174/79
           Lüttich, 22. XI. 70
           F. 654

3. XII.   **Gregory-Collins**   *CE*, S. 23;
           St. Andrews,   *GT*, S. 118/22;
           23. XI. (3. XII.) 70   *CR* II, S. 203/09
           S. 184; F. 34, 92, 156, 159, 297, 300, 301,
           310, 313, 653, 659, 669, 707, 724, 919, 924,
           939, 951

3. XII.   **Gregory für Collins**   *GT*, S. 123/37;
           S. 81, 183; F. 301,   *CR* II, S. 206/07
           311, 660, 723, 920,
           956, 969

20? XII.   **Barrow-Collins**   →*GT*, S. 147
           F. 925

29. XII.   **Gregory-Collins**   *CE*, S. 23;
           St. Andrews,   *GT*, S. 148/50;
           19. (29.) XII. 70   *CR* II, S. 212/15
           F. 307, 310, 313, 314, 720, 746, 931, 937

1671

3. I.   **Collins-Gregory**   *CE*, S. 24 und
           24. XII. 70 (3. I. 71)   *GT*, S. 153/59
           F. 305, 318, 380, 734, 740, 743, 747

31. I.   **Collins-Gregory**   *GT*, S. 165
           London, 21. (31.) I. 70/71
           F. 305

25. II.   **Gregory-Collins**   *CE*, S. 25/26;
           St. Andrews,   *GT*, S. 168/72
           15. (25.) II. 71
           S. 183; F. 159, 310, 315, 385, 718, 741, 743,
           763, 827, 882, 926, 934, 936, 943, 954, 958

2. IV.   Sitzung der **RS**   *BH* II, S. 475
           23. III. (2. IV.) 70/71
           F. 13

4. IV.   **Collins-Gregory**   *GT*, S. 178/81;
           25. III. (4. IV.) 71   *CR* II, S. 217/21
           F. 398, 484, 967

17. IV.   **Wallis-Oldenburg**   *PT* 4, Nr. 74 vom
           Oxford,   VIII 71, S. 2227/31
           7. (17.) IV. 71
           F. 14

21. V.   Sitzung der **RS**   *BH* II, S. 481
           11. (21.) V. 71
           F. 15

27. V.   **Gregory-Collins**   *CR* II, S. 223/29;
           St. Andrews,   *GT*, S. 187/91
           17. (27.) V. 71
           F. 308, 310, 386, 725, 742, 884, 914,
           935/37, 950, 958

4. VI.   Sitzung der **RS**   *BH* II, S. 482
           25. V. (4. VI.) 71
           F. 15

Mitte VI   **Wallis-Oldenburg**   →*LW* II, 1; S. 133
           F. 14

30. VII.   **Newton-Collins**   *CR* II, S. 308/11
           20. (30.) VII. 71
           F. 35

Anfang   **Oldenburg-Leibniz**   →*LW* II, 1; S. 142
VIII   F. 16

5. X.   **Leibniz-Spinoza**   *LW* II, 1
           Frankfurt, 5. X. 71
           F. 497

1671		
8. X.	Oldenburg-Leibniz London, 28. IX. (8. X.) 71 F. 17	→LW II, 1; S. 156/57
7. XI.	Huygens-Oldenburg Paris, 7. XI. 71 F. 654	HO VII, S. 115/17
9. XI.	Spinoza-Leibniz d. Heeg, 9. XI. 71 F. 497	LW II, 1
XI	Collins-Gregory F. 384	GT, S. 193/204; CR II, S. 195/201
27. XII.	Sluse-Oldenburg Lüttich, 27. XII. 71 F. 654	SL, S. 197/99
XII	Collins-Borelli F. 665	CE, S. 27

1672		
5. I.	Collins-Vernon London, 26. XII. 71 (5. I. 72) F. 662, 665	CE, S. 27/28
16. I.	Newton für Oldenburg F. 759, 860	PT 7, Nr. 81 vom 4. IV. 72, S. 4004/05
27. I.	Gregory-Collins St. Andrews, 17. (27.) I. 72 F. 387, 725/26, 942, 947, 950, 958	CR II, S. 229/31; GT, S. 210/12
16. II.	Newton-Oldenburg Cambridge, 6. (16.) II. 71/72 F. 758, 861	PT 6, Nr. 80 vom 29. II. 72, S. 3075/87; NH IV, S. 295/308
24. II.	Gregory-Collins St. Andrews, 14. (24.) II. 71/72 F. 406	CR II, S. 232/37; GT, S. 213/16
25. II.	Sitzung der RS 15. (25.) II. 71/72 F. 271	BH III, S. 10/15
25. II.	Wallis-Oldenburg Oxford, 15. (25.) II. 71/72 F. 104	PT 7, Nr. 81 vom 4. IV. 72, S. 4010/16; WO II, S. 398/402
29. II.	PT 6, Nr. 80 19. (29.) II. 72 F. 758, 862	
24. III.	Collins-Gregory London, 14. (24.) III. 71/72 F. 519	GT, S. 224/25
4. IV.	PT 7, Nr. 81 25. III. (4. IV.) 71/72 F. 104, 759	
5. IV.	Newton-Oldenburg 26. III. (5. IV.) 72 F. 759	PT 7, Nr. 82 vom 2. V. 72, S. 4032/34; NH IV, S. 275/77; NE, S. 243
9. IV.	Huygens-Oldenburg Paris, 9. IV. 72 F. 205, 654	PT 8, Nr. 98 vom 27. XI. 73, S. 6140/41; HO VII, S. 165/67
9. IV.	Newton-Oldenburg 30. III. (9. IV.) 72 F. 759	PT 7, Nr. 82 vom 2. V. 72, S. 4034/35; NH IV, S. 278/81; NE, S. 244/47

1672		
9. IV.	Pardies-Oldenburg Paris, 9. IV. 72 F. 758	PT 7, Nr. 84 vom 27. VI. 72, S. 4087/90
15? IV.	Moray für Newton F. 758	PT 7, Nr. 83 vom 30. V. 72, S. 4059/60
19. IV.	Gregory-Collins St. Andrews, 9. (19.) IV. 72 F. 652, 706, 709, 716, 950, 958	CR II, S. 237/39; GT, S. 226/28
19. IV.	Gregory für Dary F. 884, 932	CR II, S. 239; GT, S. 230
23. IV.	Newton-Oldenburg Cambridge, 13. (23.) IV. 72 F. 758	PT 7, Nr. 83 vom 30. V. 72, S. 4060/62; NH IV, S. 311/14; NE, S. 247/48
23. IV.	Newton-Oldenburg F. 758	PT 7, Nr. 84 vom 27. VI. 72, S. 4091/93; NH IV, S. 308/11
2. V.	PT 7, Nr. 82 22. IV. (2. V.) 72 F. 759	
14. V.	Newton-Oldenburg Cambridge, 4. (14.) V. 72 F. 759	PT 7, Nr. 83 vom 30. V. 72, S. 4057/59; NH IV, S. 281/83
21. V.	Pardies-Oldenburg Paris, 21. V. 72 F. 758	PT 7, Nr. 85 vom 25. VII. 72, S. 5012/13
25. V.	Sitzung der RS 15. (25.) V. 72 F. 271	BH III, S. 50
30. V.	PT 7, Nr. 83 20. (30.) V. 72 F. 758/59	
1. VI.	Sitzung der RS 22. V. (1. VI. 72) F. 271	BH III, S. 50
4. VI.	Newton-Collins Cambridge, 25. V. (4. VI.) 72 F. 274	CR II, S. 321/23
7. VI.	Collins-Gregory 28. V. (7. VI.) 72 F. 710, 802	GT, S. 231/35
8. VI.	Sluse-Oldenburg Lüttich, 8. VI. 72 F. 654	PT 8, Nr. 98 vom 27. XI. 73, S. 6141; SL, S. 185/86
10. VI.	Sluse-Oldenburg Lüttich, 10. VI. 72 F. 654	PT 8, Nr. 98 vom 27. XI. 73, S. 6141; SL, S. 185/86
21. VI.	Newton für Oldenburg F. 758	PT 7, Nr. 85 vom 28. VII. 72, S. 5014/18; NH IV, S. 314/19
21. VI.	Newton für Oldenburg F. 758	PT 7, Nr. 88 vom 28. XI. 72, S. 5084/103; NH IV, S. 322/42
22. VI.	Sluse-Oldenburg Lüttich, 22. VI. 72 F. 654	PT 8, Nr. 98 vom 27. XI. 73, S. 6141/42; SL, S. 187/89
27. VI.	PT 7, Nr. 84 17. (27.) VI. 72 F. 758	

1 6 7 2

1. VII. Huygens-Oldenburg *PT 8*, Nr. 98 vom
Paris, 1. VII. 72   27.XI.73, S. 6143/44;
F. 206, 654   *HO* VII, S. 185/87

9. VII. Pardies-Oldenburg *PT 7*, Nr. 85 vom
9. VII. 72   25. VII. 72, S. 5018
F. 758

12. VII. Oldenburg-Newton *CP* 6, I;
2. (12.) VII. 72   →*CR* II, S. 324
F. 206

16. VII. Newton-Oldenburg *PT 7*, Nr. 85 vom
Stoke,   25.VII. 72, S. 5004/07;
6. (16.) VII. 72   *NH* IV, S. 320/21;
F. 758   *CR* II, S. 325/29

18. VII. Newton-Oldenburg *CR* II, S. 329/30
8. (18.) VII. 72
F. 206

23. VII. Newton-Collins *CR* II, S. 331/32
Stoke, 13. (23.) VII. 72
F. 275

25. VII. *PT* 7, Nr. 85
15. (25.) VII. 72
F. 758

28. VII. Oldenburg-Huygens *HO* VII, S. 207/08
London, 18. (28.) VII. 72
F. 206

5. VIII. Collins-Strode *CE*, S. 28/29
26. VII. (5. VIII.) 72
F. 744, 878

9. VIII. Collins-Newton *CE*, S. 29
30. VII. (9. VIII.) 72
F. 320

29. VIII. *PT* 7, Nr. 86
19. (29.) VIII. 72
F. 63

30. VIII. Newton-Collins *CP* 6, II; Auszug
20. (30.) VIII. 72   (Leibniz): *LH* 35, VIII,
F. 417, 912   19, Bl. 2. Druck: Hof-
    mann, *Studien*, S. 80

30. VIII. Sluse-Oldenburg *PT 8*, Nr. 98 vom
Lüttich, 30. VIII. 72   27. XI. 73, S. 6145/46;
F. 654   *SL*, S. 189/91

27. IX. Huygens-Oldenburg *HO* VII, S. 228/29
Paris, 27. IX. 72
F. 206

4. X. Oldenburg-Newton *CP* 6, I;
24. IX. (4. X.) 72   →*CR* II, S. 338
F. 206

28. XI. *PT* 7, Nr. 88
18. (28.) XI. 72
F. 758

7. XII. Sitzung der **RS** *BH* III, S. 72/73
27. XI. (7. XII.) 72
F. 271

12. XII. *JS*
12. XII. 72
S. 13

Mitte Collins-Newton →*CR* II, S.338
XII F. 657

---

1 6 7 2

20. XII. Newton-Collins *CE*, S. 29/30 + *NH*
Cambridge,   IV, S. 283/89;
10. (20.) XII. 72   *CR* II, S. 338/47
S. 43, 138, 183;   „Tangentenbrief"
F. 100, 475, 658,
721, 753, 865, 869,
927

26. XII. Oldenburg-Sluse →*SL*, S. 203
16. (26.) XII. 72
F. 870

Ende Leibniz für Galloys eigh. Konzepte: *LH* 35,
1672 *Accessio ad arith-* III A, 32; Bl. 1/10.
meticam infini- Druck darnach:
torum *LW* II, 1; S. 222/29
S. 7/12, 47; F. 6, 10

1 6 7 3

5. I. Collins-Gregory *GT*, S. 248/49
26. XII. 72 (5.I.73)
F. 710

14. I. Huygens-Oldenburg *PT 8*, Nr. 96 vom
Paris, 14. I. 73   31.VII.73, S. 6086/87;
F. 12, 206, 758   *HO* VII, S. 242/44

17. I. Sluse-Oldenburg *PT 7*, Nr. 90 vom
Lüttich, 17. I. 73   30. I. 73, S. 5143/47;
F. 19, 96,   *SL*, S. 199/203;
863, 870   *CE* 1856, S. 193/95;
    LBG, S. 232

30. I. *PT* 7, Nr. 90
20. (30.) I. 72/73
F. 29, 66, 97

1. II. Sitzung der **RS** *BH* III, S. 72/73
22. I. (1.II.) 72/73
S. 14

8. II. Sitzung der **RS** *BH* III, S. 73/74
29. I. (8.II.) 72/73
S. 14; F. 98

8. II. Oldenburg-Sluse *CE*, S. 31;
29. I. (8. II.) 73   *LBG*, S. 232/33
F. 864, 869

9. II. Oldenburg-Leibniz eigh. Abf.: *LBr* 695,
30. I. (9. II.) 73   Bl. 15. Druck dar-
F. 20   nach: *LBG*, S. 73/74

10 ? II. Zusammenkunft →*LBG*, S. 72
Leibniz, Oldenburg
Morland
S. 14; F. 21

12. II. Leibniz bei Boyle →*LBG*, S. 74/76
S. 15

13. II. Leibniz für die RS eigh. Ausf.: *RS MS* 81
London,   Art. 18; Nr. 30
3. (13.) II. 73   Abschr.: *RS Lb* VI,
S. 15/16;   S. 35/40
F. 23   Druck nach d. Abschr.:
    CE, S. 32/37 und
    LBG, S. 74/78

15. II. Sitzung der **RS** *BH* III, S. 75/76
5. (15.) II. 72/73
S. 16/17

19. II. Oldenburg-Huygens *HO* VII, S. 256/57
London, 9. (19.) 11. 73
F. 28, 74

19. II. Oldenburg-Leibniz eigh. Abf.: *LBr* 695,
9. (19.) II. 73   Bl. 16
F. 27   Druck nach d. Abf.:
    LBG, S. 74

1 6 7 3

20. II.	**Leibniz-RS** London, 10. (20.) II. 73 F. 25	eigh. Abf.: verschollen eigh. Konz.: *LBr* 695, Bl. 17 Abschr. nach d. Abf.: *RS Lb* VI, S. 34 Druck nach d. Konz.: *LBG*, S. 80
23? II.	**Leibniz-Briegel** F. 26	→*LW* I, 1; S. 323/25
Anfang III	**Oldenburg-Newton** F. 206	→*CR* II, S. 348
Anfang III	**Ozanam** für **Leibniz**, Nr. 1 F. 53	eigh. Ausf.: *LH* 35, XV, 5; Bl. 70
Anfang III	**Ozanam** für **Leibniz**, Nr. 2 F. 56	eigh. Ausf.: *LH* 35, XV, 5; Bl. 69
8. III.	**Leibniz-Briegel** F. 26	→*LW* I, 1; 323/25
8. III.	**Leibniz-Oldenburg** Paris, 8. III. 73 F. 18, 30, 44, 54, 57, 69	eigh. Abf.: *BrM,* *Misc. Ms.* 4294, Bl. 48 Abschr. d. Abf.: ver- schollen Druck nach d. Abschr.: *LBG*, S. 81/84
10. III.	**Leibniz-Schönborn** Paris, 10. III. 73 F. 26, 45	*LW* I, 1; S. 313/20
15. III.	Sitzung der *RS* 5. (15.) III. 72/73 S. 20	*BH* III, S. 77/78
16. III.	**Oldenburg-Leibniz** 6. (16.) III. 73 S. 21; F. 31	eigh. Abf.: verschollen eigh. Auszug: *BrM,* *Misc. Ms.* 4294, Bl. 48 Abschr. d. Auszugs: verschollen Druck nach d. Abschr.: *LBG*, S. 84
17. III.	**Briegel-Leibniz** London, 7. (17.) III. 73 F. 26	*LW* I, 1; S. 323/25
18. III.	**Newton-Oldenburg** Cambridge, 8. (18.) III. 72/73 F. 206	*CR* II, S. 348/49
23. III.	**Oldenburg-Newton** 13. (23.) III. 72/73 F. 206	→*CR* II, S. 348/49
24. III.	**Briegel-Leibniz** London, 14. (24.) III. 73 F. 26	*LW* I, 1; S. 326/28
26. III.	**Leibniz**-Herzog **Johann Friedrich** Paris, 26. III. 73 F. 45	*LW* I, 1; S. 487/90 und *LW* II, 1; S. 230/32
31. III.	**Leibniz-Schönborn** Paris, 31. III. 73 F. 26	*LW* I, 1; S. 329/32
Anfang IV	**Collins-Oldenburg** für **Leibniz** S. 18/19, 21/25; F. 32, 58	eigh. Abf.: verschollen eigh. Abschr.: *RS Lb* VI, S. 75/80
8. IV.	**Wallis-Collins** Oxford, 29. III. (8. IV.) 73 F. 362, 373, 412	*CR* II, S. 557/61

1 6 7 3

13. IV.	**Newton-Oldenburg** Cambridge, 3. (13.) IV. 73 F. 206, 758	*PT 8*, Nr. 97 vom 16. X. 73, S. 6108/11; *NH* IV, S. 349/52; *CR* II, S. 349/53
Mitte IV	**Schloer-Leibniz** F. 26	eigh. Abf.: *LBr* 870, Bl. 1
16. IV.	**Oldenburg-Leibniz** London, 6. (16.) IV. 73 S. 18/19, 21/25, 58/59, 78, 84, 191/92; F. 32, 58, 293, 323, 325, 341, 361, 395, 918	eigh. Abf.: *LBr* 695, Bl. 18/19 eigh. Ausz.: *BrM,* *Misc. Ms.* 4294, Bl. 48 Abschr. d. Abf.: *LBG*, S. 85/89 Druck nach d. Ausz.: *LBG*, S. 84
16. IV.	**Oldenburg-Leibniz** Nachschrift S. 21/25, 58/59, 78, 84, 191/92; F. 55, 59, 293	eigh. Abf.: *LBr* 695, Bl. 51 Druck nach d. Abf.: *LBG*, S. 239/40
16. IV.	**Oldenburg** für **Leibniz**. S. 21/25, 58/59, 78, 84, 191/92; F. 33, 60, 293, 361, 964	eigh. Ausf.: *LBr* 695, Bl. 72/73
17. IV.	**Oldenburg-Huygens** London, 7. (17.) IV. 73 F. 206	*HO* VII, S. 264
19. IV.	Sitzung der **RS** 9. (19.) IV. 73 F. 48	*BH* III, S. 82/83
20. IV.	**Oldenburg-Leibniz** London, 10. (20.) IV. 73 F. 49	eigh. Abf.: *LBr* 695, Bl. 20/21 eigh. Ausz.: *BrM,* *Misc. Ms.* 4294, Bl. 48 Druck nach d. Abf.: *LBG*, S. 89/90 Druck nach d. Ausz.: *LBG*, S. 84/85
20. IV.	**Schloer-Leibniz** F. 26	eigh. Abf.: *LBr* 870, Bl. 11
23. IV.	**Oldenburg-Sluse** 13. (23.) IV. 73 F. 869	→*SL*, S. 204
23. IV.	**Schloer-Leibniz** London, 13. (23.) IV. 73 F. 26	eigh. Abf.: *LBr* 870, Bl. 3/4
24. IV.	**Briegel-Leibniz** London, 14. (24.) IV. 73 F. 26	*LW* I, 1; S. 341/43
24. IV.	**Briegel-Schönborn** London, 14. (24.) IV. 73 F. 26	*Cat. crit.* 2, Nr. 416
24. IV.	**Oldenburg-Leibniz** 14. (24.) IV. 73 F. 49	eigh. Abf.: *LBr* 695 Bl. 22 Druck nach d. Abf.: *LBG*, S. 93
25. IV.	Herzog **Johann** **Friedrich-Leibniz** Hannover, 15. (25.) IV. 73 F. 73	*LW* I, 1; S. 490/91

1 6 7 3

Datum	Korrespondenz	Nachweis
26. IV.	**Leibniz-Oldenburg** Paris, 26. IV. 73 F. 37, 40, 44, 50, 108	eigh. Abf.: verschollen Abschr. *RS Lb* VI, S. 101/06 Druck nach d. Abschr.: *LBG*, S. 90/93
IV	**Leibniz-Fürstenberg** F. 45	*LW* I, 1; S. 345/47
3. V.	**Sluse-Oldenburg** Lüttich, 3. V. 73 F. 866, 871	*PT* 8, Nr. 95 vom 3. VII. 73, S. 6059; *SL*, S. 204/05; *CE* 1856, S. 195/96; *LBG*, S. 233/34
5? V.	**Briegel-Leibniz** F. 26	*LW* I, 1; S. 353/54
5. V.	**Schloer-Leibniz** 25. IV. (5. V.) F. 26	eigh. Abf.: *LBr* 870, Bl. 2
5. V.	**Schönborn-Leibniz** Waldthurn, 5.V.73 F. 71	*LW* I, 1; S. 347/49
17. V.	Sitzung der **RS** 7. (17.) V. 73 F. 46	*BH* III, S. 85/88
18. V.	**Oldenburg-Leibniz** London, 8. (18.) V. 73 F. 47, 51	eigh. Abf.: *LBr* 695, Bl. 23 Druck nach d. Abf.: *LBG*, S. 94
24. V.	**Leibniz-Oldenburg** Paris, 24. V. 73 F. 38, 40, 44, 78, 625	eigh. Abf.: verschollen Abschr. *RS Lb* VI, S. 115/17 Druck nach d. Abschr.: *LBG*, S. 95/97
1. VI.	**Leibniz-RS** Paris, 1. VI. 73 F. 52	eigh. Abf.: verschollen Abschr.: *RS Lb* VI, S. 137 Druck nach d. Abschr.: *LBG*, S. 99
5. VI.	**Oldenburg-Leibniz** London, 26. V. (5. VI.) 73 F. 39, 41, 43, 47	eigh. Abf.: verschollen Abschr.: *RS Lb* VI, S. 121/26 Druck nach d. Abschr.: *LBG*, S. 97/98
9. VI.	**Wallis-Huygens** London, 30. V. (9. VI.) 73 F. 181, 198	*HO* VII, S. 305/08
10. VI.	**Huygens-Oldenburg** Paris, 10. VI. 73 F. 206, 758	*HO* VII, S. 302/03 Teildr. in engl. Über- setzg. v. **Oldenburg**: *PT* 8, Nr. 97 vom 16. X. 73, S. 6112
14. VI.	**Oldenburg-Newton** 4. (14.) VI. 73 F. 206	*CP* 6, I
17. VI.	**Oldenburg-Newton** 7. (17.) VI. 73 F. 206	*CP* 6, I
24. VI.	**Huygens-Oldenburg** Paris, 24. VI. 73 F. 206	*HO* VII, S. 313/16
28. VI.	Sitzung der **RS** 13. (!) (28.) VI. 73 F. 872	*BH* III, S. 92

1 6 7 3

Datum	Korrespondenz	Nachweis
28. VI.	**Collins-Newton** 18. (28.) VI. 73 F. 872	engl.: *WO* III, S. 636; lat.: *WO* III, S. 617; *CE* 1856, S. 196; *LBG*, S. 243
VI	**Leibniz-Schloer** F. 26	→ Antwort: Schloer- Leibniz, 27. VII. 73
3. VII.	**Newton-Oldenburg** für Huygens Cambridge, 23. VI. (3. VII.) 73 F. 206, 207, 758, 873	*PT* 8, Nr. 96 vom 31.VII.73, S.6087/92; *CE*, S. 32/33; *HO* VII, S. 325/33; *NH* IV, S. 342/49; *NE*, S. 251/52
3. VII.	**Wallis-Oldenburg** 23. VI. (3. VII.) 73 F. 181	→ *HO* VII, S. 324/25
3. VII.	*PT* 8, Nr. 95 23. VI. (3. VII.) 73 F. 866	
7. VII.	**Oldenburg-Huygens** London, 27. VI. (7. VII.) 73 F. 206	*HO* VII, S. 320/25
10. VII.	**Huygens-Oldenburg** F. 206, 208	*HO* VII, S. 336/38
10. VII.	**Huygens-Wallis** Paris, 10. VII. 73 F. 199, 208	*HO* VII, S. 339/40
20. VII.	**Oldenburg-Sluse** 10. (20.) VII. 73 F. 873	*CE*, S. 32/33
27. VII.	**Schloer-Leibniz** 17. (27.) VII. F. 26	eigh. Abf.: *LBr* 870, Bl. 5/6
31. VII.	*PT* 8, Nr. 96 21. (31.) VII. 73 F. 758	
VII	**Schönborn-Leibniz** F. 26	*LW* I, 1; S. 360/61
5. VIII.	**Sluse-Oldenburg** Lüttich, 5. VIII.73 F. 874	*SL*, S. 205
14. VIII.	**Oldenburg-Huygens** London, 4. (14.) VIII. 73 F. 209	*HO* VII, S. 353/55
28. IX.	**Briegel-Schönborn** Köln, 28. IX. 73 F. 26	*Cat. crit.* 2, Nr. 584
14. X.	**Wallis-Oldenburg** Oxford, 4. (14.) X. 73 F. 181, 200	*PT* 8, Nr. 98 vom 27. XI. 73, S. 6146/49; *HO* VII, S. 340/43
16. X.	*PT* 8, Nr. 97 6. (16.) X. 73 F. 654, 758	
18. X.	**Brouncker-Oldenburg** London, 8. (18.) X. 73 F. 182, 201	*PT* 8, Nr. 98 vom 27. XI. 73, S. 6149/50; *HO* VII, S. 344/45
X	**Wren-Oldenburg** F. 182, 202	*PT* 8, Nr. 98 vom 27. XI. 73, S. 6150; *HO* VII, S. 345

1 6 7 3

13. XI. **Oldenburg-Huygens** *HO* VII, S. 360
London, 3. (13.) XI. 73
F. 210

27. XI. *PT 8*, Nr. 98
17. (27.) XI. 73
F. 203, 654

18. XII. **Oldenburg-Huygens** *HO* VII, S. 364/65
London, 8. (18.) XII. 73
F. 210

1 6 7 4

II **Leibniz-Lincker** *LW* I, 1; S. 498/99
F. 277

12. III. **Oldenburg-Huygens** *HO* VII, S. 379
London, 2. (12.) III. 74
F. 210

9. IV. **Oldenburg-Huygens** *HO* VII, S. 380
London, 30. III. (9. IV.) 74
F. 210

12. IV. **Gregory-Collins** *CR* II, S. 255/56;
St. Andrews, *GT*, S. 278/79
2. (12.) IV. 74
F. 949

15. V. **Huygens-Oldenburg** *PT 9*, Nr. 105 vom
Paris, 15. V. 74 30. VII. 74, S. 90;
F. 211 *HO* VII, S. 382/83

4. VI. **Oldenburg-Huygens** *HO* VII, S. 385/86
London, 25. V. (4. VI.) 74
F. 212

21. VI. **Oldenburg-Huygens** *HO* VII, S. 386/87
London, 11. (21.) VI. 74
F. 212

30. VI. **Newton-Collins** *CR* II, S. 362/65
Cambridge, 20. (30.) VI. 74
S. 739

7. VII. **Hautefeuille für** *HO* VII, S. 458/60
die Ac. sc.
F. 230

15. VII. **Leibniz-Oldenburg** eigh. Abf.: *RS MS* 81,
Paris, 15. VII. 74 Art. 19; Nr. 32
S. 46/47, 82, 114; Abschr. d. Abf.:
F. 112, 142, 449/50, *RS Lb* VII, S. 93/94
525 Druck nach d. Abschr.:
WO III, S. 617/18
Teildruck nach *WO*
III: *CE*, S. 37
Druck nach einer an-
deren Abschr.: *LBG*,
S. 104/06

Sommer **Leibniz für** eigh. Ausf.: *LH* 35,
Huygens XI, 7; Bl. 1
S. 47; F. 113 *Inventa aliquot mea*
geometrica

25. VII. **Oldenburg-Leibniz** eigh. Abf.: verschollen
15. (25.) VII. 74
F. 142

Anfang **Schelhammer-** eigh. Abf.: *LBr* 807,
IX **Leibniz** Bl. 11/12
F. 453

13. IX. **Baronin Boineburg-** *LW* I, 1, S. 396
Leibniz
Mainz, 13. IX. 74
F. 72

25. IX. **Gregory-Collins** →*GT*, S. 285
15. (25.) IX. 74
F. 157, 730

1 6 7 4

IX **Prestet-Leibniz** eigh. Abf.: *LH* 35, XV,
F. 143 5; Bl. 66/68

5. X. **Collins-Gregory** *GT*, S. 285/87
London, 25. IX. (5. X.) 74
F. 144

6. X. **Linus-Oldenburg** *PT 9*, Nr. 110 vom
Lüttich, 6. X. 74 4. II. 75, S. 217/19
F. 758

8. X. **Tschirnhaus-** *SO*
Spinoza
F. 454

16. X. **Leibniz-Oldenburg** eigh. Abf.: *RS MS* 81,
Paris, 16. X. 74 Art. 20; Nr. 33
S. 55, 82; F. 143 Abschr. d. Abf.: *RS Lb*
VII, S. 110/12
Druck nach d. Absch.:
WO III, S. 618/19
Teildruck nach *WO*
III: *CE*, S. 37/38
Druck nach d. Abschr.:
LBG, S. 106/08

20. X. **Schelhammer-** eigh. Abf.: *LBr* 807,
Leibniz Bl. 1/2
Angers, 20. X. 74
F. 453

22. X. **Gregory-Collins** →*GT*, S. 290
12. (22.) X. 74
F. 730

X **Leibniz für** eigh. Konz.: *LH* 35,
Huygens II, 1; Bl. 83/84, 97/98
S. 47, 48, 55, 82; eig. Reinschr.; *LH* 35,
F. 114, 631 II, 1; Bl. 81/82

X **Spinoza-Schuller** *SO*
F. 454

6. XI. **Huygens-Leibniz** eigh. Abf.: *LBr* 437,
6. XI. 74 Bl. 3/4
S. 47/48; Druck nach d. Abf.:
F. 115 *LBG*, S. 566/67;
HO VII, S. 393/95

Herbst **Leibniz für** eigh. Reinschr.:
Mariotte (?) *LH* 35, I, 20; Bl. 3/4;
S. 55; F. 140 *LH* 35, III B, 19; Bl. 7

3. XII. **Collins-Gregory** *GT*, S. 290/92
23. XI. (3. XII.) 74
F. 158, 967

18. XII. **Oldenburg-Leibniz** eigh. Abf.: *LBr* 695,
London, Bl. 24
8. (18.) XII. 74 Abschr. d. Abf.: *RS Lb*
S. 58/59; VII, S. 119/20
F. 450 eigh. Auszug a. d. Abf.:
RS MS 81, Art. 20;
Nr. 34
Teildruck nach d. Ab-
schr.: *CE*, S. 38/39
Druck nach d. Abschr.:
LBG, S. 108/10

27. XII. **Oldenburg-Linus** *PT 9*, Nr. 110 vom
London, 4. II. 75, S. 219
17. (27.) XII. 74
F. 758

1 6 7 5

5. I. **Tschirnhaus-** *SO*
Spinoza
F. 454

9. I. **Sitzung der Ac. sc.** *Cat. crit. 2*, Nr. 886
9. I. 75
F. 276

1675

14. I.	*JS* F. 625	
21. I.	**Leibniz-Herzog** **Johann Friedrich** Paris, 21. I. 75 F. 278	*LW* I, 1; S. 491/93
23. I.	**Sitzung der Ac. sc.** F. 221	*HO* VII, S. 410
30. I.	**Huygens-Oldenburg** Paris, 30. I. 75 F. 213, 222	*HO* VII, S. 399/400
Früh- jahr	**Spinoza-Tschirn-** **haus** F. 454	*SO*
4. II.	*PT 9*, Nr. 110 25. I. (4. II.) 75 F. 625, 758	
5. II.	**Huygens für** **Colbert** F. 223	*HO* VII, S. 401
7. II.	**Sitzung der RS** 28. I. (7. II.) 74/75 F. 233	*BH* III, S. 177/79
9. II.	**Huygens für** · **Colbert** 9. II., nicht abgesandt F. 226	*HO* VII, S. 405/06
11. II.	**Huygens für** **La Roque** Paris, 11. II. 75 F. 226	*JS* vom 11. II. 75; *HO* VII, S. 407/08
12. II.	**Oldenburg-Huygens** London, 2. (12.) II. 75 F. 233	*HO* VII, S. 416/17
15. II.	**Colbert für** **Huygens** St. Germain-en-Laye, 15. II. 75 F. 224	*HO* VII, S. 419/20
16. II.	**Huygens-Colbert** Paris, 16. II. 75 F. 226	*HO* VII, S. 420/21 nicht abgegangen
20. II.	**Huygens-Oldenburg** Paris, 20. II. 75 F. 234	*PT 10*, Nr. 129 vom 30. XI. 76, S. 749/50; *HO* VII, S. 422/23
25. II.	**Huygens für** **La Roque** F. 235	*JS* vom 25. II. 75; *HO* VII, S. 424/25
25. II.	**Linus-Oldenburg** Lüttich, 25. II. 75 F. 758	*PT 10*, Nr. 121 vom 3. II. 76, S. 499/500
28. II.	**Sitzung der RS** 18. (28.) II. 74/75 F. 236	*BH* III, S. 181/90
Anfang III	**Leibniz-Oldenburg** nicht abgegangen S. 76; F. 280	eigh. Konz.: *LBr* 695, Bl. 64/65
15. III.	**Huygens-** **C. Huygens (Bruder)** F. 226	*HO* VII, S. 425/26
Mitte III	**Leibniz-Oldenburg** nicht abgegangen F. 90, 281	eigh. Konz.: *LBr* 695, Bl. 25/26 Druck nach d. Kon- zept: *LMG* I, S. 58/60

1675

Mitte III	**Leibniz für** **La Roque** F. 238	eigh. Ausf.: verschollen eigh. Konz.: *LH* 35, XI, 13; Bl. 1/8 Druck nach d. Ausf.: *JS* vom 25. III. 75 engl. Übersetzg. nach *JS*: *PT 10*, Nr. 113 vom 6. V. 75, S.285/88
21. III.	**Sitzung der RS** 11. (21.) III. 74/75 F. 271	*BH* III, S. 193/94
21. III.	**Oldenburg-Huygens** London, 11. (21.) III. 75 F. 237	*HO* VII, S. 426/27
25. III.	*JS* 25. III. 75 F. 240	
28. III.	**Sitzung der RS** 18. (28.) III. 74/75 F. 271	*BH* III, S. 194/95
Ende III	**Leibniz für** **La Roque** F. 239	eigh. Konz.: *LH* 38, Bl. 271
30. III.	**Leibniz-Oldenburg** Paris, 30. III. 75 S. 75/76, 78; F. 42, 242, 279	eigh. Abf.: *RS MS* 81, Art. 22; Nr. 35 Abschr. d. Abf.: *RS Lb* VII, S. 213/215 Teildruck nach d. Ab- schr.: *CE*, S. 39 Druck nach d. Abschr.: *LBG*, S. 110/12
Ende III?	**Leibniz-Huet?** F. 241	eigh. Konz.: *LBr* 265, Bl. 2
Frühjahr	**Malebranche-** **Vaughan** F. 321	→*LBG*, S. 116
4. IV.	*PT 10*, Nr. 112 25. III. (4. IV.) 75 F. 235	
6. IV.	**Oldenburg-Huygens** London, 27. III. (6. IV.) 75 F. 247	*HO* VII, S. 433
7. IV.	**Gregory-Collins** 28. III. (7. IV.) 75 F. 320, 413, 944	→*GT*, S. 296, 298
19. IV.	**Perrault-Huygens** 19. IV. 75 F. 226	*HO* VII, S. 434
20. IV.	**Collins-Oldenburg** **für Leibniz** F. 296	eigh. Abf.: *RS MS* 81, Art. 23; Nr. 36
21. IV.	**Huygens-Galloys?** Paris, 21. IV. 75 F. 226	*HO* VII, S. 434/36
22. IV.	**Oldenburg-Leibniz** London, 12. (22.) IV. 75 S. 78/85, 90, 118; F. 361, 393, 401, 506, 677, 717, 764, 837, 883/84, 933, 950, 967	eigh. Abf.: *LBr* 695, Bl. 27/30 Abschr. d. Abf.: *RS Lb* VII, S. 216/25 Teildruck nach d. Ab- schr.: *CE*, S. 39/41 Druck nach d. Abf.: *LBG*, S. 113/22
24. IV.	**Sitzung der Ac. sc.** 24. IV. 75 F. 243	*Cat. crit.* 2, Nr. 930

1 6 7 5		
25. IV.	Sitzung der RS 15. (25.) IV. 75 F. 242	BH III, S. 211/17
26. IV.	Huygens- C. Huygens (Bruder) Paris, 26. IV. 75 F. 226	HO VII, S. 436/39
29. IV.	Oldenburg-Huygens London, 19. (29.) IV. 75 F. 249	HO VII, S. 454/56
IV	Leibniz für Huygens S. 78, 97; F. 294, 419	eigh. Ausf.: LH 35, XIV, 1; Bl. 220
IV	Leibniz Auszüge aus der Sendung Oldenburgs vom 16. IV. 73 S. 21, 78, 191/92; F. 61, 293	eigh. Auszug: LH 35, XV, 2; Bl. 12/13
5. V.	Huygens-Contesse 5. V. 75 F. 231	HO VII, S. 457/58
6. V.	PT 10, Nr. 113 26. IV. (6. V.) 75 F. 240	
11. V.	Collins-Gregory 1. (11.) V. 75 F. 248, 399	GT, S. 298/301
15. V.	Oldenburg-Huygens London, 5. (15.) V. 75 F. 249	HO VII, S. 462/63
18. V.	Newton-John Smith Cambridge, 8. (18.) V. 75 F. 668	NE, S. 215/19
20. V.	Leibniz-Oldenburg Paris, 20. V. 75 S. 92; F. 244, 333, 348, 354, 371, 507, 527, 679	eigh. Abf.: RS MS 81, Art. 24; Nr. 37 Abschr. d. Abf.: RS Lb VII, S. 235/38 Teildruck nach d. Ab- schr.: CE, S. 42 Druck nach d. Abschr.: LBG, S. 122/24
20. V.	Oldenburg-Huygens London, 10. (20.) V. 75 F. 249	HO VII, S. 463/64
20? V.	Oldenburg-Leibniz S. 92; F. 362/63, 483	eigh. Abf.: LBr 695, Bl. 31/32 Druck nach d. Abf.: LBG, S. 124/25
Ende V	Leibniz-Herzog Johann Friedrich F. 426	LW I, 1; S. 500
Ende V	Leibniz-Linsingen F. 426	LW I, 1; S. 498/99
V?	Spinoza-Oldenburg F. 456	→Antwort: Olden- burg-Spinoza, 8. VI. 75
3. VI.	PT 10, Nr. 114 24. V. (3. VI.) 75 F. 482	
4. VI.	Leibniz für die Brüder Périer Paris, 4. VI. 75 F. 526	eigh. Abschr.: LH 35, XIV, 1; Bl. 302

1 6 7 5		
4? VI.	Die Brüder Périer fur Leibniz F. 526	Cat. crit. 2, Nr. 979 und 1500 A
5. VI.	Gregory-Collins Edinburg, 26. V. (5. VI.) 75 F. 388, 413, 726, 732, 841, 944, 948, 950	CR II, S. 259/62; GT, S. 302/04
8. VI.	Oldenburg-Spinoza F. 460	SO
12. VI.	Leibniz-Oldenburg Paris, 12. VI. 75 F. 362, 364, 415	eigh. Abf.: BrM, Misc. MS 4294, Bl. 91/92 Abschr. d. Abf.: ver- schollen Druck nach d. Abschr.: LBG, S. 125/27
17. VI.	Oldenburg-Huygens London, 7. (17.) VI. 75 F. 257	HO VII, S. 469/70
18. VI.	Gregory-Oldenburg 8. (18.) VI. 75 F. 941, 953	BH III, S. 225/26 + CR II, S. 262/63; GT, S. 306/07
21. VI.	Huygens-Oldenburg F. 250	HO VII, S. 471/72
VI	Frazer-Gregory Paris, VI 75 F. 134	GT, S. 307/08
1. VII.	Oldenburg-Huygens London, 21. VI. (1. VII.) 75 F. 245, 257	HO VII, S. 472/73
4. VII.	Oldenburg-Leibniz London, 24. VI. (4. VII.) 75 F. 361/62, 365, 367, 389, 393, 402, 407, 409, 416, 518 bis 520, 531, 913	eigh. Abf.: LBr 695, Bl. 33/34 Abschr. d. Abf.: RS Lb VII, S. 243/48 Teildruck nach d. Ab- schr.: CE, S. 43 Druck nach d. Abf.: LBG, S. 127/30
5. VII.	Huygens- C. Huygens (Bruder) Paris, 5. VII. 75 F. 252	HO VII, S. 474/75
6. VII.	Sitzung der Ac. sc. F. 81b	HO XIX, S. 182
9. VII.	Collins-Gregory London, 29. VI. (9. VII.) 75 F. 460, 967	GT, S. 308/11
10. VII.	Smethwick- Huygens S. Petri West, 30. VI. (10. VII.) 75 F. 488	HO VII, S. 487/88
11. VII.	Huygens-Oldenburg Paris, 11. VII. 75 F. 258	HO VII, S. 477/78
12. VII.	Leibniz-Oldenburg Paris, 12. VII. 75 F. 342/43, 353, 362, 366, 368, 370, 376, 390, 410, 418, 521, 532, 579, 667, 913	eigh. Abf.: RS MS 81, Art. 26; Nr. 41 Abschr. d. Abf.: RS Lb VII, S. 149/50 Druck nach d. Abschr.: WO III, S. 619/20 Teildruck nach WO III: CE, S. 44 Druck nach d. Abschr.: LBG, S. 131/32

1 6 7 5

12. VII.	de la Voye-Huygens Brest, 12. VII. 75 F. 226	*HO* VII, S. 478/79
Mitte VII	Oldenburg-Wallis F. 457	→*WO* II, S. 471
23. VII.	Gregory für Frazer S. 53/54; F. 135	→*GT*, S. 311/12
25. VII.	Oldenburg-Huygens London, 15. (25.) VII. 75 F. 251, 256	*HO* VII, S. 481/82
25. VII.	Schuller-Spinoza Amsterdam, 25. VII. 75 F. 454, 460	*SO*
29. VII.	Spinoza-Schuller d. Haag, 29. VII. 75 F. 454	*SO*
Sommer	Leibniz für Huygens S. 97	*Cat. crit.* 2, Nr. 815/16, 1028 und 1031
1. VIII.	Oldenburg-Huygens London, 22. VII. (1. VIII.) 75 F. 256	*HO* VII, S. 482/83
2. VIII.	Gregory-Collins Edinburg, 23. VII. (2. VIII.) 75 F. 921, 930, 950, 952	*CR* II, S. 266/69; *GT*, S. 312/14
3. VIII.	Newton-John Smith Cambridge, 24. VII. (3. VIII.) 75 F. 668	*CR* II, S. 370/72
7. VIII.	Strode-Collins Maperton, 28. VII. (7. VIII.) 75 F. 839	*CR* II, S. 452/53
9. VIII.	Huygens- C. Huygens (Bruder) Paris, 9. VIII. 75 F. 226/27	*HO* VII, S. 483/85
9. VIII.	Oldenburg-Huygens London, 30. VII. (9. VIII.) 75 F. 256, 487, 754	*HO* VII, S. 486
9? VIII.	Oldenburg-Leibniz F. 489	→*LBG*, S. 143
9. VIII.	Tschirnhaus bei Collins S. 103, 107, 131, 165	
10.VIII.	Huygens-Oldenburg Paris, 10. VIII. 75 F. 254	*HO* VII, S. 488/90
10.VIII.	Papin-Huygens London, 10. VIII. 75 (!) F. 255, 488	*HO* VII, S. 490/91
12.VIII.	Tschirnhaus- Spinoza London F. 454	*SO*
13.VIII.	Collins-Gregory London, 3. (13.) VIII. 75 F. 461/62, 466, 672	*GT*, S. 314/17
13.VIII.	Collins für Gregory F. 464	*GT*, S. 317/19

1 6 7 5

18.VIII.	Spinoza- Tschirnhaus d. Haag, 18. VIII. 75 F. 454	*SO*
20.VIII.	Collins-Gregory 10. (20.) VIII. 75 F. 461, 468, 470	*GT*, S. 320/22; *CR* II, S. 263/66
28.VIII.	de Nyert-Huygens Fontainebleau, 28. VIII. 75 F. 253	*HO* VII, S. 493
30. VIII.	Gregory-Collins Edinburg, 20. (30.) VIII. 75 F. 413, 463, 465, 467, 469, 471, 479, 661, 727, 944/45, 950	*CR* II, S. 269/72; *GT*, S. 324/26
31.VIII.	Huygens-Chevreuse Paris, 31. VIII. 75 F. 226	*HO* VII, S. 494/95
2. IX.	Galloys-Huygens Fontainebleau, 2. IX. 75 F. 226	*HO* VII, S. 496
4. IX.	Galloys-Leibniz Versailles, 4. IX. 75 F. 429	eigh. Abf.: *LBr* 295, Bl. 3/4
6. IX.	Newton-John Smith Cambridge, 27. VIII. (6. IX.) 75 F. 668	*CR* II, S. 372/73
10. IX.	Thuret-Huygens 10. IX. 75 F. 228	*HO* VII, S. 498
14. IX.	Collins-Gregory 4. (14.) IX. 75 F. 461, 473	*GT*, S. 327/28
21. IX.	Gregory-Collins Edinburg, 11. (21.) IX. 75 S. 163; F. 413, 711, 728, 946, 958	*CR* II, S. 272/75; *GT*, S. 328/29
23. IX.	Oldenburg-Huygens London, 13. (23.) IX. 75 F. 246, 256	*HO* VII, S. 499
26. IX.	Mohr-Collins London, 16. (26.) IX. 75 F. 362, 377	eigh. Abf.: verschollen Abschr. d. Abf. (Olden- burg): *LH* 35, XII, 1; Bl. 93/95
IX ?	Leibniz-Huygens F. 343, 350, 352/53, 376, 421	eigh. Abf.: *Leiden, Coll. Huygens* Druck nach d. Abf.: *LBG*, S. 547/50; *HO* VII, S. 500/04
IX	Huygens-Perrault F. 226	*HO* VII, S. 497/98
30. IX.	Huygens-Leibniz 30. IX. 75 F. 352, 423	eigh. Abf.: *LBr* 437, Bl. 1/2 eigh. Konz.: *Leiden, Coll. Huygens, Adver- saria E,* S. 53 Druck nach d. Abf.: *LBG*, S. 565/66 Druck nach d. Abf. u. d. Konz.: *HO* VII, S. 504/06
1. X.	Collins-Gregory London, 21. IX. (1. X.) 75 F. 461, 472, 711	*GT*, S. 330/33

1 6 7 5

Ende 1675	**Leibniz-Galloys?** nicht abgegangen F. 632	Konz. A + B + C: LH 35, II, 1; Bl. 118/19
Ende 1675	**Leibniz-La Roque** nicht abgegangen F. 82, 594, 604, 630	Konz. A + B + C: LH 35, II, 1; Bl. 44/45 Druck nach B (teilw.) LMG V, S. 88/92
1675?	**Dary-Collins** F. 966	CR II, S. 220/21

1 6 7 6

11. I.	Sitzung der Ac. sc. F. 817	HO XIX, S. 185
11. I.	**Leibniz-Colbert** 11. I. 76 F. 433	LW I, 1; S. 457
18. I.	**Leibniz-Kurfürst Damian** F. 436	LW I, 1; S. 398/99
20. I.	**Newton-Oldenburg** 10. (20.) I. 75/76 F. 758	PT 10, Nr. 121 vom 3. II. 76, S. 503/04; NH IV, S. 355/60; CR II, S. 381/87
I	Die Brüder **Périer** für **Leibniz** F. 533	PO I, S. 243/60 und II, S. 215/33
I?	**Leibniz-Herzog Johann Friedrich** F. 435, 547	LW I, 1; S. 506/07
I?	**Leibniz-Kahm** F. 435	LW I, 1; S. 507/08
1. II.	Sitzung der Ac. sc. F. 817	HO XIX, S. 185
3. II.	PT 10, Nr. 121 24. I. (3. II.) 75/76 F. 758	
8. II.	Sitzung der Ac. sc. F. 817	HO XIX, S. 185
9? II.	**Bertet für Leibniz** F. 633	eigh. Ausf.: LH 35, II, 1; Bl. 274 und 315
11. II.	**Schönborn-Leibniz** Aschaffenburg, 11. II. 76 F. 437	LW I, 1; S. 400/01
14. II.	**Leibniz-Habbaeus** Paris, 14. II. 76 F. 495	LW I, 1; S. 444/46
14. II.	**Leibniz-Kahm** Paris, 14. III. (!) 76 F. 438, 495, 547	LW I, 1; S. 509/10
15. II.	'Sitzung der Ac. sc. F. 817	HO XIX, S. 185
Mitte II?	**Leibniz-Oldenburg** S. 115	
21. II.	Herzog **Johann Friedrich-Leibniz** Hannover, 11. (21.) II. 76 F. 438	LW I, 1; S. 510
22. II.	Sitzung der Ac. sc. F. 817	HO XIX, S. 185
28. II.	**Kahm-Leibniz** Hannover, 18./28. II. 76 F. 438, 547	LW I, S. 510/11

1 6 7 6

II?	**Mariotte für Leibniz** S. 118; F. 646	eigh. Ausf.: LH 35 VIII, 30; Bl. 14/15
Anfang III	**Leibniz-Herzog Johann Friedrich** F. 438	LW I, 1; S. 511/12
Anfang III?	**Oldenburg-Leibniz** S. 115	
3. III.	**Oldenburg-Huygens** London, 22. II. (3. III.) 76 F. 556	HO VIII, S. 8/9
7. III.	Sitzung der Ac. sc. F. 817	HO XIX, S. 185
10. III.	**Newton-Oldenburg** Cambridge, 29. II. (10. III.) 75/76 F. 758	PT 11, Nr. 123 vom 4. IV. 76, S. 556/61; NH IV, S. 360/65
19. III.	**Kahm-Leibniz** Hannover, 9. (19.) III. 76 F. 439	LW I, 1; S. 513
22. III.	**Leibniz-Habbaeus** 22. III. 76 F. 495	LW I, 1; S. 447/48
22? III.	**Leibniz-Herzog Johann Friedrich** F. 439	LW I, 1; S. 513/14
22. III.	**Leibniz-Kahm** F. 439	LW I, 1; S. 514
4. IV.	PT 11, Nr. 123 25. III. (4. IV.) 76 F. 758	
12. IV.	**Kahm-Leibniz** Hannover, 2. (12.) IV. 76 F. 442, 681	LW I, 1; S. 515
Ende IV	**Walter-Leibniz** F. 451	eigh. Abf.: LBr 975, Bl. 1/2
Frühjahr?	**Wallis-Collins** F. 666	enthalten in Collins-Oldenburg für Tschirnhaus, Ende V 76
IV	**Leibniz-Walter** F. 452	→ Antwort: Walter-Leibniz, 16. VI. 76
Anfang V	**Tschirnhaus-Oldenburg** S. 114, 130; F. 554	→LBG, S. 168
2. V.	**Tschirnhaus-Spinoza** 2. V. 76 F. 454	SO
5. V.	**Spinoza-Tschirnhaus** d. Haag, 5. V. 76 F. 454	SO
7. V.	Sitzung der RS 27. IV. (7. V.) 76 F. 689	BH III, S. 313/15
12. V.	**Leibniz-Oldenburg** Paris, 12. V. 76 S. 58, 114, 137, 156; F. 306, 334, 441, 486, 553, 642, 645, 676	eigh. Abf.: RS MS 81, Art. 29; Nr. 44 Teildruck nach d. Abf.: CE, S. 45 Druck nach d. Abf.: LBG, S. 167/69

1 6 7 6

Mitte V	**Leibniz-Walter** F. 452	→Antwort: Walter-Leibniz, 16. VI. 76
25. V.	**Oldenburg-Newton** 15. (25.) V. 76 F. 692	→*NE*, S. 256
28. V.	Sitzung der **RS** 18. (28.) V. 76 F. 686	*BH* III, S. 315/17
Ende V	**Collins-Oldenburg** für **Tschirnhaus** S. 107, 130/34; F. 478, 650	*RS MS* 81, Art. 25; Nr. 39 lat. Teildruck: *CE*, S. 43
Ende V	**Oldenburg-Tschirnhaus** S. 106/07, 130/33; F. 555	
V/VI	**Collins-Oldenburg** *Historiola* S. 138/39, 143, 150/51, 162, 171, 183/87, 201, 203/04; F. 694, 731, 753, 915,	eig. Abf.: *RS MS* 81, Art. 31; Nr. 46 Teildruck nach d. Abf.: *CE*, S. 46/47 919/20, 938, 941, 949
6. VI.	**Newton-Collins** F. 693, 843	→*NE*, S. XLVII, Anm. 35
Mitte VI	**Leibniz-Huygens** F. 443	→Antwort: Huygens-Leibniz, Ende VI 76
Mitte VI	**Tschirnhaus-Oldenburg** für **Collins** S. 134/35; F. 651, 670, 695, 826 Eingangsvermerk: 8. (18.) VI. 75 (!)	eigh. Abf.: verschollen Abschr.: *RS MS* 81, Art. 25; Nr. 39
16. VI.	**Walter-Leibniz** Rom, 16. VI. 76 F. 451	eigh. Abf.: *LBr* 975, Bl. 3/4
18? VI.	**Oldenburg-Newton** F. 695	→*BH* III, S. 318
20. VI.	**D. Gregory-Collins** Kinardie, 10. (20.) VI. 76 F. 712	*CR* I, S. 224/25
23. VI.	**Newton-Oldenburg** für **Leibniz** und **Tschirnhaus** Cambridge, 13. (23.) VI. 76 S. 146/50, 159, 201; F. 319, 698, 761, 772, 774, 915	eigh. Abf.: *CU, MS* add. 3977, 2. Umschl. Abschr. f. **Leibniz** (Schreiber): *LBr* 695, Bl. 44/47; für **Wallis**: verschollen Druck nach dieser Abschr.: *WO* III, S. 622 bis 629; Druck nach *WO* III: *CE*, S. 49/57; Nachdruck hiervon: *LBG*, S. 179/92
23. VI.	**Tschirnhaus-Spinoza** Paris, 23. VI. 76 F. 454	*SO*
24. VI.	**Collins-Oldenburg** für **Leibniz** und **Tschirnhaus** S. 139/46, 149/50, 162, 168, 187, 201; F. 696	eigh. Abf.: *RS MS* 81, Art. 30; Nr. 45 (*Abridgement*) + *Shirburn Castle, Coll. Macclesfield*; Teildruck nach d. Abf.: *CE*, S. 46 + *CR* I, S. 243/48
25. VI.	Sitzung der **RS** 15. (25.) VI. 76 S. 150; F. 699	*BH* III, S. 319

1 6 7 6

27. VI.	**Oldenburg-Newton** 17. (27.) VI. 76 S. 150; F. 697	→Antwortvermerk auf dem Original von Newton-Oldenburg, 23. VI. 76
Ende VI	**Huygens-Leibniz** F. 444	eigh. Abf.: *LBr* 437, Bl. 12/13
2. VII.	**Collins-Baker** 22. VI. (2. VII.) 76 F. 700	→*CR* II, S. 1
2. VII.	**Kahm-Leibniz** Linsburg, 22. VI. (2. VII.) 76 F. 445	*LW* I, 1; S. 515/16
15. VII.	**Spinoza-Tschirnhaus** d. Haag, 15. VII. 76 F. 454	*SO*
26. VII.	**Brosseau-Leibniz** F. 446	*LW* I, 1; S. 516
30. VII.	**Baker-Collins** Bishops Nympton, 20. (30.) VII. 76 F. 700, 836	*CR* II, S. 1/4
Ende VII	**Newton-Oldenburg** F. 701	→*CR* II, S. 397/99
5. VIII.	**Oldenburg-Leibniz** und **Tschirnhaus** London, 26. VII. (5. VIII.) 76 S. 139/46, 150/51; F. 317, 480, 702, 840,	Abf. (Schreiber): *LBr* 695, Bl. 39/43 Druck nach d. Abf.: *LBG*, S. 169/79 923, 928, 931, 933, 950
21. VIII.	**Collins-D. Gregory** 11. (21.) VIII. 76 F. 713	*CE*, S. 47/48; *GT*, S. 344/45
27. VIII.	**Leibniz-Oldenburg** Paris, 27. VIII. 76 S. 151/59, 167, 201; F. 295, 335, 352, 553, 705, 772, 970	Konz. A + B: *LH* 35, II, 1; Bl. 47/50 Abf.: *BrM, MS* 4294, Bl. 67/70 Abschr. d. Abf.: verschollen; Druck nach ihr: *WO* III, S. 629/33; Druck nach *WO* III: *CE*, S. 58/65; Druck hiernach: *LBG*, S. 193 bis 200
29. VIII.	**Collins-Baker** 19. (29.) VIII. 76 F. 964	*CR* II, S. 4/10
29. VIII.	**Collins-Wallis** 19. (29.) VIII. 76 F. 964	→*CR* II, S. 590
30. VIII.	**Leibniz-Périer** 30. VIII. 76 F. 537	Konz.: *LH* 35, XV, 1; Bl. 3 Druck nach d. Konz.: *LBG*, S. 133/35
VIII	**Leibniz**, Randbemerkungen zu **Newton-Oldenburg** für **Leibniz** 23. VI. 76 F. 761, 772, 774	*LBr* 695, Bl. 44/47
VIII?	**Leibniz-Walter** F. 452	→Antwort: Walter-Leibniz, 22. IX. 76

1 6 7 6

Datum	Eintrag	Nachweis
1 IX.	Tschirnhaus-Oldenburg Paris, 1. IX. 76 S. 162/64, 201/02; F 605, 757, 798	eigh. Abf.: verschollen Abschr.: RS MS 81, Art. 33; Nr. 54 Teildr. nach d.Abschr.: CE, S. 66
9 IX	Wallis-Collins 30. VIII. (9. IX.) 76 F. 964	→CR II, S. 589
10 IX.	Collins-Newton 31. VIII. (10.IX.)76 S. 167	CU, MS add. 3977, 1 Umschlag
11 IX	Wallis-Collins Oxford, 1. (11.) IX. 76 F 964	CR II, S. 589/90
13. IX.	Brosseau-Leibniz 3. (13.) IX. 76 F. 447	LW I, 1; S. 516/17
15. IX.	Newton-Collins Cambridge, 5. (15.) IX. 76 F. 701, 844, 849	CR II, S. 397/99
18? IX.	Oldenburg-Newton F. 830, 850	→CR II, S. 403
19 IX.	Collins-Newton 9. (19.) IX. 76 F. 830, 851	eig. Konz.; CR II, S. 401/02 eigh. Abf.: CP VI, 2; S. 32
19 IX	Collins-Wallis 9. (19.) IX. 76 F. 824, 831	→CR II, S. 591
21 IX	Wallis-Collins Oxford, 11. (21.) IX. 76 F. 458, 825, 832, 845, 855	CR II, S. 591 und S. 591/97
22. IX.	Walter-Leibniz Rom, 22. IX. 76 F. 451	eigh. Abf. LBr 975, Bl. 5/6
24. IX.	Collins-Wallis 14. (24.) IX. 76 F 852	→CR II, S. 598
26. IX.	Brosseau-Leibniz 26. IX. F. 448	LW I, 1; S. 517
26. IX.	Wallis-Collins Oxford, 16. (26.) IX. 76 F. 352, 374, 832, 835, 853	CR II, S. 598/600
1 X.	Collins-Baker 21. IX. (1 X.) 76 F. 748, 856	→CR II, S. 4 und 11
10. X.	Collins-Oldenburg für Tschirnhaus 30. IX. (10. X.) 75 (!) S. 165, 67; F. 833	CR I, S. 211/20
18./29 X	Leibniz-Oldenburg nicht abgegangen S. 181; F 904	Konz.: LH 4, V, 6c; Bl. 20/21 Druck nach d. Konz.: LW II, 1; S. 239/42
18./29. X.	Leibniz für Oldenburg S. 181/82	Cat. crit. 2, Nr. 1032 und 1044
18./29. X.	Leibniz, Auszüge aus I. Newton, Analysis S. 182, 203	eigh. Auszug: LH 35, VIII, 19; Bl. 1/2
18./29. X	Leibniz, Auszug aus Newton-Collins, 30. VIII. 72 F. 912	eigh. Auszug: LH 35, VIII, 19; Bl. 2
18./29. X.	Leibniz, Auszug aus Oldenburg-Tschirnhaus, 20? X. 76 F. 848	eigh. Auszug: LBr 695, Bl. 66
18./29 X	Leibniz, Auszüge aus Gregorys Papieren S. 183/89, 203	eigh. Auszug: LH 35, VIII, 23; Bl. 1/2
18./29. X.	Leibniz, Unterredung mit Collins S. 169, 189/92; F 62	eigh. Aufzeichnungen: LH 35, XV, 4; Bl. 1/2
20? X.	Oldenburg-Tschirnhaus S. 165/67; F. 834, 848	eigh. Abf.: verschollen Abschr.: verschollen Auszug von Leibniz hiervon: LBr 695, Bl. 66
3. XI.	Collins-Strode 24. X. (3. XI.) 76 S. 180; F. 858, 903, 907, 975	CR II, S. 453/55
3. XI	Newton-Oldenburg für Leibniz Cambridge, 24. X. (3. XI.) 67 S. 170/78, 180, 192/93, 202; F 768, 781, 867, 888	eigh. Abf.: BrM, MS 4294, Bl. 1/8 Abschr. f. Leibniz (Schreiber): LH 35, XV, 2; Bl. 2/11; Abschr f. Wallis: verschollen. Druck nach dieser Abschr. WO III, S. 634/45; Druck nach WO III: CE, S. 67/86 Nachdruck hiernach unter Berücksichtigung d. Abschr f. Leibniz: LBG, S. 203 bis 225
3 XI	Newton-Oldenburg 24. X. (3. XI.) 76 F. 888	CR II, S. 400
5. XI	Newton-Oldenburg 26. X. (5. XI.) 76 F. 886	NE, S. 257/60
16. XI.	Tschirnhaus-Leibniz Paris, 16. XI. 76 F. 552	LBG, S. 327
18. XI.	Newton-Collins 8. (18.) XI. 76 F. 978	CR II, S. 403/05
20? XI.	Oldenburg-Newton F 880	→NE, S. 260/61
24. XI	Newton-Oldenburg 14. (24.) XI. 76 F. 879, 881	NE, S. 260/62
27 XI.	Collins-Bernard London, 17. (27.) XI. 76 F 538, 909, 977	eigh. Abf.: Kopenhagen, kgl. Bibl., Boll. Ud 1
28. XI.	Leibniz-Oldenburg Amsterdam, 18./28. XI. 76 F. 890, 960, 980	WO III, S. 646/47; LBG, S. 226/27

1 6 7 6		
30. XI.	Ausschußsitzung der RS 20. (30.) XI. 76 F. 269	*BH* III, S. 321
3. XII.	**Walter-Leibniz** Rom, 3. XII. 76 F. 451	eigh. Abf.: *LBr* 975, Bl. 7/8
10. XII.	*PT 10*, Nr. 129 30. XI. (10. XII.) 76 F. 270	
1676?	**Wallis-Collins** F. 666	
1 6 7 7		
6. I.	**Baker-Collins** Bishops Nympton, 27. XII. 76 (6. I. 77) F. 748, 857	*CR* II, S. 10/13
2. II.	**Lucas-Oldenburg** F. 690	→*NE*, S. LII, Fußnote 60
18. II.	**Collins-Strode** 8. (18.) II. 76/77 F. 858, 909, 976	*CR* II, S. 455/58
20. II.	**Collins-Baker** 10. (20.) II. 77 F. 961, 976	*CR* II, S. 14/16
24. II.	**Collins-Wallis** 14. (24.) II. 76/77 F. 714, 858, 907, 959	eigh. Abf.: *RS MS* 81 Teildruck: *GT*, S. 346
15. III.	**Collins-Newton** London, 5. (15.) III. 76/77 F. 889, 893, 907, 959, 979	*WO* III, S. 646/47; Teildruck darnach: *CE*, S. 87. Nachdruck nach *WO* III: *LBG*, S. 225/28
25. III.	**Baker-Collins** 15. (25.) III. 77 F. 962	*CR* II, S. 16/19
17. IV.	**Tschirnhaus-Leibniz** Rom, 17. IV 77 F. 474, 563, 599, 829, 846	*LBG*, S. 328/37
Anfang V	**Tschirnhaus-Leibniz** F. 575	*LBG*, S. 337/38
12. V.	**Oldenburg-Leibniz** London, 2. (12.) V. 77 S. 21; F. 59, 691, 846, 894	*LBG*, S. 238/39
Sommer	**Tschirnhaus-Leibniz** F. 557, 572, 597	*LBG*, S. 399/401
1. VII.	**Leibniz-Oldenburg** 21. VI. (1. VII.) 77 F. 782, 895, 899	*WO* III, S. 648/51; *CE*, S. 88/95; *LBG*, S. 240/48
22. VII.	**Leibniz-Oldenburg** Hannover, 12. (22.) VII. 77 F. 583, 896, 976	*WO* III, S. 652; *CE*, S. 96/97; *LBG*, S. 248/49
19. VIII.	**Oldenburg-Leibniz** London, 9. (19.) VIII. 77 F. 897, 976	*LBG*, S. 253/55
30. IX.	**Collins-Wallis** 20. (30.) IX. 77 F. 663	→*CR* II, S. 608

1 6 7 7		
18. X.	**Wallis-Collins** 8. (18.) X. 77 F. 664	*CR* II, S. 608/09
1 6 7 8		
27. I.	**Tschirnhaus-Leibniz** Rom, 27 I. 78 F. 575, 847	*LBG*, S. 339/52
II	**Leibniz-Tschirnhaus** F. 567, 576, 777	→*LBG*, S. 370
10. IV.	**Tschirnhaus-Leibniz** Rom, 10. IV. 78 F. 110, 559, 565, 568, 574, 577	*LBG*, S. 354/71
30. IV.	**Tschirnhaus-Leibniz** Rom, 30. IV. 78 F. 606	*LBG*, S. 371
Anfang V	**Leibniz-Tschirnhaus** F. 558, 560, 566, 573	*LBG*, S. 520/24
Ende V	**Leibniz-Tschirnhaus** F. 560, 569, 571, 578, 607, 777	*LBG*, S. 372/82
Ende 1678	**Tschirnhaus-Leibniz** F. 110, 570, 608, 777	*LBG*, S. 382/98
1 6 7 9		
18. IX.	**Leibniz-Huygens** Hannover, 8. (18.) IX. 79 F. 515	*HO* VIII, S. 214/18; *LBG*, S. 567/70
1 6 8 0		
Anfang 1680	**Leibniz-Tschirnhaus** F. 75, 562, 564, 603, 609, 613, 777	*LBG*, S. 401/06 **und** 406/13
1 6 8 2		
II	*AE* F. 767	
Ende VI	**Leibniz-Tschirnhaus** F. 545	*LBG*, S. 436/43
18. XII.	**Gent-Huygens** F. 517	*HO* VIII, S. 403
XII	*AE* F. 612	
1 6 8 3		
III	*AE* F. 612	
4. V.	**Tschirnhaus-Leibniz** Kießlingswalde, 24. IV. (4. V.) 83 F. 552	*LBG*, S. 445/46
V	*AE* F. 563	
X	*AE* F. 610, 612	
1 6 8 4		
V	*AE* F. 614	
IX	**Leibniz-Tschirnhaus** F. 823 wohl nicht ab- gegangen	*LBG*, S. 457/61

1684
XI   *AE*
       F. 528

1686
7. XII.   **Leibniz-Vagetius**   *LD* VI, S. 33/34
       Hamburg, 27. XI. (7. XII.) 86
       F. 539

1687
IX   *AE*
       F. 615

Ende   **Leibniz für Mencke**   *LBG*, S. 473/75
1687   F. 615

1691
I   *AE*
       F. 111

6. II.   **Leibniz-Huygens**   *HO* X, S. 9/16;
       Hannover,   *LBG*, S. 628/35
       27. I. (6. II.) 91
       F. 822

IV   *AE*
       F. 336, 766

VI   *AE*
       F. 111

18. XI.   **Leibniz-Magliabechi**   *LD* V, S. 92/96
       Hannover, 8. (18.) XL 91
       F. 137

1692
19. II.   **Leibniz-Huygens**   *LBG*, S. 688/90;
       Hannover,   *HO* X, S. 260/63
       9./19. II. 92
       F. 616

2. VI.   **Leibniz-Foucher**   *LD* II_1; S. 238/39
       F. 95, 328

6. IX.   **Newton-Wallis**   →*WO* II, S. 391
       27. VIII. (6. IX.) 92
       F. 867

27. IX.   **Newton-Wallis**   →*WO* II, S. 391
       17. (27.) IX. 92
       F. 867

1693
Sommer   **Leibniz-Tschirnhaus**   *LBG*, S. 481/82
       F. 516

1694
12. X.   **Leibniz-Tschirnhaus**   *LBG*, S. 497/99
       2. (12.) X. 94
       F. 552

1695
1695   *AE*
       F. 596

1696
11. XII.   **Wallis-Leibniz**   *LMG* IV, S. 5/10
       Oxford, 1. (11.) XII. 96
       F. 204

1697
25. VI.   **Leibniz-Johann**   *LMG* III, S. 421/24
       Bernoulli
       Hannover, 15. (25.) VI. 97
       F. 22

1698
28. I.   **Leibniz-Johann**   *LMG* III, S. 477/78
       Bernoulli
       Hannover, 18. (28.) I. 98
       F. 818, 820

1700
31. I.   **Leibniz-Römer**   *LD* IV_2, S. 115/17
       Hannover, 20. (31.) I. 1700
       F. 818

V   *AE*
       S. 161; F. 796, 821

1703
IV   **Leibniz-Jakob**   *LMG* III, S. 66/73
       Bernoulli
       Berlin, IV 1703
       F. 2, 4, 75

3. VII.   **Leibniz-Römer**   *LD* IV_2, S. 123/24
       Hannover, 3. VII. 1703
       F. 820

1705
28. VII.   **Leibniz-Johann**   *LMG* III, S. 770/72
       Bernoulli
       Hannover, 28. VII. 1705
       F. 77, 599

1. X.   **Leibniz-Römer**   *LD* IV_2, S. 124/25
       Hannover, 1. X. 1705
       F. 820

1707
1. II.   **Leibniz-Johann**   *LMG* III, S. 810/12
       Bernoulli
       Berlin, 1. II. 1707
       F. 820

24. VI.   **Leibniz-Johann**   *LMG* III, S. 816/17
       Bernoulli
       Hannover, 24. VI. 1707
       F. 440, 818, 820

1707   *PT 25*, Nr. 309
       F. 775

1710
23. VII.   **Leibniz-Römer**   *LD* IV_2, S. 127
       Hamburg, 23. VII. 1710
       F. 820

1713
18. I.   **Leibniz-Varignon**   *LMG* IV, S. 191/92
       18. I. 1713
       F. 799

VII/VIII   *Journal literaire de la Haye*
       F. 891

1714
14. III.   **Leibniz-Remond**   *LPG* III, S. 61/67
       Wien, 14. III. 1714
       F. 538

1715
I/II   *PT 29*, Nr. 342
       F. 752, 756, 900

1. II.   **Leibniz-Korthold**   *LD* V, S. 321/22
       Hannover, 1. II. 1715
       F. 820

6. XII.   **Leibniz-Conti**   *LBG*, S. 262/67
       Hannover, 6. XII. 1715
       F. 901

1 7 1 6

8. III.   **Newton-Conti**   *LBG*, S. 271/74
London, 26. II. (8. III.) 1715/16
F. 678, 902

9. IV.   **Leibniz-Conti**   *LBG*, S. 274/82
Hannover, 9. IV. 1716
F. 680, 745, 753, 783

29. V.   **Newton**, Bemer-   *LBG*, S. 285/94
kungen zum Brief
Leibniz-Conti, 9. IV. 1716
F. 745, 753

Die fünf in der einschlägigen Literatur häufig nicht mit
Datum, sondern in anderer Weise zitierten Briefe:

Newtons Tangentenbrief = **Newton-Collins,** 20. XII. 72.

Historiola = **Collins-Oldenburg,** V/VI 76.

Abridgement = **Collins-Oldenburg** für **Leibniz,** 24. VI. 76.

1. Brief **Newtons** für **Leibniz** = **Newton-Oldenburg** für
Leibniz, 23. VI. 76.

2. Brief **Newtons** für **Leibniz** = **Newton-Oldenburg** für
Leibniz, 3. XI. 76.

23. DIE ERWÄHNTEN AUFZEICHNUNGEN VON LEIBNIZ

Wir geben die im *Cat. crit. 2* genannten Aufzeichnungen gemäß der dortigen Numerierung wieder; hierauf fügen wir die (gelegentlich vom *Cat. crit. 2* abweichende) Datierung bei; alsdann folgt die Kennzeichnung der Fußnoten, woselbst die betreffenden Stücke erwähnt werden.

Cat. crit. 2 Nr.	Datum	Erwähnung F.	*Cat. crit. 2* Nr.	Datum	Erwähnung F.
503/05	Anfang 1674	89	847	1674 ?	285
547	V 73	588	848	1674 ?	339
551	V 73	588	849	1674 ?	286
560/61	Sommer 1673	88, 604	849₁	1674 ?	285
562	1673 ?	285	851	1674 ?	285
564	V 73	588	852/54	1674	290
575	VIII 73	105, 621	855	1674 ?	285, 290
616	1673	101	856	1674 ?	285
690	IX/X 74	427	857/60	1674	290
705	Sommer 1674	133	861	1674 ?	285
712	Sommer 1674	138	864/65	1674	285, 290
714	Sommer 1674	138	866	1674	339
715	Sommer 1674	139	870/80	Anfang 1675	428
724	Sommer 1674	139	882	1674	600
727	I 76	645	883	Anfang 1674	89
742	10. IX. 74	141	895/97	I 75	600
743/44	Herbst 1674	141	902	I 75	282
747	12. IX. 74	344	903/05	I 75	619
757/59	Herbst 1674	141	906	I 75	600, 619
764	IX ? 74	355	908	I 75 ?	326
772	IX ? 74	288	910/12	II 75	292
773	3. X. 74	77, 287	923/24	III 75	339
775	X 74	282	928/29	V 75	838
787	X 74	290	938	IV 75	344
788/89	X 74	339	940	IV 75	329
790	X 74	340	941	IV 75 ?	330
791	X 74	286	943/44	IV 75 ?	330/31, 795
803/10	IX/X 74	427	945/48	IV 75 ?	331, 794
815/16	XII 74	289, 420	949	IV 75	332
817/19	XII 74	289	961	V 75	355
820	XII 74	337, 600	965	V 75	331, 794
821	XII 74	337	967/68	V 75	793
823	XII 74	604	969	V 75	795
827	XII 74	282	973	V 75	789
828/30	XII 74	284	975	V 75	791
831	XII 74	586	976	V 75	792
832/33	XII 74	283, 785	980	4. VI. 75	345
834	XII 74	338	985/90	VI 75	684
840	1674	286	1004	VII 75	408
844	1674 ?	286, 784	1014	VII 75	340
845	1674 ?	286, 786	1024	VII 75	345/46
846	1674 ?	286	1028	VII 75	420

Cat. crit. 2 Nr.	Datum	Erwähnung F.	Cat. crit. 2 Nr.	Datum	Erwähnung F.
1030	VII 75	685	1189	1675	794
1031	VII 75	342, 352, 420	1197	XII 75	813
1032	VII 75	342, 352, 906	1198/99	XII 75	501
1044	VII 75	347, 350	1200	1675	803
1048	VIII 75	422	1201	IV 76	647/48
1055	1. X. 75	496	1202	XII 75	801
1056	3? X. 75	500	1208	1675?	510, 811
1061	10. X. 75	355	1209	1675?	101
1063	10. X. 75	626	1210	1675?	508
1071/73	15. X. 75	586	1211	IV 76	648
1074	Mitte X 75	602	1216/17	Herbst 75	545
1076	19. X. 75	584	1232	Sommer 76	514
1078/79	20. X. 75	587	1233	Sommer 76	514, 765, 806
1085	24. X. 75	581	1237/38	Anfang 76	604
1086	24. X. 75	589	1240/41	Anfang 76	770
1087	24. X. 75	585	1242	Anfang 76	604, 812
1089	25. X. 75	581, 590	1244	Anfang 76	604, 812
1090	26. X. 75	575, 591, 601	1245/46	Anfang 1676	800
1091	26. X. 75	581	1253	3. I. 76	645
1092	29. X. 75	618	1259	7. I. 76	814
1095	30. X. 75	799	1277	I 76	581, 811
1097/98	31. X. 75	587	1278	I 76	405
1103	X 75	810, 973	1280	I 76	812
1104₂	X? 75	346, 502, 557	1281	I 76	814
1106₁	1. XI. 75	592/93	1282	I 76	645
1110	3. XI. 75	628	1286	I 76	595
1112	3. XI. 75	628/29	1292	I 76	535
1119	3? X. 75	684	1296	2. II. 76	501, 561
1120	11. XI. 75	620	1305	10. II. 76	644
1125	22. XI. 75	811/12	1311	12. II. 76	778
1128	26? XI. 75	509	1321	II 76	548
1131	27. XI. 75	624, 811/12	1322/23	II 76	549
1132	26? XI. 75	504	1324	II 76	550
1133	28. XI. 75	790	1325	II 76	551
1134	29. XI. 75	776	1334/36	II 76	505
1136	27? XI. 75	503	1341/42	II 76	505
1141/42	XI 75	790	1343	II 76	974
1144	8. XII. 75	810, 973	1360	26. III. 76	778
1150/51	XII 75	642	1361	28. III. 76	682
1157	14. XII. 75	811/12	1362	28. III. 76	511, 682
1161/63	17. XII. 75	501	1368	1. IV. 76	648
1164	21. XII. 75	801	1372	III 76	778
1165	22. XII. 75	581, 593, 624	1376	IV 76	648
1166	22? XII. 75	581, 593, 624	1377	2. IV. 76	536
1167	22? XII. 75	593	1380	15. IV. 76	778
1170	Ende X 75	405	1382	IV 76	648
1172	Spätherbst 75	543	1383/84	IV 76	802
1173	Spätherbst 75	544	1385	IV? 76	649
1176	28. XII. 75	812	1386	IV 76	809
1177	Spätherbst 75	544	1406	IV 76	974
1180/82	XII 75	505	1411	2. V. 76	511, 682
1184/85	XII 75	505	1412	3. V. 76	812
1187/88	XII 75	819	1413	3? V. 76	501, 682

Cat. crit. 2 Nr.	Datum	Erwähnung F.	Cat. crit. 2 Nr.	Datum	Erwähnung F.
1418	13? V. 76	504	1474	VI 76	796
1419/21	18. V. 76	595, 797	1475	VI 76	769, 811/12
1426	24. V. 76	799	1482	VII 76	604, 812
1428	27. V. 76	769	1483	VII 76	787
1430	V 76	769	1485	VII 76	769
1431	V 76	778	1486	VIII 76	770
1438	8. VI. 76	760	1496	I? 76	534
1451	Sommer 76	673	1498	I? 76	541
1452	26. VI. 76	812	1499	I? 76	540
1454	VIII 76	715	1500	1675/76	530
1456	VI 76	769	1501	1675/76	529
1458	28. VI. 76	581, 760	1503/04	Sommer 76	788
1459	29. VI. 76	581	1512	VIII 76	504
1460	29. VI. 76	770, 806	1513	VIII 76	513
1461/62	VI 76	769, 806	1517	VIII? 76	770
1464	VI 76	809	1519	VIII? 76	604
1465	VI 76	810, 973	1528	IX 76	772/73
1467	VI 76	771	1553	1676?	5
1468	VI 76	762, 771	1555	XII 75	822
1469/70	VI 76	811	1565	Ende X 75	405
1472	VI? 76	512			

24. NAMEN- UND SCHRIFTENVERZEICHNIS

In diesem Verzeichnis werden nur die im Text benannten Personen und ihre Schriften aufgeführt, nicht aber die Korrespondenten der angezogenen Briefe und ebensowenig die Persönlichkeiten der in den Registern erwähnten weitergehenden Angaben.

Cardano, Geronimo (1501—1576): S. 2, 3, 78, 88/90, 92, 96/99, 107, 115, 156/57, 163, 181/82, 196, 199/200
    Practica arithmetica, Mailand 1539: S. 2
    Ars magna sive de regulis algebraicis, Nürnberg 1545: S. 88
Cassini, Giovanni Domenico (1625—1712): S. 70, 72, 100, 187; F. 940
Cavalieri, Bonaventura (1598?—1647): S. 3, 4, 12, 30, 41/42, 52, 62, 117, 119/20, 127
    Geometria indivisibilibus continuorum nova quadam ratione promota, Bologna 1635, verbesserte Ausgabe Bologna 1653: S. 3, 4, 30, 119/20
Charles II. (1630—1685, seit 1660 König von England): S. 17, 72
Chevreuse, duc de, Charles-Honoré d'Albert de Luynes (1646—1712): S. 100, 200
Child, J. M., *The Early Mathematical Manuscripts of Leibniz*, Chicago/London 1920: S. 44
Christian Ludwig I. (1658/92 Herzog von Mecklenburg-Schwerin): S. 100
Clavius, Christoph (1537—1612): S. 2; → Euklid
    Sphaera Joh. de Sacrobosco, Rom 1585: S. 2
    Algebra, Rom 1608: S. 2
Clement, *William* (englischer Uhrmacher): S. 70
Clerselier, Claude de (1614—1686): S. 114, 145, 164, 199
Colbert, Jean Baptiste (1619—1683): S. 70, 75, 100, 109, 200
Colbert, Jean Baptiste (Sohn) (17. Jhrh.): S. 100, 109, 200
Collins, John (1625—1683): S. 15, 17/26, 41, 43, 58/60, 72, 74/75, 78, 80/81, 83/86, 88, 91/97, 103/08, 110/11, 114/15, 130/36, 138/40, 142/50, 152, 156, 162/69, 171, 179/84, 188/93, 198, 200/04
    The doctrine of decimal Arithmetic, simple Interest etc., London 1664, Wiederdruck London 1674: S. 18, 189
    Account, Concerning the Resolution of Equations in Numbers, PT 4, Nr. 46 vom 22. IV. 69, S. 929/34: S. 22
    verlorenes Ms. über die Summierung reziproker Potenzen: S. 84
Commandino, Federigo (1509—1575): S. 120; → Pappus
Conti, Antonio Schinella (1677—1718): S. 180
Craig, John († 1731): S. 122
    Methodus figurarum lineis rectis et curvis comprehensarum quadraturas determinandi, London 1685: S. 122

Dalancé, Joachim († 1707): S. 100
Dary, Michael (17. Jhrh.): S. 25, 91/92, 166, 191/92
    Miscellanies, London 1669: S. 25
    Tractat about simple and compound interest with logarithmical approximations for the roote of aequations, London? 1677: S. 191/92
Davenant, Eduard († 1680): S. 84, 134, 144, 165, 167, 169, 190
Debeaune, Florimond (1601—1652): S. 22, 84, 88, 96, 157/58
    In Geometriam R. des Cartes notae breves, enthalten in R. Descartes, *Geometria* ed. Fr. van Schooten, Leiden 1649 und Amsterdam 1659: S. 22, 88
    De natura et constitutione aequationum, ed. E. Bartholinus, enthalten in der *Geometria* II, Amsterdam 1661: S. 22
    De limitibus aequationum, ed. E. Bartholinus, enthalten in der *Geometria* II, Amsterdam 1661: S. 22, 96
    De angulo solido, verschollenes Ms.: S. 22, 84
Dechales, Claude François Milliet (1621—1678): S. 125
    Cursus mathematicus, Lyon 1674: S. 125
Desargues, Girard (1593—1662): S. 22, 84, 111, 127, 164
    Brouillon project d'une atteinte aux evenemens des rencontres d'un cone avec un plan, Paris 1639: S. 22
    Leçons des Tenebres, verschollenes Werk: S. 84, 111, 164

Zeitschriften (vgl. auch S. 207)

Acta eruditorum = *AE*: S. 85, 161; F. 111
Journal des Sçavans = *JS:* S. 12/13, 47, 71/72, 75, 126
Miscellanea Berolinensia: F. 799
Philosophical Transactions = *PT:* S. 17, 22, 42, 58, 69, 73, 113, 167, 180, 193

Handschriften (vgl. auch S. 208)

Cambridge, University Library = *CU:* F. 733, 908, 910
Cambridge, Catalogue of the Portsmouth Collection = *CP:* F. 324
Hannover, Leibniz-Handschriften = *LH:* F. 911/12, 916, 963
Hannover, Leibniz-Briefe = *LBr:* F. 916
London, British Museum = *BrM:* F. 396
London, Royal Society, Letterbook = *RS Lb:* S. 86, 115, 151, 157/58
London, Royal Society, Registerbook: S. 165
Sherburn Castle, Collection Macclesfield: S. 180

Gedruckte Leibniz-Aufzeichnungen (vgl. auch S. 207)

Leibniz, *Opera* ed. L. Dutens = *LD:* F. 655, 799
    Math. Schr. ed. C. I. Gerhardt = *LMG:* F. 1, 7, 643
    Philos. Schr. ed. C. I. Gerhardt = *LPG:* F. 523
    Briefe ed. C. I. Gerhardt = *LBG:* F. 59, 563, 590/92, 601, 618, 620, 787
Catal. crit. des ms. de Leibniz II = *Cat. crit.* II: S. 43

25. SACHVERZEICHNIS

Das Sachverzeichnis enthält die wichtigsten der berührten mathematischen Gegenstände unter Rückverweis auf Hauptschlagworte; die angegebenen Ziffern sind Seitenzahlen.

LEBENSLAUF

Joseph Ehrenfried Hofmann, geb. 7. III. 1900 zu München, studierte dortselbst nach Besuch der Volksschule und des Wilhelmsgymnasiums an der Universität und Technischen Hochschule Mathematik und Physik, legte 1924/25 das Examen für das höhere Lehramt ab, promovierte 1927 an der Technischen Hochschule München und war 1924/28 als Assistent für höhere Mathematik und Darstellende Geometrie an den Technischen Hochschulen München und Darmstadt tätig. Er unterrichtete 1928/39 am Gymnasium Günzburg und an der Realschule Nördlingen, wurde 1939 von der Berliner Universität habilitiert und leitete 1940/46 die Leibniz-Ausgabe der Preußischen Akademie der Wissenschaften in Berlin. Gleichzeitig hielt er 1940/45 Vorlesungen über Geschichte der Mathematik an der Berliner Universität, 1946/47 an der Universität Freiburg, 1948 an der Universität Tübingen und 1948/49 an der Technischen Hochschule Karlsruhe. Seit 1929 ist er mit zahlreichen mathematikgeschichtlichen Einzelstudien an die Öffentlichkeit getreten.

KUBISCHE UND BIQUADRATISCHE GLEICHUNGEN

von Heinrich Dörrie

260 Seiten, 17 Abbildungen, gebunden DM 24.—

Das Buch stellt die wichtigsten Gesetze und Anwendungen der kubischen und biquadratischen Gleichungen zusammenhängend dar und zeigt alle Gedankengänge, die mit dieser Lehre verflochten sind.

VORLESUNGEN ÜBER HÖHERE MATHEMATIK

von Josef Lense

260 Seiten, 102 Abbildungen, broschiert DM 15.—, gebunden DM 24.—

Der in drei Abschnitte gegliederte Hauptteil führt zu den Grundlehren der Differential- und Funktionentheorie. Der Ergänzungsteil bringt für Ingenieure und Physiker, welche eine höhere Ausbildung benötigen, Kapitel über Determinanten und systematische Integrationsmethoden, sowie eine weiter ausholende Behandlung der Funktionentheorie und Differentialgleichung.

ANALYTISCHE GEOMETRIE

von Paul Voigt

144 Seiten, 117 Abbildungen, broschiert DM 8.—

Ohne viele theoretische Erörterungen bringt das Buch in klarer, übersichtlicher Darstellung dem Schüler eine große Zahl sorgfältig ausgewählter Aufgaben nahe. Die Kontrolle des rechnerischen Ergebnisses durch Zeichnungen erhöht die Sicherheit des Lernenden bei der Lösung der Aufgaben.

LEIBNIZ VERLAG MÜNCHEN

BISHER R. OLDENBOURG VERLAG

Demnächst erscheinen:

FUNKTIONENTHEORIE

von Heinrich Dörrie

THEORIE UND ANWENDUNG
EINER KOMPLEXEN VERÄNDERLICHEN

von J. Heinhold

VEKTOR UND AFFINOR-ANALYSIS

von Alfred Lotze

MATHEMATISCHE VORSCHULE
FÜR INGENIEURE UND NATURFORSCHER

Eine Anleitung zum selbständigen mathematischen Denken und
zur Handhabung der mathematischen Lösungsmethoden.

von Leon Weliczker

ANALYSIS
des Endlichen und Unendlichen

von G. Kowalewski

LEIBNIZ VERLAG MÜNCHEN
BISHER R. OLDENBOURG VERLAG

PHILOSOPHIE DER MATHEMATIK UND NATURWISSENSCHAFT

von Hermann Weyl

172 Seiten, DM 12.—

Eine mustergültige, umsichtige und überlegene Einführung in den ganzen philosophischen Problemkreis der Mathematik und Physik, wie sie nur von einem Verfasser möglich ist, der die drei Disziplinen des Titels in gleicher Weise beherrscht.

BESTAND UND WANDEL

Meine Lebenserinnerungen

Zugleich ein Beitrag zur neueren Geschichte der Mathematik

von G. Kowalewski

320 Seiten, erscheint demnächst

Diese Lebenserinnerungen sind besonders deshalb wertvoll und interessant, weil sie sich nicht mit einem einzelnen Menschen beschäftigen, sondern in einen Kreis namhafter Gelehrter der Mathematik führen. Kowalewski erweitert diese Erinnerungen an seine großen Lehrer zu einer umfassenden Schau auf die Geschichte der neueren Mathematik.

GOTTFRIED WILHELM LEIBNIZ

Bildnis eines deutschen Menschen

von Kurt Huber †

erscheint demnächst

Diese Darstellung von Leibnizens System, an der der Verfasser noch im Gefängnis bis zuletzt gearbeitet hat, versucht am Lebensbild dieser rätselhaften Gestalt der deutschen Philosophie Leibnizens Denken in der Weite und Lebendigkeit zu erfassen, in der es ein heute erneut wirksames Ferment der deutschen Geistigkeit und europäischen Bildung geworden ist.

LEIBNIZ VERLAG MÜNCHEN

BISHER R. OLDENBOURG VERLAG

www.ingramcontent.com/pod-product-compliance
Lightning Source LLC
Chambersburg PA
CBHW081534190326
41458CB00015B/5546